Hans Gruber · Christian Harteis
Helmut Heid · Bettina Meier (Hrsg.)

Kapital und Kompetenz

Hans Gruber · Christian Harteis
Helmut Heid · Bettina Meier (Hrsg.)

Kapital und Kompetenz

Veränderungen der Arbeitswelt und ihre Auswirkungen aus erziehungswissenschaftlicher Sicht

VS VERLAG FÜR SOZIALWISSENSCHAFTEN

VS Verlag für Sozialwissenschaften
Entstanden mit Beginn des Jahres 2004 aus den beiden Häusern
Leske+Budrich und Westdeutscher Verlag.
Die breite Basis für sozialwissenschaftliches Publizieren

Bibliografische Information Der Deutschen Bibliothek
Die Deutsche Bibliothek verzeichnet diese Publikation in der Deutschen Nationalbibliografie; detaillierte bibliografische Daten sind im Internet über <http://dnb.ddb.de> abrufbar.

1. Auflage August 2004

Der VS Verlag für Sozialwissenschaften ist ein Unternehmen von Springer Science+Business Media.
www.vs-verlag.de

Umschlaggestaltung: KünkelLopka Medienentwicklung, Heidelberg
Druck und buchbinderische Verarbeitung: Lengericher Handelsdruckerei, Lengerich
Gedruckt auf säurefreiem und chlorfrei gebleichtem Papier
Printed in Germany

ISBN 3-8100-3565-3

Inhalt

Hans Gruber, Christian Harteis, Helmut Heid und Bettina Meier

Vorwort

Es gibt kaum einen Bereich gesellschaftlicher Praxis, der so häufig zur Ableitungsvoraussetzung für Anforderungen an das Bildungssystem proklamiert wird wie der gesellschaftliche Strukturwandel und die Veränderung der Arbeitswelt. Umgekehrt werden Bildung und Kompetenzentwicklung immer häufiger in Betracht gezogen, wenn es darum geht, den gesellschaftlichen und betrieblichen Strukturwandel nicht nur zu erklären, sondern auch zu bewältigen und zu gestalten. Aber der Forderung, die Kompetenzentwicklung an den Anforderungen des Beschäftigungssystems auszurichten, wird auch widersprochen. Dabei wird jedoch die Frage vernachlässigt, ob und inwieweit es sich bei der skizzierten Kontroverse tatsächlich um einen Widerspruch handelt. Wenn es zu den zentralen Aufgaben der Bildungsforschung gehört, die Voraussetzungen zu erforschen, unter denen Menschen Kompetenzen entwickeln, die sie befähigen, sich selbst in der gesellschaftlichen Wirklichkeit zu bewähren und zu behaupten – und das heißt, gesellschaftliche Veränderungen nicht nur zu verkraften, sondern auch zu gestalten – dann kann sie diesem wichtigen Bereich gesellschaftlicher Wirklichkeit ihre besondere Aufmerksamkeit nicht vorenthalten. Was ist von einer Bildung zu halten, die den Menschen einer undurchschauten Lebenspraxis inkompetent ausliefert? Kann es eine reinen Gewissens postulierte Selbstverwirklichung des Menschen geben, die sich außerhalb einer Wirklichkeit vollzieht, in der (auch) gewirtschaftet wird und in der deshalb die jeweiligen Organisationsformen überlebensnotwendigen Wirtschaftens einen zentralen Stellenwert besitzen? Es kann keinen Zweifel daran geben, dass Wirtschaft und Bildung, Kapital und Kompetenz wechselseitig voneinander abhängen. Diskutabel und diskussionsbedürftig ist allerdings, wie und nach welchen Maßgaben diese Wechselbeziehung unter gegebenen oder zu gestaltenden Bedingungen organisiert werden kann oder soll.

Die wissenschaftliche Beschäftigung mit genau dieser Frage gehört zu den Schwerpunkten der Bildungsforschung an der Universität Regensburg. Dabei geht es nicht nur darum, aktuelle Entwicklungen empirisch zu erforschen, zu beschreiben und zu erklären, sondern auch darum, durch die Entwicklung innovativer Qualifizierungskonzepte zu einer verantwortlichen Gestaltung der Entwicklung beizutragen.

Der vorliegende Sammelband enthält Beiträge zweier Fachkonferenzen, die zu genau diesem Zweck an der Universität Regensburg veranstaltet wurden.

Die erste Konferenz wurde in Kooperation mit Verantwortlichen renommierter Unternehmen aus der Region als Sondierungs- und Qualifizierungsveranstaltung insbesondere für Führungskräfte durchgeführt. In mehreren Vortrags- und Diskussionsrunden wurde der Frage nachgegangen, wie die ein wenig provokativ als *Kapital* und *Kompetenz* bezeichneten Ressourcen wechselseitig voneinander abhängen (und das heißt auch zusammenwirken) können und müssen, damit alle, die zum Unternehmenserfolg beitragen, von eben diesem Erfolg profitieren. Die Unentbehrlichkeit beider Komponenten, also sowohl des Kapitals als auch der Kompetenz, ist auf hoher Abstraktionsstufe unstrittig. Aber die Konkretisierung der Ausgestaltung und des Zusammenwirkens bleibt eine permanente Forschungs- und Gestaltungsaufgabe.

Die zweite Konferenz war als mehrtägige, international besetzte und in englischer Sprache durchgeführte wissenschaftliche Tagung mit dem Titel *Changes in the Workplace and Their Educational Implications* angelegt. Zentrale Aufgabe dieser Konferenz war der Austausch über moderne erziehungswissenschaftliche Konzeptionen in Zusammenhang mit Veränderungen der Arbeitswelt.

Ausgewählte Beiträge beider Konferenzen wurden für diesen Band zusammengetragen und in fünf Teile gegliedert.

Teil I ist der grundsätzlichen Frage „Kapital und Kompetenz – ist das Eine ohne das Andere zu haben?“ der ersten Konferenz gewidmet. HEID setzt Kapital und Kompetenz in ein wechselseitiges Abhängigkeitsverhältnis, in dem die Verwertung von Kapital nur mit Unterstützung der Kompetenzentwicklung und unter seriöser Einbeziehung der Interessen Beschäftigter angemessen verwirklicht werden kann. Die Entwicklung individueller Kompetenz am Arbeitsplatz hat wiederum die angemessene Kapitalverwertung zur Voraussetzung. HARTEIS, BAUER und COESTER beschreiben betriebliche Personal- und Organisationsentwicklung zwischen ökonomischen und pädagogischen Ansprüchen. Sie skizzieren ein zirkuläres Abhängigkeitsverhältnis von individueller Kompetenzentwicklung, der Anwendung von Kompetenz im Arbeitsalltag und der Verwertung von Kapital. Aus der Sicht eines Privatunternehmers kommentiert VIELBERTH die Thematik „Kapital und Kompetenz“ kritisch. Er betrachtet die Kluft zwischen ökonomischen Interessen und Bedürfnissen Beschäftigter als aufgelöst und bezeichnet die neuerliche Diskussion hierüber als Rückfall in die Vergangenheit des Klassenkampfes.

Teil II umfasst Beiträge zu beruflichem Lernen im Arbeitsalltag. BAUER diskutiert Fehlerkultur und epistemische Überzeugungen als Determinanten arbeitsplatznahen individuellen Kompetenzerwerbs anhand empirischer Befunde aus einer Untersuchung in deutschen Industrie- und Dienstleistungsunternehmen. Eine explorative Studie darüber, ob und wie Beschäftigte am Arbeitsplatz kompetenzfördernde Bedingungen vorzufinden glauben, präsentieren HARTEIS und FESTNER. Der Beitrag von SIMONS führt ein integriertes

Modell von Lernen, Lerntransfer und Arbeit ein. COLLINS beschreibt seinen international renommierten Ansatz des Cognitive Apprenticeship als geeignetes Modell arbeitsplatznahen Lernens. GALLENBERGER und OTT thematisieren die Forderung nach lebenslangem Lernen vor dem Hintergrund demographischen Wandels. Die Notwendigkeit, Weiterbildungskonzepte für ältere Arbeitnehmer zu entwerfen, wird am Beispiel des IT-Sektors aufgezeigt. MEIER setzt sich mit Problemen betrieblicher Personalentwicklung auseinander und erörtert das Verhältnis zwischen individuellen Qualifizierungsbedürfnissen und betrieblichem Qualifikationsbedarf.

Der Fokus in *Teil III* liegt auf der betrieblichen Ebene: Betriebe können als Handlungsfelder von Beschäftigten mit individuellen Orientierungen und Bedürfnissen gesehen werden. FRANK und REICHERT beziehen in ihrer Stellungnahme aus der Perspektive der Werksleitung eines BMW-Standortes die klare Position, dass Personalausgaben nicht ausschließlich als Kostenfaktoren betrachtet werden dürfen, sondern als Investition in die Zukunft aufzufassen sind. Damit geht das Ziel betrieblicher Personalpolitik einher, die Zufriedenheit von Beschäftigten zu gewährleisten. STAMOULI bietet ein theoretisches Konzept zur Analyse der Zufriedenheit Beschäftigter an. Aufgrund häufig heterogener Merkmale Beschäftigter und der Komplexität von Marktanforderungen steigt der Beratungsbedarf von Seiten der Unternehmen. Unternehmensberatungen legitimieren ihre Honorarforderungen mit einem Wissensvorsprung gegenüber ihren Kunden. BREDL, LEHNER, GRUBER und STRASSER beschreiben ein Rahmenkonzept für die Analyse von Prozessen des Kompetenzerwerbs in der Unternehmensberatung. Die beiden folgenden Beiträge erörtern jeweils denkbare Ziele von Beratungstätigkeit: LEHTINEN, HAKKARAINEN und PALONEN stellen ein Modell für Organisationslernen und Netzwerkexpertise vor und zeigen anhand empirischer Befunde aus einem finnischen Industrieunternehmen auf, was leistungsstarke Arbeitsgruppen besonders auszeichnet. LEHNER arbeitet die besondere Bedeutung von virtuellen Gemeinschaften und Communities of Practice für modern organisierte und strukturierte Unternehmen heraus.

Teil IV widmet sich dem Markt als Determinante betrieblichen Handelns. Einen in Amerika durch breit angelegte Studien in verschiedenen Branchen abgesicherten Ansatz von Hochleistungs-Arbeitssystemen („High-Performance Working Systems") beschreibt BAILEY. Die veränderte Gestalt von Arbeitsbeziehungen und Arbeitsorganisation skizziert PRIDDAT durch einen Vergleich zwischen New Economy und Old Economy. LEHNER setzt sich in seinem zweiten Beitrag mit dem Einfluss neuer Informations- und Kommunikationstechnologien auf die Prozesse innerhalb von Arbeitsgruppen auseinander.

Teil V schließt den Band mit zwei meta-analytischen Beiträgen ab. HEINZ erörtert Konsequenzen der Personalentwicklung in einer Dienstleistungsgesellschaft und wägt zwischen Flexibilisierungszwängen und Gestaltungschancen aus Sicht der Beschäftigten ab. An einem ähnlichen Punkt setzt RÖßER an, die die individuellen und sozialen Effekte von Flexibilisierung analysiert.

Die kompilierte Sammlung ausgewählter Beiträge beider Konferenzen verfolgt in erster Linie das Ziel aufzuzeigen, dass und wie aktuelle theoretische Erklärungsansätze und empirische Befunde aus erziehungswissenschaftlichen Arbeiten es erlauben, bildungspraktisch bedeutsame Veränderungen in der Arbeitswelt zu beschreiben, zu analysieren und zu gestalten. Damit wird zugleich die praktische Relevanz wissenschaftlicher Erkenntnis verdeutlicht. Dieses Buch richtet sich daher nicht nur an Wissenschaftler und Studierende, sondern in gleicher Weise auch an Verantwortliche in der Arbeitswelt, also an Führungskräfte, Unternehmensleitungen und Beschäftigte in der Personal- und Organisationsentwicklung.

Teil I
Kapital und Kompetenz – ist das Eine ohne das Andere zu haben?

Helmut Heid

Kapital und Kompetenz

Der allgemeine wie auch der wissenschaftliche Sprachgebrauch der Wörter *Kapital* und *Kompetenz* ist verworren. Das gilt zunächst und besonders für die Bedeutungsvielfalt des Wortes *Kapital* (VON BÖHM-BAWERK, 1888/1961; LUTZ, 1959; PETER, 1956). Vielfältig und teilweise unvereinbar sind nicht nur die damit bezeichneten Sachverhalte und Funktionsbestimmungen. Auch durch die damit befrachteten Sentiments und Wertungen wird die Prägnanz der Verwendung dieses Wortes beeinträchtigt. Das zeigt sich nicht zuletzt darin, dass der Titel des Symposions, dem dieser Band seine Überschrift verdankt, bisweilen als Provokation empfunden wurde.

Um nicht in unfruchtbare Auseinandersetzungen darüber zu geraten, welche der zahllosen Definitionen denn nun „richtig" sei, ist daran zu erinnern, dass sowohl die Benennung als auch das Benannte – das gilt für *Kapital* wie für *Kompetenz* – Resultate von Entscheidungen sind, die freilich in einer Entscheidungs- und Verständigungstradition stehen, an der jeder partizipiert, der sich dieser Wörter bedient. Während die Tradition eine gewisse Verständigungskontinuität gewährleistet, begünstigen (stets perspektivische) Bemühungen und Kontroversen um die Erfassung und Beurteilung der mit *Kapital* oder *Kompetenz* thematisierten Funktionszusammenhänge eine Interpretationsvielfalt und -unschärfe, die der Klärung der mit diesen Wörtern bezeichneten Sachverhalte und Sachzusammenhänge eher abträglich ist (VON BÖHM-BAWERK, 1988/1961). Die jeweilige Bedeutung dieser Wörter muss aus dem Zweck und aus dem Kontext ihrer Verwendung erschlossen werden (so bereits MARSHALL, 1895). Mögliche Verständigungsprobleme (Missverständnisse) können nicht dadurch ausgeschlossen werden, dass man sich auf die vermeintlich entscheidungs- und handlungsunabhängige „Real"-Existenz des als *Kapital* oder *Kompetenz* Bezeichneten, gleichsam auf die „Sache selbst", besinnt oder bezieht.

Im Folgenden werden *Kapital* und *Kompetenz* unterschieden. In volkswirtschaftlicher Betrachtung wird das Wort *Kapital* für das zu Investitionszwecken verfügbare Geld und in betriebswirtschaftlicher Betrachtung für den in der Bilanz einer Unternehmung ausgewiesenen Wert des Gesamtvermögens verwendet. Die Kapitalbildung setzt Konsumverzicht, also Sparen (dazu bereits WEBER, 1904/1905/1920) sowie die Investition des Ersparten voraus.

Allerdings ist es zweckmäßig, Spar- und Investitionsvorgang zu unterscheiden, weil sie von verschiedenen Personen und insofern unabhängig voneinander realisiert werden können.

Als *Kompetenz* bezeichne ich die Zuständigkeit für die Definition und für die (professionelle) Erfüllung einer (Arbeits-)Aufgabe, die sich aus dem dafür relevanten Wissen und Können ergibt, das seinerseits von (lebenslangen) Lernprozessen abhängt und beeinflussbar ist. Bereits aus anthropologischen und aus lehr-lern-theoretischen und nicht erst aus bildungspolitischen oder bildungspraktischen Gründen überschreiten das lernabhängige Wissen und Können das für die Erfüllung einer Arbeitsaufgabe Erforderliche mehr oder weniger weitreichend. Die Kompetenz eines Beschäftigten ist niemals auf das für die Erfüllung eines Arbeitsauftrags Notwendige begrenzt. Und es ist nicht nur unerwünscht, weil inhuman, sondern utopisch, die Qualifizierung eines Menschen und damit auch diesen Menschen selbst auf eine Funktion im betrieblichen Arbeitsprozess reduzieren zu wollen. Das Denken, Lernen und Wollen eines Menschen lässt sich nicht beliebig ein- und ausschalten oder auf eine begrenzte Zuständigkeit reduzieren oder fixieren, so restriktiv manche Qualifizierungskonzeption oder -praxis auch sein mag.

Es gibt Kontexte, in denen *Kapital* und *Kompetenz* nicht oder nur undeutlich unterschieden werden. Kennzeichnend dafür ist die Rede vom *Humankapital* oder von der *Investition* in Kompetenz. Dabei wird die Kompetenz und manchmal sogar die kompetente Person dem Kapital einverleibt oder untergeordnet (u.a. MARSHALL, 1895; SMITH, 1776/1974; WALRAS, 1874). *Kapital* wird zum dominanten Gesichtspunkt und Prinzip volkswirtschaftlichen und insbesondere betriebswirtschaftlichen Denkens und Handelns. Bereits VON BÖHM-BAWERK (1988/1961, S. 61ff.) kritisierte diese Ausweitung des Kapitalbegriffs, weil sie die „reellen Gegensätze, die die Arbeit von dem heute so genannten Kapital trennen ... und die sozialen Probleme, zu denen sie Anlaß geben" nur verschleiern, nicht aber überbrücken. „Die Verschmelzung der Namen" – so VON BÖHM-BAWERK – „bringt auch Verwirrung in der Sache". Man neige dazu, „unbequeme Gegensätze zu verkleistern, dornige Probleme zu vertuschen". Vor allem aber weist er entschieden und scharf alle Ansätze, Modelle und (Rentabilitäts-)Berechnungen zurück, die explizit den Menschen als Maschine betrachten und behandeln. „Die Arbeit in den Kapitalbegriff einzubeziehen, ist im günstigsten Fall ein unzweckmäßiger, im ungünstigeren, leider zur Wirklichkeit gewordenen, ein verderblicher Gebrauch, geeignet, die terminologische Konfusion zu verewigen, falschen Analogien Tür und Tor zu öffnen und die Klarheit des Denkens gerade in jenen Fragen zu verwirren, die zugleich die schwierigsten und wichtigsten der heutigen Sozialwissenschaft sind" (S. 64).

Die Ansammlung von Geld zur Bildung von Kapital als Einkommensquelle wird seit der Antike unterschiedlich bewertet. „Die Anhäufung von Reichtümern um des Erwerbs willen, und insbesondere das Leihen gegen Zinsen" ist bereits im Altertum als „unnatürlich verworfen worden, weil das Geld sich ‚aus sich selbst' nicht vermehren" ließe. Im Urchristentum galt der

Dienst an dem Mammon als Versündigung und führte zum „wiederholt eingeschärften kanonischen Zinsverbot" (WEINBERG, 1956, S. 480). Auf der anderen Seite wurde seit dem Merkantilismus „die wirtschaftliche Bedeutung des Kapitals in Geldform hoch eingeschätzt", freilich nicht (bzw. noch nicht und nicht notwendig) als Selbstzweck, sondern „zur Hebung der Produktionskräfte" (S. 481). Die Leistung des Kapitals für die wirtschaftliche Entwicklung „wird ... sichtbar, wenn wir sie auf lange Frist betrachten; jedes prokapitalistische Argument muß auf langfristigen Überlegungen beruhen. Auf kurze Frist beherrschen Profit und Erfolglosigkeit das Bild" (SCHUMPETER, 1946, S. 234).

Im Zentrum wirtschaftstheoretischen und wirtschaftskritischen Denkens stand ursprünglich die (Qualität der) Arbeit und damit auch die Kompetenz des Arbeitenden als eigentliche oder primäre Produktivkraft (z.B. VON BÖHM-BAWERK, 1888/1961; MARX, 1976; SCHUMPETER, 1946; SMITH, 1776/1974). An diese Interpretation schließen neuere Begriffsbestimmungen des „Kapitals" an, wie z.B. „vorgetane Arbeit" und aufgespeicherte Naturkraft (VON BÖHM-BAWERK, 1888/1961, S. 135) oder (Wert der) „Mittel zur Leistungserstellung" oder (Wert der) „produzierte(n) Produktionsmittel" (VON BÖHM-BAWERK, 1888/1961, S. 28, 137ff.) oder „Kaufkraft in den Händen der Unternehmer, die zur Finanzierung der wirtschaftlichen Entwicklung bestimmt ist" (LUTZ, 1959, Sp. 799 in Anlehnung an SCHUMPETER (1946); auch SOMBART, 1908). Darin äußert sich aber auch die Verlagerung des wirtschaftstheoretischen, des wirtschaftspolitischen und des wirtschaftspraktischen Interesses hin zum Kapital. Dem Kapital wird dabei nicht nur eine statische, sondern auch eine dynamische Funktion zugemessen (SCHUMPETER, 1946), die zwar von der Arbeit unterschieden, aber auch in ihrer Abkunft von und in ihrer komplexen Wechselbeziehung mit der Arbeit gesehen wird (VON BÖHM-BAWERK, 1888/1961). Es gibt keine (auch keine arbeitsintensive) Produktion ohne produzierte Produktionsmittel, also ohne Kapital.

Dort, wo die Investition in Produktionsmittel (z.B. als Vermögen) primär dazu dient, beinahe selbstzweckhaft („arbeitsloses") Besitzeinkommen zu erzielen und wo überdies dennoch die dafür unentbehrliche menschliche Arbeit als bloßes Mittel einer Erhöhung der Kapitalrendite konzipiert und verwendet wird, dort wird von *Kapitalismus* gesprochen (PETER, 1956; SOMBART, 1908). Dementsprechend wird das Wort *Kapitalismus* verwendet, um das von diesem „Geist" bestimmte Prinzip und die davon geprägte Form der Organisation und Regulation gesamtwirtschaftlichen und insbesondere einzelwirtschaftlichen Handelns pointiert bzw. idealtypisch zu kennzeichnen (WEBER, 1904/1951, 1904/1905/1920). Freilich können die weltanschaulichen, ethischen oder auch sozialphilosophischen Überzeugungen derer sehr verschieden sein, denen es um den „Erwerb von Geld und immer mehr Geld" (WEBER, 1904/1905/1920, S. 35) geht. Wenn heute auch oder eher vom „Ausgleich zwischen Stakeholder und Shareholder" gesprochen wird (BERTELSMANN STIFTUNG, 2003), so kommt darin das Denken und Handeln aus der Perspektive des (Kapital-)Investors sogar noch deutlicher zum Ausdruck.

Dass Kapital, Kapitalbildung und Investition etwas mit sozialen Klassen und Klassenantagonismen zu tun haben (MARX, 1976; SCHUMPETER, 1946) ergibt sich beinahe logisch schon daraus, dass Sparen ein sparfähiges Einkommen und die Investition des Ersparten eine daran geknüpfte Kapitalverwertungserwartung voraussetzt (WEBER, 1964). Durch die Unterscheidung zwischen Sozial- und Privatkapital (VON BÖHM-BAWERK 1888/1961) wird die soziologisch bzw. sozialhistorisch motivierte Verwendung des Wortes *Kapital* noch verkompliziert. Die Wörter *Kapital*, *Kapitalbildung*, *Klasse* und *Klassenantagonismus* werden dabei als deskriptive Terme verwendet. Die Verwendung dieser Wörter als „Kampfbegriffe" muss davon unterschieden werden.

HUME hat wahrscheinlich „als erster die soziologische Bedeutung des Kapitals erfaßt" und „die Machtstellung, die es seinem Besitzer verleiht ... als ‚Befehlsgewalt über Arbeit und Güter' ... definiert" (WEINBERG, 1956, S. 482). Es *gibt* den Fall, und der ist thematisch hier von besonderer Bedeutung, dass die Befriedigung menschlicher Bedürfnisse (obwohl sie in wirtschaftswissenschaftlichen Lehrbüchern als „der" Zweck „der" Wirtschaft apostrophiert wird) wie auch die Beschäftigung menschlicher Arbeitskräfte (obwohl sie häufig als Schaffung von Arbeitsplätzen „moralisiert" wird) als bloße Mittel rentabler Kapitalverwertung konzipiert und praktiziert werden (HEID, 1988; RIBOLITS, 1992; und bereits SMITH, 1776/1974). Jedenfalls gibt es betriebliche Handlungszusammenhänge, die beinahe keine andere Interpretation zulassen, wenngleich – worauf noch einzugehen sein wird – die Eigenwertigkeit und Eigengesetzlichkeit sowohl des Güter- als auch des Arbeitsmarktes dabei nicht außer Betracht bleiben dürfen. Den gebetsmühlenartig wiederholten Thesen, dass „der Mensch" im Mittelpunkt (auch) der Wirtschaft stehe und dass der Kunde König sei, ist nicht zu widersprechen und wird auch nicht widersprochen – aber nicht, weil sie wahr sind, sondern weil sie (fast) keinen „näher angebbaren" Informationsgehalt besitzen (TOPITSCH, 1960). Sie sind mit (beinahe) jeder Praxis betrieblichen Handelns vereinbar, und man fragt sich: Was sind eigentlich die Gründe für das Erfordernis, das immer wieder zu beteuern? Sie liegen wahrscheinlich in der Bewertung der Tatsache, dass in (einzel-)wirtschaftlichen Verwertungsprozessen Menschen als (Kosten verursachende) (Produktions-)Mittel betrachtet und behandelt werden (können).

In dem Maß, in dem die humanen und kulturellen Ansprüche aktueller oder potenzieller Kunden einerseits und der Beschäftigten andererseits vernachlässigt werden oder genauer: Kundenwünsche und insbesondere Arbeitskräfte – unbeschadet gegenteiliger Beteuerung – lediglich als Mittel rentabler Kapitalverwertung interessieren, ergeben sich daraus Probleme, die spätestens seit KANT mit elementaren Menschenrechten nicht ohne weiteres vereinbar sind. Der Mensch – so KANT – „kann von keinem Menschen (weder von anderen noch so gar von sich selbst) bloß als Mittel ... gebraucht werden und darin besteht eben seine Würde ..., dadurch er sich über alle ... Sachen erhebt" (KANT, 1797/1956, S. 600f.). Soweit der Geist der bundesrepublikanischen Verfassung in der Tradition dieses „praktischen Imperativs" (KANT) steht, ergeben sich auch daraus Probleme: „Die Würde des Menschen ist unantastbar" (GG Art. 1 (1)). Sie *ist* antastbar – nicht nur, was den Anspruch auf leibliche Unversehrtheit anbelangt. Eine allzu oberflächliche Reklamation der Tatsache, dass „die Freizügigkeit" und die „volle Freiheit des Vertragsabschlusses" auch dem Produktionsfaktor Arbeit „marktmäßige Gestalt" verleihen (BAUER, 1959, Sp. 816), erscheint ungeeignet, die Gründlichkeit der Zusammenhangsanalyse sowie die Sensibilität der Beurteilung dessen zu erübrigen, was in der zuvor skizzierten Praxis unter welchen Bedingungen mit „der Würde des Menschen" vereinbar oder unvereinbar ist. Man mag geneigt sein, die betriebswirtschaftliche Betrachtung „des Menschen" (als Konsumenten und als Beschäftigten) als analytische Kategorie zu interpretieren. Diese betriebswirtschaftliche Betrachtungsweise mag ihre spezifische Berechtigung haben. Aber die Feststellung, dass es sich dabei „nur" um eine (analytische) Betrachtungsweise handelt, darf nicht darüber hinwegtäuschen, dass es auch eine konkrete gesellschaftliche Praxis gibt, in der Menschen (wiederum als Kunden wie auch als Beschäftigte) als Mittel für außerhalb ihrer selbst liegende Zwecke betrachtet und behandelt werden. Anders wären ganze Rechtssysteme entbehrlich oder sogar unplausibel, die den Schutz der Verbraucher, der Arbeiter, der Jugend vor überaus ertragreichen Produktionsprozessen und produzierten Gütern und Diensten (allzu oft erfolglos) schützen (müssten). Ein beinahe beliebig herausgegriffenes Beispiel dafür ist die sehr bemerkenswerte Tatsache, dass sozialpolitisch „erkämpfte" Schutzrechte als ausbildungs- und beschäftigungs-„feindlich" interpretiert werden (können), und dass der Abbau derartiger Schutzrechte gefordert und realisiert wird und realisiert werden musste, um beispielsweise die Ausbildungs- oder Beschäftigungsbereitschaft der Betriebe zu fördern (HEID, 1985), bedürfte einer differenzierten und gründlichen kritischen Analyse und Würdigung. Damit ist eine weitere Dimension angesprochen. Unbeachtet bleibt in einer allzu abstrakten oder gar kryptonormativen Betrachtung nicht nur die Frage, ob und in welchem Maß Arbeitskräfte und (beeinflussbare) Kundenwünsche zu (bloßen) Mitteln rentabler Kapitalverwertung werden, sondern vernachlässigt wird dabei außerdem die Frage nach der Qualität konkretinhaltlicher betrieblicher Handlungszwecke sowie die Frage nach den Subjekten der Bestimmung jener Qualitätskriterien, die unentbehrlich sind, um Handlungszwecke und Handlungsergebnisse beurteilen zu können. Es gibt identifizierbare Positionen bzw. Gruppen, die dazu neigen, bereits die Frage danach zu diskreditieren, wessen Interessen dabei in welchem Maß und in welcher Form zur Geltung kommen.

Diesen Feststellungen steht die Tatsache gegenüber, dass Kunden und Beschäftigte konkrete Menschen *sind* mit Bedürfnissen und Ansprüchen, die man nicht dadurch außer Kraft zu setzen vermag, dass man sie ignoriert. Freilich sind insbesondere Beschäftigte – das ist eine seit dem Altertum bekannte Tatsache! – gegenüber den Produktionsmittelbesitzern in einer teilweise extrem schwachen sozialen Position. Aktuelle Arbeitsmarktkonstellationen tragen dazu bei, diese Position weiter zu schwächen. Aber längst haben für die Organisationsentwicklung Verantwortliche bemerkt und nachgewiesen, dass selbst ein einseitiges Kapitalverwertungsinteresse nur unter der Bedingung realisierbar ist, dass die humanen und kulturellen Ansprüche der Kunden und auch der Beschäftigten nicht völlig unberücksichtigt bleiben. Nur „zufriedene" Kunden kommen wieder; „zufriedene" Beschäftigte leisten mehr oder bessere Arbeit. Selbst unter der Voraussetzung, dass bei bestimmten Arbeitsmarktkonstellationen Beschäftigte gezwungen sind und (deshalb) dazu neigen, sich in ihren verallgemeinerbar begründeten Ansprüchen zu unterbieten, ändert das nichts daran, dass eine qualitativ hochwertige und quantitativ ergiebige Produktion davon abhängt, dass elementare Bedürfnisse derer respektiert werden, auf deren Kaufkraft und Arbeitskraft jedes Unternehmen angewiesen ist.[1]

Nun gibt es aber auch – zumindest auf höherer Abstraktionsstufe – Bedürfnisse Beschäftigter, die mit den Interessen derer zusammenfallen, die an der höchstmöglichen Verwertung investierten Kapitals und zu genau diesem Zweck auch an der möglichst kostengünstigen Verwertung menschlicher Arbeitskraft interessiert sind. Dazu gehört ganz zentral das Bedürfnis nach *Kompetenz*(-erfahrung). Zu den Bedingungen der Möglichkeit, professionelle Kompetenz zu entwickeln, zu erfahren und zu nutzen, gehören Kompetenzverwertungsbedingungen. Die entwickeln sich zwar nicht unabhängig von den (antizipierten) Kompetenzangeboten auf Arbeitsmärkten (HEID, 2003), aber sie entfalten in Korrespondenz mit der Realisierung dieser Angebote insbesondere jedem einzelnen aktuell oder potenziell Beschäftigten gegenüber eine gewisse Eigendynamik. Insofern „liefern" Betriebe, die das in sie investierte Kapital ertragreich zu verwerten vermögen, kurz: Die erfolgreich sind, diese Kompetenzverwertungsbedingungen. Kein Kapitalist wird ohne eine daran geknüpfte Verwertungserwartung einen einzigen Euro investieren. Und die Erfüllung der Kapitalverwertungserwartung hat auch die Verwertung der Kompetenz derer zur notwendigen Voraussetzung, ohne deren Mitwirkung investiertes Kapital „tot" ist. Mit dieser *prinzipiellen* Wechselseitigkeit ist die Frage nach den konkreten Formen der Ausgestaltung dieser Wechselseitigkeit aber noch keineswegs beantwortet. Generell gilt: Wenn und soweit die prinzipielle Betrachtung einer kritischen Überprüfung standhält, ist – wiederum sehr abstrakt formuliert – jede Abweichung vom (erstrebenswerten) Optimum der Kapital-Kompetenz-Wechselseitigkeit mit Qualitätseinbu-

1 Bereits SMITH (1776/1974, S. 319) hat (freilich mit Bezug auf soziale und ökonomische Konstellationen seiner Zeit) auf die *betriebswirtschaftliche* Problematik der Vernachlässigung elementarer Interessen Beschäftigter hingewiesen und festgestellt, „daß die Arbeit eines Sklaven am Ende die teuerste ist, obwohl sie offenbar lediglich seinen Unterhalt kostet".
Siehe auch S. 662f. – wo SMITH beschreibt, unter welchen Voraussetzungen die „überwiegende Mehrheit derjenigen, die von ihrer Arbeit leben, also der Masse des Volkes", *verlernt*, ihren „Verstand zu gebrauchen, und so stumpfsinnig und einfältig wird, wie ein menschliches Wesen nur eben werden kann".

ßen auf beiden Seiten verbunden. Sowohl die Kompetenzentwicklung und -erschließung als auch die Kapitalverwertung bleiben suboptimal (HARTEIS, 2002).

Unter dieser Voraussetzung sind zwei empirisch nachweisbare Trends problematisch, nämlich erstens die beobachtbare Tatsache, dass die *Programmatik* betrieblicher Organisations- und Personalentwicklung wie auch des betriebspädagogisch Wünschenswerten eine Eigendynamik entwickeln, die den Blick auf die dahinter zurückbleibende *Wirklichkeit* verstellt oder zu erübrigen scheint.

Zweitens liegt das *zentrale* Problem des Zusammenwirkens von Kapital und Kompetenz nicht darin, dass die Humanisierungspraxis hinter der Humanisierungsprogrammatik zurückbleibt. Diesem Thema sind umfangreiche Abhandlungen industrie- und organisationssoziologischer, wirtschafts- und sozialpsychologischer, personalwirtschaftlicher und wirtschaftspädagogischer Forschungs- und Entwicklungsarbeit gewidmet. Und auf diesem Gebiet gibt es auch Fortschritte. Das zentrale Problem liegt darin, dass beinahe alle Konzepte und Maßnahmen einer Humanisierung der Erwerbsarbeit unter den gegebenen (kapitalistischen) Bedingungen ihrer Realisierung dazu beitragen können, deklarierte Humanisierungskonzepte in ihr praktiziertes Gegenteil zu verkehren und diese Verkehrung (im Namen eben dieser Humanisierung, nämlich *als* Humanisierung) zu legitimieren. Die *Diskrepanz* zwischen Ideal und Wirklichkeit der Kapital-Kompetenz-Wechselseitigkeit, ohne die alle Bemühungen um Humanisierung und Kultivierung der betrieblichen Erwerbstätigkeit überflüssig oder sogar unplausibel wären, wird nicht mehr wahrgenommen, erfahren, kritisiert und bearbeitet. Das soll an einem Beispiel erläutert werden: Wie bereits dargelegt, hat Kompetenz etwas mit der Zuständigkeit zu tun, die – aus pädagogischer Sicht – in der Fähigkeit begründet ist bzw. sein sollte, die in der Kompetenz definierte Aufgabe (optimal) zu erfüllen. Die im Kompetenzbegriff enthaltene Tüchtigkeitskomponente steht im Zentrum der mehrfach erwähnten Wechselseitigkeit von Kapital und Kompetenz. Sich als kompetent im Sinne von tüchtig zu begreifen – und auch zu erfahren –, dass in einem bestimmten, hier also betrieblichen Handlungszusammenhang, Wesentliches von einem selbst abhängt, ist ziemlich genau das, was u.a. DECI und RYAN (1993) als angeborenes bzw. elementares menschliches Bedürfnis ausgemacht haben. Von ebenso großer Bedeutung ist nach DECI und RYAN das Bedürfnis nach Autonomie, nach Selbstbestimmung. Und diese Komponente, nämlich die Autonomie, hat wiederum sehr viel mit dem Moment der Zuständigkeit zu tun, die im Kompetenzbegriff gefasst wird. Diesen Zusammenhang erkannt zu haben, betrachte ich als einen der Gründe dafür, dass in Betrieben Zuständigkeiten, Verantwortlichkeiten dezentralisiert werden. Die Dezentralisierung bzw. Delegation von Verantwortlichkeit ist aber nicht nur Resultat besserer Menschenkenntnis. Sie ist auch in den Funktionserfordernissen einer extrem dynamischen Entwicklung der technischen und ökonomischen Bedingungen erfolgsorientierten betrieblichen Handelns begründet. Denn unter diesen Bedingungen werden zentrale Dispositionen und Kontrollen immer schwieriger, ineffektiver, aufwändiger, letztlich unökonomischer. Zu einem (pädagogischen) Problem wird dieser Sachverhalt, wenn die Delegation von Verantwortung nicht (nur) die Organisation einer Zuständigkeit im Sinne von Dispositions- oder Kontrollrechten und Dispositionspflichten, sondern (auch oder vor allem) die Haftbarmachung Beschäftigter für Misserfolge bezweckt, die an Handlungszwecken und Beurteilungskriterien gemessen werden, von deren Bestimmung oder auch nur Beurteilung die verantwortlich Gemachten (weitgehend) ausgeschlossen sind. *Dafür* sind diejenigen zuständig, die Verantwortung übertragen, aber auch entziehen können. Industriesoziologen haben herausgefunden und gewürdigt, dass zum Beispiel neue betriebliche Organisationsformen „Abstimmungsprozesse mit Kollegen" und „freiwillig erzielte Übereinkünfte in der (Arbeits-)Gruppe" „in die Eigenverantwortung der Belegschaft" legen (BLANKE & SCHUMANN, 2000). Das ist fürwahr eine überaus schlichte Zuständigkeit (Verantwortlichkeit?) für das Wie der Aufgabenerfüllung, die aber nicht mit einer Partizipation an Entscheidungen über das Wozu und Was oder über das Kriterium der Beurteilung dieses Wozu und Was der Handlungseffekte verwechselt werden darf.

Idee und Anspruch, (verantwortlich gemachte) Beschäftigte auch am Wozu und Was jener Unternehmenspraxis zu beteiligen, mit der sie sich identifizieren sollen, sind nicht nur von der Wirklichkeit, sondern offensichtlich auch von dem für vertretbar Gehaltenen weit entfernt. So kritisiert der Wirtschaftsrechtler ADAMS (2003) die Mitwirkung der Gewerkschaften in den Kontrollgremien der Unternehmen mit der Behauptung, die Gewerkschaftsvertreter seien unzureichend qualifiziert und sie hätten „keinerlei Erfahrung in der ... Kontrolle von Unternehmen". Dadurch seien „Fehlentscheidungen" und „stummes Kassieren der Diäten" unvermeidbar. ADAMS schreibt ferner: „Parallel zur Einführung der Mitbestimmung hat sich in Deutschland die Massenarbeitslosigkeit entwickelt." Kann es einen eindrucksvolleren „Beleg" für „das Scheitern" der Mitbestimmung Beschäftigter geben?

Schon in den Begriffen „Delegation" und „Übertragung" von Verantwortlichkeit klingt Problematisches an. Denn Verantwortlichkeit lässt sich nicht übertragen, sondern nur ermöglichen, und zwar durch die Realisierung der notwendigen Bedingungen verantwortlichen Handelns. Verantwortlichkeit hat die Realisierung dieser Bedingungen zur notwendigen Voraussetzung. Dazu gehört die Möglichkeit, an der Zweckbestimmung betrieblichen Handelns mitzuwirken (in welcher Organisationsform auch immer). Man ist nicht für Handlungen und Handlungseffekte verantwortlich, von deren Zweckbestimmung man völlig ausgeschlossen ist. Wesentlich sind auch Umfang, Relevanz und Qualität des Wissens, das es dem Verantwortlichen ermöglicht, bereits bei der Planung und Organisation seines Handelns die Handlungseffekte vorhersehen oder zumindest begründet einschätzen zu können. Wichtig ist nicht zuletzt die Möglichkeit, an der Bestimmung der Kriterien zu partizipieren, die für die Beurteilung der Qualität des Handlungsvollzugs und des Handlungsergebnisses unentbehrlich sind (HEID, 1997). Wo und soweit die Übertragung von Verantwortlichkeit (nur) die Verwandlung fremdbestimmten Sollens in selbstbestimmtes Wollen bezweckt, ohne in der Organisation betrieblicher Arbeit die beispielhaft erwähnten Bedingungen verantwortlichen Handelns zu realisieren, dort wird die Entwicklung individueller und auch kollektiver Verantwortlichkeit systematisch verhindert – eben weil die beispielhaft erwähnten notwendigen Bedingungen verantwortlichen Handelns nicht verwirklicht sind. Solchermaßen Beschäftigte lernen, sich als Adressaten bzw. Objekt externaler Anordnung zu begreifen. Sie lernen nicht zu tun, was sie wollen, weil sie es gut und verallgemeinerbar, kurz: *Kompetent* begründen können, sondern zu wollen, was sie nach externaler Maßgabe wollen und tun sollen. Die Begründung und Bewertung dieses Sollens – also der Zweckbestimmung ihres „eigenen" Handelns – fällt nicht in ihre Zuständigkeit. Häufig ist auch das für die Begründung von Verantwortlichkeit unentbehrliche Wissen über die wahrscheinlichen Konsequenzen „eigenen" Handelns unvollständig oder unzulänglich. Schließlich werden die Adressaten einer Übertragung von Verantwortung gar nicht so selten auch für Handlungseffekte haftbar gemacht, deren Relevanz nicht von ihrer eigenen Beurteilung, sondern von der oft unvorhersehbaren Beurteilung derer abhängt, die ihnen die Verantwortung übertragen, aber auch vorenthalten oder entziehen können (BECK, 2003). Das ist ziemlich genau das Gegenteil dessen, was man in der philosophischen Tradition als Selbstverantwortung begreift. Aber es ist eben auch möglich und in der gesellschaftlichen Praxis nicht nur des Beschäftigungssystems, sondern auch bereits des gesamten Bildungswesens sozialisationswirksam üblich, die Internalisierung der Fremdbestimmung als Entwicklung der Selbstverantwortung (fehl) zu interpretieren. Eine derartige Praxis könnte von jedem halbwegs sensiblen Beschäftigten durchschaut werden. Aber auch das ist Bestandteil des Programms bzw. der Praxis, Verantwortlichkeit zu delegieren: Der Adressat dieser Verantwortlichkeitsübertragung lernt zu „verstehen" und zu akzeptieren, dass die Verwandlung fremdbestimmten Sollens in selbstbestimmtes Wollen Verantwortlichkeit „ist".

Nun könnte man diese scheinbar bloß mentalen Prozesse als sachlich belanglos abtun. Aber zum einen muss damit gerechnet werden, dass den Betroffenen die Domestizierung der Verantwortlichkeit und die Instrumentalisierung der Verantwortlichen nicht verborgen bleiben, unabhängig davon, ob und wie sie reflektiert und rationalisiert werden, und dass sich dieses Gespür oder diese Erkenntnis „entsprechend", beispielsweise lähmend [2], aus-

2 Auch dazu ein Beispiel: In Gesprächen mit Experten, die für die Organisationsentwicklung eines international operierenden Großunternehmens zuständig sind, wurde berichtet, dass Beschäftigte die Übernahme von Entscheidungskompetenz (worin auch immer diese ganz konkret bestanden haben mag) und die Entwicklung von Eigeninitiativen nicht schätzen oder sogar ablehnen und statt dessen explizite Arbeitsanweisungen wünschen. Bei diesen Beschäftigten handelt es sich um Personen, die in ihrem Privatleben (in ihrer „Freizeit") ein bemerkenswertes Maß und Niveau an Eigeninitiativen zeigen, beispielsweise in Vereinen und Verbänden, in Bürgerinitiativen oder auch beim (eigenen) Hausbau. Hier kann es sich also nicht um Kompetenzmängel handeln.

wirkt. Den Beschäftigten könnte dämmern, dass zwar von ihnen erwartet wird, dass sie sich als „Unternehmer" verstehen und engagieren, obwohl sie in Wirklichkeit doch eher „unternommen" werden. Zum anderen kann nicht ausgeschlossen werden, dass diese Verkehrung der elementaren menschlichen Bedürfnisse nach Autonomie oder Selbstbestimmung und nach Kompetenz oder Wirksamkeit (DECI & RYAN, 1993) mit einer enormen Verschwendung psychischer (Handlungs-)Energie verbunden ist. Eine derartige Praxis ist für die Entwicklung und Erschließung individueller Kompetenz suboptimal. Falls genau davon die optimale Verwertung investierten Kapitals abhängen sollte, geraten – stark vereinfacht formuliert – Kompetenz und Kapital in einen fundamentalen Konflikt.

Dennoch ist die beabsichtigte oder auch die unbeabsichtigte Domestizierung von Autonomie und Kompetenz, die Vereinnahmung „eigenen" Urteilens und Entscheidens – und dafür gibt es zahlreiche Belege – *nicht* geeignet, das eigene Denken, Urteilen, Wollen und Handeln (völlig) auszulöschen oder außer Kraft zu setzen. Es fällt in die Zuständigkeit bildungspolitischen und bildungspraktischen Handelns, sich dafür zu engagieren, dass menschliche Urteilskraft und selbstbestimmte Handlungskompetenz auch im Kontext wirtschaftlichen bzw. betrieblichen Handelns günstigere Entwicklungs- und Verwendungsbedingungen finden.

Literaturverzeichnis

Adams, M. (2003). Das Ende der Mitbestimmung ist besiegelt. *Süddeutsche Zeitung*, 11.12.2003, 2.

Bauer, C. (1959). Kapitalismus. In Görres-Gesellschaft (Hrsg.), *Staatslexikon* (Sp. 813-833). Freiburg: Herder.

Beck, U. (2003). (im Interview mit S. Hillenkamp & H. Sussebach). Was wird? Zwischen Lebensplanung und Zukunftsangst ... *DIE ZEIT, 33/2003*, 43-44.

Bertelsmann Stiftung (2003). (Hrsg.). *Unternehmenskultur und Führungsverhalten als Erfolgsfaktoren*. Gütersloh: Bertelsmann.

Blanke, T. & Schumann, M. (2000). Arbeit in der zivilen Gesellschaft. *DIE ZEIT, 48/2000*, 15.

Böhm-Bawerk, E. von (1961). *Positive Theorie des Kapitals*. Stuttgart: Kohlhammer. (Original erschienen 1888)

Deci, E. L. & Ryan, R. M. (1993). Die Selbstbestimmungstheorie der Motivation und ihre Bedeutung für die Pädagogik. *Zeitschrift für Pädagogik, 39*, 223-238.

Harteis, C. (2002). *Kompetenzfördernde Arbeitsbedingungen. Zur Konvergenz ökonomischer und pädagogischer Prinzipien betrieblicher Personal- und Organisationsentwicklung*. Wiesbaden: DUV/Gabler.

Heid, H. (1985). Zum Kongreßthema (Arbeit – Bildung – Arbeitslosigkeit). *Zeitschrift für Pädagogik, 19. Beiheft*, 16-20.

Heid, H. (1988). Über Informationsgehalt und Stichhaltigkeit von Argumenten, mit denen die Aktualität von Weiterbildung begründet wird. *Bildung und Erziehung, 41*, 459-476.

Heid, H. (1997). Erziehung zur Verantwortungsbereitschaft. Ideologiekritische Analyse. In Comenius-Institut (Hrsg.), *Handbuch Religionsunterricht an berufsbildenden Schulen* (S. 81-85). Gütersloh: Bertelsmann.

Heid, H. (2003). Bildung im Spannungsfeld zwischen gesellschaftlichen Qualifikationsanforderungen und individuellen Entwicklungsbedürfnissen. *Zeitschrift für Berufs- und Wirtschaftspädagogik, 99*, 10-25.

Kant, I. (1956). Metaphysik der Sitten in zwey Theilen In W. Weischedel (Hrsg.), *Werke in sechs Bänden* (S. 305-634). Wiesbaden: Insel-Verlag. (Original erschienen 1797)

Lutz, F. A. (1959). Kapital. In Görres-Gesellschaft (Hrsg.), *Staatslexikon* (Sp. 798-809). Freiburg: Herder.

Marshall, A. (1895). *Principles of economics, Vol. I* (3. Aufl.). London: Macmillan.

Marx, K. (1976). *Das Kapital. Kritik der politischen Ökonomie*. Berlin: Dietz.

Peter, H. (1956). Kapital (II). Gesellschaftliche Theorie des Kapitals. In E. von Beckerath & S. Gorny (Hrsg.), *Handwörterbuch der Sozialwissenschaften* (S. 488-494). Stuttgart: Fischer.

Ribolits, E. (1992). Die Ökonomie des Ausbildungssektors. Oder – „Wozu brauchen FacharbeiterInnen Bildung?“ In E. Gruber & E. Ribolits (Hrsg.), *Bildung ist mehr ...* (S. 91-104). München: Profil.

Schumpeter, J. A. (1946). *Kapitalismus, Sozialismus und Demokratie*. Bern: Francke.

Smith, A. (1974). *Der Wohlstand der Nationen. Eine Untersuchung seiner Natur und seiner Ursachen*. München: Beck. (Original erschienen 1776)

Sombart, W. (1908). *Sozialismus und soziale Bewegung* (6. Aufl.). Jena: Fischer.

Topitsch, E. (1960). Über Leerformeln. Zur Pragmatik des Sprachgebrauchs in Philosophie und politischer Theorie. In E. Topitsch (Hrsg.), *Probleme der Wissenschaftstheorie* (S. 233-264). Wien: Springer.

Walras, L. (1874). *Eléments d´economie politique pure* (1. Teil). Lausanne: Rouge.

Weber, M. (1951). Die „Objektivität“ sozialwissenschaftlicher und sozialpolitischer Erkenntnis. In M. Weber, *Gesammelte Aufsätze zur Wissenschaftslehre* (S. 146-214). Tübingen: Mohr. (Original erschienen 1904)

Weber, M. (1904/1905/1920). Die protestantische Ethik und der Geist des Kapitalismus. In M. Weber, *Gesammelte Aufsätze zur Religionssoziologie (I)* (S. 17-206). Tübingen: Mohr.

Weber, M. (1964). *Wirtschaft und Gesellschaft*. Tübingen: Mohr.

Weinberg, O. (1956). Kapital (I). Geschichte der Kapitaltheorie. In E. von Beckerath & S. Gorny (Hrsg.), *Handwörterbuch der Sozialwissenschaften* (S. 480-488). Stuttgart: Fischer.

Christian Harteis, Johannes Bauer und Helene Coester

Betriebliche Personal- und Organisationsentwicklung zwischen ökonomischen und pädagogischen Überlegungen

Einleitung

Betriebliche Personal- und Organisationsentwicklung dient zum einen der effektiven Ausgestaltung betrieblicher Arbeitsorganisation sowie zum anderen der Entwicklung bzw. Förderung der individuellen Kompetenz der Beschäftigten. Für die Praxis betrieblicher Personal- und Organisationsentwicklung sind demnach Überlegungen sowohl ökonomischer als auch pädagogischer Art maßgeblich. Diese Feststellung ist weder strittig noch spektakulär – interessanter und ungewiss ist die Frage nach dem Verhältnis beider Kalküle: Ist die Behauptung eines (prinzipiellen) Widerspruchs zwischen ökonomischen und pädagogischen Prinzipien betrieblicher Personal- und Organisationsentwicklung plausibel oder kann man davon ausgehen, dass im Rahmen moderner Arbeitsorganisation ökonomische und pädagogische Zielsetzungen miteinander vereinbar sind?

In diesem Kapitel soll ein Konzept vorgestellt werden, das eine spezifische Charakteristik des Verhältnisses ökonomischer und pädagogischer Prinzipien betrieblicher Personal- und Organisationsentwicklung offen legt. Hierzu wird zunächst aufgezeigt, in welcher Weise in modernen Ansätzen betrieblicher Arbeitsorganisation die individuelle Kompetenz Beschäftigter eine Rolle spielt und welche Konsequenzen für die betriebliche Bildungsarbeit hieraus erwachsen. Auf dieser Basis wird die These von der Konvergenz ökonomischer und pädagogischer Prinzipien vertreten, wobei zunächst der aktuelle erziehungswissenschaftliche Diskussionsstand aufgezeigt und kritisiert wird, um in Anschluss daran das Regensburger Konvergenz-Konzept zu beschreiben. Der Beitrag schließt mit Gedanken über die Bedeutung dieses Konzepts für die Praxis betrieblicher Arbeitsorganisation.

Die Bedeutung individueller Kompetenz im Kontext moderner Ansätze betrieblicher Arbeitsorganisation

Der gemeinsame Kern der seit den 90er Jahren formulierten und etablierten Organisationskonzepte besteht im Streben danach, rasch und flexibel auf sich ständig und nur schwer antizipierbar verändernde Marktbedingungen reagieren zu können. Dieses Streben kann unter dem Schlagwort *Lernende Organisation* subsumiert werden.

Als lernende Organisation wird eine solche bezeichnet, „die sich ständig ändert, weil die Mitarbeiter ermuntert werden, ständig Änderungen und Anpassungen vorzunehmen. Eine lernende Organisation (...) konzentriert sich darauf, Wissen zu schaffen, zu erwerben und zu übertragen sowie das Verhalten dem Wissen entsprechend zu ändern" (FRIEDMAN, HATCH & WALKER, 1999, S. 168). Organisationsansätze, die sich mit den Themen *Lernen* oder *Wissenserwerb* auseinandersetzen, benennen zwar das Ziel der Wissensgenerierung, verbleiben aber bezüglich konkreter Maßnahmen und Instrumente der Zielerreichung abstrakt, unklar und theoretisch diffus. Somit stehen Beschäftigte vor dem Problem, unscharfen Anforderungen gerecht werden zu müssen. Verschärft wird dieses Problem zusätzlich dadurch, dass Beschäftigte als Adressaten unklarer Kompetenzanforderungen normalerweise keinerlei Einfluss auf die Bedingungen der Kompetenzverwertung besitzen, da diese in der Regel außerhalb des Wirkbereiches ihres Arbeitshandelns bestimmt werden (z.B. Kunden, Markt, Unternehmensleitung).

Praxisleitfäden für die Umsetzung lernorientierter Organisationsansätze (PROBST & BÜCHEL, 1994) sehen Verfahrensweisen und Regelungen vor, die einerseits Möglichkeiten und Freiräume für Prozesse der Kompetenzentwicklung eröffnen und andererseits verschiedene Dimensionen von Lernprozessen und deren Interdependenz berücksichtigen (Abbildung 1).

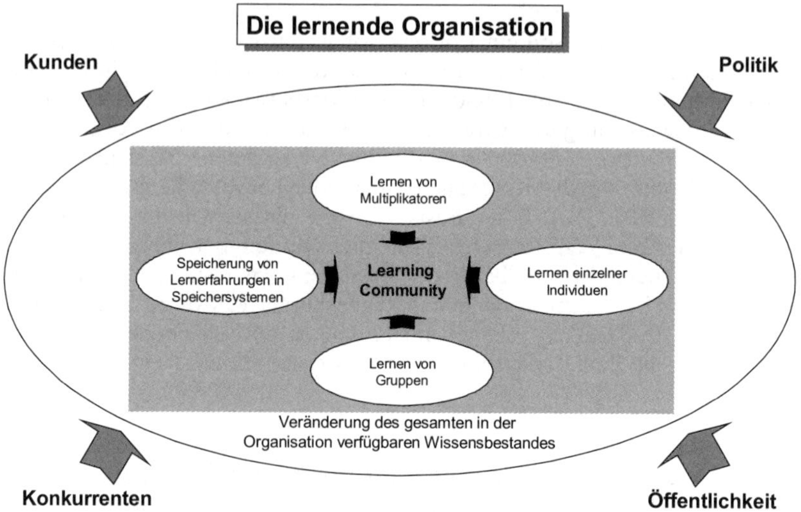

Abb. 1: Dimensionen einer lernenden Organisation (nach PROBST & BÜCHEL, 1994).

Das abgebildete Konzept impliziert die Veränderung des organisationalen Wissensbestandes in Zusammenhang mit Veränderungen aus dem Unternehmensumfeld. Berücksichtigt werden sowohl individuelle als auch soziale Lernprozesse sowie Lernen von und in weiterer Folge über Multiplikatoren. Zur Unterstützung der intendierten Lernprozesse erfolgt die Bereitstellung und Dokumentation der Lernerfahrungen in verschiedenen Speichersystemen. Damit umfasst obiges Konzept Gesichtspunkte, die gemeinhin unter „Wissensmanagement" im Rahmen von Wirtschaftsunternehmen diskutiert werden (FREIMUTH, 1997; WILLKE, 1998). In ihrer Gesamtheit ergeben diese vier Dimensionen des Lernens ein Konzept organisationalen Lernens, das die Nutzung der Problemlösekapazitäten der Beschäftigten ermöglichen soll (WILDEMANN, 2000). Dieser Sachverhalt formuliert somit die zentrale Herausforderung für Unternehmen, die ständig auf sich rasch verändernde Marktverhältnisse reagieren müssen (BERRYMAN & BAILEY, 1992; KÜHL, 1998; LESGOLD, 1997). In der fehlenden Klarheit der Vorhersage zukünftiger Anforderungen liegt begründet, dass in Programmatiken lernender Organisationen die Förderung eines möglichst breiten Kompetenzspektrums der Beschäftigten angestrebt wird und dass ein umfassender Austausch von organisationalen Wissensbeständen ermöglicht werden soll.

Die Betonung der Bedeutung individueller Kompetenz Beschäftigter geht zurück bis in die in den frühen 90er Jahren entwickelten Organisationskonzepte *Schlanke Organisation* und *Business Reengineering*. Alle seither etablierten Ansätze betrieblicher Arbeitsorganisation sind dadurch gekennzeichnet, dass sie Beschäftigten in hohem Maße Entscheidungen und Verantwortungsbereitschaft abverlangen und sich in diesem Zusammenhang auf deren individuelle Kompetenz stützen. Je stärker die Steuerung durch Zentralstellen im Unternehmen formal zurückgenommen wird, desto eher erhalten Beschäftigte die Möglichkeit, die Zwecke und Mittel ihres beruflichen Handelns mitzubestimmen. Dass schließlich diejenigen Ansätze an Attraktivität gewinnen, die organisationales Lernen proklamieren, kann als Indiz dafür interpretiert werden, dass in den Unternehmensleitungen diese Mitbestimmung (aus welchen Überlegungen heraus auch immer) akzeptiert und intendiert wird und daraufhin Versuche erfolgen, die Voraussetzung für diese Mitbestimmung, nämlich die Entwicklung individueller Kompetenz, sicherzustellen.

Generell sind die Anforderungen „in modernen Arbeitsprozessen durch erhöhte kognitive und kommunikative Ansprüche, durch eine zunehmende Entkopplung von Arbeits- und Produktionsprozeß, durch erhöhte Flexibilität, Mobilität und Effizienz sowie durch höhere Arbeitsintensität und neue Kontrollformen gekennzeichnet" (DEHNBOSTEL, ERBE & NOVAK, 2001, S. 11). Es werden schlecht vorhersagbare, sich permanent wandelnde Situationen beschrieben, mit denen sich Beschäftigte im Arbeitsalltag konfrontiert sehen. Dabei wird von ihnen erwartet, die Situationen adäquat, d.h. ökonomisch-effizient, zu bewältigen. Die Folge ist, dass sich keine konkreten Qualifikationsanforderungen an Beschäftigte formulieren lassen, weil der permanente Wandel solche Anforderungen schnell wieder in Frage stellt. Je enger eine

Kompetenzanforderung in Zusammenhang mit vorfindbaren Erfordernissen am Arbeitsplatz formuliert ist, desto größer wird die Gefahr ihrer Entwertung durch aktuelle Entwicklungen im Beschäftigungssystem (HEID, 1996). In den 70er Jahren formulierte MERTENS (1974) sein Konzept der Schlüsselqualifikationen unter ähnlichen Bedingungen der Unschärfe sich abzeichnender zukünftiger Qualifikationsanforderungen. In jüngerer Zeit wird in bildungspolitischen und berufspädagogischen Zusammenhängen dazu übergegangen, bei der Beschreibung der Anforderungen an Beschäftigte auf das Konzept beruflicher (Handlungs-)Kompetenz zurückzugreifen, weil damit diese Unschärfe verschleiert und die Verantwortung für die Bewältigung der Anforderungen den Beschäftigten zugeschrieben werden kann (DREXEL, 2001).

Konsequenzen für die betriebliche Bildungsarbeit

Die Ermöglichung organisationalen Lernens erfordert – darin stimmen Experten im Rahmen umfassender Untersuchungen des Bundesinstituts für Berufsbildung überein – „neue Sozialformen des Lernens, insbesondere funktions- und hierarchieübergreifende Lernprozesse", die für die betriebliche Bildungsarbeit Probleme sowohl auf der individuellen Ebene der Beschäftigten als auch auf der Ebene der Organisation der Arbeit im Betrieb darstellen (NOVAK, 2001, S. 104). Wie zu zeigen sein wird, kann sich Bildungsarbeit nicht allein auf eine der beiden Ebenen beschränken, sondern muss im Fokus sowohl auf die individuelle als auch die organisationale Ebene gerichtet sein. Deshalb werden im Folgenden eine individuelle und eine organisationale Perspektive in Hinblick auf die Kompetenzentwicklung Beschäftigter beschrieben. Um die mit betrieblicher Bildungsarbeit intendierten Ziele erreichen zu können, müssen auch organisationale Voraussetzungen erfüllt sein, die wiederum an konkrete Individuen gebunden sind. Demnach ist die betriebliche Bildungsarbeit als eine Einheit von Personal- und Organisationsentwicklung zu betrachten.

Individuelle Perspektive

Die individuelle Perspektive schließt Aspekte ein, welche die individuellen Lernprozesse als Teilaspekt des Kompetenzerwerbs Beschäftigter betreffen. Die Ermöglichung individuellen Kompetenzerwerbs kann in betrieblichen Kontexten entweder in *zentralisierter* Form – damit sind organisierte Maßnahmen betrieblicher Weiterbildung gemeint – oder in *dezentralisierter* Form – also arbeitsnah – erfolgen. Aus pädagogischer Sicht ist diese Unterscheidung deshalb von Bedeutung, weil arbeitsplatznahe Formen individuellen Kompetenzerwerbs in der Regel den Verwendungszusammenhang der zu erwerbenden Kompetenz auf die Bedingungen des Arbeitsplatzes fokussieren.

Dezentralisierte Formen individuellen Kompetenzerwerbs sind eher so angelegt, den Verwendungszusammenhang weiter als auf einen spezifischen Arbeitsplatz auszurichten. Es soll gezeigt werden, dass die organisationalen Bedingungen eines Betriebes einen entscheidenden Einfluss auf den Erfolg der Ermöglichung individuellen Kompetenzerwerbs haben.

Die modernen Organisationskonzepte und die Rahmenbedingungen betrieblicher Bildungsarbeit – technische Entwicklung, Marktbedingungen, gesellschaftliche Wertorientierung (HARTEIS, 2000a; PICOT, REICHWALD & WIGAND, 1996) – skizzieren Bedingungen, die der individuellen Kompetenz Beschäftigter – und somit auch der betrieblichen Bildungsarbeit – hohe Bedeutung beimessen. Aus der Besonderheit von betrieblicher Weiterbildung – sie ist Dienstleister für zwei verschiedene Kunden, nämlich für die Lernenden und eben für die Betriebe als Finanzierungs- und Verwertungsinstanz – ergeben sich drei entscheidende Konsequenzen für die betriebliche Bildungsarbeit: (1) Konsequenzen angesichts betrieblicher Kosten-Nutzen-Abwägungen, (2) Konsequenzen angesichts individueller Kosten-Nutzen-Überlegungen sowie (3) Konsequenzen angesichts veränderter betrieblicher Rahmenbedingungen.

Zu (1). Investitionen in betriebliche Bildungsarbeit unterliegen im Allgemeinen betriebswirtschaftlichen Maßstäben. Die Entscheidung darüber, wann der Nutzen betrieblicher Bildungsausgaben von Bildungsverantwortlichen und Vorgesetzten als ausreichend groß gewertet wird, hängt neben Rahmenbedingungen, auf die Beschäftigte keinen Einfluss haben (HEID, 1996), davon ab, wie gut die Lernenden die Lerninhalte gelernt haben (Lernerfolg), und von den Möglichkeiten der Lernenden, das Gelernte im Betrieb nutzbringend anzuwenden. Je höher die Entscheidungsträger in der betrieblichen Machthierarchie angesiedelt sind, desto mehr Möglichkeiten sind gegeben, die Messlatte bzw. das Bewertungskriterium intransparent zu halten. Dass dabei ökonomische Kalküle zum Tragen kommen können, die aus pädagogischer Sicht höchst fragwürdig sind, wurde von HARTEIS (1998) herausgearbeitet. Das betriebliche Bildungspersonal hat dabei nur auf die Qualität der Lehre als eine Determinante des Lernerfolgs direkten Einfluss.

Die Aufgabe betrieblicher Bildungsarbeit besteht darin, die Entwicklung der für die Bewältigung der betrieblichen Aufgaben und Anforderungen notwendigen Kompetenz Beschäftigter zu ermöglichen. Aufgrund der ökonomischen und technischen Entwicklungen besteht die wesentliche Herausforderung für Betriebe sowie für Beschäftigte in der Bewältigung sich stetig verändernder Bedingungen. Diese sind kaum prognostizierbar, so dass eine Fokussierung betrieblicher Bildungsarbeit auf konkrete Spezialfertigkeiten als wenig aussichtsreich erscheint. Die Entwicklung und Förderung komplexer Problemlösefähigkeiten stellt sich als wesentlich gewinnbringendere Maßnahme dar.

Zu (2). Befunde der Weiterbildungsforschung haben gezeigt, dass die Teilnahme an Bildungsmaßnahmen von (positiven) individuellen Abwägungen des antizipierten, konkreten Nutzens und des anfallenden Aufwands durch Beschäftigte abhängt. Nicht nur die Betriebe als Entsende-Instanzen kalkulieren ihre Bildungsausgaben, sondern auch die Beschäftigten sehen ihren individuellen (materiellen und immateriellen) Aufwand für Bildungsarbeit als Investition (GALLENBERGER, 2002; STENDER, 1996). Nutzenerwartungen beziehen sich dabei auf die Erreichung beruflicher Verbesserungen, Vermeidung von Verschlechterungen oder auf die Anpassung an Veränderungen (KUWAN, GNAHS, KRETSCHMER & SEIDEL, 1996). Damit dies jedoch realisierbar erscheinen kann, muss ein Transfereffekt erwartet werden. Beschäftigte stellen solche Transferannahmen in der Regel auf Basis ihrer individuellen Erfahrung mit der Teilnahme an (vergleichbaren) Weiterbildungsmaßnahmen an.

Zu (3). Die Realisierung einer Teilnahme an Weiterbildungsmaßnahmen hängt auch von Gegebenheiten ab, die mit den Bildungsmaßnahmen in keinem direkten Zusammenhang stehen (FRIEBEL, 1993). Um berufliche Verbesserungen zu erreichen, muss das berufliche Umfeld entsprechende Optionen zur Verfügung stellen. Dies ist umso unabsehbarer, je länger Bildungsmaßnahmen andauern. Zumeist sind zum Zeitpunkt des Eintritts in eine (länger andauernde) Bildungsmaßnahme die nach ihrem Abschluss vorfindbaren Gegebenheiten nur schwer absehbar.

An dieser Stelle wird die immense Bedeutung der Struktur betrieblicher Arbeitsorganisation offensichtlich. Wird eine Auffassung akzeptiert, wonach die Teilnahme an Weiterbildung mit konkreten Nutzenerwartungen verbunden ist, dann genügt streng genommen noch nicht einmal die Tatsache, dass die Realisierung der Verwertung (Melioration) des Gelernten nach Abschluss der Bildungsmaßnahme gegeben ist, vielmehr muss den Beschäftigten diese *Möglichkeit* vor Beginn der Maßnahme absehbar erscheinen (ICKING, 2000). Dies scheint nur in einer Form der Arbeitsorganisation gewährleistet zu sein, in der die rigide Orientierung an kurzfristigen Verwertungsoptionen einen nur geringen Stellenwert einnimmt und in der die individuelle Kompetenz Beschäftigter ein Kreativitätspotenzial darstellt. Eine solche Orientierung entspricht in etwa dem, was SCHEIN (1995) als Merkmal einer fruchtbaren Lernkultur beschreibt, nämlich eine pragmatische Anschauung über Wesen der Wahrheit und Wirklichkeit, die eine Kategorisierung in richtiges vs. falsches oder gutes vs. schlechtes Wissen nicht zulässt. Aus heutiger Sicht ist nämlich kein Urteil darüber abzugeben, welches Wissen und welche Kompetenzen für die Bewältigung zukünftiger, nicht prognostizierbarer Problemstellungen tauglich bzw. untauglich sind. Insofern ist eine Dichotomisierung von individueller Kompetenzentwicklung in *brauchbar* und *unbrauchbar* nicht zu vertreten.

Organisationale Perspektive

Schon bei der Beschreibung der Anforderung an betriebliche Bildungsarbeit aus der individuellen Perspektive wurden Gesichtspunkte angeführt, die letztlich auf die Ausgestaltung der Arbeitsorganisation abzielen. Sie gelten daher auch für diesen Abschnitt uneingeschränkt und bedürfen hier keiner neuerlichen Erwähnung. Aus organisationaler Perspektive lassen sich aber noch weitere Sachverhalte diskutieren.

Vorstellungen von Unternehmen als Organisationen lernender und problembewältigender Arbeitsgruppen finden ihren Niederschlag in zahlreichen neueren berufspädagogischen Veröffentlichungen.

DUBS (1998) greift beispielsweise das in den letzten Jahren in der Lehr-Lern-Forschung zunehmend populäre, konstruktivistische Paradigma auf und skizziert, in Abgrenzung zu einem tradierten, betriebswirtschaftlichen Paradigma der Unternehmensstrukturierung, ein am Konstruktivismus orientiertes Paradigma, dessen zentrale Bestandteile Kompetenznetzwerke und ein funktionierendes Wissensmanagement sind, in denen dezentrale Lernprozesse im Arbeitsalltag als die wichtigste Quelle individuellen Kompetenzerwerbs fungieren. Diese stellen die sicherste Form bedarfsgerechten und lebenslangen Lernens dar, das selbstgesteuert unter Ausnutzung der Organisationsressourcen vollzogen wird. Dass dies jedoch eine Aufgabe der Gesamtorganisation ist, weil Erfolge sonst nur in Partialstrukturen des Unternehmens auftreten können, betont DUBS explizit: „Viele Unternehmungen versuchen heute, das organisationale Lernen einzuführen. Seine Verwirklichung gelingt aber meistens nicht in umfassender Weise, sondern nur in einzelnen Arbeitsgruppen, in denen das Arbeitsklima gut, der Wille zur Innovation groß und die Identifikation mit der Unternehmung hoch ist. Dort, wo diese Voraussetzungen nicht vorhanden sind und vor allem dort, wo die Organisation nicht auf Arbeitsgruppen mit großen Kompetenzen ausgerichtet ist, scheitert das Vorhaben des organisationalen Lernens meistens, weil sich traditionelle Management- und Organisationsstrukturen und organisationales Lernen gegenseitig weitgehend ausschließen“ (DUBS, 2000, S. 105).

Was die organisationale Ermöglichung selbstgesteuerter Lernprozesse betrifft, etablieren sich in Bildungsabteilungen gerade durch die (vermeintlichen) Potenziale neuer Medien große Hoffnungen, die sich in Schlagworten wie *Learning on Demand* und *Just-in-Time-Learning* ausdrücken (PETROVIC, KAILER, SCHEFF & VOGEL, 1998). In diesen Phrasen finden Prinzipien betrieblicher Restrukturierung ihren Niederschlag, die auf eine Reduktion der Geschäftsprozesse auf die direkt wertschöpfenden Vorgänge setzen. An den prinzipiellen Konflikt zwischen der auf Kurzfristigkeit ausgerichteten *On Demand-* und *Just-in-Time-*Strategie einerseits und der auf Langfristigkeit individueller Kompetenzentwicklung bauenden Strategie andererseits hat HARTEIS (2000b) erinnert. Ihre Attraktivität verlieren derartige Kurzfriststrategien vor allem vom Standpunkt der Unternehmensleitungen aus jedoch nicht. Hinter den verheißungsvollen Schlagworten steckt die Idee, dass Beschäftigte mit Hilfe neuer Medien im Kontext ihrer alltäglichen Arbeit genau (und nur) das schnell und kostengünstig lernen, was sie im aktuellen Arbeitsalltag benötigen. Damit wäre *erstens* eine auf individuelle Qualifizierungsbedürfnisse abgestimmte und *zweitens* eine primär auf den betrieblichen Bedarf ausgerichtete Bildungsarbeit möglich. *Drittens* ließen sich die Kosten für diese Bildungsbemühungen auf ein Minimum reduzieren, da die direkten

Kosten sich auf die Infrastruktur und Software beschränken würden und die indirekten Kosten nahezu völlig eingespart werden könnten. Die Einschränkung finanzieller Aufwendungen und Bildungsaktivitäten auf unmittelbar notwendige (oder von den Beschäftigten als notwendig wahrgenommene) Maßnahmen und die Dezentralisierung der Entscheidung darüber, wann was gelernt werden soll, folgt exakt den Leitgedanken neuerer Organisationskonzepte. Im Lichte bildungsökonomischer und investitionstheoretischer Modelle erscheinen diese Bildungsstrategien als rational, denn bei der Betrachtung von Bildungsaufwendungen als Investitionen eröffnet sich ein nicht unwesentliches Dilemma. Investitionen im Kontext betrieblicher Bildungsarbeit sind nämlich Aufwendungen, die in Erwartung auf einen zeitlich enorm (und möglicherweise Jahre umfassenden) verzögerten Nutzen getätigt werden. Arbeitsrechtlich hingegen besteht keine Möglichkeit (und aufgrund etwaiger betrieblicher Verpflichtungen vermutlich auch gar nicht der Wunsch der Unternehmen), Beschäftigte über einen langen Zeitraum hinweg zu binden. In Bezug auf Bildungsmaßnahmen erscheint eine investitions- und bildungsökonomische Betrachtungsweise genau die genannten „schlanken" Bildungsstrategien nahe zu legen. Da aber erschwerend hinzu kommt, dass „ein großer Teil des zukünftigen Ertrages (...) betriebswirtschaftlich nicht annähernd meßbar ist, sondern lediglich in verhaltenswissenschaftlichen und bildungstheoretischen Kategorien beschrieben werden kann" (VON BARDELEBEN & BEICHT, 1996, S. 24), ist diese kurzfristig angelegte Perspektive auf betriebliche Bildungsarbeit fragwürdig.

Somit wird also unter einer organisationalen Perspektive eine ähnliche Voraussetzung für die Unterstützung individuellen Kompetenzerwerbs identifiziert, wie dies schon unter der individuellen Perspektive der Fall war: „Das Konzept qualifizierender Arbeitsgestaltung kann nicht losgelöst von den Strukturen und Prozessen der Organisation oder des Unternehmens insgesamt betrachtet werden. Eine auf Qualifizierung ausgerichtete, langfristig erfolgreiche Arbeitsneugestaltung bedingt eine grundlegende Veränderung der Organisationskultur. Dabei genügt es nicht, mit Schlagworten wie Kundenorientierung, Qualitätsbewußtsein, Flexibilität, Innovationsbereitschaft usw. durchsetzte Unternehmensleitbilder zu entwickeln, die der neuen Organisationskultur Ausdruck geben sollen. Vielmehr verstehen wir unter Kultur alle Techniken und Technologien, Organisationsformen sowie Wert- und Normensysteme, die über Lernprozesse kollektiv vermittelt werden, d.h. das System, das das erfolgreiche Überleben der Organisation angesichts der spezifischen Herausforderungen der natürlichen, sozialen und wirtschaftlichen Umwelt gewährleisten soll" (FREI, HUGENTOBLER, ALIOTH, DUELL & RUCH, 1996, S. 6f.). Hier wird die Organisation als die für die Unterstützung individuellen Kompetenzerwerbs zentrale Instanz explizit benannt. Sie soll einerseits alle Hilfsmittel für Lernprozesse bereitstellen, andererseits soll sich ein lernförderliches Klima etablieren. Das bedeutet, dass sowohl Freiraum für das Lernen als auch eine Kultur der Kooperation und gegenseitigen Unterstützung vorhanden sein muss, um den Anforderungen der Organisationsprogrammatiken gerecht zu werden.

Im Vergleich der individuellen und der organisationalen Perspektive zeigt sich, dass im Zuge der jüngeren Entwicklungen mehr und mehr von einer unabdingbaren Verzahnung von betrieblicher Bildungsarbeit und betrieblicher Organisationsentwicklung auszugehen ist: Das Eine macht ohne das Andere wenig Sinn. Darin ist impliziert, dass die individuelle Kompetenzentwicklung Beschäftigter mit der Entwicklung der Organisation bzw. des Unternehmens in Zusammenhang steht und umgekehrt genauso die betriebliche Organisationsentwicklung Belange individueller Kompetenzentwicklung Beschäftigter zu berücksichtigen hat.

Zur Konvergenz ökonomischer und pädagogischer Prinzipien betrieblicher Personal- und Organisationsentwicklung

Die skizzierte Interdependenz zwischen individueller Kompetenzentwicklung Beschäftigter und der Entwicklung der Arbeitsorganisation legt einen Perspektivenwechsel nahe, einerseits die Ausgestaltung betrieblicher Arbeitsorganisation als Lehr-Lern-Arrangement – und somit als pädagogisches Setting – und andererseits die Entwicklung individueller Kompetenz als ökonomische Größe im Sinne eines knappen Gutes zu verstehen.

Der erziehungswissenschaftliche Diskussionsstand

In Zusammenhang mit der Frage nach dem Stellenwert individueller Kompetenz Beschäftigter im Rahmen betrieblicher Arbeitsorganisation werden für erziehungswissenschaftliche Forschungsarbeiten die Voraussetzungen und Bedingungen für die Verwertung individueller Kompetenz im Beschäftigungssystem relevant, um diese als Gegenstand der Reflexion und kritischen Analyse beruflicher Bildungspraxis zu betrachten. Aus der Sicht von Beschäftigten (als Adressaten beruflicher Kompetenzanforderungen) ist eine Realisierung des Nutzens ihrer individuellen beruflichen Kompetenz genau dann möglich, wenn diese Kompetenz im Kontext des betrieblichen Alltags eingebracht und verwertet werden kann. Der betriebliche Alltag als Ort der Anforderungen der Arbeitswelt ist jedoch keine objektiv gegebene Realität, sondern „ein soziales Definitions-, Bewertungs-, Entscheidungs-, Erwartungs- und *Sanktionssystem*, in dem empirisch-explikative Einschätzungen und Bewertungen individueller, sozialer und technisch-organisatorischer Tatbestände (...) institutionalisiert sind“ (HEID, 1977, S. 838, Herv. i.O.). In bildungspolitischen Argumentationszusammenhängen wird die Entscheidungsabhängigkeit vorfindbarer Arbeitsrealitäten zumeist ignoriert und somit die Notwendigkeit ihrer Rechtfertigung ausgeblendet. Die Analyse solcher Wechselbeziehungen zwischen Beschäftigungs- und Bildungssystem stellt eine Aufgabe erziehungswissenschaftlicher Forschung dar.

Es wurde bereits die individuelle Kompetenz der Beschäftigten als Grundlage der Bewältigung von Unsicherheit und Wandel als gemeinsamer Kern der neueren Ansätze betrieblicher Arbeitsorganisation herausgearbeitet. Als wichtigste Merkmale können genannt werden (HARTEIS, 2002):

- Ein hohes Maß an Kompetenzanforderungen, das eine Fülle an Fachwissen ebenso beinhaltet wie fachübergreifende Fähigkeiten (z.B. Problemlösefähigkeit).
- Den Beschäftigten wird ein hohes Maß an Selbstständigkeit und Verantwortungsbereitschaft abverlangt.
- Die sogenannten „Soft-Skills" erfahren eine deutliche Aufwertung, indem darauf verwiesen wird, dass teamorientierte Arbeitskonzepte von der sozialen Kompetenz der Gruppenmitglieder getragen werden. In diesem Zusammenhang wird auch von „Emotionaler Intelligenz" gesprochen (GOLEMAN, 1999).
- Nicht zuletzt wird die Bedeutung der Fähigkeit und Bereitschaft zu selbstständigem lebenslangen Lernen betont.

Die Erfüllung dieser Anforderungen ist voraussetzungsreich, gerade in Hinblick darauf, dass die Entwicklung entsprechender Fähigkeiten auch im alltäglichen Arbeitsprozess ermöglicht werden soll.

Parallel zu den Entwicklungen der Strukturierung betrieblicher Arbeitsorganisation hat der erziehungswissenschaftliche Diskurs um eine pädagogische Bewertung des Verhältnisses betrieblicher Kompetenzverwertungsinteressen einerseits und individueller Entwicklungsperspektiven andererseits die Diskussion neu belebt. Sie lassen sich in zwei gegensätzlichen Positionen zugespitzt kontrastieren, nämlich dem Paradigma der *Divergenz* versus dem der *Konvergenz* ökonomischer und pädagogischer Prinzipien betrieblicher Personal- und Organisationsentwicklung. Während noch bis in die 70er Jahre mehrheitlich der Standpunkt geteilt wurde, ökonomische und pädagogische Prinzipien seien unvereinbar, so dass von deren Divergenz ausgegangen wurde, scheinen in der jüngeren Vergangenheit die Vertreter der Konvergenzthese die Diskussion zu bestimmen.

Die Begründung der Konvergenzthese beinhaltet in der Regel einen Verweis auf Veränderungen in der Organisation betrieblicher Arbeit (BAETHGE & OBERBECK, 1986; BEYER, FEHR & NUTZINGER, 1994; KERN & SCHUMANN, 1984; PICOT et al., 1996). Hervorgehoben werden hauptsächlich die Dezentralisierung der Verantwortlichkeit für betriebliche Aufgabenerfüllung, (im Zusammenhang damit) der Abbau hierarchischer Strukturen, die Verlagerung der Zuständigkeit für Planung und Kontrolle an die ausführenden Arbeitsplätze und nicht zuletzt partizipative Führungskonzepte. Allerdings ist diese Position aus zwei Gründen problematisch:

1) Sie stützt sich in ihrer Argumentation auf Programmatiken betrieblicher Arbeitsgestaltung und leitet aus deren Zielvorgaben einen Zustand der Konvergenz ökonomischer und pädagogischer Prinzipien ab. Damit wer-

den die beiden höchst voraussetzungsreichen und keineswegs trivialen Gegebenheiten ausgeblendet, dass einerseits diese Programme bei deren Adressaten Zustimmung finden und in der intendierten Weise interpretiert werden und andererseits die Adressaten die gewünschten Schlussfolgerungen ziehen und die Programme in ihrem Handeln umsetzen.

2) Es existieren empirische Befunde vor allem aus der Industriesoziologie, die eine weitgehende Verallgemeinerbarkeit der proklamierten Konsequenzen infolge des Strukturwandels betrieblicher Arbeitsgestaltung in Frage stellen (BÜCHTER, 1998; HARNEY, 1994; KOMPACHER, 1994). Damit ist der auf diese Weise vertretenen Konvergenzbehauptung die Grundlage genommen.

Das Regensburger Konvergenz-Konzept

Das Regensburger Konvergenz-Konzept leitet die Konvergenzbehauptung auf eine andere Weise her. Im Rahmen des DFG-Projekts „Betriebliche Personalentwicklung" (He 1158/4-1) wurde ein Konzept der Konvergenz ökonomischer und pädagogischer Prinzipien betrieblicher Personal- und Organisationsentwicklung entworfen, das auf die Berufung auf Unternehmensprogrammatik verzichtet und stattdessen aus einer rationalen Beschreibung von Problemen und Herausforderungen der Ausgestaltung betrieblicher Arbeitsorganisation unter heutigen Bedingungen besteht. Die Stimmigkeit der Konvergenzannahme kann aus ökonomischen und pädagogischen Grundkonzepten heraus begründet werden, wobei für die Beschreibung dessen, was in diesem Konzept als ökonomisches und pädagogisches Prinzip verstanden werden soll, die Bezugnahme auf wesentliche, grundlegende theoretische Positionen genügt.

Zur ökonomischen Perspektive betrieblicher Personal- und Organisationsentwicklung. Privatwirtschaftlich geführte Unternehmen verfolgen keinen Selbstzweck, sondern unterliegen dem Primat der Wirtschaftlichkeit. Dieses legt als ersten und grundlegenden Unternehmenszweck die Erwirtschaftung von Erträgen fest, wobei damit nur ein sehr abstraktes und unklares Grundprinzip beschrieben ist, dessen Konkretisierung in eine Vielzahl unterschiedlicher Kriterien von Wirtschaftlichkeit münden kann (ULRICH, 1996). Das formale ökonomische Prinzip besteht darin, aus vorhandenen knappen Ressourcen maximalen Nutzen zu erzielen oder einen angestrebten Nutzen mit minimalem Ressourceneinsatz zu erreichen (WÖHE, 2002). Aus der Knappheit der Ressourcen resultiert die Notwendigkeit des sparsamen Umgangs und der sparsamen Verwendung.

Betriebe, die auf Konkurrenzmärkten agieren, folgen in der Regel dem Leitprinzip der Nutzenmaximierung (BECKER & BECKER, 1998; FRANCK, 1998; kritisch dazu SCHAAFF, 1999; SEIDEL, 1994). Nun ist die Frage der Nutzenmaximierung stark an jeweils festzulegende Zeitperspektiven gebunden (BIEVERT & HELD, 1995) und von der Definition des Anfangs- und Endzeitpunktes der Bewertungsfrist abhängig. In den Betrieben sind das üblicherweise kurze Quartals- bis Jahresfristen (zu den Konsequenzen hieraus für die Bildungsarbeit siehe HARTEIS, 2000b). Das Prinzip der steten Nutzenmaximierung ist jedoch mittlerweile selbst in den Wirtschaftswissenschaften – dort vor allem unter dem Gesichtspunkt nachhaltigen Wirtschaftens vor dem Hintergrund der Endlichkeit natürlicher Ressourcen – umstritten (hierzu Sammelband BIEVERT & HELD, 1994; HARBORTH, 1999), so dass im Rahmen des Regensburger Konvergenz-Konzepts von Nutzenoptimierung als wirtschaftlichem Leitprinzip gesprochen werden soll. Damit wird eine Abwendung von kurzfristigen Erfolgskalkülen dokumentiert, die WIELAND (1996) folgendermaßen pointiert: „Man muß gegebenenfalls aus ökonomischen Gründen auf Ökonomie verzichten" (S. 59).

Es liegt auf der Hand, dass die Höhe des erzielbaren Nutzens und dessen Effizienz auch davon abhängen, wie umfassend die vorhandenen Ressourcen genutzt werden können. Die Höhe des erzielbaren Nutzens und die Ressourceneffizienz hängen davon ab, wie weit der Zugriff, d.h. die Erschließung des Kompetenzpotenzials der Beschäftigten, gelingt. Da Kompetenz als eine besondere Art von Ressource betrachtet wird, die nicht wie herkömmliche Rohstoffe verbraucht wird, ergibt sich ein weiterer Gesichtspunkt ökonomischer Vernunft: Kompetenz kann (weiter-)entwickelt werden, so dass bei entsprechender Pflege der verfügbare Ressourcenstamm wächst und (entsprechende Erschließung und Verwertung vorausgesetzt) der erzielbare Nutzen zusätzlich steigt. Sind die Bedingungen für eine umfassende Erschließung des Kompetenzpotenzials sowie für eine (Weiter-)Entwicklung des Kompetenzprofils Beschäftigter nicht erfüllt, kann folglich nur ein suboptimaler Nutzen erzielt werden – das ökonomische Leitprinzip wird dann verletzt.

In den vorangegangenen Absätzen wurde deutlich, dass die zentrale Herausforderung für Unternehmen aufgrund der wirtschaftlichen, technologischen und gesellschaftlichen Rahmenbedingungen in der Bewältigung schwer vorhersehbaren Wandels besteht und sich daher ein Paradigma der Unsicherheit bestehender Verhältnisse etabliert hat (z.B. PRIDDAT, 1999, in diesem Band). Dadurch können auch künftige Anforderungen an Beschäftigte kaum prognostiziert werden, so dass die einzige Möglichkeit, zukünftige Chancen nicht schon a priori zu verringern, darin besteht, einen möglichst breiten und weitreichenden Stamm an individueller Kompetenz in der Belegschaft aufzubauen und zu pflegen. Eine aus heutiger Sicht optimale Ausgangsbasis für eine Bewältigung zukünftiger Probleme besteht darin, die (Weiter-)Entwicklung der individuellen Kompetenz Beschäftigter nicht zu behindern und einzuschränken, sondern möglichst breit zu fördern und zu unterstützen. Aufwendungen für die Entwicklung und Sicherung individueller Kompetenz der Beschäftigten sind als Aufwendungen für die Sicherung zukünftigen Unternehmenserfolgs zu betrachten und daher als Investitionen aufzufassen. Investitionen grenzen sich von anderen Aufwendungen gerade dadurch ab, dass sie in einer spezifischen Erwartung getätigt werden: Sie sollen nach einer abgrenzbaren Zeit durch ihre Erträge (mehr als) ausgeglichen werden. Diese Erträge werden durch das Erreichen eines Zielzustandes realisiert, der im angesprochenen Fall dann eintritt, wenn die individuelle Kompetenz im Arbeitsalltag bei der Bewältigung anfallender Probleme zum Einsatz gebracht wird. Das ökonomische Prinzip impliziert also einen entsprechenden Nutzen (Kompetenzerschließung) eines eben in Hinblick darauf getätigten Aufwands (Investition in Kompetenzentwicklung). Als ökonomisch rational (im Sinn von: Diesem Prinzip folgend) sind dann all diejenigen Aufwendungen zu bezeichnen, die zur Erreichung des Zielzustandes beitragen bzw. deren Wahrscheinlichkeit erhöhen. Der Beitrag zur (Steigerung der Wahrscheinlichkeit einer) Zielerreichung kann sowohl unmittelbar als auch mittelbar erfolgen, um in diesem Sinne als rational bezeichnet werden zu können.

Als irrational in diesem Sinne wären dann diejenigen Investitionen (in Kompetenzentwicklung) zu bezeichnen, bei denen wissentlich oder versehentlich die Ausschöpfung der vollen Möglichkeiten unterbleibt, die Erreichung des angestrebten Zielzustandes sicherzustellen. Mit anderen Worten können solche Investitionen als ökonomisch irrational bezeichnet werden, deren „Qualitätssicherung" – im Sinne flankierender Maßnahmen zur Sicherung des Investitionsertrags – unterbleibt.

Folgt man BECKERs Theorie von der Ökonomie menschlichen Verhaltens (BECKER, 1993), wonach Menschen ihr Handeln nach positiver Bewertung der Abwägung von Kosten- und Nutzenfaktoren ausrichten, ergibt sich, dass die Beschäftigten die maßgebliche Instanz der Entscheidung über den Einsatz ihrer Kompetenz sind. Die Betriebe können ihrerseits die Arbeit nur so organisieren, dass die Beschäftigten ausreichend Anreize (Nutzen) des Einsatzes ihrer Kompetenz sehen. Die am häufigsten vorzufindende Kritik an BECKERs Theorie, sie reduziere den Menschen normativ und empirisch auf ein egozentrisches Geschöpf der Nutzenmehrung, könnte zur Sorge Anlass geben, Betriebe bewegten sich in der kompetenzfördernden Arbeitsgestaltung auf einem Gebiet hoher Unsicherheit, da eine egoistische Mehrung des Individualnutzens der Beschäftigten erwartet werden müsste. Allerdings unterliegt diese Position einer Fehlinterpretation, weil BECKER kein anthropologisches Bild des Menschen zeichnet. SCHRAMM (1994) fasst hierzu zusammen, dass „der ‚homo oeconomicus' methodologisch eine reine ‚Logik der Situation' bzw. des ‚als ob' abbildet, die anthropologisch (normativ oder empirisch) orientierte Kritik an BECKERs ‚economic approach' mithin einem methodologischen Fehlschluß unterliegt" (S. 235). BECKER geht auch von konfligierenden Zielgrößen (Nutzen) menschlichen Handelns aus, worin erstens zum Ausdruck kommt, dass in seinem Ansatz nicht ausschließlich monetäre Kategorien angesprochen werden, und zweitens, dass individueller Einsatz zugunsten betrieblicher Nutzenoptimierung nicht a priori dem individuellen Nutzenstreben widerspricht. Vielmehr unterstellt BECKER einen Gleichgewichtszustand im Sinne eines Pareto-Optimums, in dem sich verschiedene, teilweise zueinander in Konflikt stehende Zielsetzungen die Waage halten und jeweils temporär zurückgestellt werden können (BECKER, 1993).

Im Regensburger Konvergenz-Konzept wird als ökonomisches Prinzip betrieblicher Personal- und Organisationsentwicklung die Unterstützung individuellen Kompetenzerwerbs und das Streben nach umfassender Erschließung des Kompetenzpotenzials Beschäftigter verstanden.

Damit sind die bestmöglichen Voraussetzungen erfüllt (1) für eine Optimierung des Nutzens des Aufwandes für Kompetenzentwicklung und (2) für die Bewältigung zukünftiger, kaum prognostizierbarer Problemstellungen. Die Realisierung des Nutzens hängt letztlich von der Erschließung der Kompetenzen ab, die sich darauf erstreckt, dass die Beschäftigten ihre individuelle Kompetenz bei der Bewältigung der Arbeitsaufgaben anwenden. Gemäß BECKERs Theorie der Ökonomie menschlichen Verhaltens tun sie das genau dann, wenn sie nach Abwägung der individuell bewerteten Kosten- und Nutzenfaktoren einen individuellen Nutzen sehen (BECKER, 1993).

Zur pädagogischen Perspektive betrieblicher Personal- und Organisationsentwicklung. Anstrengungen betrieblicher Personal- und Organisationsentwicklung verfolgen erstens das Ziel, bei Beschäftigten eine dauerhafte Veränderung ihrer Verhaltensdisposition, und zwar in der von den für die Bildungsarbeit Verantwortlichen (unter wahrscheinlich naiven und unkritischen Überlegungen) als „richtig" empfundenen Weise, zu bewirken. Zweitens liegt diesen Anstrengungen theoretisches Wissen um die Steigerung der Wahrscheinlichkeit zur Erzielung der intendierten Wirkung zugrunde.

Damit sind die wichtigsten Begriffsbestimmungen erfüllt, um diese Anstrengungen als erzieherisches Handeln zu verstehen, weil sie einer erzieherischen Absicht und theoretischem Wissen folgen (BREZINKA, 1990; HEID, 1994). KLAFKI (1994) benennt weitreichende Schlüsselprobleme, die den Kern von zukünftigen, auch betrieblichen Erziehungsaufgaben bilden müssten. Dabei weist er den Erziehungsinstitutionen – in unserem Falle sind das die Betriebe – einen klaren, auf Allgemeinbildung und vielseitige Fähigkeits- und Interessenbildung abzielenden Erziehungsauftrag zu. Und auch DEWEYs etwas anders akzentuiertes Erziehungsverständnis ist auf betriebliche Personal- und Organisationsentwicklung anwendbar: „Education signifies the sum total of processes by means of which a community or a social group, whether small or large, transmits its acquired power and aims with a view to securing its own continuous existence and growth" (DEWEY, 1985, S. 425).

Fasst man das Idealbild rationalen erzieherischen Handelns als solches, „wenn von einem absichtsgeleiteten Handeln unter jeweils definierten Bedingungen aufgrund logisch und empirisch überprüfter Annahmen (Theorien oder Hypothesen) mit angebbarer Wahrscheinlichkeit eine dem Absichtsinhalt entsprechende Wirkung erwartet werden kann" (HEID, 1994, S. 57f.), dann ergeben sich folgende Schlussfolgerungen, wann betriebliche Entwicklungsbemühungen als pädagogisch rational bezeichnet werden können:

Im Regensburger Konvergenz-Konzept werden Kompetenzentwicklungsbemühungen dann als pädagogisch rational bezeichnet, wenn sie zu einer Erhöhung der Wahrscheinlichkeit der erwarteten Wirkung führen.

Dabei spielen drei Komponenten eine Rolle: (1) Die Optimierung der Rahmenbedingungen erzieherischen Handelns, (2) die Wahl geeigneter Instrumente und Methoden sowie (3) der Rückgriff auf wissenschaftliche Befunde. Angewandt auf Bemühungen betrieblicher Personal- und Organisationsentwicklung, die als Ziel die Bereitstellung der für zukünftige Problemstellungen benötigten Kompetenz Beschäftigter verfolgen, lässt sich pädagogisch rationales Handeln einerseits in der Optimierung der Rahmenbedingungen individuellen Kompetenzerwerbs sowie der Anwendung individueller Kompetenz im Arbeitsalltag erkennen, andererseits in der Wahl adäquater Maßnahmen und zwar in Anwendung erziehungswissenschaftlicher Erkenntnisse auf die Organisation der Bedingungen erfolgreicher Kompetenzentwicklung.

Als das pädagogische Leitprinzip betrieblicher Personal- und Organisationsentwicklung soll daher die Unterstützung und Ermöglichung individueller Kompetenzentwicklung verstanden werden. Das hier formulierte pädagogische Leitprinzip beinhaltet also die Entwicklung der potenziell für die Arbeitswelt (später einmal) relevanten Fähigkeiten und Kenntnisse, über deren Einsatz im beruflichen Arbeitsalltag die Beschäftigten individuell nach Maßgabe eigener und gesellschaftlich geteilter Orientierungen und Wertmaßstäbe (situativ) entscheiden. Dies bedeutet, dass Wissen über betriebliche, wirtschaftliche, gesellschaftliche und globale Zusammenhänge, Wissen um die Folgen beruflichen und betrieblichen Handelns angesammelt wird und dieses bei der individuellen Entscheidung über die Anwendung von Kompetenz im Arbeitsalltag zum Tragen kommt. Somit bleiben auch die Voraussetzungen eigenverantwortlichen Handelns Beschäftigter gewährleistet (HEID, 1995).

Zur Konvergenz ökonomischer und pädagogischer Prinzipien. Eben wurde beschrieben, was für das Regensburger Konvergenz-Konzept als ökonomisch bzw. pädagogisch rational bezeichnet werden soll. Die Konvergenz ökonomischer und pädagogischer Prinzipien ergibt sich auf Basis dieser Definitionen, weil die Berücksichtigung des formulierten pädagogischen Leitprinzips eine notwendige und hinreichende Voraussetzung des beschriebenen ökonomischen Leitprinzips darstellt:

Die Ermöglichung und Unterstützung individuellen *Kompetenzerwerbs* der Beschäftigten seitens des Betriebs ist die Voraussetzung dafür, dass ein möglichst umfangreiches Kompetenzspektrum im Kreise der Belegschaft zur Verfügung steht. Je umfangreicher das Kompetenzspektrum, desto wahrscheinlicher lässt sich Nutzen realisieren, auch deshalb, weil die künftigen Anforderungen nur schlecht prognostizierbar sind. Insofern stellt die Ermöglichung und Unterstützung individuellen Kompetenzerwerbs eine Voraussetzung der Optimierung künftigen betrieblichen Nutzens dar, die mit kalkulierbarer Wahrscheinlichkeit erwartet werden kann.

Damit Nutzen überhaupt realisiert werden kann, müssen die Beschäftigten ihre Kompetenzen bei der Bewältigung ihrer Arbeitsaufgaben anwenden (*Kompetenzerschließung*). Voraussetzung hierfür ist, dass sie in ihrer Arbeitsumgebung Bedingungen vorfinden, unter denen sie einen individuellen Nutzen in der Anwendung ihrer individuellen Kompetenz sehen (BECKER, 1993).

Die Optimierung des betrieblichen Nutzens ist Voraussetzung für den Fortbestand des Betriebs und der Arbeitsplätze der Beschäftigten. Gleichzeitig ist die Nutzenoptimierung damit aber auch Voraussetzung für die Gelegenheit, dass Beschäftigte im Rahmen ihrer beruflichen Arbeitstätigkeit individuelle Kompetenz (weiter-)entwickeln (und anwenden) können.

Diese Zusammenhänge lassen sich grafisch als Triade darstellen (Abbildung 2):

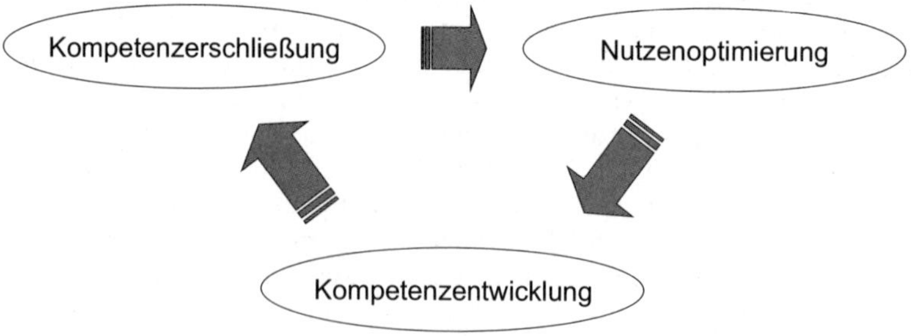

Abb. 2: Die Triade des Regensburger Konzepts der Konvergenz ökonomischer und pädagogischer Prinzipien betrieblicher Personal- und Organisationsentwicklung.

Das Regensburger Konvergenz-Konzept lässt sich auch in einer negativen Wendung formulieren: Die Vernachlässigung ökonomischer Prinzipien verhindert das Erreichen (betriebs-)pädagogischer Ziele ebenso wie in der umgekehrten Richtung die Vernachlässigung pädagogischer Prinzipien aus ökonomischer Perspektive zu suboptimalen Resultaten führt. Angewandt auf konkrete Situationen bedeutet dies, dass beispielsweise betriebliche Bildungsmaßnahmen und Entwicklungsbemühungen insofern einem ökonomischen Prinzip genügen müssen, als sich der entstehende Aufwand durch den zu erwartenden Nutzen rechtfertigen lassen muss. Andererseits verletzt ein Unternehmen, das keine optimalen Bedingungen für Kompetenzentwicklung und -erschließung zur Verfügung stellt, das Prinzip des sparsamen Umgangs mit knappen Ressourcen und kann daher nur suboptimale wirtschaftliche Ergebnisse erzielen.

Bedeutung und Schlussfolgerungen für die Praxis betrieblicher Arbeitsorganisation

Welche Bedeutung hat dieses theoretische Modell für die Praxis betrieblicher Arbeitsorganisation? Es zeigt, dass die Optimierung betrieblichen Nutzens (im Sinne einer Vorbereitung auf vielfältige zukünftige Herausforderungen) durch die Förderung individueller Kompetenzentwicklung auf der einen Seite und die

Schaffung von Voraussetzungen auf der anderen Seite für eine möglichst umfassende Erschließung der entwickelten individuellen Kompetenz der Beschäftigten ermöglicht wird. Wenn Zukunftsszenarien steten Wandels und schwer antizipierbarer Problemstellungen ernst genommen werden, muss der Fokus auf die Unterstützung und Förderung der Beschäftigten, ihre individuelle Kompetenz zu entwickeln, gerichtet werden. Davon profitiert der Betrieb aber erst, wenn die Beschäftigten ihre Kompetenz in den betrieblichen Arbeitsalltag einbringen. Dies wiederum tun sie wahrscheinlich nur, wenn entsprechende Bedingungen am Arbeitsplatz herrschen. Individuelle Kompetenzentwicklung, Personalentwicklung und betriebliche Organisationsentwicklung sind demnach in Gesamtheit zu sehen, ein jeweils isolierter Blick auf nur einen der genannten Ausschnitte ist in Hinblick auf die Realisierung von Konvergenzbedingungen nicht sinnvoll.

Empirische Befunde deuten jedoch darauf hin, dass die Realisierung kompetenzfördernder Arbeitsbedingungen eher die Ausnahme als die Regel betrieblicher Arbeitsorganisation darstellt (HOFFMEYER & BIELEFELD, 2001; JANSEN, 2000; KUHLMANN, 2001). Und das, obwohl die meisten Industriebetriebe sich qua Programm als flexibel auf dem globalisierten Markt agierende, lernende Organisationen begreifen und laut BRÖDNER (2001, S. 39) als „erfolgreiche Pioniere der Erneuerung" in der Lage waren, ihre wirtschaftliche Leistungsfähigkeit beträchtlich zu verbessern. Eine derartige Diskrepanz lässt sich auf drei Arten erklären:

1) Die Diskrepanz wird im Betrieb als solche nicht erkannt. Dies wäre etwa bei einem naiven Verständnis von Programmatiken denkbar, denen Wirkung allein aufgrund ihrer Existenz bzw. Verschriftlichung unterstellt wird. BEER, EISENSTAT und SPECTOR (1990) bezeichnen dies als „fallacy of programmatic change" (S. 159). Sie identifizieren zwei prinzipielle Missverständnisse, die insbesondere in den höchsten Entscheidungsebenen vorherrschen: Erstens, dass die *Verkündung* unternehmensweiten Wandels inklusive neuer Unternehmenskultur, Trainingskurse, Entgeltsysteme usw. eine Organisation verändert, und zweitens, dass die Veränderung formaler Strukturen automatisch zu verändertem Verhalten Beschäftigter führt. Während sich formale Strukturen quasi per Dekret leicht verändern lassen, sind der Erfahrungshintergrund, auf dem Beschäftigte handeln, und deren implizite Überzeugungen darüber, wie arbeitsbezogene Aufgaben und Probleme zu lösen sind, nicht direkt zugänglich (BRÖDNER, 2001).
2) Prinzipiell ist die Festlegung von Handlungsschemata auf der Basis programmatischer Vorgaben von individuellen Entscheidungen abhängig, denen jeweils unterschiedliche Überzeugungen, Kenntnisse und Erfahrungen verschiedener Entscheidungsträger zugrunde liegen. Bei Schlussfolgerungen aus programmatischen Vorgaben kann man prinzipiell zu verschiedenen Resultaten gelangen. Dadurch werden die angesprochenen Diskrepanzen erklärbar. (Wobei ausgeblendet bleibt, auf Basis welchen Wissensstandes Entscheidungen getroffen werden.) Selbstverständlich

gilt auch bei der Umsetzung von programmatischen Anforderungen, was bereits zur ökonomischen Erklärung menschlichen Verhaltens festgestellt wurde: Die Bereitschaft der Adressaten, solche Anforderungen zu verwirklichen, hängt von positiven Kosten-Nutzen-Bilanzen ab. Da sich umfassende („ständige") Veränderungsprozesse im Unternehmen jedoch prinzipiell – zumindest im individuellen subjektiven Erleben – als nutzenmindernd oder gar nachteilig auswirken können, ist das Beharren Einzelner oder spezifischer betrieblicher Gruppen leicht erklärbar.

3) Eine dritte Möglichkeit der Erklärung besteht darin, dass die Diskrepanzen zwischen Programm und Wirklichkeit bewusst in Kauf genommen werden und Programmatiken einen anderen Zweck als Wirken auf das Alltagshandeln verfolgen. Vertreter dieser Position dürften einerseits auf die attraktive Ausstrahlung und Außenwirkung einer modernen Ansprüchen folgenden Unternehmensprogrammatik bauen, andererseits aber keinen Verlust an Kontrolle und Einflussmöglichkeiten hinnehmen wollen. Vielversprechende Konzepte, wie das des lernenden Unternehmens, so ist zu mutmaßen, können beispielsweise das Ziel verfolgen, „Widersprüche, Interessengegensätze und wachsende Belastungsfaktoren in der Arbeit harmonisierend zu verklären" (DEHNBOSTEL et al., 2001, S. 9).

Defizitär im Sinne des Konvergenz-Ansatzes sind alle hier als Erklärungsansätze formulierten Positionen. Dabei ist nochmals zu betonen, dass die Defizite nicht nur in Hinblick auf die Realisierung pädagogischer Ziele auftreten, sondern auch in Hinblick auf die Realisierung ökonomischer Zielsetzungen. Sie treffen sowohl die Beschäftigten, die ungünstige Bedingungen individueller Kompetenzentwicklung vorfinden, als auch das Unternehmen, indem es betriebliche Ressourcen (nämlich die Kompetenz Beschäftigter) vernachlässigt. Darüber hinaus ist zu vermuten, dass bei inflationärem Gebrauch von Restrukturierungsprogrammatiken und gleichzeitig (aus welchen Gründen auch immer) defizitärer Umsetzung solcher Programme zusätzlicher Schaden für den Betrieb entsteht, der sich etwa in verminderter Glaubwürdigkeit der Unternehmensleitung auswirken kann. Das dürfte sich schließlich in der verminderten Bereitschaft Beschäftigter niederschlagen, in Zukunft notwendige Restrukturierungen zu unterstützen.

Literaturverzeichnis

Baethge, M. & Oberbeck, H. (1986). *Zukunft der Angestellten*. Frankfurt/Main: Campus.

von Bardeleben, R. & Beicht, U. (1996). „Investitionen in die Zukunft" – eine bildungsökonomische Betrachtung der Berufsausbildung aus betrieblicher Sicht. *Zeitschrift für Berufs- und Wirtschaftspädagogik, Beiheft 12*, 22-41.

Becker, G. S. (1993). *Ökonomische Erklärung menschlichen Verhaltens* (2. Aufl.). Tübingen: Mohr.

Becker, G. S. & Becker, G. N. (1998). *Die Ökonomik des Alltags. Von Baseball über Gleichstellung zur Einwanderung: Was unser Leben wirklich bestimmt*. Tübingen: Mohr Siebeck.

Beer, M., Eisenstat, R. A. & Spector, B. (1990). Why change programs don't produce change. *Harvard Business Review, 68*, 158-166.

Berryman, S. E. & Bailey, T. R. (1992). *The double helix of education and the economy*. New York: IEE.

Beyer, H., Fehr, U. & Nutzinger, H. G. (1994). *Vorteil Unternehmenskultur. Partnerschaftlich handeln – den Erfolg mitbestimmen* (2. Aufl.). Gütersloh: Bertelsmann.

Bievert, B. & Held, M. (Hrsg.). (1994). *Zeit in der Ökonomik. Perspektiven für die Theoriebildung*. Frankfurt/Main: Campus.

Bievert, B. & Held, M. (1995). Veränderungen im Naturverständnis der Ökonomik. In B. Bievert. & M. Held (Hrsg.), *Das Naturverständnis der Ökonomik. Beiträge zur Ethikdebatte in den Wirtschaftswissenschaften* (S. 7-30). Frankfurt/Main: Campus.

Brezinka, W. (1990). *Grundbegriffe der Erziehungswissenschaft* (5., erw. Aufl.). München: Reinhardt.

Brödner, B. (2001). Wettbewerbsfähige Produktion und Zukunft der Arbeit. In P. Dehnbostel, H.-H. Erbe & H. Novak (Hrsg.), *Berufliche Bildung im lernenden Unternehmen* (S. 33-48). Berlin: Edition Sigma.

Büchter, K. (1998). Strukturwandel und Qualifikationsbedarf in kleinen und mittleren Betrieben – einige ernüchternde Anmerkungen zu einem Klischee. *Zeitschrift für Berufs- und Wirtschaftspädagogik, 94*, 227-247.

Dehnbostel, P., Erbe, H.-H. & Novak, H. (2001). Einleitung: Lernen im Kontext betrieblicher Modernisierung. In P. Dehnbostel, H.-H. Erbe & H. Novak (Hrsg.), *Berufliche Bildung im lernenden Unternehmen* (S. 7-20). Berlin: Edition Sigma.

Dewey, J. (1985). *The middle works 1899-1924, Vol. 6: How we think and selected essays 1910-1911*. Carbondale: Southern Illinois University Press.

Drexel, I. (2001). Neue Konzepte des Lernens im und für den Betrieb – Diskurse, betriebliche Realitäten und gesellschaftliche Perspektiven. *Erziehung und Wissenschaft, 53*, 35-41.

Dubs, R. (1998). Berufliches Lernen im Wandel? Aktuelle Entwicklungstendenzen in der Berufsbildung. In D. Euler (Hrsg.), *Berufliches Lernen im Wandel – Konsequenzen für die Lernorte?* (S. 11-32). Nürnberg: IAB.

Dubs, R. (2000). Selbstorganisation des Lernens. In C. Harteis, H. Heid & S. Kraft (Hrsg.), *Kompendium Weiterbildung. Aspekte und Perspektiven betrieblicher Personal- und Organisationsentwicklung* (S. 97-109). Opladen: Leske + Budrich.

Franck, G. (1998). *Ökonomie der Aufmerksamkeit. Ein Entwurf*. München: Hanser.

Frei, F., Hugentobler, M., Alioth, A., Duell, W. & Ruch, L. (1996). *Die kompetente Organisation. Qualifizierende Arbeitsgestaltung – die europäische Alternative* (2. Aufl.). Zürich: vdf-Hochschulverlag.

Freimuth, J. (1997). *Auf dem Wege zum Wissensmanagement. Personalentwicklung in lernenden Organisationen*. Göttingen: Verlag für Angewandte Psychologie.

Friebel, H. (1993). *Weiterbildungsmarkt und Lebenszusammenhang*. Bad Heilbrunn: Klinkhardt.

Friedman B. S., Hatch, J. A. & Walker, D. M. (1999). *Mehr-Wert durch Mitarbeiter. Wie sich Human Capital gewinnen, steigern und halten läßt*. Neuwied: Luchterhand.

Gallenberger, W. (2002). *Weiterbildungsabstinenz älterer Beschäftigter in einer alternden Erwerbsbevölkerung?* Opladen: Leske + Budrich.

Goleman, D. (1999). *Emotionale Intelligenz* (12. Aufl.). München: Deutscher Taschenbuch Verlag.

Harborth, H.-J. (1999). Nachhaltiges Wirtschaften: Ressourceneffizienz und menschliche Genügsamkeit als neue Leitbilder? In A. Bellebaum, H. Schaaff & K. G. Zinn (Hrsg.), *Ökonomie und Glück. Beiträge zu einer Wirtschaftslehre des guten Lebens* (S. 170-192). Opladen: Westdeutscher Verlag.

Harney, K. (1994). Pädagogisierung der Personalwirtschaft. Entpädagogisierung der Berufsbildung. *Der pädagogische Blick, 2*, 16-27.

Harteis, C. (1998). Zur Qualitätsdebatte in der betrieblichen Bildungsarbeit. *PERSONAL – Zeitschrift für Human Resource Management, 50*, 332-339.

Harteis, C. (2000a). *Berufliche Weiterbildung heute und morgen. Künftige Kompetenzanforderungen an Bildungspersonal und Nachwuchsrekrutierung*. München: Neuer Merkur.

Harteis, C. (2000b). Beschäftigte im Spannungsfeld ökonomischer und pädagogischer Prinzipien betrieblicher Personal- und Organisationsentwicklung. In C. Harteis, H. Heid & S. Kraft (Hrsg.), *Kompendium Weiterbildung. Aspekte und Perspektiven betrieblicher Personal- und Organisationsentwicklung* (S. 209-218). Opladen: Leske + Budrich.

Harteis, C. (2002). *Kompetenzfördernde Arbeitsbedingungen. Zur Konvergenz ökonomischer und pädagogischer Prinzipien betrieblicher Personal- und Organisationsentwicklung*. Wiesbaden: DUV/Gabler.

Heid, H. (1977). Können „die Anforderungen der Arbeitswelt" Ableitungsvoraussetzungen für Maßgaben der Berufserziehung sein? *Die Deutsche Berufs- und Fachschule, 73*, 833-839.

Heid, H. (1994). Erziehung. In D. Lenzen (Hrsg.), *Erziehungswissenschaft. Ein Grundkurs* (S. 43-68). Reinbek: Rowohlt.

Heid, H. (1995). Verantwortungsbereitschaft als Ziel beruflicher Qualifizierung. Beobachtungen und Hypothesen. In E.-H. Hoff & L. Lappe (Hrsg.), *Verantwortung im Arbeitsleben* (S. 38-45). Heidelberg: Asanger.

Heid, H. (1996). *Weiterbildung – die neue Herausforderung? Über die Qualität von Argumenten, mit denen das Weiterbildungserfordernis begründet wird* (Aulavorträge Nr. 58). St. Gallen: Universität St. Gallen.

Hoffmeyer, W. & Bielefeld, B. (2001). Verbesserung der internen Kommunikation – Der Runde Tisch für Meister und Werksleitung. In L. Bellmann, H. Minssen & P. Wagner (Hrsg.), *Personalwirtschaft und Organisationskonzepte moderner Betriebe* (S. 211-218). Nürnberg: IAB.

Icking, M. (2000). Lernende Unternehmen oder Lernen in Unternehmen? *Zeitschrift für Berufs- und Wirtschaftspädagogik, 96*, 65-78.

Jansen, R. (2000). Auswirkungen des Strukturwandels auf die Arbeitsplätze – Ergebnisse aus der BIBB/IAB-Erhebung 1998/99 zu Erwerb und Verwertung beruflicher Qualifikation. *Berufsbildung in Wissenschaft und Praxis, 29*, 5-10.

Kern, H. & Schumann, M. (1984). *Das Ende der Arbeitsteilung? Rationalisierung in der industriellen Produktion*. München: Beck.

Klafki, W. (1994). Schlüsselprobleme als inhaltlicher Kern internationaler Erziehung. In N. Seibert & H. J. Serve (Hrsg.), *Bildung und Erziehung an der Schwelle zum dritten Jahrtausend. Multidisziplinäre Aspekte, Analysen, Positionen, Perspektiven* (S. 135-161). München: PimS.

Kompacher, J. (1994). Gedanken zur Personal- und Organisationsentwicklung. In W. Lenz (Hrsg.), *Bildungsarbeit mit Erwachsenen* (S. 235-246). München: Profil-Verlag.

Kühl, S. (1998). *Wenn die Affen den Zoo regieren. Die Tücken der flachen Hierarchien* (5., akt. u. erw. Aufl.). Frankfurt/Main: Campus.

Kuhlmann, M. (2001). Reorganisation der Produktionsarbeit in der Automobilindustrie: Entwicklungslinien und Arbeitsfolgen. In W. Dostal & P. Kupka (Hrsg.), *Globalisierung, veränderte Arbeitsorganisation und Berufswandel* (S. 47-79). Nürnberg: IAB.

Kuwan, H., Gnahs, D., Kretschmer, I. & Seidel, S. (1996). *Berichtssystem Weiterbildung VI. Integrierter Gesamtbericht zur Weiterbildungssituation in Deutschland*. Bonn: BMBF.

Lesgold, A. (1997). Wandel in der Arbeitswelt und beim Lernen: Folgerungen für eine anwendungsnahe Lernforschung. In H. Gruber & A. Renkl (Hrsg.), *Wege zum Können. Determinanten des Kompetenzerwerbs* (S. 156-177). Bern: Huber.

Mertens, D. (1974). Schlüsselqualifikationen. *Mitteilungen aus der Arbeitsmarkt- und Berufsforschung, 7*, 36-43.

Novak, H. (2001). Zur Re-Formulierung und Erweiterung der Aufgaben der betrieblichen Berufsbildung im lernenden Unternehmen. In P. Dehnbostel, H.-H. Erbe & H. Novak (Hrsg.), *Berufliche Bildung im lernenden Unternehmen* (S. 95-109). Berlin: Edition Sigma.

Petrovic, O., Kailer, N., Scheff, J. & Vogel, D. (1998). *Qualifizieren in der Informationsgesellschaft*. München: Hampp.

Picot, A., Reichwald, R. & Wigand R. T. (1996). *Die grenzenlose Unternehmung. Information, Organisation und Management – Lehrbuch zur Unternehmensführung im Informationszeitalter* (2. Aufl.). Wiesbaden: Gabler.

Priddat, B. P. (1999). Zukunft der Arbeit – Eine theoretische Skizze. *Universitas. Deutsche Ausgabe, 54*, 133-141.

Probst, G. J. B. & Büchel, B. S. T. (1994). *Organisationales Lernen. Wettbewerbsvorteil der Zukunft*. Wiesbaden: Gabler.

Schaaff, H. (1999). Zum Zusammenhang von ökonomischer Entwicklung, Wohlstandsentwicklung und menschlichem Wohlbefinden. Historische Lehren für eine „ökologische Glücksökonomie". In A. Bellebaum, H. Schaaff & K. G. Zinn (Hrsg.), *Ökonomie und Glück. Beiträge zu einer Wirtschaftslehre des guten Lebens* (S. 23-58). Opladen: Westdeutscher Verlag.

Schein, E. H. (1995). *Unternehmenskultur. Ein Handbuch für Führungskräfte*. Frankfurt/Main: Campus.

Schramm, M. (1994). Ist Gary S. Beckers ‚ökonomischer Ansatz' ein Taschenspielertrick? Sozialethische Überlegungen zum ‚ökonomischen Imperialismus'. In H. G. Nutzinger (Hrsg.), *Wirtschaftsethische Perspektiven III* (S. 231-258). Berlin: Duncker & Humblot.

Seidel, E. (1994). Nachhaltiges Wirtschaften und die Fristigkeit des ökonomischen Kalküls. In B. Bievert & M. Held (Hrsg.), *Das Naturverständnis der Ökonomik. Beiträge zur Ethikdebatte in den Wirtschaftswissenschaften* (S. 147-174). Frankfurt/Main: Campus.

Stender, J. (1996). Zum Spannungsverhältnis individueller Nutzen- und Risikoüberlegungen und betrieblicher Qualifizierungsangebote bei Weiterbildungsentscheidungen. *Zeitschrift für Berufs- und Wirtschaftspädagogik, Beiheft 12*, 55-69.

Ulrich, P. (1996). Unternehmensethik und „Gewinnprinzip": Versuch der Klärung eines unerledigten wirtschaftsethischen Grundproblems. In H. G. Nutzinger (Hrsg.), *Wirtschaftsethische Perspektiven III* (S. 137-172). Berlin: Duncker & Humblot.

Wieland, J. (1996). Ökonomik der Transaktionsatmosphäre. In B. P. Priddat & G. Wegner (Hrsg.), *Zwischen Evolution und Institution – neue Ansätze in der ökonomischen Theorie* (S. 57-78). Marburg: Metropolis.

Wildemann, H. (2000). Wie ist eine lernende Unternehmensorganisation zu gestalten? In F. Wojda (Hrsg.), *Innovative Organisationsformen. Neue Entwicklungen in der Unternehmensorganisation* (S. 323-342). Stuttgart: Schäffer-Poeschel.

Willke, H. (1998). *Systemisches Wissensmanagement*. Stuttgart: Lucius und Lucius.

Wöhe, G. (2002). *Einführung in die Allgemeine Betriebswirtschaftslehre* (21. Aufl.). Berlin: Vahlen.

Johann Vielberth

Kapital und Kompetenz – ist das Eine ohne das Andere zu haben?

Die Einladung zur Teilnahme an diesem Buchprojekt betrachte ich als Aufforderung, einen Beitrag aus der Sicht eines mittelständischen Unternehmers zu leisten. Als Unternehmer werde ich mit der Frage konfrontiert – und dies scheint mir ein besonderes Anliegen dieses Buchprojektes zu sein –, inwieweit im unternehmerischen Bereich durch entsprechende Gestaltung der Arbeitsorganisation bzw. der Arbeitsabläufe Möglichkeiten geschaffen bzw. offengehalten werden, damit sich das Individuum über die reinen Anforderungen der Arbeitserledigung hinaus als gebildeter Mensch, als denkendes Individuum, als Kreativer einbringen kann. Eine Idealvorstellung, zu der noch Stellung zu beziehen ist.

Aber lassen Sie mich zunächst noch einmal das Thema der Konferenz aufgreifen: „Kapital & Kompetenz – ist das Eine ohne das Andere zu haben?" Soll es zu einem fruchtbaren Dialog zwischen Unternehmern und Wissenschaft kommen, so glaube ich, dass die Verwendung des Begriffs *Kapital* oder gar *Kapitalismus* in dem hier benutzten Sinne nicht angemessen ist. Zu sehr ist dieser Begriff negativ belegt. Ich denke hierbei an MARX, aber auch an andere Kritiker des sogenannten kapitalistischen Systems.

Hierzu eine Begebenheit: Seit vielen Jahren bin ich Mitglied des Handelsausschusses des DIHT (Deutscher Industrie- und Handelstag). Vertreten in diesem Ausschuss sind nicht nur die Vorstände der Warenhauskonzerne, der großen Einzelhandelsbetriebe des Lebensmittelhandels, der großen Einzelhandelsketten, sondern auch die Repräsentanten des mittelständischen Handels und des kleinen Einzelhandels. Bei einer Diskussion habe ich einmal den Begriff *Kapital* in dem Sinne benutzt, wie er in der Überschrift zu dieser Aufsatzsammlung steht. Sofort ist aus den Reihen der Sitzungsteilnehmer Protest aufgekommen, und der Vorsitzende hat zur Beruhigung aller festgestellt, dass der Begriff *Kapital* als Bezeichnung für die Unternehmerschaft von dieser nicht akzeptiert wird und hat darum gebeten, in Zukunft diesen Begriff als Bezeichnung für die Unternehmerschaft oder die Wirtschaft nicht mehr zu verwenden. Ich habe damals den Begriff sicher unbedacht benutzt, stelle mich aber persönlich absolut hinter diese Auffassung des DIHT, weil auch ich den abwertenden Inhalt des Begriffes für die Unternehmerschaft empfinde.

Ich werde daher im Weiteren statt von *Kapital* von Unternehmen bzw. Unternehmern sprechen. Den Begriff *Kapital* werde ich nur in dem Sinn benutzen, wie er in der Betriebswirtschaft angewendet wird.

Ich denke, dass in den hier vorliegenden Beiträgen weniger die Kompetenzen der Unternehmer diskutiert werden sollen als vielmehr die Möglichkeiten, wie die Beschäftigten an ihrem Arbeitsplatz ihre Kompetenz einsetzen können und wie ihre Kompetenz am Arbeitsplatz ausgeweitet werden kann, wobei Kompetenz im umfassenden Sinne zu verstehen ist als gesamtgebildeter Mensch und nicht nur als Spezialist am Arbeitsplatz. Die Frage, die sich an den Unternehmer richtet, ist doch letztlich diese: Inwieweit darf und kann der Beschäftigte seine gesellschaftliche, seine allgemein-gebildete Kompetenz neben der fachlichen Kompetenz ins betriebliche Geschehen einbringen?

Diese Fragestellung lässt sich sogar noch ausweiten: „Ist für den betrieblichen Ablauf die über die betriebliche Kompetenz hinausgehende Einbringung auch der allgemeinen Kompetenz des Beschäftigten von Vorteil?" Will man eine solche Kompetenz in den Betrieb einbringen und sie erlauben, so sind natürlich organisatorische Voraussetzungen dafür zu schaffen, Freiräume zu geben, damit der Einzelne die Eigengestaltung umsetzen kann. In einem solchen Fall wären die betrieblichen Organisationsstrukturen zu überdenken und neu zu definieren.

Ich will hierzu meine Meinung rundheraus sagen: Es gibt zweifelsohne Unternehmen, in denen Dienstleistungen bzw. entsprechende Produkte hergestellt werden, die eine sehr freie, individuell gestaltete Erbringung der betrieblich notwendigen Arbeitsleistung zulassen, wo freie Arbeitszeiten, frei gestaltete betriebliche Arbeitsgruppen, Diskussionsrunden möglich und sogar erwünscht sind. Dies wird überall dort der Fall sein, wo kreative Arbeit geleistet wird, wo von der Person ein individuell gestaltetes Produkt geliefert wird, d.h. überall dort, wo keine großen Produktionsvorgänge ablaufen.

Ich kenne ein Unternehmen, das Chip-Karten herstellt und das jenen Gruppen, die in der Erarbeitung der Chip-Architektur, der Programmierung, der Anwendungsfelder usw. tätig sind, sehr viel Freiheit in der Gestaltung der Arbeitsweise lässt. Dieses Unternehmen ist besonders stolz darauf, dass es in Hinblick auf die Arbeitsorganisation keine Hierarchien kennt, sondern dass adhoc-Arbeitsgruppen gebildet werden, die das jeweils notwendige Know-How zusammenfassen. Es gibt sicher eine Vielzahl von Unternehmen, die in der Sache dem Einzelnen die Möglichkeit geben, sich in jeder Hinsicht mit viel Gestaltungsfreiheit einzubringen.

Andererseits darf aber auch nicht vergessen werden, dass es Dienstleistungen und Produktionsabläufe gibt, die so genau definiert sind, dass für den Einzelnen nahezu kein Spielraum für Individualität bleibt. Dies sind insbesondere Arbeitsplätze, die durch den maschinellen Ablauf bestimmt werden, bei dem der Einzelne festgelegte Funktionen zu erfüllen hat, die den ordnungsgemäßen und reibungslosen Ablauf der durch die Maschine bestimmten Vorgänge sicherstellt. Es gibt aber auch hochbezahlte Leistungen, die hohe Qualifikationsansprüche stellen, bei denen aber trotzdem eine individuelle

Gestaltung der Arbeit ausgeschlossen ist. Ich denke dabei an den Piloten eines Verkehrsflugzeugs, der beginnend mit seiner Flugvorbereitung, der Abarbeitung seiner Checklisten usw. bereits im Vorfeld seiner fliegerischen Tätigkeit fest programmiert seine Arbeit zu erledigen hat. Alle Tätigkeiten, die ein Pilot auszuführen hat, sind genau definiert. Er fliegt innerhalb eines Flugplans, den er möglichst genau einzuhalten hat, und selbst die Sprache, die Phrasen und Begriffe, mit denen die Kommunikation zwischen ihm und der Flugsicherung abläuft, sind festgelegt. In diesem Fall werden die Individualität und die individuellen Neigungen, die Kreativität usw. absolut ausgeschlossen. Ich habe diese beiden Beispiele genannt, um den weiten Bogen aufzuzeigen, innerhalb dessen sich unsere berufliche Tätigkeit abspielt.

Aber lassen Sie mich noch auf weitere, bei der Einladung zu diesem Beitrag aufgeworfene Fragen eingehen.

(1) Einen Denkanstoß gab mir die Frage, wie weit das, was Beschäftigten wichtig ist, vom Erfolg des Unternehmens abhängt, in dem sie beschäftigt sind. Die Frage, die hier als erstes gestellt werden muss, ist: Was ist Beschäftigten wichtig? Sicherheit des Arbeitsplatzes, gutes Einkommen? Für die Mehrzahl der Beschäftigten trifft zu, dass sie eine Beschäftigung annehmen, um ihren Lebensunterhalt zu bestreiten. Es sind glückliche Umstände, wenn die Beschäftigung für den Einzelnen gleichzeitig eine interessante und für ihn befriedigende Arbeit ist. In vielen Unternehmen wird daran gearbeitet, für alle Beschäftigten die Arbeit interessant und befriedigend zu gestalten. Wie weit dies gelingt, hängt sicher von dem Aufwand ab, den das einzelne Unternehmen betreibt bzw. sich leisten kann.

Eine Erfüllung dessen allerdings, was dem Einzelnen wichtig ist, wird nur dann im Betrieb geleistet werden können, wenn sich die Ziele des Beschäftigten mit den Aufgaben am Arbeitsplatz decken. Die Breite dessen, was für einen Einzelnen im privaten Bereich wichtig ist, abgesehen von dem Motiv, ein Einkommen zu erwirtschaften, ist wahrscheinlich so weit und vielfältig, dass sie im betrieblichen Bereich kaum abgedeckt werden kann. Dem Einen ist es die Familie, dem Anderen sein Ansehen, wieder Einem der Sport, dem Anderen die Musik usw.

(2) Die Bedeutung der Kompetenz des Einzelnen und der Einstellung der Beschäftigten zu ihrer Arbeit sind für den Erfolg des Unternehmens sehr wichtig. Daher hängt die Erreichung des Unternehmenszwecks sehr wesentlich von der Kompetenz der Einzelnen und deren Einstellung zum Unternehmen ab. Um diese zu sichern, werden einerseits bei der Einstellung der Beschäftigten entsprechende Kriterien angewendet; andererseits wird durch Schulungen die spezifische betriebliche Kompetenz ausgebildet und erweitert. Organisationsprogramme, die die innere Führung betreffen, sollen die Einstellung des Einzelnen zum Betrieb fördern. Ein Erfolg für ein Unternehmen wird sich nur dann in optimaler Weise einstellen, wenn sowohl die Kompetenz als auch die innere Einstellung eine optimale Leistung fördern.

Die Wechselbeziehung zwischen Unternehmenserfolg und Kompetenz der Mitarbeiter ist Fakt. Ohne kompetente Mitarbeiter lassen sich keine Erfolge erzielen. Die Auswahl, die Ausbildung und die Motivation sind betriebswirtschaftliche Methoden, um den Unternehmenserfolg herbeizuführen.

(3) Die Aussage, dass der Betriebszweck so lange suboptimal erfüllt wird, wie es nicht gelingt, die Organisation betrieblicher Arbeit den elementaren geistigen Bedürfnissen der Beschäftigten entsprechend zu organisieren, kann als Feststellung akzeptiert werden. Aber das Bedürfnis des Einzelnen nach Autonomie und Selbstbestimmung hat in den betrieblichen Abläufen ihre Grenze. Das Bedürfnis nach Kompetenzerfahrung bzw. selbstbestimmter Erfolgswahrnehmung ist ebenfalls begrenzt, weil die entsprechende Kompetenz, d.h. die Wahrnehmung der Kompetenz, nur durch den Erfolg des Einzelnen darstellbar ist. In vielen betrieblichen Abläufen ist ein Einzelerfolg nicht direkt sichtbar, weil es sich um die präzise Ablauffolge von Handlungen oder Geschäftserledigungen handelt, die – in einen größeren Rahmen eingebunden – als Einzelbeiträge nicht mehr wahrnehmbar sind. Selbstbestimmte Erfolgswahrnehmung dürfte in den meisten Fällen nicht möglich sein. Hingegen erscheint es möglich, durch entsprechende betriebliche Informationen und Organisation den Einzelnen am Gesamterfolg des Unternehmens teilhaben zu lassen und durch die Würdigung des Beitrags, den der Einzelne durch seine kaum individualisierbare oder durch Selbstbestimmung veränderbare Leistung erbracht hat. Die Anerkennung der Leistung und die soziale Einbettung in das betriebliche Geschehen bzw. die soziale Anerkennung ist zweifelsohne eine starke Motivation und wird in den betrieblichen Abläufen auch anerkannt und praktiziert.

(4) Die Frage muss vielmehr lauten: Gibt es einen Interessensgegensatz zwischen den Unternehmensführungen und der Belegschaft? Gibt es Spannungsverhältnisse zwischen der Führung von Unternehmen und den Geführten? Natürlich gibt es diesen Gegensatz! Er ist Teil des allgemeinen Verteilungskampfes. Das Unternehmen zahlt dem einzelnen Mitarbeiter für seine Arbeitsleistung ein Entgelt, und dieser möchte für seine Arbeit möglichst hoch entlohnt werden. Daraus resultieren Spannungen. Die Unternehmensführung will für das eingesetzte Kapital Zins und Gewinn erwirtschaften. Die Relation, wie viel vom betrieblichen Ergebnis für Zins- und Unternehmensgewinn verwendet wird und wie viel den arbeitenden Menschen zu Gute kommt, ist Teil eines ständigen Verteilungswettbewerbs. Ein Wettbewerb, bei dem der Beschäftigte, soweit er hochqualifiziert ist, ausweichen kann. Er kann, wenn er sich unterbezahlt fühlt, den Arbeitsplatz wechseln. Das Kapital kann, soweit es nicht entsprechend entlohnt wird, abgezogen werden. Diese idealistische Betrachtung der Mobilität der Arbeiter und der Mobilität des Kapitals ist natürlich in der Wirklichkeit nicht so leicht umzusetzen und führt zu erheblichen Spannungen und Einbußen. Dieser Gegensatz entspricht der Realität, ist aber gleichzeitig ein Teil jener theoretischen Aussage, die den Einsatz der Arbeit und des Kapitals gegenseitig als konkurrierend um den Erfolg definiert. Das Erreichen des Marktgleichgewichts hängt von Angebot und Nachfrage bzw. der Struktur des Arbeitsmarktes ab.

Als Unternehmer werden Sie mich fragen: „Und wie halten Sie es in Ihrem eigenen unternehmerischen Bereich?“ „Wie viel Persönlichkeit, wie viel freie Gestaltung wird in Ihrem eigenen Unternehmen gewährt?“ Ein Unternehmen ohne wirtschaftlichen Erfolg ist sehr bald kein Unternehmen mehr, weil es durch Unwirtschaftlichkeit verschwindet. Wirtschaftlich zu arbeiten, d.h. Gewinne zu erzielen, ist daher eine Bedingung, unter der wir arbeiten. Über die Optimierung der Organisations- und Produktionsprozesse gibt es sehr umfangreiche Literatur. Uns allen ist bekannt, dass es nicht nur ein mechanistisches Problem ist, sondern dass wir es mit Menschen zu tun haben, mit vielfältigen Bedürfnissen psychologischer und sozialer Art, die in einer guten betriebswirtschaftlichen Organisation berücksichtigt werden sollen, und zwar nicht aus humanitären Gründen, sondern aus Gründen der wirtschaftlichen Effizienz. Unterstellen wir, dass dies heute in mehr oder weniger erfolgreicher Form von den Unternehmern praktiziert wird. Das hieße, dass das Wohlbefinden des Mitarbeiters nur dann betrieblich auf der Agenda steht, wenn es zur Leistungssteigerung bzw. Qualitätssteigerung usw. dient. Sehen wir dies als gegeben an. Soweit ich die Themenstellung dieses Buches richtig verstehe, soll es hier über diese utilitaristischen Überlegungen hinaus gehen – TAYLOR soll einmal gesagt haben, er hätte am liebsten den Arbeiter nur mit Händen und ohne Kopf. Es soll darum gehen, wie weit dem Individuum Freiräume eingeräumt sowie Möglichkeiten zur Persönlichkeitsentfaltung und zur Einbringung seiner persönlichen Kompetenz an seinem Arbeitsplatz gegeben werden. Selbst vielleicht mit der Folge, dass die betriebliche Leistung, das Gewinn- oder Wirtschaftsergebnis dadurch beeinträchtigt werden. Die Frage ist auch, bis zu welchem Punkt eine solche Reduzierung der betrieblichen Leistungsfähigkeit im Interesse der Humanität akzeptiert werden soll. Man könnte es auch volkswirtschaftlich definieren und sagen: „Sind wir bereit, Produktivitätseinbußen hinzunehmen im Interesse einer für das Individuum günstigeren Gestaltung der Arbeitswelt?“ Dazu ist festzustellen, dass im Vergleich mit anderen Volkswirtschaften die Arbeitsabläufe innerhalb der deutschen Wirtschaft sehr wesentlich von humanitären Überlegungen beeinflusst sind, die sowohl von den Gewerkschaften, aber auch von der Unternehmerschaft selbst eingebracht wurden, die das Arbeitsklima wesentlich verbessern, die aber auch ihren Preis haben und die Produktivität belasten.

Ich möchte aber nochmals auf mein eigenes Unternehmen zurückkommen: Seit Jahren haben wir in unserem Unternehmensbereich eine sehr flache Organisationsstruktur. Wo immer es möglich ist, einen Bereich so abzugrenzen, dass eine kleine, abgrenzbare Organisationseinheit geschaffen werden kann, haben wir dies getan, nicht nur organisatorisch, sondern auch firmenrechtlich. Dies ermöglicht den jeweiligen Führungsleuten, umfassende Kompetenzen und Entscheidungsspielräume in ihrer Einheit zu gewähren. Dem jeweiligen Team wird dabei das Ziel und die Aufgabe vorgegeben, aber nicht der Weg vorgeschrieben, wie dieses Ziel und diese Aufgabe erledigt werden soll. Sicherlich müssen sie ihre Vorstellungen der Gesamtgeschäftsführung melden; sicherlich wird der Erfolg kontrolliert; was aber bleibt, ist ein sehr selbstständiges Arbeiten.

Wir haben in unserem Unternehmen gegenwärtig etwa 300 Beschäftigte. Um die Kompetenz dieser Mitarbeiter, vor allem die Kompetenz zur Erfüllung der ihnen übertragenen Aufgaben, bestmöglich sicherzustellen, haben wir betriebsintern ein eigenes Weiterbildungssystem aufgebaut. Wir bieten dem Einzelnen, wenn er in unser Unternehmen eintritt, nicht nur eine genaue und gute Einarbeitung für die von ihm zu übernehmende Arbeit, sondern übernehmen es auch, gezielt und individuell Kenntnislücken des Einzelnen durch individuelle Schulungen auszugleichen. Wir betreiben Fortbildung und Qualifikation unserer Mitarbeiter vor allem zunächst in der Richtung, dass sie am Arbeitsplatz möglichst optimal ihre Leistung erbringen können, auch aus der Einstellung heraus, dass die Befriedigung, die ein Arbeitsplatz gibt, dann umso höher ist, je besser die gestellten Aufgaben erledigt werden. Das Weiterbildungsprogramm wird sowohl innerbetrieblich als auch außerbetrieblich durchgeführt. Wenn ich an dieser Stelle gefragt werde, inwieweit das Unternehmen auch einen Bildungsauftrag verfolgt, der über die im Unternehmen notwendigen Bereiche hinausgeht, so muss ich sagen, dass wir dies nicht als unsere betriebliche Aufgabe ansehen, sondern dies dem Einzelnen überlassen. Es haben sich auch in unserem Unternehmen bei den Mitarbeitern Gruppen gebildet, die gemeinsame Interessen, insbesondere beim Sport (Tennis, Squash, Badminton usw.) haben, aber andererseits muss man auch erkennen, dass die Individualität der einzelnen Personen und die Vielzahl der individuellen Interessen ein so breites Feld umfassen, dass es jenseits der Möglichkeiten liegt, im betrieblichen Bereich hierfür Möglichkeiten zu eröffnen.

HEID wirft in seinem Kapitel die Frage auf, inwieweit der Unternehmer nicht auch gegenüber seinen Kunden in der Verpflichtung steht. Ich möchte hier anfügen: Auch gegenüber der Öffentlichkeit. Als ein Unternehmen, das Immobilien errichtet, ist uns sehr wohl bewusst, dass wir eine stark gestaltende Wirkung auf das Erscheinungsbild der Stadt haben. Wir nehmen diese Aufgabe sehr ernst. Wir versuchen, soweit es innerhalb des ökonomischen Rahmens möglich ist, so qualitätsvoll wie möglich zu bauen. Ich darf wohl feststellen, dass wir im Interesse der Qualität nicht eine Optimierung der Gewinne betreiben. Wir versuchen dabei in mehrfacher Hinsicht, Qualität zu schaffen, und zwar für die Unternehmen, die in unseren Immobilien tätig sind, die für sich einen Standort suchen, der kompatibel ist mit dem eigenen Image, der vielleicht sogar in der Lage ist, das eigene Image zu unterstützen und zu erhöhen. Wir sind aber auch bestrebt, für die Beschäftigten in der Qualität der zur Verfügung gestellten Räumlichkeiten und in der Qualität der Gebäude und der gestalteten Umwelt Arbeitsbedingungen zu schaffen, die Selbstachtung und Persönlichkeitsentwicklung unterbauen. Unser Bestreben geht zudem dahin, unsere Anlagen so zu errichten, dass auch die Bevölkerung, d.h. die nicht unmittelbar Beteiligten, ein Umfeld vorfinden, das als Nachbarschaft akzeptabel ist und als Gewerbebereich eher positiv als negativ bewertet wird.

Ich möchte noch ein Beispiel aus einem amerikanischen Lehrbuch für Betriebswirtschaft erwähnen, das aus der Praxis stammen soll: Ein Unternehmen stellt im Raum Chicago Kühlschränke her. Es soll ein neues Modell auf den Markt kommen, das nicht in Chicago produziert werden soll, sondern für das eine komplett neue Fabrik in Georgia errichtet werden soll. Dabei spielen folgende Überlegungen eine Rolle:

In Zeiten einer *Just-In-Time*-Produktion existiert keine Lagerhaltung mehr, was bedeutet, dass ein Unternehmen nur so lange lieferfähig ist, so lange produziert wird. Die alte Produktion muss also so lange laufen, bis die neue Produktion zur Verfügung steht. Das Produkt muss zeitlich lückenlos zur Verfügung stehen, weil andernfalls die Konkurrenz die Lücke füllt. Marktanteile zu verlieren, ist sehr gefährlich. Aufgrund der fortgeschrittenen und angewendeten Automatisierung ist es nicht mehr möglich, Teile der alten Produktionsanlage zu nutzen. Eine Umrüstung der alten Anlagen ist nicht möglich, deshalb muss man eine neue bauen.

Wenn ein Neubau notwendig ist, kommen sämtliche Standardfaktoren zum Tragen. Einer der wichtigsten Standardfaktoren sind die Lohnkosten. Hierbei wird folgendermaßen argumentiert: Die Arbeitsproduktivität der Belegschaft wird zunehmend mit der Produktion besser. Die Belegschaft wird geschult, sie arbeitet sich ein. Den Produktivitätsgewinn behält jedoch nicht ganz das Unternehmen, sondern wird auch aufgrund gewerkschaftlichen Drucks zum Teil an die Belegschaft weitergegeben, so dass diese ein relativ hohes Lohnniveau hat, das auch aufgrund der hohen Produktivität gerechtfertigt ist. Eine neue Fabrik braucht neue Qualifikationen. Die alten Qualifikationen werden wertlos und damit abgewertet, d.h. die Belegschaft muss auf die neuen Produktionsvorgänge hin geschult werden. Es werden auch andere Kompetenzen gebraucht, wie z.B. Ingenieure und Elektroniker.

Im konkret vorgetragenen Fall war die Lösung, ein neues Werk mit neuer Belegschaft in Georgia zu bauen, die zu wesentlich günstigeren Lohnkonditionen angestellt werden konnte, als die Belegschaft in Chicago arbeitete. Die neue Belegschaft konnte wesentlich spezifischer in der Qualifikation ausgewählt werden als die Belegschaft in Chicago sie gehabt hätte. In Chicago wäre es nicht möglich gewesen, das vorhandene Gehaltsniveau zu senken. Der Schulungsaufwand für die alte und neue Belegschaft wäre der gleiche. Die neue Belegschaft startet auf einem wesentlich niedrigerem Gehaltsniveau, selbst unter Berücksichtigung der Kosten der Einschulung.

Nun reden wir über Kompetenz der Belegschaft und das, was einem Mitarbeiter wichtig ist in einer zur Maschine gewordenen Fabrik, bei der die Funktion des Einzelnen wenig Kreativität oder eigene Gestaltung zulässt. Hier ist ein Beispiel, das zeigt, dass die ganze erworbene Kompetenz am Arbeitsplatz auf einen Schlag verloren gehen kann, wie bei der Belegschaft in Chicago.

Das Thema *Kapital und Kompetenz – ist das Eine ohne das Andere zu haben?* könnte man natürlich auch anders behandeln, nicht im soziologischen Sinne, sondern indem man über das Kapital spricht, das tatsächlich investiert ist, sowie über Kompetenz, die im Unternehmen tatsächlich vorhanden ist. Wir unterscheiden heute, um den amerikanischen Ausdruck zu benutzen, *Old Economy* und *New Economy*. *Old Economy* sind die traditionellen Unternehmen mit erheblichen Kapitalinvestitionen. Bei der *New Economy* spielt zur Erzeugung ihrer Leistung nicht mehr das Kapital eine bedeutende Rolle, sondern es sind ihre Beschäftigten und deren gemeinsames Know-How.

Betrachten wir die *Old Economy* und das Verhältnis Kapital und Kompetenz: Die *Old Economy* ist kapitalintensiv und wird durch die Möglichkeiten der elektronischen Steuerung immer kapitalintensiver. Der Anteil der Lohnkosten an der Produktion fällt daher zunehmend. Dem steht auf der anderen Seite eine sogenannte *New Economy* gegenüber, in der das Kapital zur Erbringung der Leistung kaum mehr eine Rolle spielt. In der *New Economy* könnte man zwei Tendenzen unterscheiden: Der ganze Bereich der Elektronik, in dem es darum geht, Programme für die Computer zu entwerfen. Dies ist ein Industriezweig von vielen kleinen, sehr leistungsfähigen Unternehmen, neben den ganz großen wie Microsoft und SAP. Kompetenz steht hier im Vordergrund, nicht das investierte Kapital. Der Börsenwert dieser Unternehmen wird durch ihre Kompetenz, durch die Produktion von immer neuen Anwendungsmöglichkeiten geschaffen. Diese Unternehmen schaffen es, innerhalb eines Jahrzehnts aufzusteigen; sie haben Börsenwerte erreicht, die weit über dem liegen, was Unternehmen wie General Motors und andere Unternehmen der *Old Economy* in hundert Jahren aufbauen konnten. In diesen neuen Unternehmen hat ein Teil der Mitarbeiter besonders hohe Wertschätzung, weil das Ergebnis von der individuellen Leistung abhängt. Dort werden alle modernen Möglichkeiten genutzt, wie Unternehmensbeteiligung durch Share-Optionen oder Erfolgsbeteiligungen. Die interne Organisation wird sehr locker gehandhabt und so gestaltet, dass sie den individuellen Bedürfnissen des Einzelnen entgegenkommt, damit seine kreativen gestalterischen Kräfte voll entfaltet werden.

Man kann die Entwicklung beobachten, dass sich Unternehmen aus der *Old Economy* umstrukturieren, um bei der heute gegebenen hohen Innovationsgeschwindigkeit mithalten zu können. RIFKIN beschreibt es etwa so: Nicht mehr der Besitz der Produktionsmittel ist für ein Unternehmen entscheidend, sondern der Zugang, die Verfügbarkeit darüber. Anders ausgedrückt: Auf Grund der kurzen Produktionszyklen versucht die Industrie, das Entwicklungspotenzial und die Kernkompetenzen zu behalten. Parallel dazu läuft das Outsourcing.

Ich will es konkret an einem Beispiel verdeutlichen: Die Firma Siemens ist in Regensburg mit dem Geschäftsbereich VDO Automotive AG und dem Bereich Schaltelektronik sehr stark vertreten. Die Firma Siemens ist nicht mehr interessiert, beispielsweise in Immobilien zu investieren. Selbst der Vorstand ist nicht mehr in einem Gebäude, das der Firma Siemens gehört. Dieser Geschäftsbereich der Firma Siemens hat im Gewerbepark Regensburg die Hauptverwaltung. Außerdem hat sie ihre Entwicklungsabteilungen im Gewerbepark mit etlichen hundert Ingenieuren. Sie ist ebenfalls als Mieter im Business Park und lässt gegenwärtig ein Zentrallager und eine weitere Verwaltung erstellen, die sie nur mietet. Um eine hohe Flexibilität zu erreichen, versucht die Firma Siemens 10-jährige Mietverträge oder noch kürzere mit jährlicher Kündigung abzuschließen, gegebenenfalls bei vorzeitiger Kündigung mit Schadensersatzzahlungen, weil sie flexibel werden will. Man will die großen Kapitalien nicht mehr langfristig binden, wie das für Immobilien eigentlich notwendig wäre.

In Regensburg hat die Siemens VDO Automotive AG verschiedene Bereiche ausgegliedert, beispielsweise den gesamten Internet-Bereich. Der zuständige Abteilungsleiter ist jetzt selbstständiger Unternehmer, firmiert als XWS Cross Wide Internet Solutions GmbH, und ist nicht mehr nur für Siemens, sondern auch für andere Unternehmen tätig. Auch unser Unternehmen ist Auftraggeber dieses ausgegliederten Siemens Unternehmens.

Ähnliche Fälle gibt es natürlich überall auch bei anderen Unternehmen. In Nürnberg, in unserem dortigen Gewerbepark, hat die Firma Philips eine Handyproduktion begonnen, um nach zwei Jahren festzustellen, dass Philips Handys am Markt zu spät kamen. Man war auch mit dem Ingenieuring und der allgemeinen Entwicklung hinter dem Markt. Die Produktion wurde nach zwei Jahren eingestellt. Uns als Vermieter wurde eine Abfindung gezahlt und das Engagement, d.h. die Produktionsstätte, aufgelöst.

An dieser Stelle kann ich besonders klar erklären, welche Funktion wir als Immobilieninvestoren innerhalb der Volkswirtschaft haben. Wir bauen flexible, immer wieder verwendbare Immobilien und stellen sie relativ kurzzeitig, üblicherweise für 10 Jahre, zur Verfügung. Wir haben Kompetenz bei Immobilien entwickelt, wie man sie baut, vermarktet und verwaltet. Die Industrie ist bereit, dafür entsprechende Mieten zu zahlen und übernimmt Ausbau und Umbau, alles zum Nutzen der eigenen Flexibilität. Man könnte jetzt *Kapital* und *Kompetenz* auch so auslegen, dass die Industrie am Kapital direkt nicht mehr interessiert ist und die Kompetenz den Kern eines modernen Industrieunternehmens ausmacht. Nur mehr der möglichst flexible Zugang zur Nutzungsmöglichkeit von Kapitalgütern ist von entscheidender Bedeutung – hier entstehen neue Kompetenzbereiche.

Ein weiteres Beispiel dafür, wie weit Kapital und Kompetenz getrennt werden können, ist die Firma Nike. Dieses Unternehmen, eines der bedeutendsten auf dem Gebiet der Sportartikel, besitzt keine eigenen Produktionsanlagen. Sie lässt alles fertigen, und zwar überall dort auf der Welt, wo dies besonders günstig, preiswert und zu niedrigsten Kosten möglich ist. Nike hat also in unserem Sinne nur noch Kompetenz, aber kein Produktionskapital mehr. Dort allerdings, wo das Produktionskapital liegt, entsteht neue Kompetenz.

Volkswirtschaftlich gesehen können wir über die letzten zwei Jahrzehnte einen neuen Schub der Arbeitsteilung beobachten, beinahe möchte ich sagen, eine Teilung der Produktionsfaktoren. Kapitalgüter werden zunehmend von den Unternehmen, die sie nutzen, nicht mehr selbst erworben oder erstellt, sondern nur zeitweilig in Nutzung genommen. Hierher gehört auch die Ausweitung des Leasings von Kapitalgütern. Wir selbst sind mit unseren gewerblichen Immobilien, mit den Einkaufszentren, die wir bauen und betreiben, und mit den Gewebeparks, Anbieter, die aus einem langlebigen Wirtschaftsgut – der Immobilie – ein kurz- und mittelfristig nutzbares Gut machen. Dieser Vorgang ist volkswirtschaftlich außerordentlich positiv zu sehen, weil durch die Kompetenzsteigerung beim jeweiligen Anbieter bzw. Nutzer volkswirtschaftliche Gewinne entstehen, eben dadurch, dass unsere Immobilien sehr flexibel gebaut werden, wodurch die Möglichkeit besteht, einen Nutzer nach dem anderen in der gleichen Immobilie unterbringen. Somit haben die Gebäude auch beim Auslauf einer Nutzung einen beständigen Wert.

Zusammenfassend möchte ich feststellen: Ein Unternehmer kann nur dann erfolgreich sein, wenn er die eigene Kompetenz und die Kompetenz seiner Mitarbeiter nicht nur optimal nutzt, sondern ständig bemüht ist, diese Kompetenz dem heute sehr schnellen Wandel anzupassen; wenn er ständig bemüht ist, das zusätzliche Wissen, das auf allen Feldern der Wirtschaft entsteht, auszuwerten und, soweit es für ihn zutreffend ist, selbst aufzunehmen, d.h. wiederum die Kompetenz aller Mitarbeiter ständig zu steigern.

Teil II
Berufliches Lernen im Arbeitsalltag

Johannes Bauer

Fehlerkultur und epistemische Überzeugungen als Einflussfaktoren individuellen Kompetenzerwerbs im Arbeitsalltag

Einleitung

Wissen stellt für Betriebe eine der wichtigsten Ressourcen dar. Dies vor allem in Zeiten, in denen Programmatiken ständigen Wandel als einzig stabiles Element akzeptieren (FUCHS, 1992). Wissen ist dadurch im Betrieb in weiten Teilen einem fortwährenden Entwertungsprozess ausgesetzt, der durch ständige Lernprozesse kompensiert werden muss. Beschäftigte sehen sich deswegen mit der Forderung nach permanenter Lernfähigkeit und -bereitschaft konfrontiert: Lebenslang sollen sie lernen, sich neue Kompetenzen aneignen sowie vorhandene erweitern und diese einsetzen, um komplexe Aufgaben selbstständig zu erfüllen und zu verantworten. Um die individuelle Kompetenzentwicklung Beschäftigter zu ermöglichen, muss der Betrieb jedoch entsprechende Lerngelegenheiten zur Verfügung stellen. Neben herkömmlichen Formen betrieblicher Weiterbildung werden derzeit die Vorteile dezentraler Lernformen diskutiert (DEHNBOSTEL, 2001; REINMANN-ROTHMEIER & MANDL, 2001). Letztere erfordern eine theoretische Konzeption von Lernen, die Lernen als pragmatisches Konstruieren von Erfahrung in komplexen, authentischen Lernumgebungen im Sinn der Konzeption situierten Lernens begreift (GERSTENMAIER, 1999; GRUBER, 1999; REINMANN-ROTHMEIER & MANDL, 1997). Wenige Forschungsarbeiten thematisieren dagegen Voraussetzungen, die eine Arbeitsorganisation zu erfüllen hat, um günstige Bedingungen für die Ermöglichung individuellen Kompetenzerwerbs Beschäftigter zu schaffen (HARTEIS, 2002).

Im Folgenden soll auf Bedingungen eingegangen werden, die als Voraussetzung für erfolgreiches Lernen im Arbeitsprozess anzusehen sind. Von diesen werden zwei vertieft, die als kritische Faktoren für erfolgreiche Lernprozesse im Betrieb und damit für die Umsetzung moderner Unternehmensprogrammatiken erachtetet werden: Die Fehlerkultur im Unternehmen bzw. die Bedingungen, unter denen Fehler im Arbeitsprozess lernförderlich wirksam werden können, sowie die epistemischen Überzeugungen der am betrieblichen Bildungsprozess Beteiligten. Diesen Überzeugungen darüber, welcher Natur beruflich relevantes Wissen ist und auf welche Art und Weise es erworben werden kann, wird ein beträchtlicher Einfluss auf die Qualität von Lernprozessen zugesprochen, insbesondere darauf, welche Lerngelegenheiten im Betrieb zur Verfügung gestellt und gestaltet werden und inwieweit Lernende davon profitieren können. In den Schlussfolgerungen werden Konsequenzen und Probleme für die Umsetzung moderner Unternehmensprogrammatiken im betrieblichen Alltag thematisiert.

Voraussetzungen individuellen Kompetenzerwerbs am Arbeitsplatz

Fasst man Lernen als aktive Wissenskonstruktion in spezifischen Situationen auf, stellt sich die Frage nach den relevanten Eigenschaften derjenigen Situationen, die erfolgreiches Lernen begünstigen oder erschweren. HEID (2001) wies auf das Problem hin, dass diese Eigenschaften keineswegs rein externale Einflussgrößen sind, sondern auch von der wiederum voraussetzungsreichen Rezeption durch die sich in dieser Situation Befindenden abhängen. Erfolgreiches Lernen am Arbeitsplatz ist somit einerseits abhängig von individuellen Faktoren (z.B. Vorwissen, Intelligenz, epistemische Überzeugungen), andererseits von der Ausgestaltung externaler Faktoren wie der Art der Arbeitsorganisation. „Zwischen" individuellen und externalen Faktoren existiert ein „Interaktionsbereich": (1) Zum einen nehmen Individuen externale Bedingungen subjektiv wahr und bewerten sie, zum anderen nehmen sie auf deren Gestaltung Einfluss. (2) Umgekehrt wird externalen Bedingungen ein Einfluss auf individuelle Faktoren zugesprochen (z.B. Wissenserwerb durch Auseinandersetzung mit der Umwelt „Arbeitsplatz"). Die Interaktion zwischen individuellen und externalen Einflussgrößen bildet somit ein komplexes Geflecht von Bedingungen und Voraussetzungen, das wahrscheinlich sogar innerhalb kleiner betrieblicher Gruppen erheblich variieren kann.

Die organisationalen Bedingungen stellen einen bislang wenig beachteten Bereich der Voraussetzungen betrieblichen Lernens und der Kompetenzerschließung durch den Betrieb dar. Berücksichtigt man sie, muss der Sachverhalt, dass Beschäftigte ihre Kompetenzen am Arbeitsplatz nicht immer und vollständig zur Geltung bringen, nicht notwendig individuellen Faktoren zugeschrieben oder als Transferproblem zwischen Lern- und Anwendungssituation interpretiert werden (HARTEIS, 2002). Demgegenüber sind organisationale Bedingungen zu identifizieren, die sowohl den Erwerb als auch das Einbringen bestimmter Kompetenzen für die Erledigung am Arbeitsplatz anfallender Aufgaben entweder ermöglichen bzw. fördern oder behindern. Dies gilt insbesondere für dezentrale Lernformen, die im Gegensatz zu zentralisierten wesentlich direkter von der Form der Arbeitsorganisation betroffen sind. Als solche Bedingungen kommen etwa die Bereitstellung lernförderlicher Arbeitsaufgaben (BENTELER, 1995), die Schaffung notwendiger Freiräume für Lernprozesse, die Gestaltung der Bedingungen der Übernahme von Verantwortung (HEID, 1991), die individuelle Wahrnehmung günstiger motivationaler Bedingungen (DECI & RYAN, 1993) durch die Beschäftigten oder die Kultur im Umgang mit Fehlern in Betracht.

Im Folgenden werden zwei Bedingungen individuellen Kompetenzerwerbs im Betrieb weiter ausgeführt: Zunächst sollen Voraussetzungen des Lernens aus Fehlern thematisiert werden. Fehlerlernen wird dabei als ein wesentlicher Bestandteil des Lernens im Arbeitsprozess begriffen. Im Anschluss wird der Einfluss der epistemischen Überzeugungen am Bildungsprozess Beteiligter für erfolgreiche Lernprozesse im Betrieb aufgegriffen: Es wird zu zeigen sein, dass die Überzeugungen sowohl der Lernenden als auch derjenigen, die für die Bereitstellung und Organisation betrieblicher Lerngelegenheiten verantwortlich sind, Einfluss auf die Qualität betrieblichen Lernens haben.

Fehlerkultur und Lernen aus Fehlern – Die Bedeutung von Fehlern für betriebliche Lernprozesse

Die Einstellung gegenüber Fehlern und die Art, wie mit ihrem Auftreten umgegangen wird, sind bedeutende Faktoren der Organisationskultur. Dies schon allein aufgrund des Sachverhalts, dass Fehler weder durch maximale Routinisierung noch durch maximale Qualifikation vollständig vermeidbar sind (RYBOWIAK, GARST, FRESE & BATINIC, 1999). Die Beschäftigung mit der Fehlerkultur im Unternehmen hat jedoch eine Klärung der dahinter stehenden Konzepte von Fehlern und des Lernens aus Fehlern zur Voraussetzung.

(1) Definition von Fehlern

Fehler können in einer kurzen Definition als von einem Soll-Zustand abweichende Prozesse oder Sachverhalte definiert werden (OSER, HASCHER & SPYCHIGER, 1999). Dazu ist einschränkend anzumerken, dass die Kategorien „richtig“ oder „falsch“ prinzipiell nicht auf Sachverhalte und Prozesse, sondern lediglich auf *Aussagen* über solche angewandt werden können. Fehler sind somit nicht die fraglichen Prozesse oder Sachverhalte selbst; Fehler kommen erst aufgrund einer Zuschreibung durch ein Subjekt zustande, also als Ergebnis der (stets subjektiven) *Bewertung* eines (subjektiv wahrgenommenen) Sachverhalts oder Prozesses anhand eines normativen Kriteriums. Schon allein hieraus wird ersichtlich, dass Fehler niemals etwas quasi „Objektives“ sein können, sondern als in spezifischen Kontexten zustande gekommene Konstrukte aufzufassen sind.

Unterscheidbar sind weiter zwei Begriffe, für die gleichermaßen das Wort „Fehler“ verwendet wird: Zum einen wird in einem Prozess diejenige Handlung als Fehler bezeichnet, von der man annimmt oder weiß, dass sie die Abweichung vom Sollzustand bewirkt hat; zum anderen bezeichnet man eben diese festgestellte Abweichung als Fehler. Der erste Begriff charakterisiert Fehler also als (fehlerhafte) *Handlung*, der zweite als *Zustand*. In diesem Kapitel ist der zweite Begriff gemeint, wenn von Fehlern gesprochen wird; die fehlerhafte Handlung wird als solche oder als Handlungsfehler bezeichnet.

Eine Beschreibung von Fehlern hat demnach zunächst zwei Ebenen zu berücksichtigen: (1) Den Gegenstand bzw. Sachverhalt, der als Fehler bewertet wird, und (2) das zur Fehlerfeststellung nötige Kriterium. Daraus resultieren die Fragen, welche Gegenstände überhaupt als Fehler deklariert werden (können), welche Normen als Kriterien zur Bestimmung von Fehlern herangezogen werden, inwiefern diese präzisiert, legitimiert und akzeptiert werden und wer an der Festlegung solcher Bestimmungen beteiligt ist. Im Betrieb ist dies von besonderer Relevanz: Insbesondere, wenn die Person, die einen Fehler „verursacht" hat, nicht an der Bestimmung des Bewertungskriteriums sowie der Bewertung partizipiert und das Kriterium somit beliebig diffus gehalten werden kann, besteht das Potenzial, dass Definitionsmächtige die Zuschreibung von Fehlern als Machtinstrument missbrauchen können.

Dies führt zu einer weiteren Ebene (3), nämlich den Konsequenzen, die aus Fehlern resultieren. Dieser Punkt ist zwar analytisch von den beiden anderen Punkten trennbar, dürfte aber in der Regel fest mit Fehlern assoziiert bzw. verknüpft sein. Hier soll eine weitere terminologische Unterscheidung eingeführt werden, die zwischen dem *Resultat* aus einer fehlerhaften Handlung, den sich daraus ergebenden *Folgen* (JANICH, 2000) sowie den *Konsequenzen*, die daraus gezogen werden: Das *Resultat* eines Handlungsfehlers besteht in dem Sachverhalt, der durch die vorangegangenen Handlungen bzw. Prozesse entstanden ist. In der darauf folgenden Bewertung kann festgestellt werden, dass die Handlung das intendierte Ziel nicht erreicht hat, dass also ein anderer Sachverhalt vorliegt, als im Zielkriterium festgelegt wurde. (Das Ergebnis dieser Bewertung ist gleichbedeutend mit „Fehler" im o.g. Sinn eines Zustandes.) Dagegen sind die *Folgen* eines Fehlers alle Sachverhalte, die sich daraus ergeben, wobei diese Folgen unterschiedlicher Natur sein können (z.B. physikalischer oder praktischer Natur). Ein Beispiel soll das verdeutlichen: Ein Fußballspieler möchte seinem Mitspieler einen Pass zuspielen, trifft den Ball aber unglücklich, so dass er zum Gegenspieler fliegt. Als Resultat dieser Handlung ist nun der Gegenspieler im Ballbesitz; Folgen sind dann etwa, dass eine Torchance für die eigene Mannschaft verspielt wurde oder dass die Gegenmannschaft zum Angriff übergeht und möglicherweise ihrerseits ein Tor erzielt. Die Folgen einer fehlerhaften Handlung sind damit so weitreichend, wie man gewillt ist, kausale Beziehungen zu unterstellen.

Von diesen Folgen unterscheiden sich *Konsequenzen* aus Fehlern dadurch, dass sie als individuelle oder organisationale Reaktionen auf das Auftreten von Fehlern gesehen werden können. Sie sind somit im Gegensatz zu Folgen abhängig von Entscheidungen. Hier kommen zum einen moralische Konsequenzen in Betracht, die in entsprechenden Sanktionen münden können, zum anderen gibt es „sachbezogene" Konsequenzen, die Entscheidungen darstellen, wie mit dem Resultat und den Folgen weiter umgegangen werden soll. (Auch sachbezogene Konsequenzen sind als Entscheidungen abhängig von Normen. Der Begriff „sachbezogen" soll lediglich verdeutlichen, dass diese Art von Konsequenzen auf das Resultat als Sachverhalt zielt.) Zu den sachbezogenen Konsequenzen gehören Versuche, das Resultat doch noch in die Richtung des ursprünglichen Ziels abzuändern und negative Folgen einzudämmen (Fehlermanagement), sowie Maßnahmen, die dazu führen sollen, aus der Situation zu lernen und den gleichen Fehler in Zukunft zu vermeiden: Etwa die Suche nach der Handlung, die den Fehler verursacht hat, Reflexion darüber oder Kommunikation über den Fehler. Damit ist die Frage angesprochen, unter welchen Bedingungen aus Fehlern gelernt werden kann und wie Konsequenzen aus Fehlern so gestaltet werden können, dass Lernprozesse ermöglicht werden.

(2) Lernen aus Fehlern

Zur Beschreibung des Lernens aus Fehlern sollen zwei ausgewählte theoretische Ansätze dargestellt werden, die beide die Notwendigkeit von Reflexion als Voraussetzung des Lernens aus Fehlern postulieren: (1) Das Modell des Lernens aus Erfahrung (GRUBER, 1999; KOLODNER, 1983), (2) die Theorie negativen Wissens (OSER et al., 1999).

Zu (1). KOLODNER (1983) postuliert als Modell für die Repräsentation handlungsrelevanten Erfahrungswissens ein episodisches Gedächtnis, in dem individuell erlebte Episoden und Ereignisse in unterschiedlichen Graden der Generalisierung gespeichert und organisiert sind. Die Inhalte dieses Gedächtnisses ändern sich durch das Erleben neuer Episoden, die mit den bereits gespeicherten integriert werden. Fehlerbasiertes Lernen spielt in diesem Modell eine besondere Rolle, weil hierbei auf Basis von Erfahrung Wissen aufgebaut, verfeinert und modifiziert wird. Diese Verarbeitung läuft in sechs Prozessen ab (KOLODNER, 1983):

Zunächst wird auf Grundlage des episodischen Gedächtnisses eine Handlungssequenz ausgeführt oder eine Entscheidung getroffen (*initial decision*). Im nächsten Schritt muss ein gegebenenfalls eintretender Misserfolg als Fehler erkannt (*noticing the failure*) und die Ursache dafür gefunden werden (*assigning blame*). Dies eröffnet die Möglichkeit, den Fehler zu korrigieren (*correcting the failure*). Um jedoch daraus lernen zu können, muss reflektiert werden, warum der Fehler auftrat und wie der Misserfolg hätte vermieden werden können (*explaining the failure*). Als Resultat dieser Erfahrung wird die neue Episode mit dem vorhandenen Wissen im episodischen Gedächtnis integriert (*memory update*). Dies geschieht über Indizes, die der ursprünglichen Episode angefügt werden und auf die Erklärung des Misserfolgs verweisen. Beim nächsten Auftreten einer ähnlichen Episode dient der Index als Verweis auf die einmal fehlgeschlagene Episode und hilft so, den gleichen Fehler zu vermeiden. Sollte die Ursache eines Fehlers nicht erklärt werden können, wird immerhin die Differenz zwischen der erwarteten und der fehlgeschlagenen Episode indiziert, so dass beim erneuten Auftreten einer ähnlichen Episode eine Erklärung gesucht und – falls gefunden – verwendet werden kann.

Dieser Prozess der Verfeinerung von Wissen durch Misserfolge bzw. Fehler stellt einen bedeutenden Faktor beim Erwerb der Kompetenz im Umgang mit neuen Fällen oder Ausnahmen dar, die einen wesentlichen Unterschied zwischen Experten und Novizen ausmacht. Es wird jedoch deutlich, dass eine notwendige Voraussetzung dafür die Reflexion ist, warum es zu einem Fehler kam. Genau dies kann in komplexen Domänen oder Situationen äußerst schwierig sein, in denen nicht alle relevanten Informationen ohne weiteres verfügbar sind (Gruber, 1999) und sich Konsequenzen fehlerhaften Handelns möglicherweise stark zeitverzögert bemerkbar machen (Dörner, 2001).

Zu (2). In OSERs Theorie negativen Wissens spielen Fehler eine zentrale Rolle beim Aufbau von Wissen, wie etwas nicht ist (deklarativ) oder nicht funktioniert (prozedural). Diesem negativen Wissen wird eine Schutz- bzw. Konsolidierungsfunktion zugesprochen, indem es zwar nicht zwingend dazu führt, Richtiges zu tun, aber hilft, Falsches zu vermeiden (OSER et al., 1999). Auch in dieser Konzeption bedeutet Lernen aus Fehlern Erfahrungslernen, indem Fehlersituationen analysiert und Rückschlüsse gezogen werden, welche Handlungen oder Sachverhalte künftig vermieden bzw. ausgeräumt werden müssen. „Lernen aus Fehlern heißt, Grenzen zu erfahren und Fehler nicht mehr zu wiederholen“ (OSER et al., 1999, S. 12). OSER konzediert jedoch, dass Fehlermachen nicht notwendig zu Lernprozessen führt; er unterscheidet sinnvolles (lernwirksames) und nicht sinnvolles Fehlermachen. Um das Lernpotenzial von Fehlern auszuschöpfen, ist es notwendig, Fehler in einen Lernzusammenhang zu stellen: Eine Person, die Fehler macht, muss erkennen können, was falsch ist und welche Folgen daraus resultieren. Sie muss die Ursache des Fehlers erkennen und reflektieren sowie die Möglichkeit haben, ihn zu korrigieren. Aus den genannten Punkten folgert OSER einerseits als pädagogisches Desiderat die Gelegenheit, Fehler in realen oder simulierten Situationen begehen zu dürfen (vgl. auch DÖRNER, 2001); andererseits verweist er auf die Notwendigkeit einer Kultur im Umgang mit Fehlern, in der z.B. das Fehlermachen nicht durch negative Emotionen belastet ist und somit Fehler angstfrei einer – auch öffentlichen – Reflexion zugänglich sind.

So einleuchtend OSERs Theorie klingt, sie lässt doch verschiedene Probleme offen: Es bleibt die Frage, welche Kategorien von Fehlern in welchem Maß dazu beitragen, negatives Wissen aufzubauen und unter welchen Umständen Lernen aus Fehlern handlungswirksam wird. Dass besseres Wissen nicht automatisch zu entsprechendem Handeln führt, ist fast schon trivial. OSER misst der Betroffenheit bzw. Entrüstung über einen Fehler hohe Relevanz zu. Der Einfluss dieses Faktors in Bezug auf die Entwicklung handlungswirksamen negativen Wissens wäre empirisch zu prüfen. Immerhin scheint dies mit der Forderung in Widerspruch zu stehen, Fehler sollten keine negativen Emotionen hervorrufen. SPYCHIGER, OSER, HASCHER und MAHLER (1999) merken dazu an, dass eine völlige Abwesenheit negativer Emotionen nicht notwendigerweise Merkmal einer guten Fehlerkultur sei, sondern auch Ausdruck von Gleichgültigkeit sein könne.

Schließlich bleibt das Problem, dass im Vergleich zur Menge der für eine Situation „richtigen“ Handlungen die der „falschen“ unendlich groß ist. Theoretisch müsste eine unendliche Menge falscher Handlungen begangen werden, um das negative Wissen zu komplettieren. Für OSER fällt der Fall, dass in einem Lernprozess „eine sehr große Anzahl von Fehlern möglich wäre und diese nun alle erfahren werden müßten", unter unsinniges Fehlermachen (OSER et al., 1999, S. 20). Er führt deshalb advokatorisches Fehlerlernen ein, in dem Lernprozesse durch emotionales Nachvollziehen von Fehlern Anderer ausgelöst werden können. Es bleibt jedoch das Problem, welche Elemente des unendlichen negativen Wissens für eine jeweilige Situation bzw. die künftige Vermeidung eines Fehlers relevant sind und welche nicht.

So unterschiedlich die beiden hier dargestellten Theorien des Fehlerlernens zu sein scheinen, so verweisen sie doch auf zentrale Elemente des Lernens aus Fehlern, die jede Konzeption des Fehlerlernens im Betrieb zu berücksichtigen hat:

1) Lernen aus Fehlern ist Erfahrungslernen und hat als solches einen bedeutsamen Stellenwert für die Entwicklung individueller Handlungskompetenz. Dies impliziert die Notwendigkeit von Gelegenheiten, entsprechende Erfahrungen zu machen.
2) Beide Theorien zeigen, dass die Reflexion von Fehlern für daraus resultierende Lernprozesse notwendig ist und dass die Ergebnisse dieser Reflexion in einer Rückkoppelung in die Ausgangsbasis für zukünftige Handlungen integriert werden müssen.
3) KOLODNERs Theorie zeigt, dass aus Fehlern nicht nur gelernt werden kann, wie diese in Zukunft vermeidbar sind, sondern dass dabei auch die Kompetenz im Umgang mit neuen und unerwarteten Problemen und Situationen gefördert wird. Dies impliziert, dass künftige Theorien des Fehlerlernens nicht nur auf das Vermeidungspotenzial fokussieren sollten, sondern insbesondere auch darauf, wie Fehler als Ausgangsbasis für Kreativität und Innovation dienen können.
4) OSERs Theorie verdeutlicht die Relevanz der mit Fehlern assoziierten Emotionen und der Kultur im Umgang mit ihnen, die eine Voraussetzung für die Reflexion von und damit für das Lernen aus Fehlern ist. Unter der Prämisse, dass Fehler im Arbeitsprozess immer möglich sind und somit Gelegenheiten entsprechenden Erfahrungslernens gegeben sind, dürfte die im Betrieb herrschende Kultur im Umgang mit Fehlern der zentrale Einflussfaktor für Lernen aus Fehlern sein.

(3) Fehlerkultur im Unternehmen

Die Frage nach den aus Fehlern resultierenden Konsequenzen verweist direkt auf die im Betrieb vorherrschende Fehlerkultur, also dem Stellenwert, der Fehlern eingeräumt wird, wie ihr Auftreten bewertet und mit ihnen umgegangen wird. Damit sind wiederum organisationale Bedingungen angesprochen, die es ermöglichen, aus Fehlern zu lernen. Der Stellenwert von Fehlern im Betrieb lässt sich auf einem Kontinuum mit folgenden Extremen beschreiben:

1) Fehler sind möglichst zu vermeidende Missgeschicke, die den als ideal zu konzipierenden und umzusetzenden Prozess der Produktion bzw. Wertschöpfung beeinträchtigen.
2) Fehler sind prinzipiell nicht vollständig vermeidbar. Sie stellen eine willkommene Lerngelegenheit und Entwicklungsmöglichkeit dar, indem sie Mängel im bisherigen Vorgehen aufzeigen und Ausgangspunkte für Innovation bieten.

Zu (1). In Richtung der ersten Position gehen Qualitätskonzepte, die eine Null-Fehler-Strategie verfolgen. Moderne Qualitätssicherungsstrategien setzen zwar auf das Lernen aus Fehlern, indem im Sinn eines kontinuierlichen Verbesserungsprozesses Misserfolge als Anlass zur Veränderung ursprünglicher Strukturen und Prozesse dienen. Es werden jedoch erstens diejenigen Bedingungen völlig vernachlässigt, die das Lernen aus Fehlern ermöglichen; zweitens ist das Streben nach einer „totalen" Qualität, im Sinn von „Perfektion als Voraussetzung für einen reibungslosen Ablauf in allen Unternehmensbereichen" (MÜNCHRATH & RUNGE, 2000, S. 102), eine Utopie: Der Großteil des Handelns in Organisationen geschieht unter komplexen Bedingungen, in denen das Wirkungsgeflecht verschiedener Variablen nicht vollständig durchschaut und nicht alle relevanten Informationen gesammelt und berücksichtigt werden können. „Entscheidungen müssen deshalb unter Unsicherheit getroffen werden" (ZAPF, FRESE & BRODBECK, 1999, S. 404). Dies gilt vor allem für Unternehmen, die qua Programm ständige Wandlungsfähigkeit erstreben und somit unter Druck stehen, Entscheidungen für permanent veränderliche Zukunftsszenarien treffen zu müssen.

Akzeptiert man die These der prinzipiellen Nichtvermeidbarkeit von Fehlern, so hat eine Vermeidungskultur im o.g. Sinn doppelt negative Konsequenzen: (a) Ergebnisse aus der Unfallforschung verdeutlichen, dass insbesondere in Systemen, die hochgradig gegen Fehler gesichert sind, weniger mit dem Auftreten von Fehlern bzw. nur mit bestimmten Fehlern gerechnet wird. In hochgradig komplexen und interaktiven Systemen (z.B. Atomkraftwerken) können jedoch sogar triviale Ereignisse durch Rückkoppelungsprozesse dramatische Folgen zeitigen (BOLZ, 1999; PERROW, 1987). (b) Ist eine Organisation Fehlern gegenüber eher feindlich eingestellt, wächst die Wahrscheinlichkeit, dass Fehler zu Schuldzuweisungen führen und die verantwortliche Person negative Konsequenzen zu tragen hat. Aus erziehungswissenschaftlich-normativer Perspektive ist dabei von besonderer Relevanz, ob notwendige Bedingungen erfüllt waren, dass der oder die Haftbargemachte überhaupt verantwortlich handeln konnte (HEID, 1991). Eine negative Fehlerkultur in diesem Sinn verhindert Lernen aus Fehlern: Es wird die Tendenz gefördert, Fehler zu verbergen bzw. wenig darüber zu kommunizieren, und es herrschen schlechte motivationale Bedingungen, Fehler zu reflektieren und Handlungskonsequenzen abzuleiten. „In certain negative error cultures, those errors that appear will be concealed and there will be little individual and organizational learning from errors" (RYBOWIAK et al., 1999, S. 528).

Die hier angeführten Argumente sollen nicht einer „Romantisierung" von Fehlern Vorschub leisten. Der Versuch, aus Fehlern resultierende Gefährdungen und negative Folgen zu vermeiden, ist begrüßenswert und ein wichtiger Bestandteil betrieblicher Verantwortung für Menschen und Umwelt. Kontraproduktiv ist dagegen die technizistische Überzeugung, das Auftreten von Fehlern ließe sich durch genügend großen Aufwand und durch Androhung negativer Sanktionen prinzipiell verhindern. Diese Einstellung übersieht sowohl die Komplexität des Systems Unternehmen als auch die Lern- und Innovationschancen, die Fehler bieten.

Zu (2). Eine Organisation kann Fehlern gegenüber auch positiv eingestellt sein und sie als willkommene Lerngelegenheit betrachten. In einer solchen Kultur stellt sich beim Auftreten von Fehlern weniger die Frage nach „Schuldigen" oder den zu tragenden Konsequenzen, sondern einerseits die des Fehlermanagements – also wie der Fehler und seine negativen Folgen möglichst schnell, einfach und stressfrei behoben werden können (ZAPF et al., 1999) – andererseits, wie sich aus Fehlern lernen und Innovationspotenzial schöpfen lässt. Damit letzteres gelingen kann, ist es jedoch dringend erforderlich, eine einseitige Konnotation von Fehlern mit nur negativen Aspekten aufzubrechen. Insofern hat die Fehlerkultur auch einen Einfluss darauf, ob moderne Qualitätssicherungssysteme und Managementkonzepte erfolgreich umgesetzt werden können: Die Bereitschaft Beschäftigter zur Übernahme von Verantwortung hängt davon ab, ob Fehler überwiegend negative Konsequenzen haben (RYBOWIAK et al., 1999).

Es stellt sich somit die Frage, welche Faktoren relevant sind, um Lernen aus Fehlern im Sinn einer Fehlerkultur zu ermöglichen und zu fördern. SPYCHIGER, MAHLER, HASCHER und OSER (1998) identifizieren zehn Faktoren als Elemente einer positiven Fehlerkultur in der Schule: Dazu gehören das Ausmaß an Bloßstellungen, an Ermutigung und Fürsorge, an negativen Reaktionen von Lehrpersonen sowie deren Fehlertoleranz und deren Umgang mit eigenen Fehlern; weiter die Reaktionen von Mitschülern, die Qualität der Strategien und die Intensität der Auseinandersetzung mit Fehlern, das Ausmaß an negativen Emotionen, die Bedeutsamkeitseinschätzung und Fehlerbereitschaft sowie die Gelegenheit zu Korrekturen und Repetitionsmöglichkeiten.

Ziel der Entwicklung einer positiven Fehlerkultur ist dabei sowohl die Förderung von Toleranz und Akzeptanz gegenüber Fehlern als auch die Entwicklung von systematischem Wissen zum Umgang damit und letzten Endes eine Verbesserung der Leistungen der Schülerinnen und Schüler (SPYCHIGER et al., 1999). Diese Faktoren lassen sich zumindest theoretisch auf die betriebliche Situation übertragen, wenn man Lehrpersonen durch Vorgesetzte und Mitschüler bzw. Mitschülerinnen durch Kollegen bzw. Kolleginnen ersetzt. Sie decken sich teilweise mit Faktoren, die RYBOWIAK et al. (1999) als Skalen zur Messung von „Fehlerorientierung" konzipieren, also der Einstellung zu und den Umgang mit Fehlern in der Arbeit. Dazu gehören: Kompetenz im spontanen Umgang mit auftretenden Fehlern; Lernen aus Fehlern zur Optimierung zukünftiger Prozesse; Risikobereitschaft; emotionale Belastung durch Fehler; Antizipation möglicherweise auftretender Fehler; Verbergen von Fehlern; Kommunikation über Fehler; Reflexion über Fehler.

Es ist zu betonen, dass Betriebe im Gegensatz zu Schulen nicht in erster Linie Lernzwecke verfolgen, sondern Produkte herstellen, um investiertes Kapital zu vermehren. Die Forderung, Beschäftigte im realen Produktionsprozess absichtlich Fehler zu Lernzwecken begehen zu lassen, erscheint absurd. Dennoch sind ständige Lernprozesse – zumindest laut moderner Unternehmensprogrammatiken – eine wesentliche Voraussetzung für die langfristige Sicherstellung des Unternehmenserfolges. Deshalb ist die Frage einerseits danach, welche Fehler durch Training etwa in simulierten Situationen mit hoher Wahrscheinlichkeit vermieden werden können, und andererseits danach, unter welchen Bedingungen sich aus auftretenden Fehlern innovatives Potenzial schöpfen lässt, keineswegs nur eine Pädagogisierung.

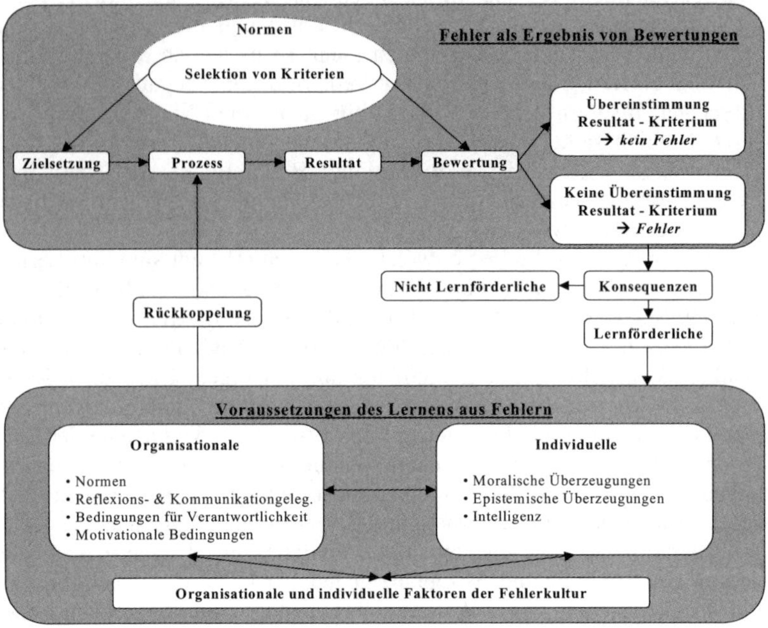

Abb. 1: Fehler als Resultat von Bewertungen und Voraussetzungen des Lernens aus Fehlern.

Eine empirische Überprüfung der genannten Faktoren einer Fehlerkultur im betrieblichen Umfeld wird somit als dringend erforderlich erachtet. Die künftige Forschung wird herauszuarbeiten haben, welches die relevanten Elemente einer Fehlerkultur im Unternehmen sind. Weiterhin dürften aus erziehungswissenschaftlicher Sicht neben den genannten Elementen der Fehlerkultur andere organisationale und individuelle Voraussetzungen des Lernens aus Fehlern existieren: (a) Auf organisationaler Ebene die Wahrnehmung günstiger motivationaler Bedingungen, die Bedingungen für Verantwortlichkeit sowie das Vorhandensein von Gelegenheit zur Reflexion und zur Kommunikation über Fehler; (b) auf individueller Ebene zum einen kognitive Voraussetzungen wie Intelligenz oder epistemische Überzeugungen, zum anderen moralische Überzeugungen und Werte. Dabei ist zu betonen, dass individuelle und organisationale Faktoren nicht unabhängig voneinander sind. Abbildung 1 fasst die verschiedenen Elemente des Fehlerlernens und der Fehlerkultur zusammen.

Im oberen grauen Teil befindet sich die Definition von Fehlern: Ausgangspunkt ist eine Zielsetzung, die in einen Prozess zur Erreichung dieses Ziels mündet. Für das Aufstellen einer Zielsetzung wurde im Vorfeld ein Kriterium erstellt (z.B. „der Pass soll zum Stürmer gehen"). Dieser Prozess, der unter Umständen eine fehlerhafte Handlung beinhaltet, endet in einem Resultat, das aufgrund des vorher aufgestellten Kriteriums bewertet wird. Sollte diese Bewertung zum Ergebnis führen, dass das vorliegende Resultat nicht dem Kriterium genügt, spricht man von einem Fehler (z.B. „Ball landet beim Gegenspieler").

Aus dieser Situation können Konsequenzen gezogen werden, wobei grob in lernförderliche und nicht lernförderliche unterschieden werden kann. Soll aus einem Fehler gelernt werden, spielen verschiedene Faktoren eine Rolle, die sich im unteren grauen Teil befinden.

Damit das aus dem Fehler gewonnene Wissen nicht träge bleibt, bedarf es schließlich unbedingt der Rückkoppelung in die Handlungsbasis für zukünftige Prozesse. Hier zeigt sich, inwiefern Fehler zur Innovation beitragen können: Indem versucht wird, nicht nur relevante Implikationen für den ursprünglichen Prozess zu finden, sondern auch einen Transfer zu anderen Situationen herzustellen.

Epistemische Überzeugungen

Eine wesentliche Voraussetzung für Lernprozesse sind individuelle Überzeugungen darüber, welches Wissen in welchen Situationen, von welchen Quellen und auf welche Weise erworben werden kann und welcher Natur dieses Wissen ist. Davon hängt beispielsweise ab, ob Fehler überhaupt als Lerngelegenheit interpretiert werden. Individuelle Überzeugungen dieser Art werden als epistemische Überzeugungen bezeichnet:

Epistemische Überzeugungen sind intuitive und unbewusste Auffassungen von der Natur des Wissens und des Lernens (SCHOMMER, 1993; SCHOMMER, CROUSE & RHODES, 1992). JEHNG und Kollegen definieren epistemische Überzeugungen als im Enkulturationsprozess erworbene, sozial geteilte Intuitionen über die Natur des Wissens und Lernens, die einen Kontext bilden, auf dessen Grundlage eine Person auf intellektuelle Ressourcen zugreift bzw. diese nutzbar macht (JEHNG, JOHNSON & ANDERSON, 1993). Sie sehen in diesen Intuitionen neben domänenspezifischem und domänenunabhängigem strategischen Wissen einen dritten Faktor, der die kognitiven Prozesse während des Lernens und Problemlösens beeinflusst. Im Unterschied zu Metakognitionen, die sich auf Lernstrategien beziehen und Wissen über das eigene Verständnis, über eigenes relevantes Wissen und anwendbare Strategien involvieren, bilden epistemische Überzeugungen fundamentalere Annahmen über das Wesen des Wissens und Lernens sowie über Grenzen, Kriterien und die Sicherheit von Wissen.

Epistemische Überzeugungen beinhalten demnach nicht nur Aspekte, ob Wissen sicher (stabil vs. veränderlich) ist oder innerhalb welcher Modalitäten Wissen angeeignet werden kann (schnell und leicht vs. langsam und mühsam; von einer Autorität vermittelt vs. durch eigenes Nachdenken erarbeitet), sondern auch die Ansicht darüber, ob dieses Wissen „wahr" ist oder ob Wissensbestände einen hypothetischen Charakter haben. Dies bedingt beispielsweise, ob Fehler als zu vermeidende Entgleisungen beim Wissenserwerb oder als lernförderliche Gelegenheiten aufgefasst werden.

SCHOMMER sieht in der persönlichen Epistemologie in Bezug auf Lernen ein Überzeugungssystem, das aus fünf unabhängigen Dimensionen besteht (1990, S. 498f.): (1) „Knowledge is simple rather than complex" (*simple knowledge*); (2) „Knowledge is handed down by authority rather than derived from reason" *(omniscient authority*); (3) „Knowledge is certain rather than tentative" (*certain knowledge*); (4) „The ability to learn is innate rather than acquired" (*innate ability*); (5) „Learning is quick or not at all" (*quick learning*). Diese theoretischen Dimensionen sind jeweils aus einem naiv realistischen Standpunkt formuliert, der laut SCHOMMER ein wenig elaboriertes Überzeugungssystem kennzeichnet. „Individuals with sophisticated beliefs will attribute a substantial percentage of their epistemological believes to evolving knowledge, interrelated concepts, improvable ability to learn and gradual learning. … the sophisticated learner will still attribute some percentages to the other categories" (SCHOMMER, 1998, S. 139f.).

Studien mit Schülern und Studierenden belegen, dass Lernende abhängig von ihren epistemischen Überzeugungen ihr eigenes Lernen konzipieren. Dabei konnten zahlreiche negative Einflüsse eines wenig elaborierten Überzeugungssystems auf den Lernerfolg nachgewiesen werden (SCHOMMER, 1993, 1998):

- Die Überzeugung, Wissen sei etwas Sicheres, begünstigt, dass Lernende sich hauptsächlich auf Faktenlernen stützen und Aussagen unangemessen vereinfachen bzw. verallgemeinern.
- Je mehr Lernende glauben, Wissen bestehe aus akkumulierten Fakten und sei in unabhängigen Entitäten organisiert, desto schwerer fällt es ihnen, Gelerntes in einen fächerübergreifenden, komplexen Zusammenhang zu bringen oder mit ihrem Vorwissen zu integrieren.
- Der Glaube, Lernen geschehe schnell und einfach, führt zu unsorgfältigem Lesen und beeinträchtigt die Qualität metakognitiver Strategien und anschließender Testleistungen.

Diese und andere Ergebnisse zeigen einen deutlichen Einfluss epistemischer Überzeugungen auf akademische Leistungen wie mathematisches Problemlösen oder die Ausdauer bei schwierigen Aufgaben. SPIRO et al. sehen dabei auch einen Zusammenhang zwischen simplifizierenden Überzeugungen und der Qualität der kognitiven Verarbeitung: „In an ill-structured domain any overly limited version of what is ‚correct' will miss too much of the complexity that must be mastered for sufficiency of rich conceptual understanding and fullness of case coverage" (SPIRO, FELTOVICH, JACOBSON & COULSON, 1991, S. 22).

Es konnten aber auch Belege dafür gefunden werden, dass Eigenschaften von Lernumgebungen einen verändernden Einfluss auf die epistemischen Überzeugungen Lernender haben. Dabei wurde eine positive Entwicklung der epistemischen Überzeugungen über die Schullaufbahn festgestellt (BAXTER-MAGOLDA, 2002; SCHOMMER, 1993; SCHOMMER, CALVERT, GARGLIETTI & BAJAJ, 1997).

Oben wurde festgestellt, dass insbesondere dezentrales und arbeitsplatznahes Lernen eine theoretische Konzeption von Lernen erfordert, die Lernen als pragmatisches Konstruieren von Erfahrung im Sinn situierten Lernens begreift. Wie GRUBER (1999) herausstellt, impliziert die Konzeption situierten Lernens eine veränderte Epistemologie. „Für die Erklärung des Kompetenzerwerbs in komplexen Domänen und für damit verbundene normative pädagogisch-psychologische Aussagen ist eine revidierte Epistemologie vonnöten, die den Menschen nicht als isolierten Verarbeiter absolut gültiger Information auffaßt" (S. 167). Dies wiederum erfordert veränderte epistemische Überzeugungen als Grundlage sowohl bei Lehrenden als auch bei Lernenden: STARK, GRUBER, RENKL und MANDL (1997) wiesen nach, dass epistemische Überzeugungen bezüglich der Toleranz von Ambiguität ein starker Prädikator dafür sind, ob Lernende von einer komplexen Lernumgebung profitieren. JACOBSON und SPIRO (1994) konnten zeigen, dass vor allem Lernende mit eher konstruktivistischen epistemischen Überzeugungen in komplexen Lernumgebungen bessere Lernerfolge erzielten.

Was bedeutet dies für die betriebliche Praxis? Prinzipiell lassen sich drei betriebliche Personengruppen ausmachen, deren epistemische Überzeugungen einen Einfluss auf die Qualität betrieblichen Lernens ausüben: (1) Dies sind zunächst vor allem die Lernenden, deren epistemische Überzeugungen für erfolgreiches Lernen aus komplexen Lernumgebungen inadäquat sein können. Die Überzeugung etwa, Lernen bedeute hauptsächlich den Erwerb deklarativen Fachwissens, wäre eine unvorteilhafte Voraussetzung für den Erwerb hoher beruflicher Handlungskompetenz. Da sich epistemische Überzeugungen jedoch, wie gezeigt, auch im Lauf der Bildungsbiographie entwickeln, kann die Veränderung inadäquater Überzeugungssysteme auf das Ziel eines „sophisticated belief systems" als Aufgabe betrieblicher Bildungsarbeit gesehen werden (HARTEIS, 2002). Die Forschung zur Wirkungsweise epistemischer Überzeugungen und ihrer Entwicklung ist allerdings noch nicht weit genug, um daraus pädagogische Interventionen entwickeln zu können.

(2) Die epistemischen Überzeugungen derjenigen, die für die Bereitstellung betrieblicher Bildungsgelegenheiten verantwortlich sind, sowie (3) derjenigen, die Lernumgebungen im Rahmen betrieblicher Bildungsbemühungen gestalten (Lehrende), können Einfluss auf die konkrete Gestaltung solcher Lerngelegenheiten ausüben. Die epistemischen Überzeugungen von Lehrpersonen wurden von DRECHSEL (2001) untersucht. Sie sieht wissenschaftlich fundiertes Wissen über Lehren und Lernen als einen für die Gestaltung lernförderlicher Lernumgebungen notwendigen Bestandteil professionellen Wissens von Lehrpersonen (auch HEID, 2000). Subjektive Lernbegriffe sind somit auf ihre Adäquatheit hin zu überprüfen. Einen solchen professionellen Lernbegriff definiert sie dabei unter Bezugnahme auf den lehr-lern-theoretischen Konstruktivismus. In einer Studie von BAUER (2001) wurden epistemische Überzeugungen von Trainerinnen und Trainer in der betrieblichen Weiterbildung untersucht. Die Ergebnisse zeigten eine hohe Zustimmung zu einem professionellen Lehr-Lern-Verständnis, wobei dieser Befund aufgrund der Möglichkeit, bei den Versuchspersonen auf Tendenzen der Selbstdarstellung im Sinn einer „modernen Lehr-Lern-Rhetorik" gestoßen zu sein, mit Vorsicht zu bewerten sind.

Wie gezeigt, spielen die epistemischen Überzeugungen eine bedeutsame Rolle für betriebliche Lernprozesse, und zwar sowohl dann, wenn dezentrale Lernprozesse angesprochen sind (hier vor allem die der Beschäftigten), als auch dann, wenn es um die Bereitstellung und die Umsetzung von Lerngelegenheiten z.B. in der Weiterbildung geht. Sie stellen besonders dann einen kritischen Faktor dar, wenn die Möglichkeit des Profitierens von neuen Lehr-Lern-Konzeptionen, die auf die Ermöglichung des Erwerbs beruflicher Handlungskompetenz zielen, durch epistemische Überzeugungen behindert wird, die mit den Grundannahmen dieser Modelle nicht vereinbar sind. Zwar können sich epistemische Überzeugungen im Laufe der Auseinandersetzung mit Lernumgebungen verändern und sind somit pädagogischen Interventionen prinzipiell zugänglich, jedoch sind die Möglichkeiten einer direkten und schnell wirksamen Einflussnahme bislang nicht erforscht.

Schlussfolgerungen

Die vorangehenden Ausführungen lassen sich folgendermaßen zusammenfassen: Moderne Formen der Arbeitsorganisation sind in hohem Maße auf die Kompetenzerweiterung Beschäftigter angewiesen, wenn diese erfolgreich ständig wechselnde, komplexe Aufgaben bewältigen sollen. Dezentrale Lernformen, die auf Lernen im und parallel zum Arbeitsprozess fokussieren, lassen sich als Erfahrungslernen in komplexen authentischen Situationen konzipieren. Lernen im Kontext betrieblicher Arbeit ist dabei abhängig von verschiedenen erziehungswissenschaftlich relevanten Voraussetzungen. Eine davon ist die Fehlerkultur im Betrieb, der ein bedeutender Einfluss darauf zugeschrieben wird, ob aus Fehlern gelernt werden kann. Die Wahrnehmung von Elementen der Arbeitsorganisation als Lerngelegenheit und das Ausmaß, in dem Beschäftigte von gegebenen Lerngelegenheiten profitieren können, hängt unter anderem von deren epistemischen Überzeugungen ab.

Mit der Fehlerkultur und den epistemischen Überzeugungen sind demnach zwei kritische Faktoren für die erfolgreiche Umsetzung moderner Unternehmensprogrammatiken angesprochen, insbesondere derer von lernenden Organisationen. Die Implikationen, die daraus für die Gestaltung betrieblicher Arbeitsorganisation zu ziehen sind, hängen aber wesentlich davon ab, inwiefern das Ziel permanenten Wandels und Lernens tatsächlich verfolgt wird. Stellt die Deklaration des eigenen Unternehmens als „lernende Organisation“ nur eine marketing- und öffentlichkeitsstrategische Maßnahme dar, ist auch die Erfüllung von Voraussetzungen zur Ermöglichung individuellen Kompetenz- und Wissenserwerbs obsolet. Dies ist eine legitime Perspektive, da Betriebe nicht in erster Linie Bildungsinstitutionen sind. Wird aber von Beschäftigten tatsächlich die Übernahme wechselnder und komplexer Aufgaben verlangt, die mit individueller Kompetenzentwicklung notwendig verbunden ist, geraten die genannten Voraussetzungen ins Blickfeld.

Zur konkreten Umsetzung in der Arbeitsorganisation dürfte im Bereich der Fehlerkultur ein erster Schritt die Einsicht sein, dass es nicht allein genügt, programmatisch einen „demokratischen Führungsansatz“ zur proklamieren, in dem jeder Mitarbeiter das Recht hat „... neue Ideen auszuprobieren und Fehler zu machen und daraus zu lernen“ (MÜNCHRATH & RUNGE, 2000, S. 86). Fehlerkultur oder (allgemeiner gesagt) Organisationskultur realisiert sich zuerst in den Beziehungen zu den primären Kontaktpersonen im Unternehmen, den direkten Vorgesetzten sowie den Kolleginnen und Kollegen, und in deren Reaktionen auf Fehler. Wirksame Veränderungen der Organisationskultur benötigen kollektive Lernprozesse auf dieser Ebene (BRÖDNER, 2001). Sollte es gelingen, eine Kultur im Umgang mit Fehlern zu etablieren, die einerseits nach Begrenzung und Behebung entstehenden Schadens und andererseits nicht nur nach der „Bestrafung der Schuldigen“ sucht, entstünden Möglichkeiten, anhand von Fehlern zu sehen, wie die Welt *nicht* funktioniert: Eine wesentliche Bedingung für Risikobereitschaft und damit Kreativität und Innovation. Dies dürfte auch eine Veränderung der epistemischen Überzeugungen zumindest in der Wahrnehmung von Fehlern als Lerngelegenheit implizieren.

Literaturverzeichnis

Bauer, J. (2001). Das Lehr-Lern-Verständnis betrieblicher Weiterbildner – bezogen auf das konstruktivistische Paradigma. Unveröff. Diplomarbeit, Universität Regensburg.

Baxter-Magolda, M. B. (2002). Epistemological reflection: The evolution of epistemological assumptions from age 18 to 30. In B. K. Hofer & P. R. Pintrich (Hrsg.), Personal epistemology (S. 37-63). Mahwah: Erlbaum.

Benteler, P. (1995). Zwischen Sachbearbeitung am Schreibtisch und Problemlösung im Team – Lernen durch lernwirksame Arbeit. In P. Dehnbostel & H.-J. Walter-Lezius (Hrsg.), Didaktik moderner Berufsbildung (S. 23-47). Bielefeld: Bertelsmann.

Bolz, N. (1999). Blindflug in die Zukunft. Kleines Plädoyer für eine Kultur der Fehlerfreundlichkeit. Frankfurter Rundschau, 116/1999, 11-12.

Brödner, P. (2001). Wettbewerbsfähige Produktion und Zukunft der Arbeit. In P. Dehnbostel, H.-H. Erbe & H. Novak (Hrsg.), Berufliche Bildung im lernenden Unternehmen (S. 33-48). Berlin: Edition Sigma.

Deci, E. L. & Ryan, R. M. (1993). Die Selbstbestimmungstheorie der Motivation und ihre Bedeutung für die Pädagogik. Zeitschrift für Pädagogik, 39, 223-238.

Dehnbostel, P. (2001). Lernorte, Lernprozesse und Lernkonzepte im lernenden Unternehmen aus berufspädagogischer Sicht. In P. Dehnbostel, H.-H. Erbe & H. Novak (Hrsg.), Berufliche Bildung im lernenden Unternehmen (S. 175-194). Berlin: Edition Sigma.

Dörner, D. (2001). Logik des Mißlingens. Strategisches Denken in komplexen Situationen. Reinbek: Rowohlt.

Drechsel, B. (2001). Subjektive Lernbegriffe und Interesse am Thema Lernen bei angehenden Lehrpersonen. Münster: Waxmann.

Fuchs, J. (1992). Das Unternehmen – lebender Organismus oder tote Institution? In J. Fuchs (Hrsg.), Das biokybernetische Modell. Unternehmen als Organismen (S. 14-74). Wiesbaden: Gabler.

Gerstenmaier, J. (1999). Situiertes Lernen. In C. Perleth & A. Ziegler (Hrsg.), Pädagogische Psychologie. Grundlagen und Anwendungsfelder (S. 236-246). Bern: Huber.

Gruber, H. (1999). Erfahrung als Grundlage kompetenten Handelns. Bern: Huber.

Harteis, C. (2002). Kompetenzfördernde Arbeitsbedingungen. Wiesbaden: DUV/Gabler.

Heid, H. (1991). Problematik einer Erziehung zur Verantwortungsbereitschaft. Neue Sammlung, 31, 459-481.

Heid, H. (2000). Geleitwort. In C. Harteis, Berufliche Weiterbildung heute und morgen. Künftige Kompetenzanforderungen an Bildungspersonal und Nachwuchsrekrutierung. (S. 5). München: Neuer Merkur.

Heid, H. (2001). Situation als Konstrukt. Zur Kritik objektivistischer Situationsdefinitionen. Schweizerische Zeitschrift für Bildungswissenschaften, 23, 513-527.

Jacobson, M. J. & Spiro, R. J. (1994). Hypertext learning environments and epistemic beliefs: A preliminary investigation. In S. Vosniadou, E. De Corte & H. Mandl (Hrsg.), Technology-based learning environments. Psychological and educational foundations (S. 290-295). Berlin: Springer.

Janich, P. (2000). Was ist Erkenntnis? München: Beck.

Jehng, J. J., Johnson, S. D. & Anderson, R. C. (1993). Schooling and students' epistemological beliefs about learning. Contemporary Educational Psychology, 18, 23-35.

Kolodner, J. L. (1983). Towards an understanding of the role of experience in the evolution from novice to expert. International Journal of Man-Machine Studies, 19, 497-518.

Münchrath, R. & Runge, J. H. (2000). Qualitätsmanagement. In H. Simon (Hrsg.), Das große Handbuch der Strategiekonzepte (S. 82-103). Frankfurt/Main: Campus.

Oser, F., Hascher, T. & Spychiger, M. (1999). Lernen aus Fehlern – zur Psychologie des „negativen Wissens“. In W. Althof (Hrsg.), Fehlerwelten – vom Fehlermachen und Lernen aus Fehlern (S. 11-43). Opladen: Leske + Budrich.

Perrow, C. (1987). Normale Katastrophen: Die unvermeidbaren Risiken der Großtechnik. Frankfurt/Main: Campus.

Reinmann-Rothmeier, G. & Mandl, H. (1997). Lernen im Erwachsenenalter. Auffassungen vom Lehren und Lernen, Prinzipien und Methoden. In F. E. Weinert & H. Mandl (Hrsg.), Psychologie der Erwachsenenbildung. Enzyklopädie der Psychologie, D/I/4 (S. 355-403). Göttingen: Hogrefe.

Reinmann-Rothmeier, G. & Mandl, H. (2001). Lernen in Unternehmen: Von einer gemeinsamen Vision zu einer effektiven Förderung des Lernens. In P. Dehnbostel, H.-H. Erbe & H. Novak (Hrsg.), Berufliche Bildung im lernenden Unternehmen (S. 195-216). Berlin: Edition Sigma.

Rybowiak, V., Garst, H., Frese, M. & Batinic, B. (1999). Error orientation questionnaire (EOQ): Reliability, validity, and different language equivalence. Journal of Organizational Behavior, 20, 527-547.

Schommer, M. (1990). The effects of beliefs about the nature of knowledge on comprehension. Journal of Educational Psychology, 82, 498-504.

Schommer, M. (1993). Epistemological development and academic performance among secondary students. Journal of Educational Psychology, 85, 406-411.

Schommer, M. (1998). The role of adults' beliefs about knowledge and learning in school, work, and everyday life. In M. C. Smith & T. Pourchot (Hrsg.), Adult learning and development: Perspectives from educational psychology (S. 127-143). Hillsdale: Erlbaum.

Schommer, M., Calvert, C., Garglietti, G. & Bajaj, A. (1997). The development of epistemological beliefs among secondary students: A longitudinal study. Journal of Educational Psychology, 89, 37-40.

Schommer, M., Crouse, A., & Rhodes, N. (1992). Epistemological beliefs and mathematical text comprehension: Believing it is simple does not make it so. Journal of Educational Psychology, 84, 435-443.

Spiro, R. J., Feltovich, P. J., Jacobson, J. J. & Coulson, R. L. (1991). Some constructivist issues as they relate to cognitive flexibility theory and hypertext. Educational Technology, 31 (9), 22-25.

Spychiger, M., Mahler, F., Hascher, T. & Oser, F. (1998). Fehlerkultur aus Sicht von Schülerinnen und Schülern. Der Fragebogen S-UFS: Entwicklung und erste Ergebnisse. Schriftenreihe zum Projekt „Lernen Menschen aus Fehlern? Entwicklung einer Fehlerkultur in der Schule". Fribourg: Pädagogisches Institut der Universität Fribourg.

Spychiger, M., Oser, F., Hascher, T. & Mahler, F. (1999). Entwicklung einer Fehlerkultur in der Schule. In W. Althof (Hrsg.), Fehlerwelten – vom Fehlermachen und Lernen aus Fehlern (S. 43-70). Opladen: Leske + Budrich.

Stark, R., Gruber, H., Renkl, A. & Mandl, H. (1997). „Wenn um mich herum alles drunter und drüber geht, fühle ich mich so richtig wohl" – Ambiguitätstoleranz und Transfererfolg. Psychologie in Erziehung und Unterricht, 44, 204-215.

Zapf, D., Frese, M. & Brodbeck, F. C. (1999). Fehler und Fehlermanagement. In C. Hoyos & D. Frey (Hrsg.), Organisationspsychologie (S. 398-411). Weinheim: PVU.

Christian Harteis und Dagmar Festner

Förderung und Anwendung individueller Kompetenz im Arbeitsalltag

Problemaufriss

Moderne Ansätze betrieblicher Arbeitsorganisation schreiben der individuellen Kompetenz Beschäftigter hohe Bedeutung zu. Sie gilt als eine der wichtigsten Ressourcen eines Unternehmens, gerade in Bezug auf die Herausforderungen eines sich stetig verändernden Marktes. Vor diesem Hintergrund scheint es zum einen erforderlich zu sein, die Kompetenzentwicklung Beschäftigter voranzutreiben, und zum anderen, die Anwendung vorhandener Kompetenzen im Arbeitsalltag zu fördern.

Wird in der erziehungswissenschaftlichen und personalwirtschaftlichen Literatur über die Bedeutung individueller Kompetenz Beschäftigter diskutiert, steht die Vermittlung von Kompetenzen im Rahmen betrieblicher Bildungs- und Entwicklungsarbeit eindeutig im Vordergrund. Die Frage nach Bedingungen, unter denen individuelle Kompetenz erst zur Anwendung gelangt, bleibt zumeist ungestellt – geschweige denn präzise beantwortet. Gerade diesen Bedingungen sollte jedoch mehr Aufmerksamkeit entgegengebracht werden, da letztendlich nicht die Kompetenz an sich, sondern erst die (auf Kompetenz gründende) Performanz – d.h. die Anwendung von Kompetenz im Arbeitshandeln – für das Unternehmen von Bedeutung ist. Kompetente Beschäftigte haben zwar die Möglichkeit, unterliegen aber keinem Zwang, kompetent zu handeln. Vielmehr unterliegt ihr kompetentes Handeln äußeren und inneren Voraussetzungen und erfolgt nach einer individuellen, subjektiven Abwägung von Kosten und Nutzen des Handelns.

Dass vorhandene Kompetenz zwar eine notwendige, aber nicht hinreichende Voraussetzung kompetenten Handelns darstellt, zeigt ein Führungskräften und Bildungspersonal gut bekanntes Beispiel: Es gibt immer wieder Beschäftigte, die im Privatbereich Kompetenzen zeigen, die sie im Arbeitsalltag (offensichtlich) vermissen lassen. In der Freizeit in der Leitung von Vereinen durchaus erfolgreich, zeigen sie sich in der Übernahme von Verantwortung im Arbeitsalltag eher zurückhaltend.

Unter derartigen Umständen gelingt es nicht, die Kompetenz für das Unternehmen zu erschließen, so dass aus vorhandenen Kompetenzen kein Nutzen als Ressource zur Bewältigung von Marktanforderungen gezogen werden kann. Die Frage wäre dann, worin die Ursache einer solchen defizitären Anwendung individueller Kompetenz zu suchen ist.

Dieses Kapitel thematisiert die Förderung und Forderung individueller Kompetenz im Arbeitsalltag. Der Perspektive von Beschäftigten wird hierbei besondere Bedeutung beigemessen, da diese die entscheidende Instanz erfolgreicher Kompetenzentwicklung und -anwendung darstellen. Es werden Befunde einer explorativen empirischen Erhebung dargestellt, in der der Frage nachgegangen wurde, welche Bedingungen ein Betrieb erfüllen muss, damit er von seinen Beschäftigten als kompetenzfördernd und -fordernd wahrgenommen wird. Zunächst wird der Stellenwert individueller Kompetenz Beschäftigter in verschiedenen Konzepten betrieblicher Arbeitsorganisation näher betrachtet.

Die Bedeutung individueller Kompetenz in Konzepten betrieblicher Arbeitsorganisation

In neuen Konzepten betrieblicher Arbeitsorganisation (z.B. Fraktales Unternehmen, Lernendes Unternehmen) werden Beschäftigte als Individuen betrachtet; deren individuelle Kompetenz wird als unverzichtbares Element für eine erfolgreiche Bewältigung zukünftiger Anforderungen eines sich ständig wandelnden Marktes und Unternehmensumfeldes gesehen (SATTELBERGER, 1999; WIELAND, 2000). Im Folgenden wird aufgezeigt, dass individueller Kompetenz in älteren Konzepten betrieblicher Arbeitsorganisation weit weniger Bedeutung beigemessen wurde als in den modernen Ansätzen. Im Anschluss daran wird thematisiert, welche Bedingungen die Anwendung vorhandener Kompetenz im Arbeitsalltag fördern.

Der Siegeszug der individuellen Kompetenz Beschäftigter

Eine verschwindend geringe Bedeutung wurde der individuellen Kompetenz Anfang bis Mitte des 20. Jahrhunderts beigemessen, als tayloristisch-fordistische Ansätze eine Organisation extremer Arbeitsteilung propagierten. Die Arbeitstätigkeit war durch Beschränkung auf nur einen einzigen Arbeitsschritt derart einfach gestaltet, dass durch häufige Wiederholung schnell Routine entwickelt werden konnte und somit die individuelle Kompetenz der Beschäftigten keine Rolle für die Qualität der Leistung spielte. Die Beschäftigten wurden als Rädchen in der Maschinerie des Betriebs verstanden, die aufgrund der auf ein Minimum reduzierten Anlernzeiten auch problemlos „austauschbar“ (ULICH, GROSKURTH & BRUGGEMANN, 1973, S. 8) und als Individuen nicht von Bedeutung waren.

Aufgrund technischer Weiterentwicklung wurde es in den 60er und 70er Jahren möglich, stupide Tätigkeiten auf Automaten zu übertragen. Für Beschäftigte ergab sich hieraus eine Erweiterung des Aufgabenspektrums und der Kompetenzanforderungen, da sie nicht mehr lediglich für einen einzigen Arbeitsschritt zuständig waren, sondern neben der Bedienung der Maschinen zusätzlich für die Überwachung (und Korrektur) des Produktionsablaufs verantwortlich wurden.

In den 80er und 90er Jahren wurden zunehmend Strategien der Produktdiversifikation verfolgt, wodurch eine Abkehr von dauerhaft unveränderten Produktionsstrukturen nötig wurde. Um derartige Abänderungen flexibler umsetzen zu können, wurden im Produktionsprozess die bisher hochgradig arbeitsteiligen Strukturen zugunsten dezentraler, zumindest formal teilautonomer Arbeitsgruppen aufgelöst, die für die Regulierung der Arbeitsprozesse selbst zuständig waren. Solche Konzepte betrieblicher Arbeitsorganisation wurden unter der Bezeichnung *schlanke Organisation* bekannt.

Die im Taylorismus streng praktizierte Trennung von planenden und ausführenden Tätigkeiten wurde insofern ein Stück weit zurückgenommen, als nicht mehr spezielle Planungsabteilungen den Produktionsprozess bis ins Detail strukturierten, sondern die Arbeitsgruppen ihre Prozesse eigenständig zu planen hatten. Deren Arbeitsaufgabe bestand nun in der Bearbeitung von Arbeitsvorgängen unter dem Prinzip der Selbstkoordination und Ausrichtung an den Rahmendaten (z.B. Zielvereinbarungen). Mit der Einführung von Gruppenarbeit und der Rücknahme der Arbeitsteilung begann sich also ein teamorientierter Zugang durchzusetzen, in dem die Beschäftigten als Personen Beachtung fanden (KÜHL & KULLMANN, 1999). Durch die Verlagerung von Problemlöse- und Entscheidungsprozessen in die Arbeitsgruppen hinein gewann auch die individuelle Kompetenz Beschäftigter zunehmend an Bedeutung.

Um trotz stetiger Marktveränderungen Produktivitäts- und Qualitätssteigerungen zu erzielen, wird in neueren Konzepten betrieblicher Arbeitsorganisation (z.B. Fraktales Unternehmen, Lernendes Unternehmen) die mit der Einführung von Gruppenarbeit begonnene Tendenz der Rücknahme der Arbeitsteilung und Delegation von Entscheidungsbefugnis und Verantwortung fortgesetzt. „Notwendig wird eine Umkehrung der traditionellen Rationalisierungslogik: Hierarchien müssen abgebaut, Entscheidungsprozesse dezentralisiert und überzogene vertikale Arbeitsteilungen rückgängig gemacht werden. (...) Das Management ist auf die autonome Lernfähigkeit, Entscheidungskompetenz und Verantwortungsbereitschaft der Beschäftigten mehr denn je angewiesen“ (FRERICHS, 1992, S. 255).

Die bisherigen Ausführungen zeigten auf, vor welchem Hintergrund die individuelle Kompetenz Beschäftigter Bedeutung erlangte. Damit allerdings auch der Nutzen individueller Kompetenz in Zeiten raschen Wandels realisiert werden kann, ist die Förderung individueller Kompetenz im Rahmen der Arbeitsorganisation von entscheidender Bedeutung.

Förderung der individuellen Kompetenz Beschäftigter und deren Anwendung

Ausgehend von einer typischen Beschreibung heutiger Arbeitssituationen als „durch erhöhte Flexibilität, Mobilität und Effizienz sowie durch höhere Arbeitsintensität und neue Kontrollformen gekennzeichnet“ (DEHNBOSTEL, ERBE & NOVAK, 2001, S. 11), scheint es nahezu unmöglich zu sein, konkrete Qualifikationsanforderungen zu formulieren, die in einem weit gesetzten zeitlichen Rahmen Gültigkeit beanspruchen können. Denn je konkreter eine Kompetenzanforderung in Zusammenhang mit vorfindbaren Erfordernissen am Arbeitsplatz formuliert ist, desto größer wird die Gefahr ihrer Entwertung durch aktuelle Entwicklungen im Beschäftigungssystem (HEID, 1996).

In Hinblick auf die inhaltliche Gestaltung betrieblicher Bildungsarbeit ergibt sich hieraus eines ihrer grundlegenden Probleme. Werden in betrieblichen Bildungsmaßnahmen Kompetenzen vermittelt, die optimal auf die momentan bestehenden Anforderungen innerhalb des Arbeitsumfeldes abgestimmt sind, kann die Situation eintreten, dass vermittelte Kompetenzen aufgrund geschehener Veränderungen der Arbeitsanforderungen bereits kurze Zeit nach Abschluss der Maßnahme nicht mehr benötigt werden. Die zeitüberdauernde Wirksamkeit betrieblicher Bildungsarbeit könnte demnach gesteigert werden, indem Kompetenzen für ein *zukünftiges* Arbeitsumfeld zu ihrem Gegenstand gemacht würden. Da jedoch Entwicklungen und dementsprechend auch die aus ihnen resultierenden Kompetenzanforderungen zumeist nur in geringem Maße antizipierbar sind, wird vermehrt die Vermittlung von grundlegenden Kompetenzen wie z.B. Teamfähigkeit, kommunikative Kompetenz oder Problemlösekompetenz angestrebt. Hierin ist insofern eine Ansatz zur Lösung des Problems zu erkennen, als Beschäftigte mittels Bildungsmaßnahmen zwar nicht auf die Bewältigung konkreter zukünftiger Anforderungen vorbereitet werden, aber dennoch in Kompetenzen gefördert werden, die ihnen den Umgang mit rasch wechselnden Rahmenbedingungen erleichtern können.

Ein weiteres Problem betrieblicher Bildungsarbeit besteht darin, dass sich ihr Nutzen erst dann im Unternehmen realisiert, wenn Beschäftigte die erworbenen Kompetenzen auch in ihren Arbeitsalltag einbringen. Eine grundlegende Voraussetzung hierfür stellen erfolgreiche Bildungsmaßnahmen dar, die bei den Teilnehmenden zu positiven Lerneffekten führen. Jedoch kann – selbst wenn sich in der Lernumgebung gegen Ende einer Bildungsmaßnahme ein deutlicher Kompetenzzuwachs verzeichnen lässt – nicht zwingend davon ausgegangen werden, dass erworbene Kompetenzen auch im Arbeitsumfeld zur Geltung kommen.

Arbeiten, die Probleme des Transfers zwischen Lernfeld (z.B. Bildungsmaßnahme) und Anwendungsfeld (z.B. Arbeitsplatz) untersuchen (MANDL, PRENZEL & GRÄSEL, 1992), beschreiben die Situation, dass Lernende beim Wiedereintritt in ihren Arbeitsalltag hinter ihren Lernerfolg aus der Bildungsmaßnahme zurückfallen können und dann ihre neu erworbenen Kompetenzen nicht anwenden. Eine solche Kluft zwischen Kompetenz (= Handlungspotenzial) und Performanz (= Leistung) lässt sich sowohl auf organisationale als auch auf individuelle Ursachen zurückführen.

In organisationalem Zusammenhang ist zu beachten, dass zu große Unterschiede zwischen dem Lernfeld und dem Anwendungsfeld den Einsatz des Gelernten erschweren bzw. verhindern können. Während einer Bildungsmaßnahme werden zumeist optimale Bedingungen für die Anwendung des Gelernten bereitgestellt. Herrscht jedoch am Arbeitsplatz kein kompetenzunterstützendes Arbeitsumfeld, wird die Anwendung der erworbenen Kompetenz *verunmöglicht* oder zumindest unwahrscheinlich, so dass eine Vielzahl von Bildungsbemühungen ins Leere läuft. Hier wird die Interdependenz von betrieblichen Bildungs- und Personalentwicklungsmaßnahmen einerseits und Aktivitäten betrieblicher Organisationsentwicklung andererseits deutlich.

Ein zweiter Grund für ausbleibende Kompetenzanwendung ist in den Individuen zu suchen, die über den Einsatz individueller Kompetenz selbst entscheiden können. Ein (inadäquates) technologisches Verständnis menschlichen Verhaltens könnte zu der Annahme verleiten, dass erfolgreicher Kompetenzzuwachs – der am Ende von Bildungsveranstaltungen häufig nachgewiesen werden kann – nahezu automatisch zu einer gewünschten Anwendung am Arbeitsplatz führen müsste. Verschiedene Theorien wie beispielsweise das Nobelpreis-Modell der Ökonomie des menschlichen Verhaltens (BECKER, 1993) oder das Risiko-Wahl-Modell der Handlungsmotivation (ATKINSON, 1957) zeigen aber, dass die Entscheidung über die Anwendung individueller Kompetenz in Abschätzung jeweils aktueller Situationsvariablen getroffen wird. Ob die jeweiligen erworbenen Kompetenzen tatsächlich Anwendung finden, hängt demnach von Entscheidungsprozessen ab, in denen eine individuelle Kosten-Nutzen-Abwägung vorgenommen wird.

So gewinnt die Ausgestaltung der betrieblichen Arbeitsumgebung an Bedeutung, da hier zum einen die Möglichkeit geschaffen und zum anderen Anreize gegeben werden können, individuelle Kompetenz einzubringen. Es kommt in entscheidendem Maße darauf an, ob und in welchem Umfang die Beschäftigten ihr Arbeitsumfeld als kompetenzfördernd und ihre Kompetenz als gefordert erleben.

Zusammenfassend sei festgehalten, dass sowohl organisationale als auch individuelle Bedingungen erfüllt sein müssen, damit eine erfolgreiche Bildungsmaßnahme auch zur Anwendung individueller Kompetenz im Arbeitsalltag führt. Wird es in Betrieben versäumt, Arbeitsprozesse derart zu gestalten, dass Kompetenzanwendung erleichtert und unterstützt wird, steigt die Wahrscheinlichkeit, dass sich Individuen für gewohnte und altbewährte Handlungsmuster entscheiden.

Die individuelle Wahrnehmung der Praxis betrieblicher Arbeitsgestaltung in Bezug darauf, ob individuelle Kompetenz gefördert und gefordert wird, war Gegenstand einer explorativen Studie, die im Folgenden dargestellt wird.

Explorative Studie zur Wahrnehmung der Kompetenzförderung betrieblicher Arbeitsorganisation

In einer Fragebogenerhebung in zwei großen Regensburger Industrieunternehmen wurde untersucht, unter welchen Bedingungen Beschäftigte ihr Arbeitsumfeld als kompetenzfördernd erleben. Konkret wurde folgenden Fragen nachgegangen:

1) Welche Bedingungen der Arbeitsplatzgestaltung erleben Beschäftigte als Förderung und Forderung ihrer individuellen Kompetenz im betrieblichen Arbeitsalltag?
2) Wie weit erleben Beschäftigte Aspekte der Kompetenzförderung als tatsächlich realisiert?
3) Unterscheiden sich hierbei die Einschätzungen von Führungskräften und von Beschäftigten ohne Führungsaufgaben?

Antworten auf diese Fragestellungen können Hinweise darauf geben, ob und in welchem Ausmaß zentrale Forderungen moderner Organisationskonzepte – nämlich die Förderung der Kompetenzentwicklung und -anwendung – in der betrieblichen Realität der untersuchten Betriebe umgesetzt werden.

Design. Die Untersuchung ist Teil einer vierstufig angelegten Delphi-Studie, die Januar bis Oktober 2000 durchgeführt wurde (HARTEIS, 2002). Die drei genannten Fragestellungen wurden hierbei in zwei aufeinander aufbauenden schriftlichen Befragungen behandelt. In der ersten Erhebung wurden die Teilnehmenden aufgefordert, Beispiele aus ihrem Arbeitsalltag zu benennen, die sie als Indizien für Förderung und Forderung ihrer individuellen Kompetenz wahrnehmen. Die Antworten wurden gesammelt, sinngemäß zusammengefasst und in einem weiteren Fragebogen der Gruppe zu einer zweifachen Bewertung vorgelegt. Die Probanden sollten (1) alle Antworten auf einer zehnstufigen Ratingskala dahingehend einschätzen, für wie zutreffend sie die Antworten in Bezug auf ihre Arbeitsumgebung halten und (2) eine Rangliste der zehn ihnen am wichtigsten erscheinenden Beiträge erstellen. Diese vorgenommenen Einschätzungen wurden in Hinblick auf hierarchische Unterschiede untersucht.

Stichprobe. Die Fragebögen wurden an 32 Beschäftigte zweier Industrieunternehmen ausgegeben. Die Gruppe der Versuchspersonen teilte sich in 16 Vorgesetzte und 16 Beschäftigte ohne Führungsaufgaben (im Folgenden: Belegschaft).

Methode. Die Nennungen der ersten Erhebung wurden in einer qualitativen Inhaltsanalyse ausgewertet. Bei der Zusammenfassung sinngleicher Beiträge wurde behutsam vorgegangen; im Zweifelsfall wurde von einer Zusammenfassung abgesehen.

Die aus der zweiten Erhebung gewonnenen Daten wurden deskriptiv ausgewertet, indem zu beiden Teilfragen Punktsummen errechnet wurden. Bei der ersten Einschätzung, wie zutreffend die Beispiele für den persönlichen Arbeitsalltag angesehen werden, konnten die auf der zehnstufigen Ratingskala erreichten Werte jeweils direkt zu Punktsummen addiert werden. Da bei der zweiten Teilfrage zehn Beiträge ausgewählt und in eine Rangfolge in Hinblick auf deren Bedeutsamkeit gebracht werden sollten, wurden hier entsprechende Rangpunkte vergeben. Die als am wichtigsten eingestuften Beiträge erhielten zehn Rangpunkte, die zweitwichtigsten Nennungen erhielten neun, bis hin zu den letztgenannten Beiträgen, denen noch ein Rangpunkt zugewiesen wurde. Aus der Summe der erreichten Rangpunkte ergibt sich für jedes Item ein Wert, der die vorgenommene Einschätzung der Wichtigkeit durch die Probanden widerspiegelt. Items, die mehr als ein Viertel der theoretisch möglichen Punktzahl erreichen, werden als besonders wichtig eingeschätzte Items angesehen. (Die höchstmögliche Punktzahl errechnet sich aus dem Produkt der Teilnehmendenanzahl und der maximalen Rangpunktzahl zehn.)

Um die Einschätzungen der Führungskräfte mit denen der Belegschaft zu vergleichen, wurden t-Tests für unabhängige Stichproben bei einem Signifikanzniveau von $p<.05$ (zweiseitige Prüfung; $df=16$) durchgeführt. Zur Relativierung der Streuung in den Urteilen wurde eine z-Standardisierung vorgenommen.

Ergebnisse

Beispiele der Kompetenzförderung

In der ersten Befragung wurden von 26 Versuchspersonen 79 Beispiele genannt, in denen sie ihre individuelle Kompetenz in ihrem Arbeitsumfeld gefordert und gefördert sehen. Tabelle 1 zeigt 19 Items, zu denen die 79 Nennungen zusammengefasst werden konnten.

In der Tabelle wird sowohl aufgeführt, wie häufig die Beispiele in der ersten Erhebung genannt wurden, als auch die Anzahl der Wertungen, die einzelne Nennungen in der zweiten Erhebung erfuhren. Die Anzahl der Wertungen gibt demnach an, wie viele Probanden das jeweilige Item in ihre Rangliste der zehn wichtigsten Beispiele aufnahmen. Die Items sind nach der Summe der erreichten Rangpunkte geordnet aufgelistet.

Aus dieser Aufstellung geht hervor, dass auch Einzelnennungen in der Folgebewertung durchaus hohe Bedeutung beigemessen wurde. Damit wurde die Intention des Delphi-Verfahrens erreicht, einerseits ein breites Spektrum an Gedanken zu erfassen und andererseits die Gelegenheit einzuräumen, dass Einzelaussagen durch eine Gruppenbewertung einen Bedeutungszuwachs erfahren.

Tab. 1: Beispiele für Kompetenzförderung und ihre Bedeutung in der Einschätzung durch die Probanden.

19 Items (Zusammenfassung der Beispiele der ersten Erhebung und Grundlage der zweiten Erhebung)	1. Erhebung	2. Erhebung	
	Anzahl der Nennungen	Anzahl der Wertungen	Summe der Rangpunkte
Unterstützung bei der Lösung von Problemen durch Vorgesetzte und Kollegen und Kolleginnen	2	16	88
Projektarbeit	6	13	84
Freiräume für Entscheidungen	6	15	80
Teilnahme an Weiterbildung, Feedbackrunden und fachübergreifenden Arbeitskreisen	10	13	75
Übertragung von Personalverantwortung	11	12	72
Hohe Anforderung durch vielfältige Arbeitsaufgaben	1	11	68
Gezielte und systematische Einarbeitung neuer Mitarbeiter	1	10	67
Strategische Ausrichtung der Arbeitsorganisation	1	10	64
Erfahrungsaustausch mit Kollegen und Vorgesetzten	2	11	61
Vielfalt der Arbeitsaufgaben	12	11	53
Regelmäßig stattfindende Mitarbeitergespräche	7	11	52
Organisation von Wissen auf der Basis von Netzwerken	3	9	44
Abschluss von Zielvereinbarungen, deren Erreichen finanziell honoriert wird	4	6	38
Einführung von Gruppenarbeit	2	7	36
Durchführung von Gruppenmoderationen	1	4	32
Je mehr Kompetenz eingebracht wird, desto mehr Gehalt wird ausbezahlt	1	6	25
Bereitstellen vielfältiger Informationen über Intranet und Firmenzeitung	2	4	20
Angemessene Verteilung der Aufgaben mit steigenden Anforderungen im Erfolgsfall	4	5	16
Arbeitseinsatz an verschiedenen Standorten	3	5	15

Bewertung der Beispiele

An der zweiten Erhebung nahmen 19 Versuchspersonen teil. Da eine Person allerdings keine Bearbeitung der Ratingskalen einreichte, lagen von 18 Probanden bearbeitbare Daten vor. Aus der maximal erreichbaren Rangpunktzahl (18x10=180) ergibt sich der festgelegte Grenzwert von 45 Punkten (180:4=45). In Tabelle 2 werden alle Items aufgeführt, die mehr als ein Viertel der theoretisch möglichen Punktzahl erreichen und somit als besonders wichtig eingeschätzte Items angesehen werden. Zusätzlich sind in der Tabelle die *z*-standardisierten Werte der Gruppeneinschätzung aufgeführt, die angeben, wie weit diese Items von den Versuchspersonen als für ihren Arbeitsbereich zutreffend eingestuft wurden.

Tab. 2: Übersicht über die in Hinblick auf die Förderung individueller Kompetenz am wichtigsten eingeschätzten Items (Summe der Rangpunkte) sowie die *z*-standardisierten Einschätzungen, wie zutreffend die Beispiele für die Arbeitsumgebung der Befragten gesehen werden.

11 Items (> 45 Rangpunkte)	Summe der Rangpunkte	Zutreffend (*z*–Werte)
Unterstützung bei der Lösung von Problemen durch Vorgesetzte und Kollegen	88	0.27
Projektarbeit	84	1.90
Freiräume für Entscheidungen	80	1.26
Teilnahme an Weiterbildung, Feedbackrunden und fachübergreifenden Arbeitskreisen	75	0.20
Übertragung von Personalverantwortung	72	0.84
Hohe Anforderung durch vielfältige Arbeitsaufgaben	68	1.60
Gezielte und systematische Einarbeitung neuer Mitarbeiter	67	-0.44
Strategische Ausrichtung der Arbeitsorganisation	64	-0.15
Erfahrungsaustausch mit Kollegen und Vorgesetzten	61	-0.44
Vielfalt der Arbeitsaufgaben	53	1.05
Regelmäßig stattfindende Mitarbeitergespräche	52	0.48

Von den elf als besonders wichtig für die Förderung und Forderung individueller Kompetenz eingestuften Items wiesen acht bei der Einschätzung, wie weit sie als zutreffend für den eigenen Arbeitsbereich gesehen werden, positive Werte auf, d.h. sie wurden überwiegend als zutreffend eingeschätzt. Besonders hohe Bewertungen hinsichtlich ihrer momentanen Umsetzung erhielten die vier Beispiele „Projektarbeit“, „hohe Anforderungen durch vielfältige Arbeitsaufgaben“, „Freiräume für Entscheidungen“ und „vielfältige Arbeitsaufgaben“, die jeweils über eine Standardabweichung über dem Mittelwert der Gruppe liegen ($z>1.0$).

Die Realisierung wird lediglich bei den Beispielen „Gezielte und systematische Einarbeitung neuer Mitarbeiter“, „wechselseitiger Erfahrungsaustausch mit Kollegen und Vorgesetzten“ sowie „strategische Ausrichtung der Arbeitsorganisation“ zurückhaltender bewertet. Diese drei Nennungen wurden zwar als unterdurchschnittlich zutreffend bewertet, die Bewertungen unterschreiten den Mittelwert ($z=0$) allerdings nur geringfügig.

Vergleich der Teilgruppen

Da hinsichtlich der Untersuchungsfragen auch auf den Vergleich der beiden Teilgruppen – Vorgesetzte und Belegschaft – Augenmerk gelegt werden sollte, wurden *t*-Tests für unabhängige Stichproben durchgeführt. An der zweiten Erhebung nahmen 11 Führungskräfte und 7 Personen aus dem Kreis der Belegschaft teil.

Tabelle 3 enthält die Ergebnisse der *t*-Tests sowohl für die Zuschreibung der Bedeutsamkeit der Items als auch für die Einschätzung, wie weit diese in der Arbeitsumgebung als zutreffend eingeschätzt werden.

Tab. 3: *t*-Tests bei unabhängigen Stichproben: Vergleich der Gruppeneinschätzungen (p<05; zweiseitige Prüfung, df=16).

19 Items (Zusammenfassung der Beispiele der ersten Erhebung und Grundlage der zweiten Erhebung)	Bedeutung *t*	Zutreffend *t*
Unterstützung bei der Lösung von Problemen durch Vorgesetzte und Kollegen	-1.09	-1.32
Projektarbeit	1.17	0.97
Freiräume für Entscheidungen	0.56	0.10
Teilnahme an Weiterbildung, Feedbackrunden und fachübergreifenden Arbeitskreisen	-1.46	-0.86
Übertragung von Personalverantwortung	-0.78	0.24
Hohe Anforderung durch vielfältige Arbeitsaufgaben	-0.31	0.82
Gezielte und systematische Einarbeitung neuer Mitarbeiter	-1.28	-0.42
Strategische Ausrichtung der Arbeitsorganisation	1.71	1.67
Erfahrungsaustausch mit Kollegen und Vorgesetzten	-0.42	-0.69
Vielfalt der Arbeitsaufgaben	-1.27	-0.13
Regelmäßig stattfindende Mitarbeitergespräche	1.52	0.96
Organisation von Wissen auf der Basis von Netzwerken	1.95	-1.09
Abschluss von Zielvereinbarungen, deren Erreichen finanziell honoriert wird	1.85	0.36
Einführung von Gruppenarbeit	-1.90	-1.44
Durchführung von Gruppenmoderationen	-1.36	-0.62
Je mehr Kompetenz eingebracht wird, desto mehr Gehalt wird ausbezahlt	-0.05	-2.31*
Bereitstellen vielfältiger Informationen über Intranet und Firmenzeitung	1.44	-0.25
Angemessene Verteilung der Aufgaben mit steigenden Anforderungen im Erfolgsfall	0.05	-0.73
Arbeitseinsatz an verschiedenen Standorten	n.b.	-0.79

Anmerkung: * = signifikant, n.b. = mangels Streuung nicht berechenbar.

In den Bewertungen der Teilgruppen Führungskräfte und Belegschaft konnten bis auf eine Ausnahme keine signifikanten Unterschiede gefunden werden, in einem Fall konnte kein *t*-Test berechnet werden, da in einer Teilgruppe keine Streuung auftrat. Die Bewertungen der beiden Items, bei denen Signifikanzunterschiede auftraten bzw. der *t*-Test nicht berechnet werden konnte, werden im Folgenden näher ausgeführt.

Die Teilgruppen unterscheiden sich in ihren Einschätzungen signifikant darin, inwiefern die Aussage zutrifft, dass ein höheres Maß an eingebrachter Kompetenz auch zu einer Gehaltssteigerung führen würde. Tabelle 4 zeigt, wie sich die Ratings in beiden Teilgruppen verteilten:

Führungskräfte beurteilten die Aussage „Je mehr Kompetenz eingebracht wird, desto mehr Gehalt wird ausbezahlt“ skeptischer als die Gruppe der Belegschaft. Die klare Mehrheit der Belegschaft wertete das Item als zutreffend bis stark zutreffend, wogegen eine knappe Mehrheit der Führungskräfte in der unteren Hälfte der Ratingskala wertete.

Tab. 4: Häufigkeitsverteilung des Ratings bezüglich der Bedeutung der Aussage „Je mehr Kompetenz eingebracht wird, desto mehr Gehalt wird ausbezahlt“.

Rating	Führungskräfte	Belegschaft	Gesamt
1 (= gar nicht zutreffend)	1		1
2			
3	2		2
4	1		1
5	2	1	3
6	4	3	7
7			
8			
9	1	3	4
10 (= voll zutreffend)			
Gesamt	11	7	18

Bei der Einschätzung der Bedeutung eines Arbeitseinsatzes an verschiedenen Standorten für die Forderung und Förderung der individuellen Kompetenz zeigt die Häufigkeitsverteilung in Tabelle 5 ein klares Bild. Keine einzige Versuchsperson aus der Teilgruppe der Belegschaft maß diesem Punkt ausreichende Bedeutung bei, um ihn in die Auswahl zu übernehmen. Dieses Beispiel wurde – wenn auch nur von fünf Personen – ausschließlich von Führungskräften in die Auswahl der zehn wichtigsten Items aufgenommen.

Tab. 5: Häufigkeitsverteilung des Ratings bzgl. der Bedeutung des Arbeitseinsatzes an verschiedenen Standorten für die Förderung individueller Kompetenz.

Rating	Führungskräfte	Belegschaft	Gesamt
Nicht gewählt	6	7	13
Rangplatz 9	3		3
Rangplatz 8	1		1
Rangplatz 5	1		1
Gesamt	11	7	18

Diskussion der Ergebnisse

Mit der ersten Fragestellung der Untersuchung wurde das Ziel verfolgt, Bedingungen zu erheben, unter denen Beschäftigte in ihrem Arbeitsumfeld ihre individuelle Kompetenz gefördert und gefordert sehen. Die Ergebnisse zeigen, dass die Befragten zahlreiche Beispiele für Möglichkeiten der Kompetenzförderung angeben können (Tabelle 1).

Eine mögliche Interpretation der Ergebnisse eröffnet sich durch eine vergleichende Betrachtung mit programmatischen Anforderungen neuerer Ansätze betrieblicher Arbeitsorganisation. Lassen sich Überschneidungen zwischen den von Probanden genannten Beispielen und den in modernen Konzepten betrieblicher Arbeitsorganisation proklamierten Inhalten finden, kann dies als eine günstige Bedingung für die Förderung und Anwendung individueller Kompetenz im Arbeitsalltag interpretiert werden. Im Folgenden werden deswegen Übereinstimmungen zwischen Organisationsmerkmalen, wie sie in den neuen Ansätzen betrieblicher Arbeitsorganisation angedacht sind (HARTEIS, 2002), und den genannten Beispielen aufgezeigt.

Bereits mit dem Aufkommen des Konzepts der *Schlanken Organisation* wurde Entscheidungsbefugnis delegiert, wurden Projektarbeit und Qualitätszirkel ins Leben gerufen („Freiräume für Entscheidungen", „Projektarbeit", „Teilnahme an fachübergreifenden Arbeitskreisen"). Mit der Deregulierung der Arbeitsprozesse ging eine Steigerung der Arbeitsanforderungen und eine Anreicherung der Arbeitsaufgaben einher („hohe Anforderungen durch vielfältige Arbeitsaufgaben", „Vielfalt der Arbeitsaufgaben"). Kooperative Problemlösung sowie eine strategische Ausrichtung der Arbeitsorganisation stellen Merkmale Fraktaler oder Virtueller Unternehmen dar, in denen dauerhafte innere Strukturen zugunsten temporärer Kooperationsformen aufgegeben werden („Unterstützung bei der Lösung von Problemen durch Vorgesetzte und Kollegen", „strategische Ausrichtung der Arbeitsorganisation"). Des Weiteren lassen sich die Förderung des Erfahrungsaustausches und explizite Erwähnung von Weiterbildungsteilnahme in Ansätzen der lernenden Organisation finden („Erfahrungsaustausch mit Kollegen und Vorgesetzten", „Teilnahme an Weiterbildung").

Nicht in die Zielsetzung neuerer Organisationskonzepte passt das Beispiel der Übertragung von Personalverantwortung, scheint sich hierin doch ein hierarchisches Gefälle zu manifestieren, das seit der Einführung der Schlanken Organisation zu überwinden versucht wird. Denn zunächst ist davon auszugehen, dass über die Zuteilung von Personalverantwortung zugleich ein hierarchisches Gefälle definiert wird.

Trotzdem kann aber konstatiert werden, dass in einem Großteil der für die Förderung und Forderung individueller Kompetenz als besonders bedeutsam eingeschätzten Beispiele Merkmale neuerer Organisationskonzepte aufgegriffen werden. Insofern können die Befunde als eine Bestätigung eben jener Organisationskonzepte gedeutet werden, weil die genannten Merkmale von den Beschäftigten genau so wahrgenommen werden, wie es intendiert ist: Als Förderung und Forderung individueller Kompetenz.

Die Einschätzung der Bedeutsamkeit bewegt sich jedoch noch auf dem Niveau normativer, programmatischer Aussagen – möglicherweise darüber, was von den Versuchspersonen gewünscht wird. Informationen darüber, wie weit diese Beispiele in der Praxis des betrieblichen Alltags realisiert werden, geben die Ergebnisse der zweiten Befragung.

Die Versuchspersonen sollten angeben, inwieweit sie die Beispiele für ihren Arbeitsbereich als zutreffend ansehen. Hierbei lassen sich vier Items benennen („Projektarbeit“, „hohe Arbeitsanforderungen“, „Freiräume für Entscheidungen“, „vielfältige Arbeitsaufgaben“), die besonders hohe Bewertungen erzielten. Insgesamt wurden acht von elf der besonders wichtig eingestuften Beispiele in Hinblick auf deren Realisierung positiv eingeschätzt und scheinen somit eine weitgehend zutreffende Beschreibung derjenigen Bedingungen darzustellen, die die Befragten in ihrer Arbeitsumgebung vorfinden.

Insgesamt liegen also günstige Realisierungsbedingungen für eine Ausgestaltung betrieblicher Arbeitsorganisation vor, die die individuelle Kompetenz Beschäftigter fördern und fordern.

In einer Bewertung der Bedeutung von Beispielen der Förderung und Forderung individueller Kompetenz im Rahmen des betrieblichen Alltags wurden überwiegend solche Beispiele hoch eingeschätzt, die Merkmale neuerer Organisationskonzepte sind. Daraus kann geschlossen werden, dass die qua Programm festgelegten Merkmale betrieblicher Arbeitsorganisation zur Unterstützung des Kompetenzerwerbs und zu deren Anwendung beitragen.

Die empirische Bestätigung, dass die beschriebenen Beispiele größtenteils zutreffend den Arbeitsbereich der Versuchspersonen beschreiben, verweist über die Programmatik hinaus auch auf betriebliche Wirklichkeit. Die Befragten bescheinigten, dass sie in ihrem Arbeitsumfeld konkrete Situationen wahrnehmen, in denen sie ihre individuelle Kompetenz gefördert und gefordert sehen. Sie bekundeten damit (in ausgewählten Beispielen) kompetenzfördernde Arbeitsbedingungen.

Bezogen auf die elf als besonders wichtig eingeschätzten Beispiele konnten keine signifikanten Unterschiede zwischen den Führungskräften und der Belegschaft festgestellt werden. Da in beiden hierarchischen Ebenen ähnliche Wertungen vorgenommen wurden, ist anzunehmen, dass die genannten Beispiele nicht nur im Arbeitsbereich von Führungskräften vorzufinden sind, sondern dass auch die Gruppe der Belegschaft einen vergleichbar anspruchsvollen Arbeitsalltag wahrnimmt.

Aus dem ähnlichen Bewertungsverhalten beider Teilgruppen könnte die Vermutung abgeleitet werden, dass beide Teilgruppen – aus welchen Gründen auch immer – grundsätzlich ähnlich urteilen. Um diesen möglichen Einwand zu widerlegen, sei auf die zwei oben näher erläuterten unterschiedlichen Einschätzungen beider Teilgruppen verwiesen. Obwohl sich diese auf Beispiele beziehen, die in der Bedeutungszuschreibung hintere Rangplätze belegten, zeigen die unterschiedlichen Einschätzungen dennoch auf, dass die Teilgruppen auch zu spezifischen Wertungen gelangten. Dies kann als Indiz für die Qualität des erhobenen Datenmaterials gewertet werden.

Resümee

Der Titel dieses Kapitels lautet „Förderung und Anwendung individueller Kompetenz im Arbeitsalltag". Darin kommt die Tendenz neuerer Konzepte betrieblicher Arbeitsorganisation zum Ausdruck, der individuellen Kompetenz Beschäftigter große Bedeutung beizumessen. Die Förderung individueller Kompetenz ist zum einen Aufgabe betrieblicher Personalentwicklung, die vor der Herausforderung steht, Bildungsarbeit in einer Form zu konzipieren, die künftigen (kaum prognostizierbaren) Anforderungen gerecht wird. Zum anderen ist es Aufgabe betrieblicher Organisationsentwicklung, Bedingungen herbeizuführen, unter denen im Arbeitsalltag sowohl Kompetenz entwickelt als auch angewandt wird. Auf die in Hinblick auf Erfolg wechselseitige Abhängigkeit betrieblicher Personalentwicklung einerseits und Organisationsentwicklung andererseits wurde hingewiesen.

Aus den beschriebenen Befunden lassen sich optimistische Schlussfolgerungen ziehen, was die Voraussetzungen für die Realisierung lernender Organisationen betrifft. Die befragten Beschäftigten beider Teilgruppen erleben Organisationsmerkmale – wie sie in neueren Konzepten betrieblicher Arbeitsorganisation beschrieben sind – tatsächlich als Förderung und Forderung ihrer individuellen Kompetenz. Die Programme scheinen also „auf einem richtigen Weg" zu sein. Ebenso optimistisch stimmt der Befund, dass ein Großteil der Beispiele als tatsächlich realisiert eingeschätzt wird, und zwar größtenteils über hierarchische Unterschiede hinweg.

Allerdings geben die empirischen Befunde keine Auskunft darüber, ob die befragten Beschäftigten in ihrer Arbeitsumgebung *tatsächlich* Kompetenz entwickeln und anwenden. Wenn dieser Aspekt auch über die in diesem Beitrag aufgeworfenen Fragen hinaus führt, finden sich doch Hinweise, wie sich die Wahrscheinlichkeit tatsächlicher Kompetenzentwicklung und -anwendung im Arbeitsalltag erhöhen lässt: In der Organisation muss sich eine entsprechende Arbeitskultur entwickeln, die ausreichend Anreize für die Beschäftigten bereitstellt (vgl. hierzu die Beiträge von BAUER sowie HARTEIS, BAUER & COESTER in diesem Band).

Literaturverzeichnis

Atkinson, J. W. (1957). Motivational determinants of risk-taking behavior. *Psychological Review, 64*, 359-372.

Becker, G. S. (1993). *Ökonomische Erklärung menschlichen Verhaltens* (2. Aufl.). Tübingen: Mohr.

Dehnbostel, P., Erbe, H.-H. & Novak, H. (2001). Einleitung: Lernen im Kontext betrieblicher Modernisierung. In P. Dehnbostel, H.-H. Erbe & H. Novak (Hrsg.), *Berufliche Bildung im lernenden Unternehmen* (S. 7-20). Berlin: Edition Sigma.

Frerichs, J. (1992). Partizipation und Macht im Betrieb. In H. Daheim, H. Heid & K. Krahn (Hrsg.), *Soziale Chancen. Forschungen zum Wandel der Arbeitsgemeinschaft* (S. 252-274). Frankfurt/Main: Campus.

Harteis, C. (2002). *Kompetenzfördernde Arbeitsbedingungen. Zur Konvergenz ökonomischer und pädagogischer Prinzipien betrieblicher Personal- und Organisationsentwicklung*. Wiesbaden: DUV/Gabler.

Heid, H. (1996). *Weiterbildung – die neue Herausforderung? Über die Qualität von Argumenten, mit denen das Weiterbildungserfordernis begründet wird* (Aulavorträge Nr. 58). St. Gallen: Universität St. Gallen.

Kühl, S. & Kullmann, G. (1999). *Gruppenarbeit: Einführen, bewerten und weiterentwikkeln*. München: Hanser.

Mandl, H., Prenzel, M. & Gräsel, C. (1992). Das Problem des Lerntransfers in der betrieblichen Weiterbildung. *Unterrichtswissenschaft, 20*, 126-143.

Sattelberger, T. (1999). *Wissenskapitalisten oder Söldner? Personalarbeit in Unternehmensnetzwerken des 21. Jahrhunderts*. Wiesbaden: Gabler.

Ulich, E., Groskurth, P. & Bruggemann, A. (1973). *Neue Formen der Arbeitsgestaltung. Möglichkeiten und Probleme einer Verbesserung der Qualität des Arbeitslebens*. Frankfurt/Main: Europäische Verlagsanstalt.

Wieland, R. (2000). Arbeits- und Organisationsformen der Zukunft. In R. Wieland & K. Scherrer (Hrsg.), *Arbeitswelten von morgen. Neue Technologien und Organisationsformen, Gesundheit und Arbeitsgestaltung, flexible Arbeitszeit- und Beschäftigungsmodelle* (S. 17-39). Wiesbaden: Westdeutscher Verlag.

P. Robert-Jan Simons

Sechs Wege, die Kluft zwischen Lernen und Arbeiten zu überwinden

Einleitung

„Transfer of learning occurs whenever prior-learned knowledge and skills affect the way in which new knowledge and skills are learned and performed" (CORMIER & HAGMAN, 1987, S. 1). In der Literatur geht es fast immer um jenen Transfer, mit dem die Lücke zwischen Training bzw. Unterricht und dem Arbeitsplatz (in seiner Einbettung in eine Organisation) geschlossen werden soll: Wie können wir Lehr-Lern-Umgebungen so gestalten, dass sie dazu beitragen, dass Transfer von einer (Lern-)Situation auf eine andere (Anwendungs-)Situation erfolgreich wird? Die Frage ist also, wie instruktionale Umgebungen zu gestalten sind, um eine bestmögliche Anwendung neuen Wissens und neuer Fertigkeiten im Arbeits- und Alltagsleben herbeizuführen. Die Transferdefinition von CORMIER und HAGMAN umfasst aber noch mehr; bei ihnen ist der Transfer von früherem Lernen sowohl auf neue Lernprozesse als auch auf Leistung und auf Wissensanwendung gemeint. Es gibt daher verschiedene Wege, wie Transfer zu Tage treten kann. Beispiele sind der Transfer von Vorwissen und Fertigkeiten auf neue Lernprozesse, oder der Transfer vom Erwerb neuen Wissens und neuer Fertigkeiten auf das Lernen am Arbeitsplatz (SIMONS, 1990).

Die anderen Transferfragen werden üblicherweise entweder ignoriert oder unter anderem Namen behandelt (etwa „Vorwissen", „tacit knowledge", „Vorbereitung auf lebenslanges Lernen"). Aus meiner Sicht sind die grundlegenden Transfermechanismen und -prinzipien für all diese Probleme jedoch ähnlich, wenn nicht sogar identisch. Mit anderen Worten: Transfer zielt auf verschiedene Lücken zwischen früherem Lernen und Vorwissen, neuen Lernprozessen und der Leistung am Arbeitsplatz ab. Wir können vier Situationen unterscheiden, nämlich (1) Lernen vor dem Training und der Arbeit, (2) Lernen während des Trainings, (3) Lernen am Arbeitsplatz und (4) Arbeiten. Es ergeben sich sechs Lücken, zu deren Überbrückung Transfer notwendig ist. In diesem Kapitel geht es darum, diese sechs Transferarten zu definieren und zu veranschaulichen. Abbildung 1 stellt sie im Überblick dar.

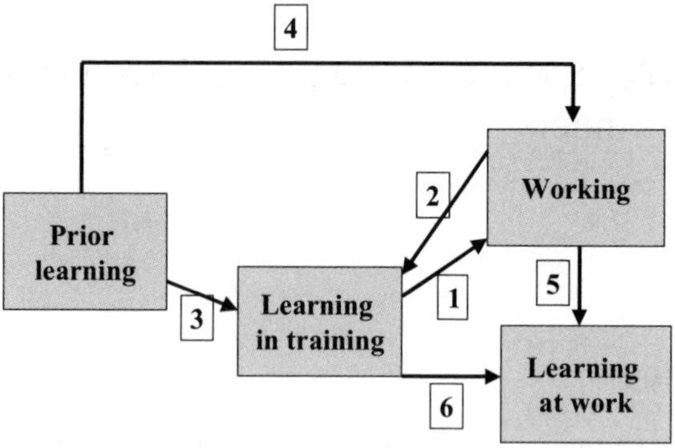

Abb. 1: Sechs Klüfte zwischen Lernen und Arbeiten.
Kluft 1: Trainingstransfer. Kluft 2: Arbeit ins Training bringen.
Kluft 3: Vom Vorwissen zum Lernen bzw. zum Training.
Kluft 4: Anwenden von Kompetenzen. Kluft 5: Lernen am Arbeitsplatz. Kluft 6: Transfer vom Training zum weiteren Lernen am Arbeitsplatz.

Erste Kluft: Trainingstransfer

In einer Reihe von Studien wurde bereits der Trainingstransfer behandelt (Abbildung 2; Kluft 1). Wie kann dieser Transfer unterstützt werden? Wie kann Trainingsteilnehmern beim Umgang mit Schwierigkeiten geholfen werden? Es gibt drei Maßnahmen: Maßnahmen zur Förderung weiten Transfers, Maßnahmen zur Förderung nahen Transfers, und organisationale Maßnahmen.

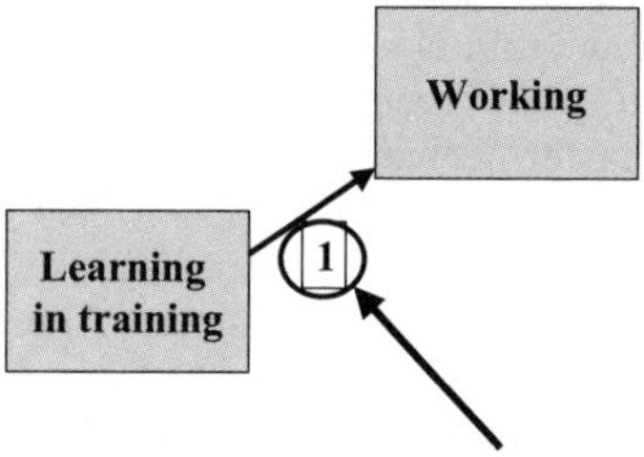

Abb. 2: Trainingstransfer (Kluft 1)

Die Literatur über Trainingstransfer konzentriert sich auf Maßnahmen zur Förderung des *nahen Transfers*. BROAD und NEWSTROM (1992), CLAAS, POUWER und THIJSSEN (1986) sowie GAINES-ROBINSON und ROBINSON (1989) kamen in Überblicksstudien zu dem Ergebnis, dass Prinzipien wie die in Tabelle 1 genannten der Trainingsplanung zu Grunde liegen sollten, wenn vor allem naher Transfer unterstützt werden soll.

Tab. 1: Prinzipien zur Trainingsplanung, die auf die Förderung *nahen Transfers* abzielen

1	Explizite Lernziele sollten formuliert werden, die entweder auf nahen oder auf weiten Transfer abzielen.
2	Diese Ziele sollten aus Bedarfsanalysen abgeleitet sein und mit der beruflichen Praxis zu tun haben.
3	Die Ziele sollten so konkret wie möglich formuliert sein.
4	Die Ziele sollten auf die Eingangsvoraussetzungen der Lernenden abgestimmt sein bzw. an bestehende Unterschiede adaptierbar sein.
5	Am Anfang eines Kurses sollte über die Ziele und Inhalte informiert werden, um falsche Erwartungen korrigieren zu können.
6	Die Lerninhalte sollten so ausgewählt werden, dass sie sich auf konkrete (oder zumindest mögliche) Arbeitssituationen beziehen.
7	Möglichkeiten, konkrete Inhalte zu verallgemeinern und Prinzipien aus ihnen abzuleiten, sollten gegeben werden.
8	Eine aktive Beteiligung der Lernenden wäre zu bevorzugen.
9	Übungen zu allgemeinen Prinzipien sollten in unterschiedlichen Anwendungssituationen erfolgen.
10	Lernende sollten angeregt werden, ihr Lernen selbst aktiv zu steuern.
11	Lernende sollten anregt werden, ihr Lernen selbst zu überwachen.
12	Die Bewertungskriterien für Lernleistung sollten klar sein.
13	Die Lernleistung sollte regelmäßig überprüft und bewertet werden, damit Feedback über den Fortschritt gegeben werden kann und somit Wissenslücken identifiziert werden können.

Maßnahmen zur Unterstützung *weiten Transfers* bei der Gestaltung von Lernumgebungen zielen darauf ab, die Transferwahrscheinlichkeit von einer Lernsituation auf viele verschiedene Anwendungssituationen zu erhöhen. Hiervon ist also die Rede, wenn es nicht eine eindeutige Anwendungssituation gibt und wenn die Transferdistanz zwischen Lern- und Anwendungssituation relativ groß ist. Am Wichtigsten ist es dabei, die Verfügbarkeit von Gedächtnisrepräsentationen zu erhöhen. Tabelle 2 enthält die wichtigsten Möglichkeiten zur Unterstützung weiten Transfers (SIMONS, 1990).

Tab. 2: Prinzipien zur Trainingsplanung, die auf die Förderung *weiten Transfers* abzielen

1	Stärkere Vernetzung von Gedächtnisrepräsentationen, indem Beziehungen zwischen Konzepten expliziter gemacht oder indem nur die Konzepte gelehrt werden, die besonders zentral sind.
2	Erhöhen der subjektiven Relevanz des zu lernenden Wissens und der zu erwerbenden Fertigkeiten, indem Lernenden deren Nützlichkeit erklärt wird oder indem Lernenden die Aufgabe gestellt wird herauszubekommen, worin ihre Relevanz liegt.
3	Bessere Vernetzung von Lern- und Arbeitskontexten, z.B. durch Lernen am Arbeitsplatz oder durch Berücksichtigung praktischer Erfahrungen der Lernenden.
4	Verbesserung metakognitiver Fertigkeiten (direkt durch entsprechendes Trainingsmaßnahmen oder indirekt durch die Gestaltung von Lernumgebungen).
5	Erhöhen der Verallgemeinerbarkeit von Wissen und Fertigkeiten durch Gelegenheit zur Reflexion oder durch vielfältige Übungsangebote.
6	Aufbau einer affektiv gefärbten „Transferkultur" (PEA, 1987).

Abgesehen von den beiden genannten Wegen, im Trainingsdesign selbst Transfer zu unterstützen, gibt es noch organisationale Maßnahmen (BALDWIN & FORD, 1988; CLAAS et al., 1986). Diese sollen auf Organisationsebene zum Trainingstransfer beitragen. Einerseits geht es darum, das Handeln von Managern und Trainern zu beeinflussen. Andererseits gibt es Maßnahmen, die vor und nach dem Lernen zu treffen sind. Im Wesentlichen entsprechen solche Aktivitäten dem *training for impact*-Ansatz von GAINES-ROBINSON und ROBINSON (1989). Zunächst sind wichtige Entscheidungsträger ins Boot zu nehmen, die anerkennen, dass die Trainingsziele wichtig für die Organisation sind, und die wiederum andere relevante Personen davon überzeugen. (Natürlich muss gewährleistet sein, dass die Ziele tatsächlich wichtigen und aktuellen betrieblichen Bedürfnissen entsprechen.) Auf Organisationsebene muss zudem die richtige Auswahl von Trainingsteilnehmern getroffen werden, die das erforderliche Vorwissen besitzen und lernbereit sind. Ferner muss die Trainingsteilnahme durch ein entsprechendes Support-System am Arbeitsplatz gestützt werden, was etwa die Freistellung von der Arbeit für die Trainingsteilnahme beinhaltet. GAINES-ROBINSON und ROBINSON (1989) betonen zudem, wie wichtig es ist, dass nach dem Training innerhalb der Organisation gewürdigt wird, was gelernt wurde und inwiefern die Arbeitstätigkeit dadurch verbessert wird und was dies für das ganze Unternehmen bedeutet. Schließlich kann der Trainingstransfer durch Hilfe und Beratung bei der Integration des Gelernten im Betrieb unterstützt werden.

In einer Reihe von Studien in unserer Arbeitsgruppe wurde die Umsetzung solcher organisationalen Maßnahmen untersucht; die wichtigsten Ergebnisse sind folgende:

1) Die Beteiligten unterscheiden sich erheblich in ihrer Einschätzung der Maßnahmen. KERSTEN (1990) zeigte in einer Studie in psychiatrischen Kliniken, dass Studierende die Zahl transferunterstützender organisationaler Maßnahmen viel niedriger schätzten als ihre Ausbilder, diese wiederum niedriger als Manager und Berater. GEELEN und HENDRIKS (1998) kamen zu vergleichbaren Ergebnissen bei einer Versicherungsgesellschaft. Erfahrene Studierende beurteilten die Lage noch negativer als Anfänger.
2) KERSTEN (1990) sowie GEELEN und HENDRIKS (1998) zeigten außerdem, dass die Beteiligten ihren eigenen Beitrag überschätzten: Sie waren mit ihrem eigenen Beitrag zur Unterstützung des Transfers zufriedener als mit dem anderer beteiligter Parteien.
3) Im Durchschnitt werden viele der in den Tabellen 1 und 2 angeführten Prinzipien zur Trainingsplanung umgesetzt, aber nicht die genannten organisationalen Maßnahmen (GEELEN & HENDRIKS, 1998; KERSTEN, 1990).
4) Es wird mehr Gewicht auf Maßnahmen zur Unterstützung nahen Transfers gelegt als auf solche, die weiten Transfer fördern. TER HEIJNE und TERMOTE (1990) zeigten z.B. in einer Studie über ein Training für Kundendienstmitarbeiter in einem Diagnoselabor für Unterhaltungselektronik, dass zahlreiche Maßnahmen zur Unterstützung nahen Transfers vorgenommen wurden.

5) Das Ausmaß, in dem Transfermaßnahmen ergriffen wurden, korrelierte signifikant positiv damit, wie adäquat theoretische Konzepte am Arbeitsplatz aufgegriffen wurden (TER HEIJNE & TERMOTE, 1990).
6) Das Ausmaß, in dem Trainingsergebnisse auf den Arbeitsplatz übertragen werden, ist oft erschreckend gering, wie z.B. LETHER (1997) zeigte. Sie analysierte einen Kurs für Versicherungsangestellte zur Erweiterung ihres Aufgabenfeldes; es ist wichtig zu wissen, dass diese ihr Geschäft üblicherweise telephonisch erledigen. Verkäufer für Haus- und Autoversicherungen mussten lernen, auch Reiseversicherungen verkaufen zu können. Das Training umfasste einerseits alles notwendige Wissen über solche Versicherungen, andererseits aber auch kundenzentrierte Umgangsweisen und Strategien zum *cross selling* (also, wie man einen Kunden anspricht, um ihm zusätzlich zur gewünschten eine andere Versicherung zu verkaufen, also z.B. eine Reiseversicherung, wenn er wegen einer Hausversicherung anruft). Es gab zwei Trainingsvarianten: Die eine Gruppe lernte wie üblich in einer Seminar- bzw. Klassensituation; in der anderen Gruppe gab es nur wenige Präsenzphasen, dafür arbeiteten die Teilnehmer viel für sich mit eigens entwickeltem Selbstlernmaterial. In einem Nachtest war die zweite Gruppe der ersten klar überlegen. Zusätzlich rief ein fingierter Kunde die Teilnehmer an und überprüfte, ob sie die *cross selling*-Strategie auch einsetzten. War dies nicht spontan der Fall, lieferte der Anrufer zusätzliche Hinweisreize (z.B. „Ich werde bald in Ferien fahren"). Sprach ihn der Verkäufer dann noch immer nicht auf eine Reiseversicherung an, fragte der Anrufer explizit danach. Die Ergebnisse des mysteriösen Anrufes sprechen eine klare Sprache: Fast keiner der 43 Verkäufer bot spontan eine Reiseversicherung an. Auch nach dem Hinweisreiz boten nur wenige eine solche Versicherung an; die meisten aber verbanden den fingierten Kunden mit der zuständigen Abteilung für Reiseversicherungen, anstatt zu versuchen, sie selbst zu verkaufen. (Die Selbstlerngruppe schnitt übrigens ein wenig besser ab.) Eine Analyse der Gründe für den geringen Transfer zeigte, dass die Verkäufer ihr neues Wissen und ihre Fertigkeiten nicht nutzten, weil sie sich unsicher fühlten, weil sie *cross selling* nicht wirklich mochten, weil keine entsprechenden organisationalen Maßnahmen vorgenommen worden waren, und weil sie unter großen Zeitdruck arbeiten mussten.

Organisationale Maßnahmen werden deswegen oft nicht ergriffen, weil die Trainer nicht genügend Einfluss besitzen. Ein alternativer Ansatz, der zur Zeit in unserer Gruppe untersucht wird, ist, ob Trainer ihre Trainees womöglich eher beeinflussen können als Manager in der Organisation (siehe Kluft 2). Dann könnten sie ihre Trainees mit Strategien wappnen, das Fehlen organisationaler Maßnahmen ausgleichen zu können, indem sie den Transfer vom Arbeitsplatz ins Training statt des Trainingstransfers leisten, also genau den umkehrten Weg einschlagen.

Zweite Kluft: Arbeit ins Training bringen

Für den Transfer vom Arbeitsplatz ins Training (Abbildung 3; Kluft 2) gibt es verschiedene Möglichkeiten. Die bekanntesten Strategien sind problembasiertes Lernen, der Einsatz von arbeitsplatznaher Simulationen, Projektunterricht und Fokussierung auf authentische Probleme, die dem Arbeitsalltag der Trainingsteilnehmer entstammen.

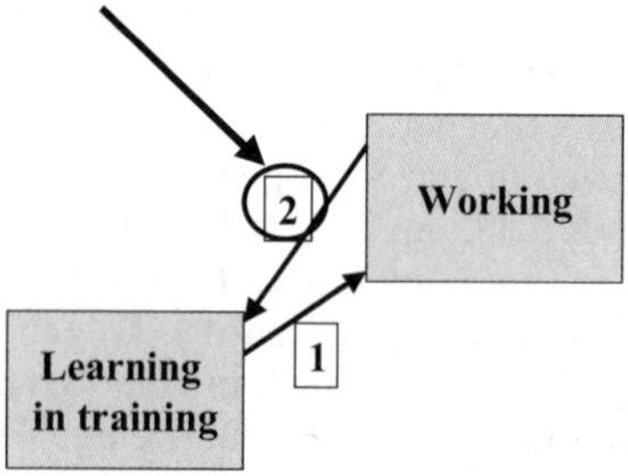

Abb. 3: Arbeit ins Training bringen (Kluft 2)

BRINKERHOFF und GILL (1992) sehen den zusätzlichen Wert eines Transfers vom Arbeitsplatz ins Training vor allem vor und nach einer Trainingsmaßnahme, weniger während des Trainings selbst. Die Grenzen zwischen Arbeitsplatz und Training verschwimmen, so dass sich die Teilnehmer während des Trainings auf ihre tatsächlichen Probleme am Arbeitsplatz konzentrieren können. Zwei in diesem Zusammenhang wichtige Strategien beim Design des Trainings sind nach BRINKERHOFF und GILL das Einnehmen einer Kunden- und einer Systemperspektive. Die Kundenperspektive einzunehmen bedeutet, dass die Trainingsteilnehmer und ihre Vorgesetzten als Kunden mit (geschäftlichen) Bedürfnissen, die erfüllt werden sollten, gesehen werden. Der Bildungsbedarf der Teilnehmer sollte gründlich erhoben, das Training ihren Wünschen gemäß gestaltet werden. Dies gilt nicht nur für die Teilnehmer selbst, sondern auch für all die Menschen, mit denen sie nach dem Training in ihrer Organisation wieder zusammenarbeiten müssen. Die Einnahme einer Systemperspektive bei der Gestaltung eines Trainings impliziert, dass Bezug auf die gesamte Organisation genommen wird, in der die Teilnehmer arbeiten, nicht nur auf Wissen und Fertigkeiten, die Gegenstand des Trainings im engeren Sinn sind. Vor welchem organisationalen Hintergrund, welcher Geschäftsstrategie und welchem Strukturwandel fiel die Entscheidung, dass die Teilnehmer zu der Trainingsmaßnahme entsandt wurden? Wie kann Lernen im Training zu diesen Veränderungen beitragen? Wer alles sollte einbezogen werden?

Ein alternativer Ansatz ist es, die Lernenden im Training zu wappnen, Lernen und Arbeiten besser als üblich zu verknüpfen. Ein Weg hierfür ist das Rückfall-Verhütungs-Training, bei dem die Teilnehmer verschiedene Strategien erlernen, um die Komponenten aus der Arbeit explizit in das Training einzubringen. Sie werden z.B. angeregt, die *relevanteste* der zu lernenden Fertigkeiten auszuwählen, sich nur auf ein spezifisches Element zu konzentrieren oder eine Strategie zu entwickeln, die ihnen dabei hilft, sich an das im Training Gelernte dann zu erinnern, wenn es am Arbeitsplatz gebraucht wird. Überdies werden sie angehalten, den praktischen Einsatz der gewählten Elemente am Arbeitsplatz im Auge zu behalten. In unserer Arbeitsgruppe wird derzeit ein anderer Zugang erprobt, bei dem Trainingsteilnehmer die Kluft zwischen Lernen und Arbeit dadurch überbrücken sollen, dass sie sich Arbeitssituationen bildlich vorstellen, in denen die gelernten Fertigkeiten angewendet werden können, aber auch Hindernisse, die einer Anwendung im Weg stehen. Dadurch wird den Teilnehmern bewusst, dass sie das im Training Gelernte oft nicht am Arbeitsplatz anwenden.

Dritte Kluft: Vom Vorwissen zum Lernen bzw. zum Training

Die dritte Kluft thematisiert früher Gelerntes; es geht darum, wie Vorwissen beim Lernen und im Training genutzt bzw. nicht genutzt wird (Abbildung 4; Kluft 3).

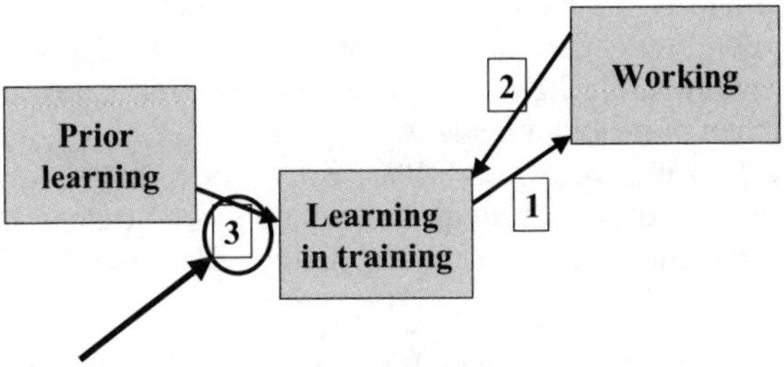

Abb. 4: Vom Vorwissen zum Lernen bzw. zum Training (Kluft 3)

Vorwissen kann in drei Zuständen auftreten: Es kann korrekt, inkorrekt oder teilweise korrekt sein. SIMONS (1999) postulierte, dass Lernende große Schwierigkeiten haben zu entscheiden, welches Vorwissen korrekt, inkorrekt oder nur teilweise korrekt ist. Überdies wissen sie aus Erfahrung, dass es manchmal unklug ist, Vorwissen bewusst ins Spiel zu bringen, weil dies zu Interferenz und Verwirrung führen kann. Einige Teile des Vorwissens werden aber automatisch aktiviert. Das größte Problem bei der Gestaltung von Lernumgebungen besteht in der Entscheidung, wie mit den Problemen Lernender umgegangen wird. Wie kann man ihnen dabei helfen, ihr korrektes oder teilweise korrektes Vorwissen zu nutzen, ohne dass es zu Interferenzen kommt, zugleich aber etwas gegen falsches (oder teilweise falsches) resistentes Vorwissen unternehmen?

Es gibt mittlerweile viele Studien, die auf vorwissensbezogene Probleme von Lernenden oder Lernumgebungen hinweisen, aber kaum Lösungsansätze. STRIKE und POSNER (1985) präsentierten ein Modell, das mit kognitiver Akkomodation arbeitet. Lernende sollten Unzufriedenheit mit ihrem Vorwissen, ihren Konzepten verspüren. Sie sollten lernen, neue wissenschaftliche Ansätze zu verstehen, die sich hinter neuen, zu erlernenden Konzepten verbergen. Die neuen Ansätze sollten ihnen natürlich dabei helfen, ihre Probleme zu lösen. Außerdem sollte ihnen Gelegenheit gegeben werden, ihre neuen Konzepte und ihr neues Wissen zu überprüfen und zu bewerten. PRAWAT (1989) betonte in diesem Zusammenhang die große Rolle metakognitiver Bewusstheit. „Students should be aware of their pre-conceptions before they will be able to restructure them. Students must first recognise that the new information is related to what they already know; they then have to link this information to two types of prior knowledge – that which is consistent with the scientific notions and that which is incompatible with those notions. It is the latter connection that leads to the realisation that their own ideas are not complete or satisfying explanations and that the scientific view is a more convincing and powerful alternative“ (PRAWAT, 1989, S. 12f.). Wie SIEGLER (1983) zeigte, reicht Bewusstheit allein jedoch nicht aus: Akkomodation impliziert immer auch Akzeptanz. Lernenden sollten die neuen Konzepte plausibel erscheinen. NUSSBAUM und NOVICK (1982) schlugen die Verwendung von Schlüsselereignissen vor, die das Vorwissen und die alten bestehenden Konzepte der Lernenden auf den Prüfstand stellen. HEWSON und HEWSON (1984) empfahlen, die Lernenden dazu zu bewegen, altes und neues Wissen zu vergleichen und zu kontrastieren.

ALI (1990) und BIEMANS (1997; BIEMANS & SIMONS, 1995, 1996) entwarfen eine Unterrichtsstrategie (die CONTACT-Strategie), die Lernenden beim Umgang mit ihrem Vorwissen helfen soll. CONTACT besteht aus fünf Schritten.

1) Lernenden sollte dabei geholfen werden, sich ihr eigenes Vorwissen zu verdeutlichen (mit Hilfe von *exposing events*).
2) Lernende sollten angeregt werden, ihr Vorwissen mit der neuen gelernten Information zu vergleichen.
3) Lernende sollten aufgefordert werden, die „neue Idee“ in Worte zu fassen.
4) Lernende sollten die neuen Konzepte auf ein konkretes Problem anwenden.
5) Lernende sollte als Folge von (4) die Angemessenheit der neuen Konzepte bewerten.

Natürlich löst diese Strategie nicht alle oben erwähnten Probleme; sie ist bei Gegenstandsbereichen besonders geeignet, bei denen Lernende viele Fehlkonzepte haben, die durch Unterricht korrigiert werden müssen. Sie hilft nicht bei der Bewältigung metakognitiver Anforderungen (z.B. sich der Funktionen der verschiedenen Arten von Vorwissen bewusst zu werden oder die kritische Rolle von Fehlkonzepten zu erkennen). CONTACT kann nur zur Anwendung gelangen, wenn Wissen über häufig vorkommende Fehlkonzepte vorliegt.

In einer Reihe von Studien zeigten ALI (1990) und BIEMANS (1997), dass die CONTACT-Strategie die Lernergebnisse von 11-13jährigen Schülern signifikant verbessert. Die Studie von BIEMANS umfasste neun Unterrichtsstunden über physikalische Geographie, in denen Begriffe wie Äquator, Erdrotation, Kondensation, Regen, atmosphärischer Druck, Wind oder Wetter behandelt wurden. Die Lektionen wurden am Computer präsentiert. Die abhängigen Variablen wurden über *multiple choice*-Tests erhoben: Jede Stunde endete mit neun Fragen (je drei Wiederholungs-, Verständnis- und Problemlöse-Items). Zwei Wochen nach der letzten Stunde wurde ein Erinnernstest durchgeführt, der je 18 Wiederholungs-, Verständnis- und Problemlöse-Items umfasste. Am Ende jeder Stunde bearbeiteten die Versuchspersonen zudem noch ein Problem, das zu Beginn der Stunde benutzt wurde, um ihnen ihr Vorwissen zu entlocken. Die Lösung stellte natürlich die „finale Idee“ dar. In der CONTACT-Gruppe begann jede Stunde mit einem konkreten Problem (oder einer Frage), das von den Schülern gelöst werden sollte, um das Vorwissen zu eruieren (1. Schritt). Ein Beispiel: „Als Kolumbus 1492 Segel setzte, blies ihn der Wind nicht geradewegs auf den Äquator zu. Stattdessen wurde er in einer Rechtskurve nach Amerika geblasen. Kannst Du das erklären?“ Die Versuchspersonen konnten zwischen sechs Antworten wählen und mussten ihre Wahl begründen. Die Distraktoren enthielten Fehlkonzepte, die typischerweise in diesem Alter gemacht werden. Dann wurde in der Lektion die neue Information präsentiert (2. Schritt). Danach wurde die Ausgangsfrage noch einmal gestellt; wiederum mussten die Schüler eine Antwort auswählen und diese begründen (3. Schritt). Danach wurde ihnen ein neues, aber verwandtes Problem gegeben, das sie mit ihrem neu erworbenen Wissen lösen konnten (4. Schritt). Zuletzt sollten sie ihr neu erworbenes Wissen bewerten und mit dem Vorwissen vergleichen (5. Schritt). Gaben die Schüler im 3. Schritt eine falsche Antwort, wurden sie aufgefordert, die Lektion noch einmal durchzulesen. Zu jedem Schritt war Information über seine Relevanz (Warum ist das wichtig?) und seine Durchführung (Wie macht man das?) abrufbar. In einigen Stunden wurde diese Warum- und Wie-Information allen Schülern präsentiert. In anderen Stunden konnten die Schüler diese Information nach eigenem Gusto abrufen. Alle fünf Schritte wurden auch metaphorisch visuell dargestellt.

BIEMANS (1997) fand in einer Studie, dass die CONTACT-Strategie bei allen Tests (Wiederholung, Verständnis und Problemlösen) zu signifikant besseren Ergebnissen führte als bei einer Gruppe, deren Mitglieder nur den ersten und den letzten Schritt der Strategie durchführten und weder Feedback noch Zusatzinformationen erhielten. In einer zweiten Studie traten signifikante Unterschiede zwischen Schülern mit der CONTACT-Strategie, Schülern mit dem Erster-und-Letzter-Schritt-Ansatz, und Schülern einer Kontrollgruppe (ohne Hilfeangebote) zutage. In einer dritten Studie zeigte BIEMANS, dass es möglich ist, Schülern beizubringen, die CONTACT-Strategie eigenständig zu nutzen. Den Schülern wurde beigebracht, wie sie die CONTACT-Schritte selbstständig durchführen konnten; dann wurde die bereitgestellte Hilfe nach und nach ausgeblendet. Auch hier lernten die CONTACT-Schüler besser. Offenbar ist es möglich, Schüler anzuleiten, beim Lernen die Grundsätze der CONTACT-Strategie zu verwenden.

Vierte Kluft: Anwenden von Kompetenzen

Die nächste Kluft wird beim Anwenden von Kompetenzen deutlich (Abbildung 5; Kluft 4).

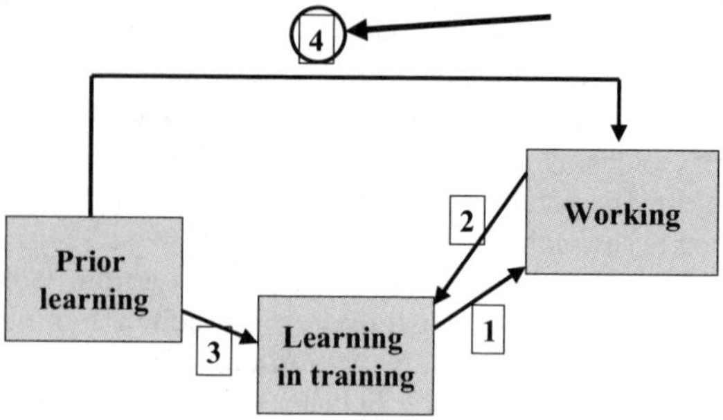

Abb. 5: Anwenden von Kompetenzen (Kluft 4)

Menschen setzen bei der Arbeit nicht alle ihre Kompetenzen ein. Organisationen neigen dazu, die Kompetenzen ihrer Beschäftigten zu unterschätzen (SENGE, 1991). Offizielle Qualifikationen, also jene Anforderungen des Arbeitsmarktes, die in Zeugnissen und anderen offiziellen Dokumenten niedergelegt sind, sind nicht das, was die Organisationen wirklich brauchen. Damit ist eine weitere Kluft skizziert zwischen dem, was Menschen lernen, und dem, was sie in der Arbeit zu leisten haben.

Es liegt Evidenz vor (DOORNBOS & KRAK, 2001), dass das, was bei der Arbeit gelernt wird, oft implizit bleibt. Dies wird erkennbar, wenn Beschäftigte versuchen, darüber zu sprechen. Als DOORNBOS und KRAK Polizeibeamte befragten, was sie am Arbeitsplatz gelernt hätten, konnten sie kaum etwas berichten. Im weiteren Verlauf der Studie zeigte sich aber, dass die Frage nach dem „Lernen" ein Holzweg der Forscher war. Beim Wort „Lernen" gerieten die Befragten auf eine falsche Fährte – sie versuchten, sich an besuchte Kurse zu erinnern, an gelesene Bücher, an genossenes Coaching usw. Wurde das Wort „Lernen" vermieden und hatten sie stattdessen über Veränderungen in ihrer Kompetenz zu berichten (siehe nächsten Absatz), begannen sie zu erkennen, dass sie viel in und von ihrer Arbeit gelernt hatten. Durch den Hinweis auf konkrete Veränderungen in Arbeitsprozessen oder -ergebnissen wurden sie sich ihrer eigenen Lernprozesse bewusst. Und nachdem ihnen klar war, *was* sie gelernt hatten, begannen sie darüber zu sprechen, *wie* sie es gelernt hatten.

Da ein großer Prozentsatz unseres Lernens implizit abläuft (SIMONS, VAN DER LINDEN & DUFFY, 2000), faszinierte uns die Untersuchung dieses impliziten Lernens. Seither eruieren wir, wie man an implizite Lernergebnisse (und damit auch an implizite Lernprozesse) herankommt.

Zunächst ist es wichtig zu realisieren, dass es weder möglich noch erstrebenswert ist, alles implizite Lernen explizit zu machen. Manchmal ist es sogar besser, implizites Lernen nicht explizit zu machen. Wie NONAKA und seine Kollegen (z.B. VON KROGH, ICHIJO & NONAKA, 2000) zeigten, gibt es auch implizite Formen des Austauschs. Gerade durch informelle Prozesse und in informellen Settings entsteht oft ein Gefühl „geteilter Kompetenz" (NONAKA, REINMOELLER & SENOO, 1998).

Will man Lernen explizit machen, gibt es verschiedene Möglichkeiten. Zunächst ist zwischen „reflection-in-action" und „reflection-on-action" zu unterscheiden. Unter der Bedingung „in-action" sind unsere impliziten Kompetenzen – auch wenn sie uns nicht bewusst sind – für Andere sichtbar. Indem er Andere „in-action" beobachtet, kann ein geschulter Beobachter zu Grunde liegende Kompetenzen erschließen. Durch den Einsatz von Interviews vor und nach den beobachteten Handlungen können Menschen lernen, die Handlungen zu reflektieren, um sich der eigenen impliziten Kompetenzen (Wissen, Fähigkeiten, Einstellungen) bewusst zu werden. Unsere Erfahrung zeigt, dass reflexive Praxis im Sinne von SCHÖN (1987) eine sehr wirkungsvolle Methode sein kann. Auf diesem Hintergrund konnte KLARUS (1998) eine effektive Lernmethode ersinnen und analysieren, die aus einer Kombination von Interviews vor und nach den relevanten Arbeitshandlungen mit Beobachtungen besteht.

„Reflektion-on-action" ist wohl weniger akkurat, aber dennoch sehr informativ. Um es durchzuführen, bittet man entweder andere Personen, das eigene Lernen zu reflektieren, oder man macht es selbst. Klienten und Kollegen können oft ein hervorragendes Gespür für die besonderen Kompetenzen der Personen haben, mit denen sie zu tun haben. Sie können daher hilfreich dabei sein, sich des eigenen impliziten Lernens gewahr zu werden. Man kann Klienten einfach wie folgt um Feedback bitten: „Was zeichnet Ihrer Erfahrung nach meine Art des Arbeitens aus?" Daneben kann auch die 360°-Feedback-Methode wirkungsvoll sein. Der Einsatz reflexiver Methoden ist aber wohl einfacher (sei es individuelle oder kollektive Reflexion).

Die erste Technik, Lernergebnisse durch individuelle Reflexion explizit zu machen, stammt von ERAUT (1998) und Kollegen. Anstatt direkt nach den Lernergebnissen zu fragen, fragten sie Polizisten und Krankenschwestern, was sich in ihrer Arbeit geändert hatte. „In welcher Hinsicht unterscheidet sich Ihre heutige Arbeit davon, wie sie vor zwei [fünf usw.] Jahren war?" „Was sagt Ihnen das, was Sie jetzt wissen bzw. tun können, darüber, was Sie damals nicht wussten bzw. tun konnten?" Bei einer anderen Technik wird nach einem idealen Berufsangehörigen gefragt, z.B.: „Wie führt ein idealer Zugschaffner [Manager usw.] seine Arbeit aus?" Wir haben es oft erlebt, dass Beschäftigte sehr konkrete Vorstellung von idealen Modellen haben. Eine Folgefrage könnte sein: „In welcher Hinsicht sind Sie selbst schon ein idealer Zugschaffner [Manager usw.]?" Dies führt fast automatisch dazu, dass nach Erklärungen für die eigenen Lernergebnisse und für Unterschiede im Vergleich zum Ideal gesucht wird. Manchmal werden dabei auch Brüche zwischen der eigenen gegenwärtigen Arbeitsweise und dem Ideal entdeckt und damit wird der Weg für innovative Lerngelegenheiten gebahnt. Beispielsweise trafen wir einen Manager, der sein Ideal als jemanden beschrieb, der permanent in einem Netzwerk mit allen Managern der Organisation informell zusammenarbeitet. Durch die Beschreibung wurde ihm klar, dass er selbst nicht so arbeitete. Menschen nach dem Unterschied zwischen ihrem Idealbild und den eigenen impliziten und expliziten Kompetenzen zu fragen, kann also dazu führen, dass bis dato erreichte Lernergebnisse bewusst werden, aber auch notwendige künftige Lernprozesse. Eine dritte, oft verwendete Technik ist die *critical incident method*. Dabei sollen sich Personen an kritische Ereignisse erinnern. Dies dient als Ausgangspunkt, über zu Grunde liegende Kompetenzen nachzudenken. Diese Technik ähnelt den *pretty good practices*-Ansatz von MARSICK (2001), in dem die Beschäftigten über Situationen reden, die sie „ziemlich gut" bewältigt haben. MARSICK legt Wert darauf, nicht nach der „besten" Praxis zu fragen, weil dies zu viel Leistungsdruck ausüben würde. Unsere Erfahrungen zeigen, dass es bei dieser Methode wichtig ist, über positive Erfahrungen zu sprechen, nicht über eigene Fehler. Positive kritische Ereignisse und *pretty good practices* erhöhen die Bereitschaft (und schwächen Abwehrmechanismen), um Details über Lernergebnisse und -prozesse nachzuspüren. Verwandt mit dieser Technik ist die *story telling*-Technik, bei der Anekdoten und Geschichten über die eigene Arbeit erzählt werden. Der einzige Unterschied ist, dass die Perspektive des Geschichten-Erzählers dazu führt, dass Details in der Beschreibung der Umstände und der Ereignisse aus einer gewissen Distanz heraus erfolgen, wenn die Personen über sich selbst in der dritten Person sprechen.

Eine weitere Technik, die von MARSICK (2001) beschrieben wird, ist die des *walking in the shoes of the client*. Die Versuchspersonen werden dabei aufgefordert, die Perspektive eines ihrer Klienten einzunehmen und ihre eigenen Kompetenzen durch die Brille dieses fiktiven Klienten zu betrachten. Ein letztes Beispiel, das von MARSICK (2001) beschrieben wird, ist schließlich der *multiple intelligences*-Ansatz, bei dem versucht wird, sich durch den Einsatz von Bildern, Zeichnungen, Metaphern, Bewegungen usw. darüber klar zu werden, was man implizit gelernt hat. Natürlich könnte man sich noch viele weitere Techniken denken, wie etwa „Andere unterrichten", „In die Zukunft schauen", „In heteronomen Gruppen arbeiten" oder „Über Veränderungen und Verbesserungen nachdenken“. All diese Methoden haben gemeinsam, dass sie von einer konkreten Situation oder Erfahrung ausgehen und erst dann zu Lernergebnissen oder Kompetenzen gelangen.

Fünfte Kluft: Lernen am Arbeitsplatz

Die fünfte Kluft ist die zwischen Arbeit und Lernen bei der Arbeit; hier handelt es sich also um das Lernen am Arbeitsplatz (Abbildung 6; Kluft 5).

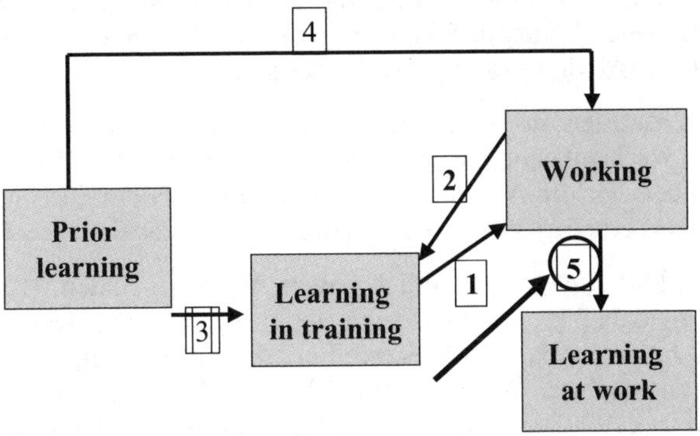

Abb. 6: Lernen am Arbeitsplatz (Kluft 5)

Man könnte meinen, dass es hier gar keine Kluft gibt (und einige Autoren nehmen dies auch an), weil Arbeit und Lernen am Arbeitsplatz so eng verwandt sind. Und doch gibt es diese Kluft. Natürlich lernt man immer etwas am Arbeitplatz, aber eben nicht auf die beste Art und Weise; es ist daher nicht so, dass das Lernen am Arbeitplatz nicht verbessert werden könnte. Ein Phänomen, dem wir begegneten, war, dass Menschen viel mehr am Arbeitsplatz lernen, als sie selbst wahrhaben (DOORNBOS & KRAK, 2001). Sie lernen aber nur selten bewusst am Arbeitsplatz. Implizites Lernen ist vielleicht für annähernd 80% der Kompetenzentwicklung in der Arbeit verantwortlich. Des Weiteren kann Lernen am Arbeitsplatz verschiedenerlei stattfinden, z.B. durch implizites Lernen, selbstreguliertes Lernen oder Lernen durch explizite Anweisung eines Trainers oder Mentors. Beim impliziten Lernen sind sich die Menschen nicht bewusst darüber, dass sie lernen. Lernen ist hier ein Nebeneffekt von Arbeiten. Beim selbstregulierten Lernen planen und organisieren Menschen ihr Lernen explizit und bewusst, wenngleich größtenteils im Arbeitskontext. Bei der dritten Lernart planen und organisieren Dritte (Manager, Coaches, Trainer) explizit und bewusst (das gilt nicht immer auch für die Lernenden) das Lernen. Selbstreguliertes Lernen ist eher die Ausnahme. Insgesamt gäbe es am Arbeitsplatz viel mehr Gelegenheit, Mentoring und Coaching einzusetzen.

Pädagogen bevorzugen es, Lernen explizit zu organisieren (das gilt in Schulen genauso wie am Arbeitsplatz), und zwar bezogen sowohl auf die Lernergebnisse als auch auf die Lernprozesse. Mit „Pädagogisieren" meinen wir daher, implizites durch explizites Lernen ersetzen zu wollen. Dies ist oft ein Fehler, wenn versucht wird, Lernen da zu planen und zu organisieren, wo es besser im Arbeitszusammenhang spontan auftauchen sollte. Es gibt mehrere Gründe, wieso Pädagogisieren ein Fehler sein kann. (1) Ein großer Teil des Lernens am Arbeitsplatz ist, wie bereits erwähnt, implizit. (2) Oft mögen es Menschen, neue Lösungen und Handlungsmöglichkeiten selbst (also: implizit) zu lernen, aber stören sich an expliziten Lernweisen. (3) Es kann zuviel Aufmerksamkeit auf das Lernen statt auf die Arbeit gelenkt werden. (4) Die Motivation der Lernenden kann ruiniert werden. Somit sollten, bevor pädagogisiert wird, drei Fragen gestellt werden:

1) Was resultiert aus der Pädagogisierung spezifischer Arbeitssituationen?
2) Was wird gewonnen, wenn implizites durch explizites Lernen ersetzt wird?
3) Können wir die Arbeitsumgebung so umgestalten, dass die Wahrscheinlichkeit erhöht wird, dass implizites Lernen stattfindet?

In vielen Fällen ist es vermutlich besser, Wege zu finden, Beschäftigten und Managern dabei zu helfen, Arbeit so umzugestalten, dass mehr implizites Lernen stattfinden kann. Ist es möglich, das zu machen, ohne Lernen zu expliziter zu machen? Wenn ja: Wie? Die Studien von ONSTENK (1997) und KWAKMAN (1999) lehren, dass die Konzentration auf sechs Merkmale von Arbeitsprozesses und der Arbeitsumgebung dies ermöglicht: (1) Variation, (2) Verantwortung, (3) Feedback, (4) Reflexion, (5) Innovation/Experimentieren und (6) Aufbau einer Vision.

Diese sechs Merkmale können von Managern durchaus reorganisiert werden (Zeit für Reflexion geben, Feedback organisieren, Autonomie geben, Innovationen und Experimente planen usw.), allerdings genauso gut auch von den Lernenden selbst. (In letzterem Fall kommen wir in das Reich selbstregulierten Lernens.) Lernende können versuchen, nach Feedbackgelegenheiten zu suchen, Zeit für Reflexion zu reservieren, nach Variation zu suchen, für Innovation offen zu sein usw. All dies kann individuell oder kollaborativ mit Kollegen, Trainern, Managern oder Klienten organisiert sein. Jede dieser Personengruppen kann eine neue Perspektive aufzeigen und damit zum impliziten Lernen beitragen.

Sechste Kluft: Transfer vom Training zum weiteren Lernen am Arbeitsplatz

Die letzte Kluft bezeichnet den Transfer vom Training zum weiteren Lernen am Arbeitsplatz (Abbildung 7; Kluft 6).

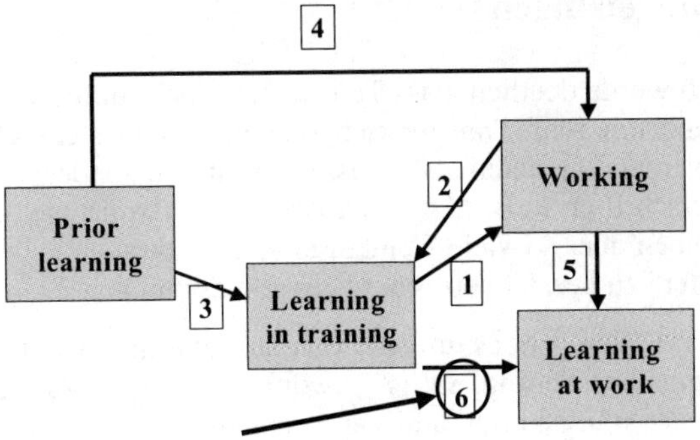

Abb. 7: Transfer vom Training zum weiteren Lernen am Arbeitsplatz (Kluft 6)

Ideale Lernumgebungen verhelfen Lernenden nicht nur zu guten Lernprozesse und -ergebnissen, sondern bereiten sie auch auf späteres Lernen vor (CANDY & CREBERT, 1990). In ihrer Dissertation zeigte TEURLINGS (1993) dies exemplarisch in einer Studie, in der erwachsene Lerner über mehrere Sitzungen hinweg lernten, mit WordPerfect 5.1 zu arbeiten. In der Kontrollgruppe wurden die Stunden wie in normalen Trainings organisiert. In der Experimentalgruppe lernten die Versuchspersonen nicht nur, mit WP zu arbeiten, sondern auch, wie sie selbst mehr über WP lernen konnten. Dazu gab es zunächst ein Video, das demonstrierte, dass das Lernen von WP nichts mit körperlichem Geschick zu tun hat (viele Lernende glaubten, bei dem Kurs ginge es um etwas Ähnliches wie Schreibmaschine schreiben), sondern vielmehr damit, zu lernen, „wie ein Computer zu denken". Zweitens wurde eine Analogie zu einem komplexen Gebäude aufgebaut: Die Lernenden erfuhren, wie man sich im Computer zurechtfindet, wohin man auf dem Bildschirm sehen muss, wie man herausfindet, wo im Programm man sich gerade befindet, wie das Programm prinzipiell aufgebaut ist usw. Drittens erfuhren die Lernenden den Umfang mit verschiedenen Hilfefunktionen (kleines Handbuch, Online-Unterstützung). Viertens wurden sie motiviert, zu experimentieren und neue Dinge auszuprobieren, und erfuhren so, dass nichts Ernsthaftes passieren kann, solange man nicht ein, zwei bestimmte Fehler macht (wie z.B. „format c:"). Fünftens beschränkte sich das Training auf grundlegende Fähigkeiten und Prozeduren, um Zeit für die Förderung der Lernfähigkeit zu schaffen. Beispielsweise wurden den Lernenden nur gezeigt, wie sie einen Text unterstreichen konnten; zudem wurden sie ermutigt, selbst herauszufinden, wie man ähnliche Dinge macht (z.B. einen Text fett drucken).

Es zeigte sich, dass die Lernenden der Experimentalgruppe nicht nur mehr vom Unterrichteten lernten als die der Kontrollgruppe, sondern, was viel wichtiger ist, sie lernten auch viel schneller und effektiver, sich neue Aspekte von WP selbst zu erarbeiten. Dieser Effekt war sowohl direkt nach dem Training als auch noch sechs Wochen später beobachtbar.

Schlussfolgerungen

Hoffentlich wurde deutlich, dass Transfer viel mehr umfasst als Trainingstransfer. Die anderen fünf Transferarten scheinen mindestens ebenso wichtig zu sein. Sie werden nur selten als Transfer konzipiert, sondern firmieren unter anderen Überschriften (z.B. „Lernen lernen“, „Fehlkonzepte“). Alle sechs Phänomene haben aber so viele Gemeinsamkeiten, dass es vernünftig ist, sie alle als „Transfer“ zu bezeichnen. Vor allem gibt es drei große Gemeinsamkeiten:

1) In allen Fällen geht es um eine Balance zwischen Kontextualisierung und Dekontextualisierung. Es ist sowohl nötig, eine Verbindung zum Kontext, zur Arbeitskultur und zur *community of practice* herzustellen, als auch das Lernen zu dekontextualisieren. Kontextualisierung führt eher zu nahem Transfer, Dekontextualisierung eher zu weitem Transfer.
2) In allen Fällen wird von einer Situation auf eine andere verallgemeinert. Generalisierung impliziert eher weiten Transfer.
3) In allen Fällen spielen Metakognition und Reflexion, Variation, situationale Bedingungen und Anwendungsmöglichkeiten eine große Rolle.

Literaturverzeichnis

Ali, K. (1990). *Instructiestrategieën voor het activeren van preconcepties* [Unterrichtsstrategien zur Aktivierung von Vorwissen] Unveröff. Diss., Universität Tilburg.

Baldwin, T. T. & Ford, J. K. (1988). Transfer of training: A review and directions for future research. *Personnel Psychology*, *41*, 63-105.

Biemans, H. J. A. (1997). *Fostering activation of prior knowledge and conceptual change.* Unveröff. Diss., Universität Nijmegen.

Biemans, H. J. A. & Simons, P. R.-J. (1995). How to use preconceptions? The contact strategy dismantled. *European Journal of Psychology of Education*, *10*, 243-259.

Biemans, H. J. A. & Simons, P. R.-J. (1996). A computer-assisted instructional strategy for promoting conceptual change. *Instructional Science*, *24*, 157-176.

Brinkerhoff, R. O. & Gill, S. J. (1992), Managing the total quality of training. *Human Resource Development Quarterly*, *2*, 121-131.

Broad, M. L. & Newstrom, J. W. (1992). *Transfer of training. Action packaged strategies to ensure high payoff from training investments.* Reading: Addison-Wesley.

Burke, L. (1997). Improving positive transfer: A test of relapse prevention training on transfer outcomes. *Human Resource Development Quarterly*, *8*, 115-128.

Candy, P. C. & Crebert, R. G. (1990, Juli). *Teaching now for learning later: The transfer of learning skills from the academy to the workplace.* Vortrag auf der „8th Australian Learning and Language Conference“, Brisbane, Australien.

Claas, L., Pouwer, M. & Thijssen, J. G. L. (1986). *Transfer in het kader van bedrijfsopleidingen.* [Transfer im Kontext industrieller Trainings] ’s Gravenhage: ROI/CIVOB.

Cormier, S. M. & Hagman, J. D. (1987). Introduction. In S. M. Cormier & J. D. Hagman (Hrsg.), *Transfer of learning. Contemporary research and applications* (S. 1-8). San Diego: Academic Press.

Doornbos, A. J. & Krak, A. J. A. (2001, Januar). *Learning processes and outcomes at the workplace: A qualitative study.* Vortrag auf der „Second Conference on HRD Research and Practice Across Europe“, Enschede, Niederlande.

Eraut, M. R. (1998). *Development of knowledge and skills in employment*. Brighton: University of Sussex Institute of Education.

Gaines-Robinson, D. & Robinson, J. C. (1989). *Training for impact*. San Francisco: Jossey-Bass.

Geelen, M. & Hendriks, E. (1998). *Projectmanagement Achmea*. Unveröff. Master Thesis, Universität Nijmegen.

Hewson, P. W. & Hewson, M. G. A. (1984). The role of conceptual conflict in conceptual change and the design of science instruction. *Instructional Science*, *13*, 1-13.

Kersten, J. (1990). *Transfer-bevorderende activiteiten in de opleiding tot psychiatrisch verpleegkundige*. [Transferförderliche Aktivitäten im Training von Pflegepersonal in der Psychiatrie] Unveröff. Master Thesis, Universität Nijmegen.

Klarus, R. (1998). *Competenties erkennen. Een studie naar modellen en procedures voor leerwegonafhankelijke beoordeling van beroepscompetenties*. [Kompetenzen erkennen: Eine Studie über Modelle und Vorgehensweisen bei der lernwegunabhängigen Evaluation beruflicher Kompetenzen] Unveröff. Diss., Universität Nijmegen.

Kwakman, C. H. E. (1999). *Leren van docenten tijdens de beroepsloopbaan*. [Lernprozesse von Lehrern in ihrem Berufsleben] Unveröff. Diss., Universität Nijmegen.

Lether, E. B. (1997). *Transfer-effect van een bedrijfsopleiding*. [Transfereffekt eines betrieblichen Trainings] Unveröff. Master Thesis, Universität Nijmegen.

Marsick, V. (2001, Januar). *Informal strategic learning in the workplace*. Vortrag auf der „Second Conference on HRD Research and Practice Across Europe", Enschede, Niederlande.

Marx, R. (1992). Relapse prevention for managerial training: A model for maintenance of behavior change. *Academy of Management Review*, *7*, 433-441.

Nonaka, I., Reinmoeller, P. & Senoo, D. (1998). The ‚ART' of knowledge: Systems to capitalize on market knowledge. *European Management Journal*, *16*, 673-684.

Nussbaum, J. & Novick, S. (1982). Alternative frameworks, conceptual conflict and accommodation: Towards a principled teaching strategy. *Instructional Science*, *11*, 183-200.

Onstenk, J. H. A. M. (1997). *Lerend leren werken. Brede vakbekwaamheid en de integratie van leren, werken en innoveren*. [Lernen, arbeiten zu lernen. Unspezifische Kompetenzen und die Integration von Lernen, Arbeiten und Innovation] Unveröff. Diss., Universität Nijmegen.

Pea, R. D. (1987). Socializing the knowledge transfer problem. *International Journal of Educational Research*, *11*, 639-663.

Prawat, R. S. (1989). Promoting access to knowledge, strategy and disposition in students: A research synthesis. *Review of Educational Research*, *59*, 1-41.

Schön, D. A. (1987). *Educating the reflective practitioner: Toward a new design for teaching and learning in the professions*. San Francisco: Jossey-Bass.

Senge, P. (1991). *The fifth discipline*. New York: Double Day.

Siegler, R. S. (1983). Five generalizations about cognitive development. *American Psychologist*, *38*, 263-277.

Simons, P. R.-J. (1990). *Transfervermogen*. [Transferfähigkeit]. Nijmegen: Quick Print.

Simons, P. R.-J. (1999). Transfer of learning: Paradoxes for learners. *International Journal of Educational Research*, *31*, 577-589.

Simons, P. R.-J., van der Linden, J. & Duffy, T. (2000). New learning: Three ways to learn in a new balance. In P. R.-J. Simons, J. van der Linden & T. Duffy (Hrsg.), *New learning* (S. 1-20). Dordrecht: Kluwer.

Strike, K. A. & Posner, G. J. (1985). A conceptual change view of learning and understanding. In L. H. T. West & A. L. Pines (Hrsg.), *Cognitive structure and conceptual change* (S. 211-231). Orlando: Academic Press.

Ter Heijne, B. & Termote, A. (1990). *Het geleerde in praktijk gebracht: Een onderzoek naar de invloed van transfer-bevorderende maatregelen in de praktijk-opleiding tot radio-diagnostisch laboratory worker.* [Das Gelernte in Praxis umsetzen: Forschung über den Einfluss transferfördernder Maße beim Training von Arbeitern in radiodiagnostischen Laboratorien] Unveröff. Master Thesis, Universität Nijmegen.

Teurlings, C. C. J. (1993). *Leren tekstverwerken: Een nieuw perspectief.* [Lernen, Textverarbeitung zu benutzen: Eine neue Perspektive] Unveröff. Diss., Universität Tilburg.

Von Krogh, G., Ichijo, K. & Nonaka, I. (2000). *Enabling knowledge creation.* Oxford: Oxford University Press.

Allan M. Collins

Cognitive Apprenticeship und Veränderungen in der Arbeitswelt

Auf die steigende Komplexität der Welt und die damit verbundenen Herausforderungen werden Lernende in zweierlei Hinsicht, persönlich und sozial, zu wenig vorbereitet. Die erhöhten Anforderungen, die in der heutigen Gesellschaft an junge Menschen gestellt werden, zeigen sich in einer Vielzahl von Berichten zum Bildungswesen (z.B. MURNANE & LEVY, 1996; US Department of Labor's SCANS Report, 1991), die auf die Frage abzielen, welche grundlegenden Fähigkeiten und welches Wissen für die Arbeit im 21. Jahrhundert gebraucht werden. Die Berichte stimmen darin überein, dass Lernende *Wege* entwickeln müssen, um mit schwierigen Sachverhalten und Problemen umzugehen: Ressourcenmanagement, Kompetenz im Umgang mit Technologien sowie Gestaltung, Betrieb und Fehlermanagement von komplexen Systemen. Daher müssen Lernende im Stande sein, Fragen systematisch nachzugehen, neue Dinge zu lernen, und über Gelerntes zu kommunizieren. Kurz gefasst: Sie müssen lernen, mit Anderen zusammen zu denken und zu arbeiten. Jedoch bekommen die Wenigsten gegenwärtig in Schulen und anderen Bildungsinstitutionen solche Fähigkeiten gelehrt.

Das Cognitive Apprenticeship-Modell

Geschichtlich gesehen gibt es eine große Kluft zwischen der Erziehung der Eliten (z.B. Latein und Geometrie) und dem Training der Nicht-Eliten (z.B. Berufsausbildung). Mit größerer Verbreitung von Bildung wurde die Erziehung der Eliten mehr und mehr auf die Bevölkerung ausgedehnt, wenn auch mit begrenztem Erfolg und in verwässerter Form. Aber es ist für die meisten Lernenden schwer zu verstehen, warum sie Macbeth lesen oder das Multiplizieren von Brüchen lernen sollten, wenn es ihnen beim besten Willen nicht gelingt, sich vorzustellen, wofür in ihrem Leben sie solches Wissen benötigen. Daher gibt es zunehmenden Widerstand von Lernenden, wenn sie gezwungen werden, sich an Bildungsmaßnahmen zu beteiligen, die irrelevant für ihr Leben zu sein scheinen.

Meine These ist, dass die Veränderungen der Arbeitswelt in unserer Gesellschaft (Zuboff, 1988) einen gemeinsamen Ansatz für die Ausbildung von Eliten und Nicht-Eliten bieten, indem Curricula entwickelt werden, die auf pädagogische Art und Weise Bezug auf die künftige Gestaltung von Arbeit in der Gesellschaft nehmen. Arbeit hat immer mehr mit der Nutzung von Computern zu tun und fordert zugleich immer expliziter Lern- und Denkfähigkeiten. Ein Curriculum, das auf Aufgaben und Anforderungen basiert, die Lernen und Denken in einer Computer orientierten Umwelt verlangen, wird sowohl Eliten als auch Nicht-Eliten ansprechen, ihnen sinnvoll erscheinen und sie zugleich in einer Art unterrichten und bilden, die auch für die Gesellschaft insgesamt fruchtbar ist.

Erst im 19. Jahrhundert, und auch da nur in den Industrienationen, entwickelte sich ein formales Schulsystem als zentrales Bildungssystem für junge Menschen. Bevor sich die Schulen etabliert hatten, war die Lehre mit dem Meister-Lehrlings-Prinzip (*apprenticeship*) das verbreitetste Lehr-Lern-System. Sogar heutzutage werden noch viele komplexe und wichtige Fähigkeiten – etwa die, die für Sprachgebrauch und soziale Interaktion benötigt werden – informell durch *apprenticeship*-ähnliche Methoden gelehrt. Darunter werden Methoden verstanden, die keine didaktischen Lehrbemühungen enthalten, sondern stattdessen auf Beobachtung, Coaching und schrittweise Annäherung an den Zielzustand vertrauen.

Die Unterschiede zwischen formalem schulischen Lehren und Lehren und *apprenticeship* sind vielfältig, aber ein Merkmal ist dabei besonders wichtig: In Schulen wurden Fähigkeiten und Wissen von ihrem Gebrauch in der (Alltags-)Welt entrückt. Beim *apprenticeship* hingegen werden Fähigkeiten nicht nur kontinuierlich von kompetenten Praktikern genutzt, sondern sind auch instrumental für die erfolgreiche Bewältigung bedeutungsvoller Aufgaben. In anderen Worten: *Apprenticeship* bettet den Erwerb von Fertigkeiten und Wissen in deren sozialen und funktionalen Kontext ein. Dies hat weitreichende Konsequenzen für die Gestaltung von Lehr- und Lernprozessen. Insbesondere plädieren wir für die Entwicklung eines „*cognitive apprenticeship*-Ansatzes" (Collins, Brown & Newman, 1989), um den Lernenden Denk- und Problemlösefähigkeiten auch in Schulfächern wie Lesen, Schreiben und Mathematik beizubringen.

Um zu begründen, weshalb diese Methode erfolgversprechend ist, wird zunächst auf einige zentrale Kennzeichen der traditionellen Lehre eingegangen (Lave, 1988). Zuerst und vor allem ist bemerkenswert, dass in der Lehre Wert auf spezifische Methoden gelegt wird, mit denen Aufgaben in einer bestimmten Domäne gelöst werden können. Lehrlinge lernen diese Methoden in den Worten von Lave durch eine Kombination aus Beobachtung, Coaching und Übung; wir nennen dies aus der Sicht des Lehrenden Modellieren, Coaching und Ausblenden. In dieser Handlungssequenz wird Lehrlingen zunächst wiederholt die Möglichkeit gegeben, den Meister und seine Gesellen dabei zu beobachten (Meister dienen als Modelle), wie sie die zentralen Aufgaben bearbeiten. Dabei werden in der Regel mehrere unterschiedliche, aber miteinander zusammenhängende Fertigkeiten benötigt. Der Lehrling versucht dann, diese Prozesse unter Anleitung und Hilfe des Meisters selbst auszuführen (Coaching durch den Meister). Ein Kernpunkt von Coaching besteht in der Bereitstellung eines Gerüsts. Dieses ist die Unterstützung, die die Lernenden benötigen, um einen Schritt näher an die Ausführung der komplexen Gesamttätigkeit zu gelangen. Sobald der Lernende diese Fertigkeit erworben hat, reduziert der Meister seine Beteiligung (bis hin zum vollständigen Ausblenden), indem er dem Lernenden nur noch wenige Hinweise und wenig Feedback gibt. Das Üben des Lehrlings zeichnet sich durch die sukzessive Annäherung an die flüssige Ausführung der kompletten Tätigkeit aus.

COLLINS et al. (1989) schlugen eine Ausweitung der *apprenticeship*-Idee auf das Lehren grundlegender Fertigkeiten und grundlegenden Wissens in der Schule vor. Diese Konzeption des Lernens und Lehrens wurden *cognitive apprenticeship* genannt, um zwei Aspekte zu betonen.

Erstens zielt die Methode hauptsächlich darauf ab, solche Prozesse zu lehren, die auch Experten gebrauchen, wenn sie komplexe Aufgaben bearbeiten. Wenn es um konzeptuelles Wissen und Faktenwissen geht, betont der *cognitive apprenticeship*-Ansatz deren Anwendung beim Problemlösen und der Aufgabenbearbeitung. Das heißt, Begriffs- und Fachwissen werden im *cognitive apprenticeship*-Ansatz im Kontext ihrer Anwendung veranschaulicht und geübt. Begriffs- und Fachwissen werden in Zusammenhang mit verschiedenen Bedingungen ihres Gebrauchs gelernt, wodurch sowohl ein tieferes Verständnis als auch eine reichhaltige Vernetzung mit anderen Assoziationen innerhalb relevanter Problemlösekontexte erreicht wird. Gerade durch diesen doppelten Fokus sowohl auf Expertenprozesse als auch auf kontextgebundenes Lernen wird Potenzial zur Lösung bestehender Bildungsprobleme erwartet.

Zweitens verweist der Begriff *cognitive apprenticeship* darauf, dass es hier beim „Lernen durch geleitete Erfahrungen" eher um kognitive Fertigkeiten und Prozesse als um physische geht. Ohne eine explizite theoretische Unterscheidung zwischen dem Lernen physischer und kognitiver Fertigkeiten ziehen zu wollen, gibt es doch einige Unterschiede, die praktische Auswirkungen auf die Gestaltung von Lehren und Lernen haben. Am wichtigsten ist, dass sich der traditionelle *apprenticeship*-Ansatz in Domänen entwickelt hat, in denen die wesentlichen Aktivitäten äußerlich sichtbar und daher sowohl für Lernende als auch Lehrende leicht beobachtbar sind; die Bewertung, Weiterentwicklung und Korrektur der Handlungen steht daher in einer relativ transparenten Beziehung zu konkreten Produkten. Diese Veräußerlichung relevanter Prozesse und Methoden macht Charakteristika des *apprenticeship*-Ansatzes erst möglich, insbesondere liegt der Fokus darauf, dass Lernende während des Lernprozesses Lehrende beobachten können. Die relativ transparente Beziehung zwischen Prozess und Produkt in allen Entwicklungsabschnitten erleichtert es den Lernenden, Fehler zu erkennen und zu diagnostizieren, was wiederum notwendige Voraussetzung für eine frühzeitige Entwicklung selbstgesteuerter, korrektiver Fertigkeiten ist.

Die Anwendung von *apprenticeship*-Methoden auf weitgehend kognitive Fertigkeiten setzt die Externalisierung von Prozessen voraus, die üblicherweise intern ablaufen. Wenn wir ansehen, wie die meisten Fächer in der Schule gelehrt und gelernt werden, müssen wir davon ausgehen, dass Lehrende sich schwer tun, die Fertigkeiten und das Wissen der Lernenden beim Problemlösen und beim Bearbeiten von Fällen zu beurteilen und womöglich zu verbessern, da sie keinen Zugang zu den relevanten kognitiven Prozessen haben. Aus dem gleichen Grund haben Lernende auf der bloßen Basis von Beobachtung und Nachahmung normalerweise keinen Zugang zu den kognitiven Problemlöseprozessen der Lehrenden. Die kognitive Forschung hat aber mittlerweile damit begonnen, diejenigen kognitiven Prozesse herauszuarbeiten, die Expertise kennzeichnen und die vorher unzugänglich waren. Die *cognitive apprenticeship*-Methoden sind so gestaltet, dass diese verborgenen Prozesse aufgedeckt werden, so dass Lernende sie mit Hilfe der Lehrenden und anderer Lernender beobachten, verordnen und üben können.

Zusätzlich zur Fokussierung auf kognitive Fähigkeiten gibt es zwei weitere Unterschiede zwischen dem traditionellen und dem *cognitive apprenticeship*-Ansatz. Erstens, da der traditionelle *apprenticeship*-Ansatz am Arbeitsplatz angesiedelt ist, sind die den Lernenden vorgesetzten Probleme und Fälle nicht pädagogischen Überlegungen entsprungen, sondern von den Anforderungen des Arbeitsplatzes abgeleitet. Der *cognitive apprenticeship*-Ansatz, wie wir ihn uns vorstellen, unterscheidet sich vom traditionellen *apprenticeship*-Ansatz darin, dass die Fälle und Probleme ausgesucht wurden,

- um die Stärke bestimmter Techniken und Methoden zu zeigen,
- um den Lernenden Übung in der Anwendung dieser Methoden in unterschiedlichen Situationen zu ermöglichen, und
- um die Komplexität von Aufgaben langsam zu steigern, damit Teilfähigkeiten und Modelle integriert werden können.

Kurz gesagt, die Aufgaben sind so gestaffelt, dass sie die sich verändernden Anforderungen widerspiegeln. Es ist nämlich einer der großen Schwachpunkte des traditionellen *apprenticeship*-Ansatzes, dass den Lernenden die Wahl der Anforderungen und des Schwierigkeitsgrades überlassen bleibt.

Ein zweiter Unterschied zwischen dem traditionellen und dem *cognitive apprenticeship*-Ansatz ist die besondere Betonung der Generalisierung von Wissen beim *cognitive apprenticeship*-Ansatz, damit es in vielen verschiedenen Situationen eingesetzt werden kann. Der traditionelle *apprenticeship*-Ansatz betont die Vermittlung von Fertigkeiten im Arbeitskontext. Wir schlagen im Rahmen des *cognitive apprenticeship*-Ansatz die Erweiterung der Praxis auf unterschiedliche Situationen vor, damit Lernende lernen, wie sie ihre Fertigkeiten in vielfältigen Kontexten anwenden können. Darüber hinaus sollen die Prinzipien, die der Wissensanwendung zu Grunde liegen, von den Lehrenden so umfassend wie irgend möglich artikuliert werden, wann immer sie sich in den verschiedenen Kontexten ergeben.

Unsere einführende Diskussion des *cognitive apprenticeship*-Ansatzes hat mehrere pädagogische und theoretische Fragen aufgeworfen, die – wie wir glauben – für die generelle Gestaltung von Lernumgebungen von Bedeutung sind. Um Überlegungen zu diesen Fragen zu erleichtern, haben wir einen Rahmen aus vier verschiedenen Dimensionen entwickelt, die Lernumgebungen abbilden: Inhalt, Methode, Sequenzierung und soziale Gesichtspunkte. Dabei ist jeder dieser Dimensionen ein Satz von Merkmalen zugeordnet, der bei der Entwicklung oder der Evaluation von Lernumgebungen berücksichtigt werden soll. Diese Kennzeichen sind in Tabelle 1 aufgelistet und unten im Detail mit Beispielen aus den Bereichen Lesen, Schreiben und Rechnen beschrieben.

Inhalt

Die jüngere kognitive Forschung hat damit begonnen, verschiedene Wissensarten voneinander abzugrenzen, die für die Entstehung von Expertise bedeutsam sind. Wir unterscheiden vier Arten von Wissen, die gelehrt werden sollten:

1) *Fachwissen.* Fachwissen umfasst die Konzepte, Fakten und Prozesse, welche ausdrücklich mit dem besonderen Fachthema verbunden sind; diese sind im Allgemeinen in Schul- und Lehrbüchern erläutert. Solches Wissen, obwohl es sicher wichtig ist, bietet für viele Lernende nur unzureichende Hinweise zum Lösen von Problemen in einer Domäne. Beispiele für Fachwissen im Bereich *Lesen* sind Vokabeln, Satzbau und phonetische Regeln.
2) *Heuristisches Wissen.* Heuristisches Wissen umfasst grundsätzliche, effektive Techniken und Vorgehensweisen zur Bewältigung von Aufgaben, die als „Tricks der Branche" betrachtet werden können; sie funktionieren nicht immer, aber wenn sie es tun, sind sie sehr hilfreich. Die meisten Heuristiken werden von Experten implizit bei der Bearbeitung von Problemen erworben; trotzdem sind beachtenswerte Versuche zu verzeichnen, heuristisches Lernen auf explizitem Wege zu erreichen (SCHOENFELD, 1985). Ein Beispiel einer geläufigen Heuristik im Bereich *Schreiben* ist das Vorhaben, einen Text per Hand abzuschreiben und dafür relativ wenig Zeit zu brauchen. Eine Heuristik im Bereich der Mathematik besteht im Versuch, eine Lösung für einfache Probleme zu finden und zu sehen, ob sich diese Lösung dann generalisieren lässt.
3) *Kontrollstrategien.* Kontrollstrategien haben, wie der Name schon sagt, die Funktion, den Prozess der Ausführung einer Arbeitsaufgabe zu überwachen. Sie werden manchmal auch als „metakognitive" Strategien bezeichnet (PALINCSAR & BROWN, 1984; SCHOENFELD, 1985). Kontrollstrategien umfassen kontrollierende, diagnostische und bereinigende Komponenten; Entscheidungen über das generelle Vorgehen beim Lösen einer Aufgabe hängen von der Einschätzung der eigenen aktuellen Situation, der eigenen Zielsetzung, der Beurteilung der auftretenden Schwierigkeiten sowie den verfügbaren Bewältigungsstrategien für die Schwie-

rigkeiten ab. Eine Kontrollstrategie für Textverständnis könnte beispielsweise darin bestehen, den Kerngedanken einer eben gelesenen Passage zusammenzufassen. Gelingt dies nicht, kommt kein Verständnis zustande, und die Passage sollte erneut gelesen werden. In der Mathematik könnte eine simple Kontrollstrategie für das Lösen eines komplexen Problems darin bestehen, einfach auf einen neuen Teil des zu Problems umzuschwenken, wenn man an einer Stelle in eine Sackgasse geraten ist.

4) *Lernstrategien.* Lernstrategien sind Strategien, um sämtliche anderen des oben beschriebenen Inhalts zu lernen: Wissen über das Lernen von Inhalten, die eine Spanne von generellen Strategien der Erkundung neuer Domänen bis hin zur Neukonfiguration von Problemlösemustern und Ausführungsroutinen bei komplexen Aufgaben umfassen. Wenn beispielsweise Lernende bessere Problemlösefähigkeiten erwerben wollen, müssen sie erkennen, wie die einzelnen Schritte im Beispielproblem aus dem Lehrbuch mit den im Text erörterten Prinzipien in Verbindung stehen (CHI, BASSOK, LEWIS, REIMANN & GLASER, 1989). Wenn Studierende besser schreiben lernen wollen, brauchen sie Menschen, die ihre Aufsätze lesen und zugleich sowohl hilfreiche Kritik geben als auch erklären können, welche Gründe dieser Kritik zugrunde liegen (die meisten Leute können das nicht). Darüber hinaus müssen sie auch lernen, andere Texte auf Stärken und Schwächen hin zu analysieren.

Methoden

Es sollten Lehrmethoden entwickelt werden, die Lernenden die Möglichkeit des Beobachtens, des sich Beschäftigens und des Entdeckens von Expertenstrategien geben. Die sechs Lehrmethoden, die wir empfehlen, fallen grob aufgeteilt in drei Gruppen: Die ersten drei (*modeling*, *coaching* und *scaffolding*) gehören zum Kern des traditionellen *apprenticeship*-Ansatzes. Die nächsten beiden (*articulation* und *reflection*) sind Methoden, die Lernenden helfen, bewussten Zugang zu ihren eigenen Problemlösestrategien zu erwerben. Die letzte Methode (*exploring*) zielt auf die Förderung der Eigenständigkeit der Lernenden ab.

1) *Modeling (Modell sein, vormachen). Modeling* meint die Bewältigung einer Aufgabe durch einen Experten unter Beobachtung durch die Lernenden, so dass diese ein konzeptuelles Modell der Vorgangs entwickeln können, das zur Bewältigung der Aufgabe notwendig ist. In kognitiven Bereichen braucht dies die Externalisierung gewöhnlich internaler Vorgänge und Aktivitäten – insbesondere die Heuristiken und Kontrollstrategien, mit denen die Experten ihr konzeptuelles und prozedurales Wissen anwenden. Zum Beispiel könnten Lehrende Leseprozesse dadurch modellieren, dass sie den Text in der einen Stimmlage vorlesen, während sie in einer anderen Stimmlage gedankliche Prozesse verbalisieren (COLLINS & SMITH, 1982). In der Mathematik modelliert SCHOENFELD

Problemlöseprozesse, indem er sich von Lernenden neue schwierige Probleme bringen lässt, die er dann in der Klasse löst (COLLINS et al., 1989).

2) *Coaching (trainieren, betreuen, einarbeiten). Coaching* besteht aus der Beobachtung von Lernenden und dem Anbieten von Hinweisen, Gerüsten, Herausforderungen, Feedback, Modellierungen, neuen Aufgaben usw., um letztlich die Leistung der Lernenden der von Experten anzugleichen. *Coaching* kann dazu dienen, die unmittelbare Aufmerksamkeit der Lernenden auf einen vormals unbeachteten Aspekt der Aufgabe zu lenken, oder einfach dazu, die Lernenden an einige bekannte Aspekte der Aufgabe zu erinnern, die zeitweise übersehen wurden. Der Inhalt des *Coachings* ist unmittelbar an spezifische Vorfälle oder Probleme gekoppelt, die dann auftreten, wenn die Lernenden an der Lösung der Probleme arbeiten. In PALINCSAR und BROWNs (1984) *reciprocal teaching* trainieren die Lehrenden die Lernenden durch das Stellen von Fragen, durch das Beseitigen von Unklarheiten, durch Zusammenfassungen und durch die Abgabe von Vorhersagen.

3) *Scaffolding (mit einem Gerüst versehen). Scaffolding* zielt auf Hilfen, die von den Lehrenden bereitgestellt werden, um die Lernenden bei der Bearbeitung der Aufgaben zu unterstützen. Diese Hilfen können entweder in Form von Vorschlägen oder gutem Rat erfolgen – wie bei PALINSCAR und BROWNs (1984) *reciprocal teaching (wechselseitiges Lehren)* – oder sie können als physische Unterstützungen dargeboten werden – wie etwa SCARDAMALIA, BEREITER und STEINBACH (1984), die das Schreiben von Aufsätzen mit Hilfe von Karteikarten erleichtern wollen, oder BURTON, BROWN und FISCHER (1984), die im alpinen Skikurs kurze Skis verwenden. Wenn *scaffolding* durch einen Lehrenden dargeboten wird, bezieht es diesen in die Ausführung der (Teil-)Aufgaben ein, die die Lernenden bis dahin noch nicht alleine bewältigen können. *Fading (ausblenden)* enthält das allmähliche Entfernen der Hilfe, bis die Lernenden gänzlich auf sich selbst gestellt sind.

4) *Articulation.* Artikulation umfasst sämtliche Methoden, die Lernende dazu zu veranlassen, ihr Wissen, ihre Begründungen oder Problemlöseansätze in Worte zu fassen. Wir unterscheiden drei verschiedene Methoden der Artikulation: (a) *Erkundigendes Lehren* (COLLINS & STEVENS, 1982, 1983) ist eine Strategie der Befragung von Lernenden, um sie zu veranlassen, ihre Verständnis von Konzepten und Prozeduren in verschiedenen Bereichen zu artikulieren und weiter zu entwickeln. Erkundigendes Lehren im Bereich Lesen könnte darin bestehen, von Lernenden systematisch zu erfragen, was eine gute Zusammenfassung eines Textes von einer erbärmlichen unterscheidet. (b) Lehrende könnten Lernende dazu ermutigen, ihre eigenen Gedanken zu formulieren, während sie eine Problemlösung entwickeln (SCARDAMALIA et al., 1984). (c) Lernende können in kooperativen Arbeitseinheiten eine Kritiker- oder eine überwachende Rolle einnehmen. In Ausübung jener Rollen könnten die Lernenden dazu angeleitet werden, ihre Ideen anderen Lernenden gegenüber zu formulieren und artikulieren.

5) *Reflection.* Reflexion beinhaltet die Ermutigung der Lernenden, ihre eigenen Problemlösestrategien mit denen von Experten, anderen Lernenden und schließlich mit kognitiven Expertisemodellen zu vergleichen. Reflexion wird durch den Einsatz verschiedener Techniken des Reproduzierens und Wiederholens von Problemlösungen sowohl von Experten und Novizen unterstützt, wenn sie anschließend miteinander verglichen werden. Der Präzisionsgrad der Wiederholung kann – abhängig vom Wissensstand der Lernenden – variieren, aber für gewöhnlich ist eine soweit abstrahierte Wiederholung wünschenswert, dass die entscheidenden Punkte von Experten- und Novizenleistung herausgearbeitet sind (COLLINS & BROWN, 1988). Für das Lesen und Schreiben könnten Methoden zur Förderung der Reflexion darin bestehen, dass Lernende beim lauten Denken aufgenommen werden und ihnen anschließend das Tonband vorgespielt wird, um ihre Aussagen mit denen von Experten und anderen Lernenden zu vergleichen.
6) *Exploration.* Exploration bedeutet, die Lernenden in einen Zustand eigenständigen Problemlösens zu versetzen. Lernende zur Exploration zu bringen ist dann entscheidend, wenn gelernt werden soll, wie Fragen oder Probleme eingekreist werden. Exploration ist eine Methode des Lehrens, bei der zunächst eine globale Zielsetzung vorgegeben wird und die Lernenden dann ermuntert werden, selbst eine Fokussierung auf spezielle Unterziele vorzunehmen oder eben die globale Zielsetzung zu überarbeiten. Beim Lesen zum Beispiel könnten Lehrende die Lernenden in eine Bibliothek schicken, um Theorien über die Gründe für den Börsencrash von 1929 zu untersuchen. Beim Schreiben könnten Lernende dazu ermutigt werden, ein Essay zu verfassen, in dem sie die haarsträubendste These verteidigen sollen, die ihnen zu einem Bereich einfällt. In der Mathematik könnten Lernende gebeten werden, Hypothesen über Teenagerverhalten zu entwickeln und zu testen, wobei ihnen eine Datenbasis über Teenager zur Hand gegeben wird, die ihre Hintergründe sowie ihr Freizeit- und Konsumverhalten dokumentiert.

Sequenzierung

Wir konnten drei Prinzipien für eine Sequenzierung von Lernaktivitäten identifizieren, die die Entwicklung von robusten Problemlösefähigkeiten ermöglichen.

1) *Zunehmende Komplexität.* Zunehmende Komplexität bezieht sich auf die Abfolge von Teilaufgaben in einer solchen Form, so dass allmählich mehr und mehr Fertigkeiten und Konzepte benötigt werden, die eine expertenhafte Bearbeitung kennzeichnen (BURTON et al., 1984; VANLEHN & BROWN, 1980; WHITE, 1984). Es gibt zwei Mechanismen, die es Lernenden ermöglichen, steigende Komplexität zu bewältigen. Der erste Mechanismus ist es, Aufgaben mit dem Ziel zu sequenzieren, die Komplexität der Aufgabe zu kontrollieren. Der zweite Schlüsselmechanismus

ist es, eine Art Gerüst zu benutzen, das Lernenden zu Beginn ermöglicht, ein komplexes Set an Aktivitäten einzuleiten, die bei der Bewältigung der Aufgaben nötig sind. Beim Lesen zum Beispiel kann eine steigende Aufgabenkomplexität im Übergang von anfangs relativ kurzen Texten, der Erarbeitung von schlichtem Satzbau und konkreter Beschreibung, hin zu Texten mit komplexen zusammenhängenden Ideen und dem Gebrauch von Abstraktionen, die eine Interpretation schwierig machen, bestehen.

2) *Wachsende Mannigfaltigkeit.* Wachsende Mannigfaltigkeit bezieht sich auf die Anordnung von Arbeitsaufgaben, die eine immer breiter werdende Spanne an Strategien und Fähigkeiten erfordert. Sobald eine Kompetenz gut erlernt worden ist, wird es zunehmend wichtig, dass Aufgabenstellungen eingeführt werden, die eine Fülle an Fähigkeiten und Strategien verlangen. Lernende erfahren damit unterschiedliche Bedingungen und Situationen, in denen sie ausgewählte Strategien und Fähigkeiten ans Ziel führen – oder eben auch nicht. Außerdem werden, sobald die Lernenden die Fähigkeit erworben haben, Kompetenzen auf vielfältige Probleme anzuwenden, die Strategien in ein dichteres Netz von Kontextverknüpfungen eingebunden. Damit sind diese Fähigkeiten dann auch eher in neuen oder ungewohnten Problemsituationen abrufbar. Beim Lesen kann wachsende Vielfalt dadurch erreicht werden, dass verschiedene Zielsetzungen angestrebt und vermischt werden: Lesen aus Freude, Lesen zum Wissenserwerb (Studieren) und Lesen, um spezielle Informationen aus einem Text zu extrahieren.

3) *Allgemeine Fähigkeiten vor speziellen.* Im Schneiderhandwerk (LAVE, 1988) lernen Lehrlinge, ein Kleidungsstück aus einzelnen vorgeschnittenen Stücken zusammenzusetzen, bevor sie lernen, die Stücke selbst zu schneiden. Der wichtigste Effekt dieses Sequenzierungsprinzips ist es, Lernenden sozusagen zuerst den Entwurf einer konzeptuellen Landkarte zu ermöglichen, bevor sie die Details auf diesen Gebiet erfahren (NORMAN, 1973). Im Allgemeinen führt der Aufbau konzeptueller Landkarten von der Zielkompetenz oder dem Zielprozess (der auch durch Expertenmodellierung gefördert wird) zu zwei Dingen: Erstens hilft ein klares konzeptuelles Modell vom gesamten Handlungsrahmen, auch wenn Lernende nur in der Lage sind, einen Teilausschnitt der Aufgabe zu lösen, seiner Teilhandlung Sinn zuzusprechen. Zweitens wirkt das Vorhandensein eines klaren konzeptuellen Modells als Richtschnur für die Aufgabenbearbeitung, so dass damit die Fähigkeit zur Kontrolle der eigenen Fortschritte ebenso gefördert wird wie die Fähigkeit zur Eigenkorrektur. Dieses Prinzip benötigt eine gewisse Form von Gerüst. In Algebra könnten Lernende beispielsweise von der Aufgabe entbunden werden, einfache Berechnungen zu leisten, die sie in ihren Fähigkeiten gar nicht beanspruchen, damit sie sich auf schwierigere Überlegungen und Strategien konzentrieren können, die zur Bearbeitung eines interessanten Problems benötigt werden (BROWN, 1985).

Soziale Gesichtspunkte

Die letzte Dimension unseres Rahmens betrifft soziale Aspekte der Lernumgebung. Es lassen sich vier kritische Charakteristika zusammengefassen, die auf die sozialen Aspekte des Lernens abzielen.

1) *Situiertes Lernen.* Ein entscheidendes Element der Lernförderung ist es, Lernende in einer Umgebung Aufgaben bearbeiten zu lassen, die die Natur solcher Probleme in der Realität widerspiegelt. In Fällen, in denen sich in der Realität Aufgaben computerbasiert stellen, ist es wichtig, auch eine computerbasierte Lehr-Lern-Umgebung bereitzustellen. Lese- und Schreibkurse können zum Beispiel in dem Kontext situiert sein, dass die Lernenden ein Buch zusammenstellen, in dem sie schreiben, was sie über die Wissenschaften gelernt haben. DEWEY schuf eine situierte Lernumgebung in seiner Versuchsschule, indem er Lernende ein Clubhaus entwerfen und bauen ließ (CUBAN, 1984), eine Aufgabe, die Arithmetik und planende Fähigkeiten förderte.
2) *Community of practice (Kultur der Expertenpraxis). Community of practice* bezieht sich auf die Schaffung einer Lernumgebung, in welcher die Lernenden aktiv über Expertenfähigkeiten sprechen und sich in diesen Fertigkeiten üben, wobei die Expertise als Praxis des zu lösenden Problems und die angemessene Aufgabenbearbeitung zu verstehen ist. Solch eine *community of practice* zeichnet sich dadurch aus, dass die Mitglieder persönliches Engagement aufbringen und wechselseitig voneinander abhängen. Eine *community of practice* kann nicht erzwungen werden, aber ihr Entstehen kann durch gemeinsame Projekte und Erfahrungsaustausch gefördert werden. Aktivitäten zur Förderung einer *community of practice* im Lesen könnten zum Beispiel darin bestehen, Lernende und Lehrende in eine Diskussion zu verstricken, wie sie Gelesenes interpretieren und diese Interpretationen für vielfältige, auch in andere Bereiche weisende Zwecke verwenden.
3) *Intrinsische Motivation.* In Zusammenhang mit dem Aspekt des situierten Lernens und der Schaffung einer *community of practice* ist es notwendig, intrinsische Lernmotivation zu fördern. LEPPER und GREENE (1979) sowie MALONE (1981) diskutieren die Bedeutung des Aufbaus von Lernumgebungen, in denen die Lernenden Aufgaben aus intrinsischer Motivation heraus bearbeiten können – anstatt wegen eines extrinsischen Grundes (wie z.B. eine gute Note zu bekommen oder den Lehrenden zu gefallen). Beim Lesen und Schreiben kann intrinsische Motivation beispielsweise dadurch erreicht werden, dass Lernende mit anderen Lernenden in anderen Teilen der Welt über Email kommunizieren.
4) *Kooperation zwischen Lernenden ausnützen.* Dieser Aspekt zielt darauf ab, Lernende zur Zusammenarbeit anzuregen, die eine kooperative Problembearbeitung fördert. Lernen durch kooperierendes Problemlösen ist zweierlei: Eine starke Motivation sowie ein wirkungsvoller Mechanis-

mus, um Lernressourcen auszuweiten. Beim Lesen könnten Aktivitäten, um die Kooperation auszunützen, das Aufteilen der Lernenden in Paare sein, wobei eine Person den eigenen gedanklichen Prozess beim Lesen artikuliert und die andere Person Fragen stellt, aus welchen Gründen bestimmte Schlussfolgerungen angestellt wurden.

Tab. 1: Prinzipien für die Gestaltung von *cognitive apprenticeship*-Lernumgebungen.

Inhalt
Wissenstypen, die für Expertise erforderlich sind: *Domänenwissen*: domänenspezifische Konzepte, Fakten und Prozeduren *Heuristisches Wissen*: allgemein anwendbare Techniken zu Bewältigung von Aufgaben *Kontrollstrategien*: allgemeine Ansätze zur Steuerung eigener Problemlöseprozesse *Lernstrategien*: Wissen darüber, wie man neue Konzepte, Fakten und Prozeduren lernt
Methoden
Wege, die Entwicklung von Expertise zu fördern: *Modeling*: Lehrender führt eine Aufgabe durch, damit Lernende ihn beobachten können *Coaching*: Lehrender beobachtet und hilft, während Lernende eine Aufgabe bewältigen *Scaffolding*: Lehrender bietet Unterstützung, damit Lernende eine Aufgabe bewältigen können *Articulation*: Lehrender ermutigt Lernende, Gedanken und Wissen zu verbalisieren *Reflection*: Lehrender ermöglicht es Lernenden, ihre Leistung mit der Anderer zu vergleichen *Exploration*: Lehrender lädt Lernende dazu ein, eigene Probleme zu stellen und zu lösen
Sequenz
Schlüssel zur Anordnung von Lernaktivitäten: *Zunehmende Komplexität*: bedeutungsvolle Aufgaben, die allmählich schwieriger werden *Wachsende Mannigfaltigkeit*: Übung in verschiedenen Situationen, um breite Anwendbarkeit zu fördern *Allgemeine Fähigkeiten vor speziellen*: Fokus auf die Gesamtproblematik, bevor einzelne Teile thematisiert werden
Soziale Gesichtspunkte
Soziale Merkmale von Lernumgebungen: *Situiertes Lernen*: Lernende lernen im Kontext der Arbeit an realen Aufgaben *Community of practice*: Kommunikation über unterschiedliche Wege, bedeutungsvolle Aufgaben zu lösen *Intrinsische Motivation*: Lernende erhalten Gelegenheit, eine persönliche Verbindung zu Problemen und Aufgaben zu finden *Kooperation zwischen Lernenden ausnützen*: Lernende arbeiten zusammen, um ihre Ziele zu erreichen

Tabelle 1 listet die Merkmale der vier Dimensionen auf, die im vorgestellten Rahmen zur Gestaltung von Lernumgebungen enthalten sind. Obwohl der *cognitive apprenticeship*-Ansatz für alle Lernenden bedeutsam ist, wollen wir hervorheben, dass er insbesondere für Lernende, die nicht zur Elite zählen, einen effektiven didaktischen Ansatz darstellt. Denn beim *cognitive apprenticeship*-Ansatz ist das Lernen in ein Setting eingebettet, welches eher der Realität entspricht, bei dem die Aufgaben authentisch wirken und bei dem es eine *community* von Leuten gibt, die gemeinsam an Lösungen arbeiten (BROWN, COLLINS & DUGUID, 1989). Wir behaupten, dass durchschnittliche Lernende, die in einer *apprenticeship*-Umwelt lernen, nicht nur grundlegende Fähigkeiten des Lesens, Schreibens und Rechnens lernen werden, sondern auch weiterführende Fähigkeiten, die für Expertise charakteristisch sind, entwickeln werden.

Goal-based scenario als eine Form des *cognitive apprenticeship*

Es gibt verschiedene Probleme mit situiertem und unsituiertem Wissen. Das Problem situierten Wissens offenbart sich bei der Betrachtung des traditionellen *apprenticeship*-Ansatzes. Dinge werden dort gewöhnlich in einem spezifischen Kontext ohne Verallgemeinerung gelehrt. Deshalb ergibt sich das Problem der Flexibilisierung: Lernende lernen, Dinge nur auf eine bestimmte Art zu tun, aber nicht, sie auf andere Methoden anzupassen. Zudem ergibt sich dort ein Lernproblem: Lernende entwickeln keinen umfassenden Rahmen zur Organisation ihres Wissens. Und es gibt dort ein Transferproblem: Lernende lernen nicht, wie sie ihr Wissen in neuen Situationen, die anders aussehen als im Lernkontext, anwenden können.

Das Problem des unsituierten Wissens offenbart sich beim Blick auf die meisten Schul-Curricula. Dinge werden außerhalb des Kontexts der potenziellen Anwendung gelehrt. Deshalb gibt es ein Motivationsproblem: Lernende erkennen oft nicht den Sinn von dem, was sie lernen sollen. Es gibt dort das Problem der Trägheit des Wissens: Lernende haben keine Vorstellung, wie sie das meiste dessen, was sie gelernt haben, auf die Probleme anwenden können, die ihnen im Leben begegnen. Und es gibt ein Problem des Behaltens: Es ist schwer, sich an Abstraktionen zu erinnern (wie beispielsweise die Addition von Brüchen), wenn dieses Wissen niemals benützt wird.

Stabiles Wissen muss beides sein, sowohl situiert als auch unsituiert. Dies bedeutet, es werden wirkungsvolle Abstraktionen benötigt, um Wissen zu organisieren, aber diese Abstraktionen müssen auf realen Situationen gründen. Expertenhaftes Lernen hat viel damit zu tun, Verbindungen zwischen Situationen und Abstraktionen auszuarbeiten. *Goal-based scenario* (SCHANK, FANO, BELL & JONA, 1993), die eine besondere Umsetzung des *cognitive apprenticeship*-Ansatzes darstellen, bieten ein Mittel, Situation und abstraktes Lernen miteinander zu verknüpfen. Sie können entweder in einer computerunterstützten Umgebung oder einer natürlichen Umwelt realisiert werden. Dabei werden den Lernenden die Aufgaben, die sie lernen müssen, und das Gerüst, das sie zur Bewältigung der Aufgabe benötigen, vorgegeben. Zielorientiertes Lernen ermöglicht es, Fertigkeiten und Wissen dort einzubetten, wo sie verwendet werden. Deshalb lernen die Lernenden nicht nur die grundlegenden Kompetenzen, sondern auch deren Anwendung.

Unsere Gruppe an der Northwestern University hat über mehrere Jahre hinweg die ANDERSON CONSULTING Gruppe beraten und sie dabei zielorientierte Szenarios zum Training ihrer Belegschaft benutzen lassen (NOWAKOWSKI et al., 1994). In diesen zielorientierten Szenarios wurden hypothetische Fälle konstruiert, in denen Probleme der Art eingebettet sind, wie sie in der täglichen Beratungstätigkeit vorkommen. Dazu gehört z.B. die Entwicklung einer Benutzerschnittstelle für ein Hotelreservierungssystem. Die Lernenden arbeiten für eine Woche intensiv in Gruppen an dem Problem, wobei sie eine Vielfalt von online-Ressourcen benutzen und mit etablierten Kollegen interagieren, die als Kunden und Berater auftreten. Somit sind die Fertigkeiten, die sie lernen, in realistische Kontexte eingebettet. Damit unterscheidet sich dieses Vorgehen von einer Form der Lehre, bei der das, was gelernt wird, davon abhängt, was gerade aktuell anfällt. Diese Fälle sind so strukturiert, dass viele verschiedene Arten von Problemen auftreten, und sie treten in einer Reihenfolge auf, die auf frühere Lernprozesse aufbaut. Die Belegschaft baut auf diese Weise ein Kernset von Fertigkeiten und Wissen auf, das sie für ihre Aufgaben braucht, und zwar in einem Kontext, in dem die Beschäftigten Spielraum für die Auswahl ihrer eigenen Strategien haben und in dem sie mit Anderen zusammen arbeiten müssen, um realistische Ziele zu erreichen. Wir denken, dieses Vorgehen wäre in der Schule ähnlich anwendbar.

Es gibt eine Vielzahl für den Lernerfolg entscheidender Prinzipien, die in diesem Ansatz eingebettet sind. Sie richten sich auf die Probleme beim situierten und unsituierten Lernen.

1) *Authentizitätsprinzip.* Wissen, Fertigkeiten und Haltungen, die gelernt werden sollten, sollten in Fälle oder Settings eingebettet werden, die die Anwendung dieser Kompetenzen in der Welt widerspiegeln. Bei der Entwicklung von Lernumgebungen kommt es entscheidend darauf an, alle potenziellen Anwendungen des zu vermittelnden Wissens zu berücksichtigen und in der Lernumgebung abzubilden. Die Art und Weise, wie Wissen gespeichert und abgerufen wird, hängt entscheidend davon ab, wie es angeeignet wird. Der Ansatz, das Lernsetting in den Kontext der Entwicklung einer Benutzerschnittstelle für eine Hotelkette zu stellen, spiegelt die Arten von Settings wider, denen Beschäftigte von ANDERSON CONSULTING in ihrer Arbeit begegnen werden. Die Relevanz dessen, was sie lernen, ist für die Lernenden offensichtlich, und es liegt auf der Hand, wie das Gelernte später in der Firma angewendet werden kann. Die Authentizität der Lernumgebung gewährleistet, dass das gewonnene Wissen leicht in Situationen anwendbar sein wird, die ihnen später in ihrer Arbeit begegnen werden.
2) *Verflechtungsprinzip.* Lernende sollten zwischen dem einen Fokus „Bewältigung der Aufgabe" und dem anderen Fokus „Erwerb spezieller Kompetenzen" hin und her wechseln. Sporttrainer wechseln zwischen dem Training von Spielsituationen und dem Training spezifischer Fertigkeiten einzelner Spieler, an denen besonders gearbeitet werden muss, hin und her. ANDERSON CONSULTING hat ein eine starke Kopplung zwischen den Aufgaben, die sie Lernenden stellen, und den Kompetenzen, die vermittelt werden sollen, entwickelt. Diese duale Betonung ermöglicht es Lernenden, sich auf spezielle Kompetenzen zu konzentrieren, die sie allgemein für

viele Probleme brauchen, und in der selben Zeit zu sehen, wie diese Kompetenzen angewendet werden können, um spezifische Problemstellungen zu bewältigen.

3) *Artikulationsprinzip*. Lernende sollen ihre Gedanken und das, was sie gelernt haben, in Worte fassen. Um Lernen vom jeweiligen Kontext abzuheben, ist es wichtig, die Gedanken und das Wissen zu artikulieren, damit es in anderen Zusammenhängen nutzbar wird. ANDERSON CONSULTING unterstützt zum Beispiel die Artikulation, indem Lernende ihre Klienteninterviews mit einem Partner durchgehen und indem sie in Teams diskutieren und rechtfertigen müssen, welche Ansätze zum Einsatz kommen sollen. Diskussionen mit dem Mentor oder Coach zwingen die Lernenden zur Erklärung und Begründung ihrer Handlungen. Artikulation ist der Schlüssel für den Transfer von Wissen in neue Situationen.

4) *Reflexionsprinzip*. Lernende sollten regelmäßig reflektieren, was sie getan haben und ihr Vorgehen, wenn möglich, mit dem vergleichen, was Andere getan haben. Indem Lernende ihre eigenen Prozesse reflektieren, können sie darüber nachdenken, wie effektiv oder ineffektiv ihr Vorgehen war. Der Vergleich mit Experten oder anderen Lernenden ermöglicht es ihnen, sich in wahrnehmendes Lernen zu verwickeln (BRANSFORD, FRANKS, VYE & SHERWOOD, 1989) und zu erkennen, ob ihr Vorgehen mehr oder weniger effektiv als das von anderen ist. ANDERSON CONSULTING fördert während des gesamten Lernprozesses die Reflexion, weil sie die Lernenden am Tagesende innehalten und noch einmal Revue passieren lassen, was sie getan haben, indem sie einerseits ihr Vorgehen mit dem anderer Teams vergleichen sollen, und andererseits, indem jede Person vor und nach einer Lehreinheit eine Selbsteinschätzung bezüglich der zu lernenden Fähigkeiten abgibt, um Lernfortschritte aufzudecken.

5) *Lernkreislaufprinzip*. Lernen geschieht in sich wiederholenden Zyklen der Planung, Ausführung und Reflexion. Der zentrale Weg, Lernende in der Ausführung von Tätigkeiten besser werden zu lassen, ist, sie darüber nachdenken zu lassen, was sie vorher getan haben, was sie geplant haben, und sie schließlich darüber nachdenken zu lassen, wie gut sie damit zurecht kamen (GARDNER, 1991). Wenn sie Kriterien für die Beurteilung ihres Tuns benennen können, wird es ihnen bei der Planung dessen helfen, was sie im nächsten Zyklus tun wollen. ANDERSON CONSULTING hat versucht, dieser Idee des Lernkreislaufs Ausdruck zu verleihen, indem sie zum einen Lernende mehrfach Interviews mit Kunden durchführen lassen, die für eine spätere Selbstbewertung aufgenommen werden und indem sie zum anderen multiple Szenarien schaffen, in denen Lernende die Fertigkeiten anwenden können. Der größte Teil der Erziehungspraxis vernachlässigt die Stärke des lernzyklischen Vorgehens.

6) *Multimediaprinzip*. Gib jedem Medium seine Stärke. Verschiedene Medien haben verschiedene Stärken und Schwächen. Zum Beispiel sind Stimme und Text gut, um Erläuterungen zu bieten, visuelle Medien, um figürliche Charakteristika und räumliche Beziehungen zu zeigen, Aktionen von An-

gesicht zu Angesicht, um ein Problem zu identifizieren und zu lösen usw. ANDERSON CONSULTING hat damit begonnen, einiges der Kraft, die neue Technologien bieten, zu nutzen, indem sie verschiedene Medien für verschiedene Absichten verwenden. Sie entwickeln interaktive Multimedia, bei denen Probleme im Verlauf des Kurses auftauchen; sie entwickeln Online-Printquellen, auf die sich Lernende beziehen können, wenn Probleme auf sie zukommen; sie stellen Experten bereit, die mit den Lernenden in den Rollen von Kunde und Mentor interagieren können; sie stellen Videokassetten mit einigen Interaktionen zum Zwecke der Reflexion bereit.

Vieles in der Schule ist wie Tennislernen, indem man die Regeln erklärt bekommt sowie die Vor- und Rückhand übt, aber sich damit begnügt, ohne je ein Tennismatch zu spielen oder zu sehen. Wenn Tennis auf diesem Wege gelehrt würde, wäre es schwierig, den Sinn in dem zu sehen, was man lernt. In den Schulen wird Algebra und Shakespeare gelehrt, ohne den Lernenden irgendeine Vorstellung zu vermitteln, wofür dies in ihrem Leben nützlich sein könnte. Dies ist nicht die Art, wie ein Trainer Tennis spielen beibringen würde. Ein Tennistrainer würde zuerst zeigen, wie man einen Schläger hält und schwingt, aber sehr bald würden die Lernenden den Ball schlagen und Spiele spielen. Ein guter Trainer würde die Lernenden zwischen Spielen und Arbeiten an einzelnen Fertigkeiten hin und her wechseln lassen. Die zentrale Idee im Lehren von Fertigkeiten besteht darin, den Fokus auf das Ausführen von Aufgaben mit dem Fokus auf die Kompetenzen, die für die Bewältigung der Aufgabe gebraucht werden, eng miteinander zu verbinden.

Während die Prinzipien, die ich dargelegt habe, offenkundig scheinen, werden sie von einem Großteil der gegenwärtigen Erziehungspraxis ignoriert. Lehrende wissen oft nicht, warum sie das lehren, was sie lehren, und sie haben oft keine Vorstellung davon, wie das Wissen und die Fertigkeiten, die Lernende erwerben, in der Praxis gebraucht werden. Es gibt wenig Aufmerksamkeit auf den Lernzyklus und die Betonung der vorhergehenden Planung und der nachfolgenden Reflexion. Und obwohl Artikulation oft betont wird, tritt es in der Form auf, dass die Lernenden den Lehrenden die Definitionen und Prozeduren wiedergeben, die ihnen zuvor präsentiert wurden. Die Medien sind meistens auf Bücher, Vorlesungen und Tafelanschriften begrenzt. Die Gestaltung von Lernumgebungen, so wie sie bei ANDERSON CONSULTING entwickelt wurden, beginnen die Stärke auszunützen, die diese Prinzipien der Erziehung in der Zukunft bringen können.

Eine Rekonzeptualisierung von Schule

ROGER SCHANK und ich haben, zusammen mit unserer Studentin DIANA JOSEPH, eine Idee für die Rekonzeptualisierung der Schule entwickelt, die – wie ich denke – wirklich revolutionäre Auswirkungen hat. Unsere Idee ist es, eine *passion school* (etwa: begeisternde Schule) zu eröffnen, in der Lernende in Curricula eintreten, die in einem viel höherem Ausmaß auf ihre Interessen ausgerichtet sind, als es in momentanen Curricula der Fall ist. In jedem Curriculum werden die generellen Fertigkeiten und die Wissensinhalte, die durch MURNANE und LEVY (1996) sowie im SCANS-Bericht (1991) festgehalten sind, verankert. Die Lernenden werden dazu ermutigt, sich auf ein spezielles Curriculum für lange Zeit, vielleicht für viele Jahre, einzulassen, um fundierte Fertigkeiten und tiefes Verständnis zu entwickeln.

Das Curriculum könnte in den frühen Jahren beginnen, sich auf die Themen und besonderen Interessen junger Kinder zu konzentrieren, wie z.B. Haustiere, Familie, Fahrzeuge, Dinosaurier. Aber sobald die Kinder voranschreiten, bewegen sie sich in ein Curriculum, das die Dinge widerspiegelt, die Erwachsene in der Welt tun – etwa das Lernen über Kunst, Wirtschaft, Technologie. Tabelle 2 zeigt unsere vorläufigen Ideen für die Realschule und das Gymnasium, zusammen mit den Karrieren, in die jedes Curriculum münden könnte. Der Plan für Lernende wäre, in einem oder zwei dieser Curricula zu beginnen, und sich mehr und mehr zu spezialisieren, während sie durch die Jahre des Gymnasiums fortschreiten. Die Voraussetzung ist, dass die Lernenden mit der Zustimmung der Lehrenden und Eltern vom einem zum anderen Curriculum wechseln können. Aber sie sollten nicht ständig die Curricula wechseln, sonst werden sie niemals fundierte Fertigkeiten und tiefes Wissen in irgendeinem Fach entwickeln.

Tab. 2: Sieben berufsorientierte Curricula für *passion schools* und die Karrieren, die sie fördern.

Passion School Curricula
1) Technik: Maschinenbau, Technik, Informatik, Entwicklung
2) Biologie: Medizin, Landwirtschaft, Biotechnik, Gärtnern, Umweltschutz, Forstwirtschaft, Pharmazie
3) Naturwissenschaft: Chemie, Pharmazie, Geologie, Bergbau, Maschinenbau, Physik, Technik, Tiefseeforschung, Meteorologie
4) Wirtschaft: Geschäft, Finanzierung, Einzelhandel, Bank, Herstellung, Konstruktion, Vertrieb
5) Regierung: Recht, Rechtssprechung, Polizei, Feuerwehr, Soziale Dienste, Militär
6) Kunst: Musik, Video, Tanz, Theater, Kunst, Architektur, Design, Innenarchitektur
7) Menschen: Soziale Dienst, Personalmanagement, Management, Psychologie, Soziale Beratung, Lehrämter, Soziologie, Anthropologie

Diese Struktur der Schule erlaubt es, einen wahren *cognitive apprenticeship*-Ansatz zu entwickeln, in dem die Betonung darauf liegt, dass die Lernenden die wichtigsten Inhalte und Fertigkeiten im Kontext der Bearbeitung komplexer Aufgaben erwerben. Wir haben ein Vier-Stufen-Modell für den *cognitive apprenticeship*-Ansatz in einem *passion school*-Curriculum entwickelt: (1) Lernende kommen als Novizen und arbeiten selbst an einem Projekt mit einem erfahreneren Lernenden, der sie anleitet, während sie das Projekt ausarbeiten. (2) Sobald sie an Erfahrung gewinnen, beginnen sie an größeren Projekten mit anderen Lernenden zu arbeiten, bei denen fortgeschrittenere Lernende als Projekt- oder Teilprojektleiter dienen. (3) Nachdem sie an einer Reihe von verschiedenen Projekten gearbeitet haben, sind sie bereit, als

Mentoren für die neu beginnenden Lernenden zu dienen. (4) Nachdem sie andere Lernende erfolgreich angeleitet haben, sind sie bereit, als Teilprojekt- oder Projektleiter in größeren Projekten zu dienen. Dies ist ein völlig neuer Weg des Nachdenkens über die Organisation im Klassenzimmer.

DIANA JOSEPH entwickelte die Ideen für ein *passion school*-Curriculum, während sie mit Großstadtkindern in einer Schule in Chicago arbeitete. Sie wählte die Herstellung einer Videodokumentation als Kontext, um das Design für ein *passion school*-Curriculum zu entwickeln. Video ist für die oberen Schüler der Elementarstufe, mit denen sie arbeitet, von intrinsischem Interesse, so dass sich ein guter Kontext für unsere Entwicklungsarbeit bietet. Sie entwickelte ein Zertifizierungssystem für Schüler in einer Vielfalt von Gebieten, wie z.B. das Schreiben eines Skriptes, das Interviewen, Abläufe mit der Kamera filmen usw., wobei sie dem Pfadfinderabzeichensystem folgte. In der gleichen Zeit arbeitete sie an systematisch verflochtenen wichtigen Fertigkeiten und Konzepten innerhalb des Videolehrplans, etwa mathematische Fertigkeiten im Kontext der Budgetierung, Schreibfertigkeiten in der Skriptanfertigung und Planungsfähigkeiten im Entwickeln einer Dokumentation. Aber es gibt auch einen Akzent auf den Lerninhalt im Thema eines jeden Videos. In einer bevorstehenden Dokumentation über Immigration wird einmal der geschichtliche und einmal der geographische Inhalt betont werden.

Kurz gesagt: Das *passion school*-Design setzt das um, was ich als das wichtigste Prinzip für die Neugestaltung von Schule erachte, um Lehren und Lernen angemessener für die Entwicklung von Fertigkeiten und Wissen zu gestalten, die in der Arbeitswelt der Zukunft gebraucht werden. Es umfasst authentische Aufgaben und Beurteilungen, einen dualen Fokus auf das Lehren einzelner Kompetenzen im Kontext sinnvoller Aufgaben, Entwicklung in grundlegenden Fertigkeiten und Wissen, Lehren und Anleiten von und durch Peers, sowie den Lernzyklus der Planung, Durchführung und Reflexion. Unsere Hoffnung ist, dass diese Ideen – in die Praxis umgesetzt – eine große Auswirkung auf die Motivation und das Lernverhalten der Lernenden haben und sie besser auf die komplexe Welt, in die sie eintreten werden, vorbereiten.

Literaturverzeichnis

Bransford, J. D., Franks, J. J., Vye, N. J. & Sherwood, R. D. (1989). New approaches to instruction: Because wisdom can't be told. In S. Vosniadou & A. Ortony (Hrsg.), *Similarity and analogical reasoning* (S. 470-497). New York: Cambridge University Press.

Brown, J. S. (1985). Idea-amplifiers: New kinds of electronic learning. *Educational Horizons*, *63*, 108-112.

Brown, J. S., Collins, A. & Duguid, P. (1989). Situated cognition and the culture of learning. *Educational Researcher*, *18* (1), 32-42.

Burton, R., Brown, J. S. & Fischer, G. (1984). Skiing as a model of instruction. In B. Rogoff & J. Lave (Hrsg.), *Everyday cognition: Its developmental and social context* (S. 139-150). Cambridge: Harvard University Press.

Chi, M. T. H., Bassok, M., Lewis, M. W., Reimann, P. & Glaser, R. (1989). Self-explanations: How students study and use examples in learning to solve problems. *Cognitive Science*, *13*, 145-182.

Collins, A. & Brown, J. S. (1988). The computer as a tool for learning through reflection. In H. Mandl & Lesgold (Hrsg.), *Learning issues for intelligent tutoring systems* (S. 1-18). New York: Springer.

Collins, A., Brown, J. S. & Newman, S. E. (1989). Cognitive apprenticeship: Teaching the crafts of reading, writing, and mathematics. In L. B. Resnick (Hrsg.), *Knowing, learning, and instruction: Essays in honor of Robert Glaser* (S. 453-494). Hillsdale: Erlbaum.

Collins, A. & Smith, E. E. (1982). Teaching the process of reading comprehension. In D. K. Detterman & R. J. Sternberg (Hrsg.), *How much and how can intelligence be increased?* (S. 173-185). Norwood: Ablex.

Collins, A. & Stevens, A. L. (1982). Goals and strategies of inquiry teachers. In R. Glaser (Hrsg.), *Advances in instructional psychology* (Bd. 2, S. 65-119). Hillsdale: Erlbaum.

Collins, A. & Stevens, A. L. (1983). A cognitive theory of interactive teaching. In C. M. Reigeluth (Hrsg.), *Instructional design theories and models: An overview* (S. 247-278). Hillsdale: Erlbaum.

Cuban, L. (1984). *How teachers taught*. New York: Longman.

Gardner, H. (1991). Assessment in context: The alternative to standardized testing. In B. Gifford & C. O'Connor (Hrsg.), *Future assessments: Changing views of aptitude, achievement, and instruction* (S. 77-120). Boston: Kluwer.

Lave, J. (1988). *The culture of acquisition and the practice of understanding* (Report IRL88-0007). Palo Alto: Institute for Research on Learning.

Lepper, M. R. & Greene, D. (1979). *The hidden costs of reward*. Hillsdale: Erlbaum.

Malone, T. (1981). Toward a theory of intrinsically motivating instruction. *Cognitive Science*, *4*, 333-369.

Murnane, R. J. & Levy, F. (1996). *Teaching the new basic skills*. New York: Free Press.

Norman, D. A. (1973). Memory, knowledge, and the answering of questions. In R. L. Solso (Hrsg.), *Contemporary issues in cognitive psychology: The Loyola symposium* (S. 135-165). Washington: Winston.

Nowakowski, A., Campbell, R., Monson, D., Montgomery, J., Moffett, C., Acovelli, M., Schank, R. & Collins, A. (1994). Goal-based scenarios: A new approach to professional education. *Educational Technology*, *34* (9), 3-32.

Palincsar, A. S. & Brown, A. L. (1984). Reciprocal teaching of comprehension-fostering and monitoring activities. *Cognition and Instruction*, *1*, 117-175.

SCANS Commission (1991). *What work requires of schools: A SCANS report for America 2000*. Washington: The Secretary's Commission on Achieving Necessary Skills, U.S. Department of Labor.

Scardamalia, M., Bereiter, C. & Steinbach, R. (1984). Teachability of reflective processes in written composition. *Cognitive Science*, *8*, 173-190.

Schank, R. C., Fano, A., Bell, B. & Jona, M. (1993). The design of goal-based scenarios. *The Journal of the Learning Sciences*, *3*, 305-345.

Schoenfeld, A. J. (1985). *Mathematical problem solving*. New York: Academic Press.

VanLehn, K. & Brown, J. S. (1980). Planning nets: A representation for formalizing analogies and semantic models for procedural skills. In R. E. Snow, P. A. Federico & W. E. Montague (Hrsg.), *Aptitude learning, and instruction. Vol. 2: Cognitive process analyses of learning and problem solving* (S. 95-137). Hillsdale: Erlbaum.

White, B. Y. (1984). Designing computer games to help physics students understand Newton's laws of motion. *Cognition and Instruction*, *1*, 69-108.

Zuboff, S. (1988). *In the age of the smart machine: The future of work and power*. New York: Basic Books.

Wolfgang Gallenberger und Alexandra Ott

Lebenslanges Lernen vor dem Hintergrund der Alterung des Erwerbspersonenpotenzials am Beispiel der IT-Qualifikationen

In der aktuellen politischen und wissenschaftlichen Diskussion wird aufgrund demographischer Entwicklungen die Auffassung vertreten, die berufliche Qualifizierung Älterer werde allgemein immer wichtiger. Insbesondere unter dem Eindruck des derzeitigen Mangels an Informations-Technologie (IT)-Fachkräften mag der erste Gedanke sein, älter Werdende könnten ihre Erwerbsmöglichkeiten am besten sichern oder wiederherstellen, indem sie sich in diesem Sektor kontinuierlich weiterbilden bzw. sich gezielt auf eine Tätigkeit in diesem Bereich umorientieren. Am Beispiel der IT-Kompetenzen hinterfragt dieses Kapitel die verbreitete Empfehlung des lebenslangen Lernens der Beschäftigten. Die Frage nach dem Sinn beruflicher Weiterbildung wird sowohl differenziert nach unterschiedlichen Zwecksetzungen beruflichen Lernens (Umschulung und Weiterbildung) als auch nach der bisherigen beruflichen Tätigkeit älterer Beschäftigter betrachtet. Dieser Beitrag beschäftigt sich mit Maßnahmen, die eindeutig als (in der Regel berufsbegleitende) Aufstiegs- und Anpassungsweiterbildung oder als Umschulung in einen anderen Ausbildungsberuf bezeichnet werden können. Nicht behandelt werden diejenigen Qualifizierungsmaßnahmen, die im Vergleich zur Umschulung eher kurzfristig sind und als Weiterbildungsmaßnahmen für ursprünglich fachfremde Arbeitskräfte konzipiert sind, denen so der Quereinstieg in die IT-Branche ermöglicht werden soll. Als Beispiel könnten hier die zahllosen Angebote von etwa sechsmonatigen Kursen zum Multi-Media-Designer gelten. Das Auslassen dieses Bereichs geschieht aus zwei Gründen: Erstens handelt es sich bei diesen Fortbildungsmaßnahmen nicht um den Erwerb komplexer IT-Qualifikationen nach unserer strengen Definition, sondern allenfalls um eine Einführung in den Umgang mit spezialisierten Anwenderprogrammen. Zweitens lassen sich für diesen Qualifizierungs- und Tätigkeitsbereich keine aussagekräftigen Prognosen abgeben, da weder die Absolventen noch die Beschäftigungsmöglichkeiten statistisch erfasst werden können. Dies ist deshalb der Fall, weil sie weder eine Ausbildung nach dem Bundesbildungsgesetz noch eine Hochschulqualifikation darstellen.

Demographische Entwicklung und Alterung des Erwerbspersonenpotenzials

Zunächst wird analysiert, welche Bedeutung der demographischen Entwicklung in Bezug auf die Weiterbildungsteilnahme Älterer generell zukommt. Ein künftig erhöhter Weiterbildungsbedarf Älterer wird im Allgemeinen auf die Annahme zurückgeführt, dass die Zahl der berufstätigen Älteren in Relation zu den Jüngeren in absehbarer Zeit zunehmen wird und Ältere somit einen wesentlichen Teil betrieblicher Innovation bewirken bzw. mittragen müssen, obwohl die in ihrer (Erst-)Ausbildung erworbenen Qualifikationen unter Umständen nicht mehr auf einem aktuellen Stand sind. Die These der Notwendigkeit einer Reintegration Älterer in das Erwerbsleben wird durch die Verknüpfung mehrerer Annahmen hergestellt. Verknüpft werden Prognosen zur Bevölkerungsentwicklung und darauf aufbauend zur Altersverteilung der zur Verfügung stehenden Arbeitskräfte mit Überlegungen zur Arbeitskräftenachfrage.

Ausgangspunkt vorliegender Beiträge (BARKHOLDT, FRERICHS & NAEGELE, 1995; BEHREND, 1997; NAEGELE, 1994) zur Entwicklung der Erwerbstätigkeit Älterer ist die Bevölkerungsentwicklung der Bundesrepublik Deutschland. Noch vor dem ersten Weltkrieg hatte eine graphische Darstellung der Altersstruktur Deutschlands die Form einer Pyramide. Heute ähnelt sie eher einem Tannenbaum (GEIẞLER & MEYER, 1996). In dieser Struktur drücken sich Trends aus, die sich nicht von heute auf morgen wieder umkehren lassen. Aussagen – beispielsweise über die Zahl der über 20jährigen in den nächsten 20 Jahren – sind mit einem geringen Prognoserisiko verbunden, weil die Personen bereits geboren sind und sich die entsprechenden Altersjahrgänge in der Alterspyramide, vereinfacht betrachtet, nur nach oben verschieben. KOHLI (1989) spricht diesbezüglich von einem „hohen Trägheitsmoment" demographischer Strukturen, das dazu führt, dass sich Veränderungen demographischer Einflussgrößen nur sehr langsam auf die gesamtgesellschaftliche Zusammensetzung auswirken. Dieser Effekt wird modifiziert durch zwei Trends, die ebenfalls bereits bekannt sind und von deren Fortbestehen die Demographen ausgehen: Der Anstieg der Lebenserwartung und die rückläufige Entwicklung der Geburtenrate.

Die *Lebenserwartung* ist durch vielfältige Fortschritte in der Medizin und der Gesundheitsfürsorge, bei den Hygienemaßnahmen und durch den zunehmenden Wohlstand angestiegen (NAEGELE, 1994). Betrachtet man die gesamte Altersstruktur der Bundesrepublik, so zeigt sich, dass die über 60jährigen bereits heute über 20% der Bevölkerung ausmachen (BUNDESANSTALT FÜR ARBEIT, 2000). Dies ist auch auf die Entwicklung der Geburtenrate zurückzuführen. Die Geburtenziffern erreichen seit langem nicht mehr das erforderliche Niveau, um die Bevölkerungszahl konstant zu halten (FUCHS, SCHNUR & ZIKA, 2000).

Der demographische Wandel wird aber auch von *Zu- und Abwanderungen* beeinflusst, deren Auswirkungen sich jedoch weit weniger auswirken als allgemein angenommen. Dies zeigen die geringen Effekte auf die Bevölkerungsstruktur, die die bereits erfolgte Integration von Vertriebenen als Folge des Zweiten Weltkriegs, von Flüchtlingen und Übersiedelnden aus der ehemaligen DDR zur Zeit des Kalten Krieges sowie von ausländischen Arbeitskräften in den 60er und 70er Jahren hatten.

Alle diese Aspekte werden in Bevölkerungsprognosen berücksichtigt, die übereinstimmend zu dem Schluss kommen, dass in Zukunft eine immer größer werdende Zahl älterer Menschen einer geringeren Zahl jüngerer Menschen gegenübersteht. Es muss davon ausgegangen werden, dass der Durchschnitt derer, die für eine Erwerbstätigkeit zur Verfügung stehen, in den nächsten Jahren zunehmend altern wird. Zu diesem Ergebnis kamen unterschiedliche Modellrechnungen (BÄCKER, 1996; BEHREND, 1997; STEINMANN, 1993; THON, 1995). Die Altersgruppe der über 50jährigen wird vom Basisjahr 1996 aus betrachtet bis zum Jahr 2010 um etwa zehn Prozent zunehmen (BÄCKER, 1996; BARKHOLDT et al., 1995; BEHREND, 1997; FUCHS & THON, 1999; NAEGELE, 1994; VOLKHOLZ, 1991). Der Grund dafür ist, dass die geburtenstarken Jahrgänge nach und nach zu älteren Personen im erwerbsfähigen Alter werden. Die geburtenschwachen Jahrgänge (geboren etwa 1975 bis 1985) bewegen sich gleichzeitig ins Erwerbstätigenalter. Daraus und aus den sich verlängernden Erstausbildungszeiten folgert THON (1995) eine allgemeine Alterung des Erwerbspersonenpotenzials. Dieses setzt sich zusammen aus denen, die erwerbstätig oder arbeitslos sind und der sogenannten „Stillen Reserve“ derjenigen, die erwerbstätig sein könnten, sich aber aus unterschiedlichsten Gründen nicht arbeitslos oder arbeitssuchend gemeldet haben. THON (1995) prognostiziert, dass der Anteil der über 50jährigen an den erwerbsfähigen Personen bereits im Jahr 2020 35% betragen wird (1995: etwa 25%). Im Vergleich zur heutigen Altersverteilung bedeutet dies eine deutliche Alterung des Erwerbspersonenpotenzials.

Führt diese Entwicklung dazu, dass es im Vergleich zu heute mehr ältere Beschäftigte geben wird?

Beschäftigungschancen Älterer allgemein

Darüber, ab welchem Zeitpunkt ältere Arbeitskräfte vermehrt beschäftigt werden, herrscht Uneinigkeit bei den Experten: Laut BÄCKER ist damit zu rechnen, dass „Betriebe nach der Jahrtausendwende auf die produktive Leistungskraft der Älteren angewiesen sein werden“ (BÄCKER, 1996, S. 23). Nach NAEGELE tritt das erst später ein: „Allgemein gilt (...) hier das Jahr 2010 als Wendepunkt“ (NAEGELE, 1994, S. 134). Beide argumentieren, dass Ältere in Zukunft vermehrt beschäftigt würden, weil nicht nur mehr Ältere als früher, sondern auch allgemein ein vom Umfang her geringeres Erwerbspersonenpotenzial zur Verfügung stünde. Nach FUCHS und THON (1999) hängt der Zeitpunkt, an dem es tatsächlich zu einem Rückgang des Erwerbspersonenpotenzials kommt, von einer Vielzahl schlecht vorhersehbarer Faktoren ab. Sie zeigen durch die Berechnung mehrerer Projektionsvarianten, dass einerseits Entwicklungen wahrscheinlich sind, die im Laufe der kommenden 20 Jahre zu einer Zunahme des Arbeitskräfteangebots führen. Genauso wahrscheinlich sind allerdings Entwicklungen, die zu einer sofortigen Abnahme des Arbeitskräfteangebots führen (FUCHS & THON, 1999). Bis zum Jahr 2001 musste jedoch im Gegensatz dazu beobachtet werden, „daß der Anteil der Erwerbstätigen ab einem Alter von etwa 50 Jahren zurückgeht und die Quoten der Erwerbslosen sowie der Anteil der Stillen Reserve ansteigt" (BEHREND, 2001, S. 60).

GALLENBERGER (2002) erläutert, dass generelle Antworten auf die Frage, ob die Erwerbsquote Älterer tatsächlich ansteigen wird, zum einen mit einem hohen Prognoserisiko verbunden sind, zum anderen sind sie in ihrer praktischen Aussagekraft wenig hilfreich, solange die speziellen Rahmenbedingungen einer Branche oder eines Betriebs nicht berücksichtigt werden.

Angesichts der aktuellen politischen Debatte darüber, ob sich der Mangel an IT-Fachkräften besser durch Zuwanderung oder durch (Nach-)Qualifizierung bewältigen ließe, wird im Folgenden das Tätigkeitsfeld von IT-Fachkräften herausgegriffen. Erörtert wird, warum unter dem Gesichtspunkt der Erwerbssicherung die „logische" Überlegung, ältere Arbeitsuchende sollten sich für eine Tätigkeit in diesem „Mangelbereich" umschulen, wenig aussichtsreich, eine kontinuierliche berufliche Weiterbildung der in diesem Bereich bereits Beschäftigten jedoch notwendig ist.

Beschäftigungschancen Älterer in der IT-Branche

Nach DOSTAL (2000) ist eine angemessene begriffliche Abgrenzung der IT-Branche wie der IT-Berufe außerordentlich schwierig. Als IT-Fachkräfte im Sinne des IAB (2000) gelten Beschäftigte, die zentral mit Software-Entwicklung, -Analyse und/oder -Beratung zu tun haben oder Hardwarekomponenten entwickeln, herstellen und reparieren. Mindestens ist zu unterscheiden zwischen dem Umgang mit allgemeinen PC-Anwenderprogrammen, die immer mehr zum Alltag des betrieblichen, aber auch privaten Lebens zählen, und „echten" IT-Kenntnissen, die man mit ULRICH (2000, S. 102) treffender als „Kenntnisse in der Computertechnik" bezeichnen könnte. Diese lassen sich klassisch aufgliedern in den Hard- und den Softwarebereich: Kenntnisse in Computertechnik und Mikroelektronik auf der einen und Fertigkeiten in der Entwicklung von Computersoftware, Programmieren und Systemanalyse auf der anderen Seite. Der Umgang mit den Grundfunktionen von PC-Standardprogrammen zählt demgegenüber unserer Ansicht nach nicht zu den IT-Fachkenntnissen. Zudem werden solche Qualifikationen in großem Umfang nicht durch formalisierte Weiterbildung, sondern durch „learning by doing" am Arbeitsplatz erworben bzw. aktualisiert.

Nach Angaben des IAB (2000) gab es im Jahr 2000 22.000 Arbeitslose in der IT-Branche. Gleichzeitig klagen Wirtschaftsverbände über fehlende

Arbeitskräfte, was zur Einführung einer zeitlich befristeten Arbeitserlaubnis für ausländische IT-Fachkräfte, der deutschen Green Card, führte, durch die der Mangel offensichtlich nicht beseitigt werden konnte. Könnte die Qualifizierung Älterer da einen Ausweg darstellen?

Die mangelnde Eignung der vorhandenen, arbeitslosen Fachkräfte für offene Stellen könnte nach TRAUTWEIN-KALMS (2001) durch Weiterbildung verringert, aber nicht völlig behoben werden, „denn gerade im IT-Bereich bauen benötigte Qualifikationen nicht immer aufeinander auf (z.B. bei Entwicklung neuer Sprachen), manche IT-Qualifikationen sind hoffnungslos veraltet.“ Daneben gebe es aber auch „starke Indizien, dass nicht allein mangelnde fachliche Qualifikation, sondern auch geringere Leistungsfähigkeit, z.B. aufgrund von Krankheit sowie Alter und Geschlecht, ein Hindernis für die Einstellung im IT-Bereich darstellten“ (TRAUTWEIN-KALMS, 2001, S. 95). Ist Alter ein Ausschlussgrund für eine Beschäftigung im IT-Bereich? Auch nach KLOTZ (2000) betrifft die Arbeitslosigkeit vor allem Informatiker im mittleren und älteren Segment. Während die Arbeitslosigkeit bei den bis zu 35jährigen von 1995 bis 2000 um zwei Drittel gesunken sei, stieg sie bei den 45-65jährigen um mehr als das Doppelte an. Gefragt werden soll im Folgenden zunächst nach der Möglichkeit einer erfolgreichen Neuqualifizierung für den IT-Bereich und in einem zweiten Schritt nach den sich dadurch erschließenden Beschäftigungsmöglichkeiten.

Umschulung Älterer

Aufgrund des aktuellen Fachkräftemangels im IT-Bereich wird insbesondere von Zuwanderungsgegnern gefordert, diesen Bedarf über Umschulung zu decken. Im Folgenden wird daher der Frage nachgegangen, ob Umschulungsmaßnahmen in IT-Berufe für ältere Arbeitnehmer Sinn machen. Für eine nach dem SGB III (Sozialgesetzbuch III, früher: Arbeitsförderungsgesetz) geförderte Umschulung kommen folgende vom BUNDESINSTITUT FÜR BERUFSBILDUNG (2001) als „(Ausbildungs-)Berufe um den Computer“ klassifizierten Berufe in Frage: Informations- und Kommunikations-, IT-System-Elektroniker/-in, Fachinformatiker/-in, IT-Systemkaufmann/-frau, Informatikkaufmann/-frau, Kommunikationselektroniker/-in, Mediengestalter/-in Bild und Ton. Zu fragen ist, ob ältere Beschäftigte überhaupt in den Genuss einer Umschulung kommen können. Die Erwartungen hinsichtlich der Leistungsfähigkeit Älterer allgemein, insbesondere aber im Umgang mit neuen Technologien, entsprechen häufig nicht der Realität.

LEHR (2000) kontrastiert die Befunde von Studien über Erwartungen an ältere Arbeitnehmer mit solchen über deren tatsächliche Leistungsfähigkeit: „Untersuchungen über Erwartungen an ältere Mitarbeiter belegen auch heute noch eine Vielzahl von Vorurteilen, die vor allem eine Leistungsminderung, ein Sinken der durchschnittlichen Arbeitsproduktivität schon zwischen 40 und 50 Jahren, körperliche und geistige Leistungseinbußen betreffen" (LEHR, 2000, S. 208). Vorurteile dieser Art beeinflussen nicht nur die Entscheidungsträger in der Arbeitsverwaltung, die über die Finanzierung von Umschulungen entscheiden, sondern auch die Erwartungen der Lernenden an sich selbst und nicht zuletzt auch Einstellungsentscheidungen potenzieller Arbeitgeber.

Leistungseinbußen Älterer sind jedoch wissenschaftlich nicht belegbar. Am Beispiel eines professionellen Textverarbeitungsprogramms zeigten ältere Menschen jedenfalls Leistungen im Umgang mit dem Computer, die mit denen jüngerer durchaus vergleichbar sind (HARTLEY, HARTLEY & JOHNSON, 1983). „Nach 12 Stunden Instruktions- und Übungszeit wurden die notwendigen Computeroperationen von den Älteren ebenso gut ausgeführt wie von der jüngeren Vergleichsgruppe. Ältere mit weniger Schulbildung benötigten allerdings mehr Zeit und Hilfen bei der Auswahl der richtigen Strategien" (LEHR, 2000, S. 216). Aus den Untersuchungen zur beruflichen Leistungsfähigkeit älterer Arbeitnehmer ergibt sich ein „Befund, der zu einer Revision des öffentlichen – und in fast allen Unternehmen vorherrschenden – Bildes älterer Arbeitnehmer führen muss: Diese erbringen auch in jenen Berufen, in denen geschwindigkeitsbezogene und psychomotorische Fertigkeiten dominieren, keine schlechteren Leistungen als jüngere Arbeitnehmer" (KRUSE, 2000, S. 79), wenngleich geringfügige Rückgänge in der Restitutionskapazität, der Geschwindigkeit der Informationsverarbeitung und der psychomotorischen Abläufe zu verzeichnen sind. Die berufliche Leistungsfähigkeit älterer Arbeitnehmer bleibt auf einem nahezu stabilem Niveau. Nach KRUSE (2000) ist dieser Befund auf zwei Faktoren zurückzuführen: „Zum einen die höhere berufliche Routine, zum anderen Erfahrungen, die ältere Arbeitnehmer dazu befähigen, einzelne Verluste in basalen Fähigkeiten auszugleichen. Zu diesen Erfahrungen werden vor allem größerer Überblick über Arbeitsabläufe und effektive Interaktion mit Kollegen gezählt" (Kruse, 2000, S. 80). Kritisch anzumerken ist freilich, dass diese positiven Resultate für die Älteren in derartigen Untersuchungen oft dadurch zustande kommen, dass die Älteren durch eine längere Tätigkeit in dem beobachteten Beruf über einen Erfahrungs- und Trainingsvorsprung bezüglich der untersuchten Aufgaben verfügen. Inwieweit diese Befunde auf spezielle Umschulungsmaßnahmen Älterer in IT-Berufe übertragbar sind, ist fraglich. Zudem ist nicht hinreichend untersucht, ob und in welchem Ausmaß es auch älteren Umschülern gelingt, in einem neuen Tätigkeitsfeld von ihren beruflichen Erfahrungen aus einem anderen Tätigkeitsfeld zu profitieren. Dennoch ist festzuhalten, dass die meisten älteren Arbeitnehmer, was ihre physische und psychische Leistungsfähigkeit betrifft, durchaus in der Lage sind, den Anforderungen einer Umschulung und mit hoher Wahrscheinlichkeit auch denen einer späteren Tätigkeit in der Branche gerecht werden.

Ältere in einer jugendzentrierten Branche

Des Weiteren ist zu diskutieren, ob für ältere Arbeitnehmer in der IT-Branche adäquate Beschäftigungsmöglichkeiten bestehen. Die Arbeitsämter verweisen seit geraumer Zeit auf die Probleme älterer Arbeitnehmer in der IT-Branche. „Sorge bereiten den Arbeitsämtern zunehmend die Eingliederungsschwierigkeiten Älterer. Ist das Altern an sich schon ein Ausschlussgrund für eine IT-Beschäftigung? Trotz des Fachkräftemangels ist deutlich zu erkennen, dass sich die Mitarbeiterrekrutierung in der Branche vorrangig auf Jüngere, unter 45-jährige konzentriert" (ARBEITSAMT, 2001, S. 1).

Ein Grund dafür könnte die mangelnde Passung zwischen dem Profil älterer Beschäftigter und der in der Branche gepflegten (Unternehmens-)Kultur liegen, die nachfolgend in Grundzügen präzisiert werden soll.

Die IT-Branche selbst ist nach BEHREND (2001) ein „innovationsorientiertes Regime, das durch eine jugendzentrierte Personalpolitik und hohe Fluktuationsraten gekennzeichnet ist" (BEHREND, 2001, S. 70). TRAUTWEIN-KALMS (2001) deckt eine latente Altersdiskriminierung in den sogenannten modernen Branchen auf. Innovationsdruck und Jugendzentriertheit stehen konträr zum Bild älterer Arbeitnehmer. Fraglich ist daher, ob Ältere überhaupt in die Struktur der IT-Branche passen. Der Terminus *Innovation* scheint untrennbar mit Jugendlichkeit verbunden zu sein, wobei häufig „jugendzentrierte Innovationspolitik als one-best-way" (BUCK, 2001, S. 12) zelebriert wird und gleichzeitig Kompetenzen und Innovationsbereitschaft älterer Erwerbstätiger nicht genug genutzt werden. ROSENOW und NASCHOLD (1994) konstatieren, dass „bei einem ‚innovationsorientierten Regime', wie es bei der Software-Entwicklung oder in der Werbung gegeben sei, (...) für ältere Mitarbeiter von vorneherein ‚Qualifikationsüberforderungen' und ein ‚psychisches Verschleißrisiko'" gegeben seien (S. 44f.).

In der IT-Branche scheint der Altersfaktor für die Rekrutierung von Arbeitskräften eine überragende Rolle zu spielen, was für umgeschulte Ältere zum negativen Selektionskriterium werden kann. „Die Zeitschrift Information Week zitiert den Chef einer IT-Personalberatung: ‚Es ist die vorherrschende Meinung in der Branche, dass jeder über 35 erledigt ist'" (MÜLLER, 2000, S. 2). Pointiert formuliert: Wenn im IT-Bereich Beschäftigte bereits mit drei bis sechs Jahren Berufserfahrung als „Senior" bezeichnet werden, darf es nicht verwundern, dass Beschäftigte jenseits von 35 Jahren kaum noch vermittelbar sind. Die Einstellungsbedingungen und -erwartungen im IT-Sektor stehen demnach im Widerspruch zum Bewerbungsprofil älterer Menschen. TRAUTWEIN-KALMS (2001) führt dies zurück auf eine trotz hoher Autonomiegrade

- hohe Abhängigkeit von Technik, Kunden, Leistungsvorgaben und kurzfristigen Unternehmensentscheidungen,
- hohen Stress und Leistungsdruck bis hin zur Überforderung,
- hohe Durchdringung des Privatlebens der Beschäftigten durch die flexibel zu leistende Erwerbsarbeit.

„Sieht man sich die Arbeitsbedingungen im IT-Sektor genauer an, zeigen sich widersprüchliche Entwicklungen und Anforderungen, die nicht alle Beschäftigten auf Dauer bewältigen können oder wollen" (TRAUTWEIN-KALMS, 2001, S. 97). Auch IT-Beschäftigte beanspruchen, so TRAUTWEIN-KALMS (2001), ein Privatleben mit Familie, Freunden und Hobbys, was jedoch nicht im Gegensatz dazu steht, dass sie sich dennoch mit ihren beruflichen Aufgaben identifizieren und engagiert arbeiten. Alleine die intensive reale zeitliche Beanspruchung der Beschäftigten erschwert die Erfüllung dieser Bedürfnisse. Nach einer niederländischen Studie wünschen sich 71% der IT-Beschäftigten bessere Arbeitsbedingungen und rund zwei Drittel Maßnahmen gegen den Leistungsdruck (FNV/UNIVERSITÄT AMSTERDAM, 2000). TRAUTWEIN-KALMS (2001) stellt fest, dass IT-Fachkräfte über 35 Jahre nicht prinzipiell zu schlecht qualifiziert sind, sondern sich „nicht im geforderten Maß den Leistungs-, Mobilitäts- und Arbeitszeitbedingungen unterwerfen, wie sie in IT-Unternehmen mit ihrem jugendlich-dynamischen Image und hohem Fun-Faktor gefordert werden" (TRAUTWEIN-KALMS, 2001, S. 96). Arbeitsplatzunsicherheit durch permanente Umstrukturierung der Firmen, freie Mitarbeiterschaft, hohe Mobilität, wechselnde Arbeitsplätze und befristete Arbeitsverträge kennzeichnen die IT-Branche, dennoch gibt es eine nicht unbeträchtliche Zahl von Erwerbstätigen über 35 Jahren im IT-Gewerbe. Nach Angaben des STATISTISCHEN BUNDESAMTS (2002) waren im vergangenen Jahr 172.000 Personen im Bereich Datenverarbeitung als Datenverarbeitungsfachleute oder Informatiker ohne nähere Bezeichnung erwerbstätig, dazu kommen noch 184.000 Softwareentwickler sowie 59.000 Arbeitnehmer, deren Tätigkeitsschwerpunkt im Bereich der Datenverarbeitungsorganisation liegt. Bei den Beschäftigten dieser Berufsgruppen fällt besonders ins Auge, dass in der Altersgruppe der 45-55jährigen ein eklatanter Rückgang der Erwerbstätigen zu verzeichnen ist – im Gegensatz zur Gruppe der 35-45jährigen. Bei den Datenverarbeitungsfachleuten und Informatikern ohne weitere Angaben sind 58.000 Personen zwischen 35 und 45 Jahre alt, hingegen lediglich 25.000 im Bereich 45-55 Jahre. Ähnliche Statistiken weist die Softwareentwicklung auf, nämlich einen Anteil von 68.000 an 35-45jährigen sowie einen Anteil von 31.000 an 45-55jährigen. Bei Erwerbstätigen im Bereich der Datenverarbeitungsorganisation sind 23.000 Beschäftigte zwischen 35 und 45 Jahre, jedoch nur noch 11.000 Personen zwischen 45 und 55 Jahre alt. Über 55 Jahre alte Erwerbspersonen sind in diesem Branchensegment nicht vorhanden. Die Präsenz älterer Beschäftigter im Bereich der Datenverarbeitung stützt nach Meinung der Autoren die These, dass Ältere in Hinblick auf ihre persönlichen Dispositionen mit den Anforderungen der Branche zurecht kommen können.

Die niedrige Zahl der beschäftigten Fachkräfte und die gleichzeitig hohe Zahl der nichtbeschäftigten älteren Fachkräfte mit IT-Qualifikationen kann jedoch als Indiz für das Altern als negatives Selektionskriterium im IT-Bereich gewertet werden.

Zusammenfassend betrachtet erscheint eine Umschulung Älterer in IT-Ausbildungsberufe aus qualifikatorischer Sicht durchaus möglich, für den

Einzelnen jedoch zum momentanen Zeitpunkt nicht empfehlenswert, weil zumindest bei einem Fortbestehen des niedrigen Alters als Einstellungsvoraussetzung nicht zu erwarten ist, dass Ältere nach einer erfolgreichen Umschulung eine Erwerbstätigkeit in dieser Branche aufnehmen können. Dies kann sich jedoch ändern bzw. wird sich ändern müssen, sobald die IT-Branche auf die vermehrte Mitarbeit Älterer angewiesen ist. Wie im ersten Abschnitt ausgeführt, ist der Zeitpunkt, an dem es aus demographischen Gründen zu einem gravierenden Mangel an Jüngeren kommt, allgemein kaum zu prognostizieren. In der IT-Branche ist dies um so schwerer, da die Möglichkeiten, einen demographisch bedingten Mangel an jungem Erwerbspersonenpotenzial zu kompensieren, vergleichsweise gut sind. In der Konkurrenz um den Nachwuchs hat die Branche durch ihr modernes Image und günstige Wachstumschancen gute Karten.

Argumente für die IT-Weiterbildung älterer Fachkräfte

Untersucht werden sollen im Folgenden nun diejenigen Weiterbildungsmaßnahmen, die zum Zweck der Anpassungs- oder Aufstiegsqualifizierung der bereits im IT-Bereich tätigen Älteren betrieben werden oder betrieben werden können. Die entsprechenden Aussagen lassen sich auch auf diejenigen übertragen, die bis vor kurzem in diesem Bereich tätig waren und seit noch nicht allzu langer Zeit arbeitslos sind.

Nach BORCH und WEIßMANN (2002) lässt sich im IT-Bereich eine Reihe von primär durch Weiterbildung erreichbaren Aufstiegsmöglichkeiten lokalisieren. Diese bestehen auf drei Karriereebenen, nämlich auf denen der Spezialisten, der Operativen Professionals und der Strategischen Professionals. In einem von ihnen vorgeschlagenen Konzept soll die Qualifizierung zum Spezialisten „die Berufsausbildung erweitern und vertiefen sowie als ‚Quereinstieg' für berufserfahrene Praktiker dienen." Dabei gelten die in der IT-Branche üblichen Bezeichnungen „Analyst für die Analyse von Problemen und Planung von Lösungen, Developer für die Entwicklung von Lösungen, Administrator für die Konfiguration und den Betrieb von Systemen, Coordinator für die Koordination und Kommunikation (Schnittstellenfunktion), Adviser für das Beraten und Betreuen" (BORCH & WEIßMANN, 2002, S. 30). Auf der Ebene der Operativen Professionals, der mittleren Führungsebene, sind zusätzliche Kompetenzen wie beispielsweise IT-Kompetenz, Personalmanagement, Marketing, Process Engineering, Technical Engineering sowie Kommunizieren in Englisch wichtige Qualifikationsinhalte. Auf der Ebene der Strategischen Professionals liegen die Schwerpunkte auf der Qualifikation für internationale Projekt- und Geschäftsbeziehungen sowie dem Beherrschen von verhandlungssicherem Englisch (BORCH & WEIßMANN, 2002, S. 31). Wer sich in diesen Feldern weiterqualifiziert, hat beträchtliche Chancen, innerhalb der Branche aufzusteigen, wenn sie oder er das richtige Profil wählt, das am Arbeitsmarkt nachgefragt wird. Lebenslanges Lernen macht von diesem Ausgangspunkt aus also sehr viel Sinn.

Es soll nun präzisiert werden, welchen Stellenwert die Anpassungsqualifizierung im IT-Bereich hat und welche Probleme daraus resultieren können. Nach ULRICH (2000) äußern Beschäftigte bestimmte, an ihrer eigenen beruflichen Tätigkeit orientierte Weiterbildungsbedürfnisse. Gerade Personen, die in der Vergangenheit weiterbildungsaktiv waren, äußern einen noch höheren Weiterbildungsbedarf für die Zukunft. Ihr Weiterbildungsbedarf konnte entweder noch nicht gedeckt werden oder die betreffenden Personen befinden sich an Arbeitsplätzen, die immer wieder neue qualifikatorische Anforderungen an sie stellen. Der hohe Weiterbildungsbedarf der IT-Fachkräfte resultiert daraus, dass sie – wie viele Hochqualifizierte – an Arbeitsplätzen eingesetzt sind, an denen sie „praktisch immer oder häufig mit neuen Aufgaben konfrontiert werden, in die sie sich erst einmal hineindenken oder einarbeiten müssen" (JANSEN & STOOß, 1993, S. 115). Ständige Weiterbildung gehört gleichsam zu ihrem Berufsbild und damit auch zu der Anforderung, die der Arbeitgeber an sie stellt.

Da im IT-Bereich Innovationszyklen sehr kurz sind und Wissen schnell veraltet, müssen Weiterbildungsanstrengungen häufig unternommen werden. Die Teilnahme an beruflicher Weiterbildung ist für eine große Zahl von hochqualifizierten Beschäftigten „längst selbst zu einer der Arbeitsanforderungen geworden" (ULRICH, 2000, S. 123). Wer im IT-Bereich arbeitet, für den ist noch mehr als in anderen Berufsfeldern eine permanente Notwendigkeit gegeben, seine Qualifikation „up-zu-daten". Im Gegensatz zu den schlecht absehbaren Erfolgschancen des Versuchs, sich als Älterer für eine Tätigkeit im IT-Bereich umzuschulen, ist eine IT-Weiterbildung für älter werdende, die bereits oder bis vor kurzem in diesem Feld tätig sind oder waren, ein zentrales Mittel, um die Verwertbarkeit ihrer Qualifikation zu erhalten. Nach BUCK (2001) hat „ein internationaler Konzern mit hoher Innovationsdynamik aus dem IT-Bereich (...) die Erfahrung gemacht, dass es gerade Älteren ab Mitte 40 leichter fällt, sich neues Wissen anzueignen, weil sie in der Regel schon mehrere Technologiesprünge miterlebt haben. Diese Mitarbeiter haben begriffen, wie schnell Wissen heute veraltet. In diesem Unternehmen fehlte Jüngeren dagegen oft die Motivation zur kontinuierlichen Weiterbildung, weil sie glaubten, dass ihre Kenntnisse aus dem Hochschulstudium kein Verfallsdatum hätten" (BUCK, 2001, S. 22). Falls sich dieser auf ein Unternehmen zutreffender Befund mit Hilfe weiterer Untersuchungen untermauern lässt, kann er als weiterer Erklärungsversuch für die niedrige Zahl der beschäftigten Fachkräfte und die gleichzeitig hohe Zahl der nichtbeschäftigten älteren Fachkräfte herangezogen werden. IT-Fachkräfte sind durchaus gewillt, sich fortwährenden Anpassungsqualifizierungen zu unterziehen, dennoch scheinen die Personalverantwortlichen in den Betrieben die Bedeutung frühzeitiger Weiterbildungsmaßnahmen nicht zu erkennen. Wird Weiterbildung in den frühen Berufsjahren vernachlässigt, obwohl dazu aufgrund des hohen Innovationstempos Notwendigkeit besteht, führt dies zur schleichenden Dequalifizierung aller Beschäftigten, was zu einer Gefährdung der Erwerbsmöglichkeiten führt. Die innerbetriebliche oder – im Fall der Arbeitslosigkeit – öffentliche Förderung von IT-Weiterbildung ist also altersunabhängig notwendig, um die Erwerbschancen zu sichern.

Würde eine vermehrte Förderung solcher Weiterbildung aber auch zu einer erhöhten Weiterbildungsteilnahme der älter werdenden IT-Fachkräfte führen?

Einerseits ist eine Teilnahme älterer Hochqualifizierter entgegen dem Vorurteil, dass mit dem Altern eine abnehmende Weiterbildungsbereitschaft Beschäftigter oder eine mangelnde betriebliche Förderung derartiger Maßnahmen einhergehe, allgemein sehr wahrscheinlich. So konnte GALLENBERGER (2002) in einer Untersuchung zur Weiterbildungsteilnahme feststellen, dass das Verhältnis von Nichtteilnehmern zu Teilnehmern bei Hochqualifizierten vom Altern nicht beeinflusst wird. Der Anteil der Teilnehmer liegt mit jeweils etwa 90% bei Jüngeren und Älteren sehr hoch und bestätigt damit die Aussagen zur hohen Bedeutung der Weiterbildung in diesem Qualifikationssegment.

Andererseits sind aber gerade in dieser Branche auch Gründe für einen bewussten „Widerstand gegen Bildung" im Sinne von AXMACHER (1990) denkbar, die zu einer Nichtteilnahme führen können.

Obwohl eine beständige Anpassungsqualifizierung im sich schnell wandelnden IT-Bereich nicht nur notwendig, sondern aufgrund der Befunde zur Weiterbildungsbeteiligung Hochqualifizierter sogar wahrscheinlich erscheint, könnte sich eine IT-Weiterbildung aus der Sicht derjenigen älter werdenden Beschäftigten nicht lohnen, die unter den unter Umständen als wenig attraktiv erlebten Arbeitsbedingungen der IT-Branche nicht mehr arbeiten wollen oder – aus gesundheitlichen Gründen – können. Hoher Innovationsdruck, schnelle Veralterung von Wissen sowie die von TRAUTWEIN-KALMS (2001) angeführten Arbeitsbedingungen im IT-Sektor (z.B. Stress; Durchdringung des Privatlebens durch flexible Erwerbsarbeit; hohe Abhängigkeit von Technik, Kunden und Leistungsvorgaben; kurzfristige Unternehmensentscheidungen) könnten Ursachen für einen „Widerstand gegen Bildung" sein. Ältere könnten aus persönlichen Gründen eine (Wieder-)Beschäftigung im IT-Bereich für sich ausschließen und deshalb eine vom Unternehmen oder der Arbeitsverwaltung vorgeschlagene Weiterbildung verweigern. Der Grund für eine solche Verweigerung wäre dann darin zu sehen, dass die junge IT-Branche es noch nicht geschafft hat, Formen der Arbeitsorganisation zu finden, die den (Reproduktions-)Bedürfnissen nicht nur älterer Menschen, die für den Erhalt von Arbeitskraft und -fähigkeit erforderlich sind, entsprechen.

Zusammenfassend kann festgestellt werden, dass sich Weiterbildung für IT-Fachkräfte in jedem Fall lohnt. Der Nutzen von Aufstiegsfortbildung für Aufstiegswillige ist weitgehend unstrittig, da in dieser Branche die Verteilung von höheren Positionen weitgehend über den Weg der nachgewiesenen Zusatzqualifikation erfolgt. Der Sinn der Anpassungsqualifizierung ist hingegen nur theoretisch sinnvoll. Vorliegende Befunde deuten darauf hin, dass trotz des hohen Bedarfs an Anpassungsqualifizierung diese bei einem Teil der Beschäftigten offensichtlich unterbleibt. Dies könnte als eine Form des Widerstands der älter werdenden Beschäftigten gegen bestehende Arbeitsbedingungen interpretiert werden. Besonders untersuchenswert ist diese These, weil eine massenhafte Verweigerung der offensichtlich notwendigen Qualifizierung zur qualifikationsbedingten Arbeitslosigkeit älterer IT-Fachkräfte führen muss und sich die hohe Zahl arbeitsloser IT-Fachkräfte auf diese Weise erklären ließe.

Fazit

Aufgrund der demographischen Entwicklung werden Unternehmen im nächsten Jahrzehnt verstärkt auf die Arbeitskraft älterer Arbeitnehmer zurückgreifen müssen. Diese generelle Feststellung trifft jedoch für die IT-Branche aufgrund bestehender Kompensationsmöglichkeiten nur bedingt zu. Deshalb ist es besonders schwierig, für diesen Sektor vorherzusagen, zu welchem Zeitpunkt die Leistungskraft Älterer verstärkt nachgefragt werden wird.

Studien belegen, dass ältere Arbeitnehmer durchaus in der Lage sind, den Leistungsanforderungen und dem Innovationsdruck sogenannter moderner Branchen gerecht zu werden. Zudem sind im Moment in der Datenverarbeitungsbranche nicht ausschließlich unter 35jährige anzutreffen, was als Beleg für das Leistungspotenzial älterer Erwerbstätiger gewertet werden kann. Das Personalmanagement im IT-Bereich steht jedoch häufig in der Tradition einer jugendzentrierten Perspektive, was zum negativen Selektionskriterium für Ältere bei Einstellungen werden kann.

In Hinblick auf die Ausgangsthematik, ob lebenslanges Lernen vor dem Hintergrund der Alterung der Erwerbspersonen am Beispiel der IT-Qualifikationen als sinnvoll erachtet werden kann, ist festzustellen, dass das Erfordernis lebenslangen Lernens gerade für IT-Fachkräfte von besonderer Bedeutung ist, da in dieser Branche Wissen schnell veraltet und ein allgemein hoher Innovationsdruck herrscht. Die Notwendigkeit stetiger Weiterqualifizierung gilt jedoch für Ältere *und* Jüngere gleichermaßen. In der IT-Branche ist lebenslanges Lernen in Form beruflicher Anpassungs- oder Aufstiegsqualifizierung offensichtlich auch bereits für jüngere Beschäftigte notwendig. Genauer untersucht werden müsste die Vermutung, dass in dieser Branche kaum Weiterbildungsteilnahmemöglichkeiten in den ersten Berufsjahren bestehen, was relativ früh zu Qualifikationsdefiziten in diesem Fachbereich führen kann. Eine alternative oder komplementäre Erklärung für die hohen Arbeitslosenzahlen im IT-Bereich kann in der mangelnden Kompatibilität zwischen jugendzentriertem Produktionsregime und den sozialen Bedürfnissen von Menschen im mittleren Erwachsenenalter liegen. Es wird in der Verantwortung der Entscheidungsträger des IT-Sektors selbst liegen, einen Wechsel in den Unternehmenskulturen der Branche herbeizuführen.

Vielleicht hätten dann auch ältere Neueinsteiger nach einer Umschulung Aussichten auf eine Beschäftigung im IT-Sektor. Nach derzeitigem Forschungsstand und Arbeitsmarktsituation ergeben sich für Interessenten ab einem Alter von 35 Jahren selbst nach dem enormen Aufwand, den eine Umschulung mit sich bringt, kaum Möglichkeiten, die eigene Erwerbssituation durch die Aneignung umfassender Qualifikationen zu verbessern.

Literaturverzeichnis

Arbeitsamt (2001). 1,9 Milliarden DM in IT-Qualifizierung für Arbeitslose investiert. *Pressemitteilung Nr. 05/01.* http://www.arbeitsamt.de/hst/services/pressearchiv/05_01.html (Stand: 25.05.2002)

Axmacher, D. (1990). *Widerstand gegen Bildung. Zur Rekonstruktion einer verdrängten Welt des Wissens.* Weinheim: Deutscher Studienverlag.

Bäcker, G. (1996). Demographischer Wandel, Arbeitsmarktentwicklung und Beschäftigungsperspektiven älterer Arbeitnehmer. *Zeitschrift für Gerontologie und Geriatrie, 29*, 23-28.

Barkholdt, C., Frerichs, F. & Naegele, G. (1995). Altersübergreifende Qualifizierung – eine Strategie zur betrieblichen Integration älterer Arbeitnehmer. *Mitteilungen aus der Arbeitsmarkt- und Berufsforschung, 28*, 425-436.

Behrend, C. (1997). *Die künftige Beendigung des Erwerbslebens – Kontinuität oder Abbau sozialer Standards?* Berlin: Eurotrans.

Behrend, C. (2001). Erwerbsarbeit im Wandel, Beschäftigungschancen älterer Arbeitnehmer und Übergänge in den Ruhestand. In Deutsches Zentrum für Altersfragen (Hrsg.), *Expertisen zum Dritten Altenbericht der Bundesregierung. Band 2: Erwerbsbiographien und materielle Lebenssituation im Alter* (S. 11-129). Opladen: Leske + Budrich.

Borch, H. & Weißmann, H. (2002). Die Berufsprofile des IT-Weiterbildungssystems. In Bundesministerium für Bildung und Forschung (BMBF) (Hrsg.), *IT-Weiterbildung mit System. Neue Perspektiven für Fachkräfte und Unternehmen* (S. 30-36). Bonn: BMBF.

Buck, H. (2001). Öffentlichkeits- und Marketingstrategie demographischer Wandel – Ziele und Herausforderungen. In H.-J. Bullinger (Hrsg.), *Zukunft der Arbeit in einer alternden Gesellschaft* (S. 11-24). Stuttgart: IRB.

Bundesanstalt für Arbeit (2000). *Ältere Mitarbeiter – kompetent, leistungsstark und flexibel.* Nürnberg: BfA.

Bundesinstitut für Berufsbildung (BIBB) (2001). *Erfolgsgeschichte der IT-Berufe.* http://www.bibb.de/forum/itberufe/erfolgstory.htm (Stand: 25.05.2002)

Dostal, W. (2000). Anwerbung kann Ausbildung nicht ersetzen. *IAB-Kurzbericht, 3*, 1-8.

FNV/Universität Amsterdam (2000). *Working in the IT sector: Under what conditions?.* Amsterdam: Universität Amsterdam.

Fuchs, J., Schnur, P. & Zika, G. (2000). Diskurswechsel. Von der Massenarbeitslosigkeit zum Fachkräftemangel. *IAB-Kurzbericht, 9*, 1-6.

Fuchs, J. & Thon, M. (1999). Potentialprojektion bis 2040. Nach 2010 sinkt das Angebot an Arbeitskräften. *IAB-Kurzbericht, 4*, 1-6.

Gallenberger, W. (2002). *Weiterbildungsabstinenz älterer Beschäftigter in einer alternden Erwerbsbevölkerung?* Opladen: Leske + Budrich.

Geißler, R. & Meyer, T. (1996). Struktur und Entwicklung der Bevölkerung. In R. Geißler (Hrsg.), *Die Sozialstruktur Deutschlands. Zur gesellschaftlichen Entwicklung mit einer Zwischenbilanz zur Vereinigung* (S. 333-357). Opladen: Westdeutscher Verlag.

Hartley, A. A., Hartley, J. T. & Johnson, S. A. (1983). The older adult as computer user. In P. Robinson, J. Livingstone & J. E. Birren (Hrsg.), *Aging and technological advances* (S. 347-348). New York: Plenum.

IAB (2000). *Kurzbericht 3/2000: Anwerbung kann Ausbildung nicht ersetzen.* Nürnberg: Institut für Arbeitsmarkt- und Berufsforschung.

Jansen, R. & Stooß, F. (1993). *Qualifikation und Erwerbssituation im geeinten Deutschland: Ein Überblick über die Ergebnisse der BIBB/IAB Erhebung, 1991/1992* (2., überarb. Aufl.) Berlin: Bundesinstitut für Berufsbildung.

Klotz, U. (2000). „New Economy". Entwicklungshelfer für die alte Welt? *Computer Fachwissen, 4*, 6-12.

Kohli, M. (1989). Das Altern der Gesellschaft: Demographische Grundlagen. In M. M. Baltes, M. Kohli & K. Sames (Hrsg.), *Erfolgreiches Altern. Bedingungen und Variationen* (S. 36-41). Bern: Huber.

Kruse, A. (2000). Psychologische Beiträge zur Leistungsfähigkeit im mittleren und höheren Erwachsenenalter – eine ressourcenorientierte Perspektive. In C. von Rothkirch (Hrsg.), *Altern und Arbeit: Herausforderung für Wirtschaft und Gesellschaft* (S. 72-87). Berlin: Edition Sigma.

Lehr, U. (2000). *Psychologie des Alterns* (9. Aufl.). Heidelberg: UTB.

Müller, W. (2000). Jeder über 35 ist erledigt. Import von Computer-Spezialisten. *Freitag. Die Ost-West-Wochenzeitung, 10*, 1-3.

Naegele, G. (1994). Demographische und strukturelle Veränderungen in der Arbeitswelt – Neue Herausforderungen an berufliche Fort- und Weiterbildung. In L. Veelken, E. Gösken & M. Pfaff (Hrsg.), *Gerontologische Bildungsarbeit. Neue Ansätze und Modelle* (S. 131-150). Hannover: Vincentz.

Rosenow, J. & Naschold, F. (1994). *Die Regulierung von Altersgrenzen. Strategien von Unternehmen und die Politik des Staates*. Berlin: Edition Sigma.

Statistisches Bundesamt (2002). *Datenverarbeitungsfachleute nach Alter. Kurzmitteilung*. Karlsruhe: StBuA.

Steinmann, G. (1993). *Zusammenhang zwischen Alterungsprozeß und Einwanderung*. Expertise für die Enquete-Kommission „Demographischer Wandel" des Deutschen Bundestages. Halle-Wittenberg: Martin-Luther-Universität, Wirtschaftswissenschaftliche Fakultät, Institut für Bevölkerungsökonomie.

Thon, M. (1995). Demographische Aspekte der Arbeitsmarktentwicklung – die Alterung des Erwerbspersonenpotentials. *Mitteilungen aus der Arbeitsmarkt- und Berufsforschung, 28*, 290-299.

Trautwein-Kalms, G. (2001). IT-Fachkräftemangel. Der Mensch lebt nicht von Qualifikation allein. *Gewerkschaftliche Monatshefte, 2*, 94-99.

Ulrich, J. G. (2000). Sind wir ausreichend für unsere Arbeit gerüstet? Besondere Kenntnisanforderungen am Arbeitsplatz und Weiterbildungsbedarf der Erwerbstätigen in Deutschland. In W. Dostal, R. Jansen & K. Parmentier (Hrsg.), *Wandel der Erwerbsarbeit: Arbeitssituation, Informatisierung, berufliche Mobilität und Weiterbildung* (S. 99-124). Nürnberg: Institut für Arbeitsmarkt- und Berufsforschung.

Volkholz, V. (1991). Qualifikations- und Arbeitsmarktprobleme der Zukunft – unter der Bedingung alternder Belegschaften. In G. Elstner & V. Volkholz (Hrsg.), *Alter, Leistung, Gesundheit – eine Anregung zur Tarifreform 2000*. Düsseldorf: Hans-Böckler-Stiftung.

Bettina Meier

Bildungscontrolling in der betrieblichen Personalentwicklung – Optimierung von Qualifizierungsmaßnahmen

Der Begriff der Personalentwicklung ist mittlerweile weder aus Unternehmen noch aus der aktuellen Literatur, die sich mit den Bereichen Betriebswirtschaft oder Betriebspädagogik auseinandersetzt, wegzudenken. Zwar ist die Verzahnung der wissenschaftlichen Disziplinen – Betriebswirtschaft auf der einen Seite und Pädagogik auf der anderen Seite – noch lange nicht zufriedenstellend in Hinblick auf ein gemeinsames Ziel gelungen, doch gerade im Bereich der Personalentwicklung bestehen günstige Bedingungen dafür, dass diese sich oft auf den ersten Blick widersprechenden wissenschaftlichen Disziplinen sich einem gemeinsamen Ziel zuwenden: Der (Weiter-)Qualifizierung der Beschäftigten.

Eine Kombination beider Disziplinen deutet sich insbesondere im Bereich des *Bildungscontrollings* an. Dabei hat es bei erster Betrachtung den Anschein, dass *Bildung* dem Bereich der Pädagogik zuzuordnen ist und *Controlling* dem betriebswirtschaftlichen Bereich. Das Verhältnis von Bildung und Controlling ist jedoch komplexer und soll deshalb nachfolgend in Zusammenhang mit der betrieblichen Personalentwicklung analysiert werden.

Aufgaben der Personalentwicklung

Der Bereich der Personalentwicklung erwies sich Anfang der 90er Jahre (BECKER, 1993) als ein an Bedeutung stetig zunehmender Sektor innerhalb von Unternehmen. BECKER (1999) sieht diese Entwicklung im Lauf der Jahre bestätigt. Eine einheitliche Zu- und Beschreibung der Aufgabenbereiche der Personalentwicklung ist jedoch in der Literatur nicht zu finden, so wird auch der Begriff Personalentwicklung vielfach und unterschiedlich definiert (BECKER, 1999; GÜNTHER, 2001; VON ROSENSTIEL, 1999).

Eine Definition von Personalentwicklung (BECKER, 1993, S. 36) lautet: „Personalentwicklung umfasst alle Maßnahmen der Bildung, der Förderung und der Organisationsentwicklung, die von einer Organisationseinheit zielorientiert geplant, realisiert und evaluiert werden".

Definitionen anderer Autoren setzen die Akzente unterschiedlich. Dabei stehen verschiedene Fragestellungen im Vordergrund, etwa: Wer gibt die Ziele vor? Wer ist das Subjekt, um das herum Personalentwicklung wirken soll? Auch die Bedingungen, unter denen Personalentwicklung bzw. deren Maßnahmen wirkungsvoll zum Einsatz kommen können, werden unterschiedlich beschrieben (VON ROSENSTIEL 1999; hierzu auch BECKER, 1999; GÜNTHER, 2001).

Werden die Hauptphasen personaler Förderung nach SONNTAG (1999) betrachtet, ist Personalentwicklung wenig sinnvoll und effektiv, wenn sie ohne eine vorausgegangene, fundierte Bedarfserfassung und nach Durchführung der Maßnahme ohne ausreichende Effektkontrolle durchgeführt wird. Die Hauptphasen personaler Förderung sind nach SONNTAG (1999):

- Analyse des Entwicklungsbedarfs
- Entwicklung und Gestaltung der Maßnahmen
- Realisierung der Maßnahmen
- Evaluation/Transfer von Personalentwicklungsmaßnahmen

Mit der Umsetzung dieser vier Hauptphasen personaler Förderung ist ein breites Spektrum von Personalentwicklungsaufgaben beschrieben, vor allem, wenn die Ausgestaltung und Umsetzung dieser vier Aspekte auch in Hinblick auf die Unternehmensziele betrieben wird. So kann beispielsweise die Phase „Analyse des Entwicklungsbedarfs“ sowohl die Qualifikation einzelner Beschäftigter als auch ganzer Abteilungen oder Fachbereiche umfassen.

Kosten-Nutzen-Überlegungen aus der Sicht der Unternehmen

Dass Qualifizierungsüberlegungen letztlich dem Prinzip einer Kosten-Nutzen-Bilanz genügen sollen, ist weder aus betriebswirtschaftlicher (Rechnet sich die Ausgabe für die Weiterbildungsmaßnahme? Werden die erworbenen Kenntnisse im Unternehmen im Sinne einer optimalen Vorbereitung auf zukünftige Herausforderungen eingesetzt?) noch aus pädagogischer (Wie werden die Beschäftigten qualifiziert? Nach welchen Kriterien erfolgt die Auswahl der Qualifizierungsmaßnahmen?) Perspektive überraschend. Wichtig scheint in diesem Zusammenhang auch das der Personalentwicklung übergeordnete Ziel des Unternehmens zu sein: Ist kurzfristige Gewinnmaximierung das von der Führungsebene mit allen Mitteln verfolgte oberste Prinzip oder kommt der gezielten Qualifizierung der Beschäftigten – trotz hoher Ausgaben – ein sehr hoher Stellenwert zu, um dadurch möglicherweise mittel- und langfristig ökonomisch erfolgreich bleiben zu können? Der Nutzen von Qualifikationen an sich lässt sich schwer bemessen, jedoch werden aus der Sicht der Unternehmen Kosten-Nutzen-Abwägungen angestellt, auf die im Folgenden eingegangen wird.

Die zentrale Herausforderung für Unternehmen besteht – neben dem Ziel der Nutzen- und Gewinnmaximierung – aufgrund der wirtschaftlichen, technischen und gesellschaftlichen Rahmenbedingungen in der Bewältigung des derzeit vielerorts propagierten Wandels (BECKER, 1999; HARTEIS, 2002; UEPPING & ERNST, 2001). Die Annahme des Wandels impliziert die Unsicherheit der bestehenden Verhältnisse und damit auch eine immer schwieriger werdende Prognostizierbarkeit der (Qualifikations-)Anforderungen an die Beschäftigten (PRIDDAT, 1999). Eine optimale Ausgangsbasis für die Bewältigung zukünftiger Probleme und Anforderungen eröffnet sich nach HARTEIS, BAUER und COESTER (in diesem Band), indem die (Weiter-)Entwicklung der individuellen Kompetenz Beschäftigter nicht behindert und eingeschränkt, sondern im Gegenteil möglichst breit gefördert und unterstützt wird. Doch gerade diese möglichst breite Förderung und Unterstützung im Sinne einer (Weiter-)Qualifizierung ist es, die den Unternehmen im Bereich der Personal- und Organisationsentwicklung große Probleme zu bereiten scheint. Die Betriebe richten ihre Aufmerksamkeit verstärkt auf die „Verwertungsseite“ des Bildungsgeschehens (HERGET & BEICHT, 2000), was aber keineswegs die Abkehr der Praxis vom klassischen Produktionsmodell der Weiterbildung (Input → Prozess → Output) bedeutet. Dieses klassische Modell impliziert, dass Gelerntes (Input und Prozess) auch in der Arbeitssituation angewandt werden kann (Output). Dabei wird jedoch der Aspekt der Anwendbarkeit des erworbenen Wissens vernachlässigt, denn nicht alles Gelernte kann von den Beschäftigten auch in ihrem Arbeitsumfeld ein- und umgesetzt werden (Transferproblematik; siehe hierzu MANDL, PRENZEL & GRÄSEL, 1992; RENKL, 1996; WILKENING, 1997). Dies wird vor allem dann zum Problem, wenn die Weiterbildungsmaßnahmen weder in ihren Inhalten noch in der Aufbereitung auf die Bedürfnisse der Beschäftigten abgestimmt sind. So verlagert sich das Interesse von Faktoren des Inputs oder der Optimierung der Durchführung der Maßnahme verstärkt hin zur Verwertungsseite des Bildungsprozesses – ins Blickfeld rücken vorzugsweise Wirkungen und die ökonomischen Ergebnisse (HERGET & BEICHT, 2000).

Auswirkungen von Kosten-Nutzen-Abwägungen der Unternehmen auf den Bereich der Personalentwicklung

Werden Qualifizierung und Weiterbildung der Beschäftigten nicht mehr als ein von wertschöpfenden Prozessen eines Unternehmens abgehobenes Handlungsfeld verstanden und organisiert, sondern in diese Prozesse integriert, dann ist der erste Schritt hin zu einer prozessintegrierten Personalentwicklung getan. Bei diesem Ansatz ist es von zentraler Bedeutung, „Qualifizierung und Personalentwicklung nicht aus ihrem organisationalen Problemlösekontext zu isolieren, sondern bewusst dort zu belassen“ (HOFFMANN, 2000, S. 10). Dass diese Vorgehensweise nicht für alle Qualifikationsanforderungen der Beschäftigten sowie für alle Größen und Sparten von Unternehmen anzustreben ist, scheint auf der Hand zu liegen. Mag diese Art der Personalentwicklung bei kleinen und mittleren Unternehmen einen schnelleren Zugang zu den Bedürfnissen und Bedarfen der Beschäftigten und der Abteilungen eröffnen, so kann eine solche Dezentralisierung bei größeren Unternehmen eine Aufgabendiffusion zur Folge haben. Doch auch bei den Großunternehmen kann diese Art der Vorgehensweise hilfreich sein, beispielsweise wenn es um neu ins Leben gerufene Abteilungen oder Projekte geht. Begreifen sich diese als Teil des wertschöpfenden Prozesses, können auch die Qualifizierungsmaßnahmen als solche begriffen werden.

BÜCHTER und CHRISTE (2000) beschreiben die Qualifizierungssituation in den Betrieben folgendermaßen: Viele Unternehmen erkennen einerseits die Relevanz von Qualifikationen für die allgemeine ökonomische und technologische Entwicklung und andererseits nicht vorhandene Qualifikationen als Innovationshemmnis. Jedoch „zeichnet sich in kaum einem Betrieb eine stärkere Qualifizierungsorientierung bzw. ein stärkeres Engagement für mehr Qualifizierung der Beschäftigten ab. Entweder wird der eigene Bedarf dafür als zu gering eingeschätzt, oder aber die Betriebe sehen sich mit unüberwindbaren Schwierigkeiten bei der Beseitigung der Qualifikationsengpässe konfrontiert“ (BÜCHTER & CHRISTE, 2000, S. 73).

Allgemein betrachtet kann betriebliche Weiterbildung als Teil des Aufgabenbereichs der Personalentwicklung – nicht nur als Kostenfaktor, sondern zugleich – als ein entscheidender (oder sogar der entscheidende) Wertschöpfungsfaktor angesehen werden, der dazu beitragen soll, die betrieblichen Humanressourcen besser und systematischer als bisher zu erschließen. Betriebliche Weiterbildung „wird zudem als Instrument zur Bewältigung des Strukturwandels eingesetzt (strategischer Erfolgsfaktor)“ (KÜHNLEIN, 2000, S. 21). Die strategische Funktion, die der beruflichen (Weiter-)Bildung in modernen Unternehmen damit in Zukunft immer stärker zuzukommen scheint, führt dazu, dass berufliche Bildung zunehmend integrierter Bestandteil der Personalentwicklung wird.

Jedoch scheint auch im Aufgabenbereich der Personalentwicklung der Anspruch einer stärkeren Kosten-Nutzen-Orientierung von Bildungsmaßnahmen immer wichtiger zu werden (MILDENBERGER, 2000). Ein wesentlicher Beitrag zur Bewältigung und Institutionalisierung dieser Kosten und Nutzen abwägenden Aufgabe wird durch die Implementation eines Bildungscontrollings erwartet. Im folgenden Absatz werden Aufgabenbereiche und Komponenten des Bildungscontrollings vorgestellt und einer kritischen Analyse unterzogen.

Bildungscontrolling als Aufgabenbereich der betrieblichen Personalentwicklung

Aspekte wie Kostensenkung, Nutzensteigerung, Qualitätsverbesserung, Innovationen, Struktur- und Prozessumstellungen werben für den Einsatz von Modellen des Bildungscontrollings nicht nur bei Unternehmen, sondern auch in Bereichen der öffentlichen Bildung (SEEBER, 1997). Wie schon beim Begriff „Personalentwicklung" gibt es auch hier unterschiedliche Definitionsversuche, die dem Bildungscontrolling unterschiedliche Aufgabenbereiche zuweisen. SEEBER (1997, 2000; siehe hierzu auch BAETHGE & SCHIERSMANN, 1998; BECKER, 1993; GNAHS & KREKEL, 1999) diagnostiziert eine starke begriffliche und konzeptionelle Unschärfe. Dies wird nach Ansicht der Autorin auch aus der Vielzahl von Ansätzen deutlich, die unter dem Begriff des Bildungscontrollings subsummiert werden, z.B. Erfolgscontrolling, Personal (entwicklungs)controlling, Lernerfolgskontrolle. BECKER (1993, S. 127) umschreibt Bildungscontrolling folgendermaßen: „Bildungscontrolling soll als ganzheitlich-integratives Instrument der Unternehmensführung den erreichten und/oder erwarteten Bildungsnutzen in Relation zu den vorgegebenen Bildungszielen und eingesetzten Ressourcen evaluieren. Das Bildungsgeschehen soll mit den Unternehmens- und Mitarbeiterzielen verbunden werden." Diese sehr allgemein gehaltene – das Grundlegende des Bildungscontrollings jedoch umfassende – Definition umschreibt Bildungscontrolling im Sinne eines strategischen Steuerungsinstruments. Konkretere Ziele, Funktionen, Aufgaben sowie Methoden und Instrumente des Bildungscontrollings werden in der Literatur nicht klar voneinander abgegrenzt, doch nach SEEBER (2000, S. 28) „besteht weitgehender Konsens darin, dass dem Bildungscontrolling die Funktion zukommt, rationale Entscheidungsfindungsprozesse und eine stringente Zielausrichtung der Bildungsaktivitäten und –prozesse zu stützen. Damit verbunden ist die Erwartung, Effektivität und Effizienz der Bildungsprozesse zu optimieren".

Es zeigt sich, dass der Aufgabenbereich Bildungscontrolling verschiedene Funktionen erfüllen kann bzw. zu erfüllen hat. Diese werden im Folgenden vorgestellt, anschließend werden die den Bildungscontrollingprozess umfassenden Komponenten des Bildungscontrollings erläutert.

Funktionen von Bildungscontrolling

Es werden verschiedene Funktionen des Bildungscontrollings unterschieden. Die Hauptfunktionen sind nach SEEBER (1997):

1) Messung und Beurteilung des *Wertschöpfungsbeitrags* von Bildung zur Unternehmensleistung
2) Erstellung von *Kosten-Nutzen-Analysen* der betrieblichen Bildungsarbeit
3) Steuerungsfunktion durch *Soll-Ist-Abgleiche* unter ökonomischer und pädagogischer Perspektive

4) Ermittlung der *Lerneffektivität* durch pädagogische Input-Output- und Prozessanalysen betrieblicher Bildungsarbeit.

Diese sehr plakativ formulierten Hauptfunktionen von Bildungscontrolling sind nur äußerst schwer adäquat erfassbar. So bleibt die Frage offen, wie der Wertschöpfungsbeitrag von Bildung zur Unternehmensleistung überhaupt gemessen werden kann. Ein ähnliches Problem stellt sich bei Kosten-Nutzen-Analysen der betrieblichen Bildungsarbeit, wobei bei diesem Punkt – wie oben schon herausgestellt wurde – zwischen Kosten-Nutzen-Analysen aus der Sicht der Beschäftigten einerseits und aus der Sicht des Unternehmens andererseits unterschieden werden kann. Ebenso schwer zu bewältigen ist ein für alle Beteiligten gültiger Soll-Ist-Abgleich. Auch beim Punkt der Ermittlung der Lerneffektivität erscheint es zum einen – vor allem wenn die Ergebnisse der Lehr-Lern-Forschung in Betracht gezogen werden – fragwürdig, die Lerneffektivität anhand von Input-Output-Vorgängen messen zu wollen, und zum anderen sollten nicht nur Lerneffektivität, sondern auch Lerninhalt und Lerntransfer ins Anwendungsgebiet in die Bewertung einfließen. Nichtsdestotrotz ist es wohl hilfreich, die Hauptfunktionen, die dem Bildungscontrolling zugeschrieben werden, zu berücksichtigen, gerade wenn es darum geht, die Ergebnisse eines Bildungscontrollings zu bewerten und weitere Schritte zu veranlassen.

Deutlich spiegeln sich die von SEEBER (1997) angesprochenen Hauptfunktionen des Bildungscontrollings auch in den unterschiedlichen Komponenten wider, aus denen sich der „Gesamtprozess Bildungscontrolling" zusammensetzt. Diese Komponenten werden im Folgenden vorgestellt, um den Prozesscharakter des Bildungscontrollings zu verdeutlichen.

Komponenten von Bildungscontrolling

Einheitlich festzustellen ist, dass – bei unterschiedlichen Definitionsversuchen und trotz unterschiedlicher Anzahl der Komponenten – die Komponenten des Bildungscontrollings stets den unterschiedlichen Phasen von Bildungsprozessen zugeordnet werden (SEEBER, 2000). So umfasst Bildungscontrolling – das als integrativ und systematisch verstanden wird – als Steuerungskonzept demnach idealtypisch die verschiedenen Phasen eines Bildungsprozesses (EBBINGHAUS, 2000, S. 118), wie Abbildung 1 zeigt.

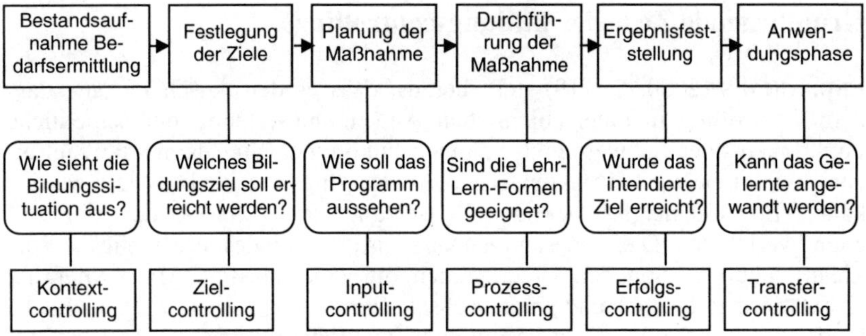

Abb. 1: Komponenten des Bildungscontrollings (nach EBBINGHAUS, 2000, S. 118).

Die erste und grundlegende Komponente des Bildungscontrollings ist nach EBBINGHAUS (2000) das Kontextcontrolling, welches die Analyse der Bildungssituation umfassen soll. Diese Komponente dient dabei der Bestandsaufnahme und der Analyse des Bildungsbedarfs.

Die Aufgabe des mit Bedarfsanalysen (Kontextcontrolling) unlösbar verbundenen Zielcontrollings ist es, „die Zielkomplementarität zwischen den Zielsystemen des Unternehmens, den Personalentwicklungszielen und den individuellen Karriere- und Weiterbildungsoptionen zu fördern" (SEEBER, 2000, S. 38). Dies erscheint wiederum als Grundlage für die im Anschluss daran festzulegenden Ziele der Weiterbildungsmaßnahme (Zielcontrolling). Die Planung der Maßnahme(n) ist der nächste Schritt (Inputcontrolling). Das dargestellte Prozesscontrolling bezieht sich auf die Durchführung der Maßnahme, das Erfolgscontrolling erfolgt direkt im Anschluss an diese Bildungsmaßnahme. Abschließend steht das Transfercontrolling mit der oft nicht einfach zu beantwortenden Frage „Kann das Gelernte angewandt werden?" an.

Diese vielleicht einzeln wirkenden Komponenten des Bildungscontrollings können auch losgelöst voneinander betrachtet und analysiert werden, obwohl sie untereinander in vielfältigen Beziehungen und auch Abhängigkeiten stehen. Einige dieser Komponenten sind sicherlich bereits schon seit langem in die Arbeit von Personal- und Weiterbildungsabteilungen integriert, beispielsweise dann, wenn es darum geht, Weiterbildungsmaßnahmen zu bewerten (Schlagwort: Evaluation), ohne dass diese Controlling-Maßnahmen unter dem Begriff des Bildungscontrollings subsummiert und vermarktet werden. Andererseits besteht die Gefahr, dass Einzelkomponenten nicht nur unter dem Aspekt Bildungscontrolling betrachtet, sondern diesem sogar gleichgesetzt werden. Dabei ist zu kritisieren, dass die Konzentration auf eine oder mehrere Einzelkomponenten kaum ein prozesshaftes Bildungscontrolling fördert, das den Bildungsprozess in all seinen Phasen begleitet und schließlich auch zu optimieren hofft.

Grundlegende Ziele des Bildungscontrollings

EBBINGHAUS (2000, S. 119) stellt heraus, dass es den Anschein hat, „dass dem Controlling in unterschiedlichen Anwendungsfeldern unterschiedliche Funktionen oder Schwerpunktsetzungen zukommen und damit die Zielsetzung nur in Bezug auf das jeweilige Anwendungsfeld konkretisiert werden kann." Eng mit der so wichtigen Zielsetzung ist der Aspekt der Zielerreichung verbunden. Dieser Zusammenhang wird – zumindest in Hinblick auf die Zielerreichung – von den Unternehmen oft vernachlässigt. MILDENBERGER (2000) fordert einen Paradigmenwechsel: Primär interessant sollte nicht die Frage nach den Kosten einer bestimmten Qualifizierungsmaßnahme sein, sondern die Frage, ob die Maßnahme zur Zielerreichung geeignet ist. MILDENBERGER (2000) bildet das sicherlich etwas überzeichnete und verallgemeinerte Paradigma folgendermaßen ab: Das „alte Bild" erinnert sehr an die Vorgehensweise aus dem ursprünglichen – betriebswirtschaftlichen – Controlling. Aus pädagogischer Sicht ist diese Vorgehensweise problematisch, eben weil der Kostenaspekt sehr vordergründig zum Tragen kommt. Das „neue Bild" passt sich den pädagogischen Fragestellungen insofern an, indem es versucht, das „alte Bild" neu zu strukturieren (Abbildung 2). Damit schlägt MILDENBERGER (2000) vor, Bildungscontrolling auf die Frage: „Machen wir die richtigen Dinge?" basieren zu lassen.

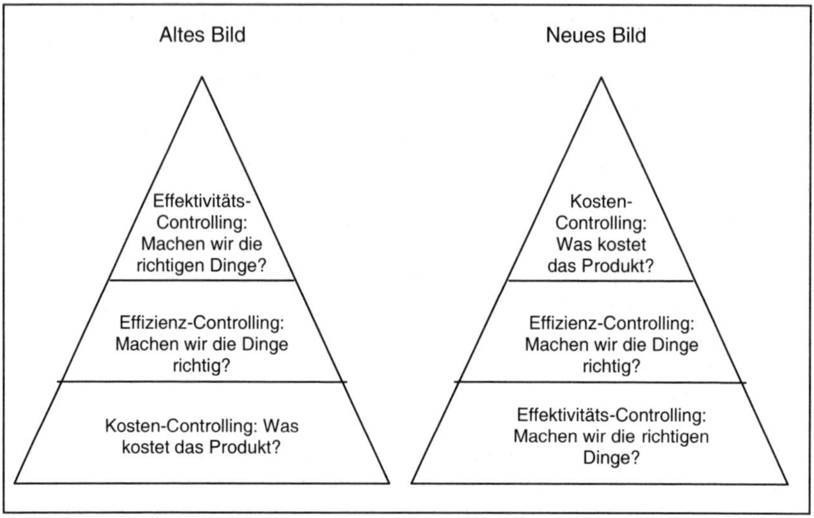

Abb. 2: Bildungscontrolling (nach MILDENBERGER, 2000, S. 134f.).

Diese sehr allgemeine Frage kann wiederum viele Probleme aufwerfen: Gerade in Hinblick auf die oft nicht klar formulierten Unternehmensziele und -vorgaben, die den Bereich der betrieblichen Weiterbildung betreffen, scheint die Beantwortung dieser Frage nicht einfach zu sein. Ihre Operationalisierung erfordert großen Aufwand, weil diese Frage immer wieder neu – auf die jeweilige Situation des Unternehmens bezogen – beantwortet werden muss.

Eine Ableitung der Weiterbildungsziele von den Unternehmenszielen ist notwendig, um zunächst die betrieblichen Weiterbildungsmaßnahmen zu bestimmen und auch die mit der Weiterbildung bezweckten Wirkungen zu evaluieren. VON BARDELEBEN verweist in diesem Zusammenhang auf die Wichtigkeit des strategischen Vorgehens, denn „nur wenn die einzelnen Maßnahmen unter diesen Zielsetzungen systematisch geplant und durchgeführt werden, ist gewährleistet, daß die Weiterbildung für diesen Betrieb von Nutzen ist" (VON BARDELEBEN, 1995, S. 103). Er führt weiter an, dass auf diese Weise die Wirkung der Weiterbildung evaluiert werden kann, weil die Unternehmensziele in der Ausprägung von Feinzielen gleichzeitig Bewertungskriterien darstellen, anhand derer sich auch dem Bildungscontrolling die Wirtschaftlichkeit der Bildungsaufwendungen überzeugend nachweisen lässt.

Ganz so einfach jedoch lässt sich die Wirtschaftlichkeit der Bildungsaufwendungen nicht immer begründen. Ist es doch zum einen nicht immer leistbar, von den oft sehr diffus oder global formulierten Unternehmenszielen auf Feinziele zu schließen, und zum anderen ist der Erfolg von Qualifizierungsmaßnahmen nicht immer messbar bzw. sind die Erfolgskriterien schwer – und kaum allgemeingültig – zu formulieren und zu operationalisieren.

Wichtig und wünschenswert erscheint in diesem Zusammenhang eine stärkere integrative Beteiligung aller am Bildungs- und Qualifizierungsprozess Beteiligten, um neu aufkommende Qualifikationsbedürfnisse antizipieren zu können. (Dass die Art der Organisation des Unternehmens dabei mehr als eine wesentliche Rolle spielt, haben HARTEIS, BAUER & COESTER (in diesem Band) herausgearbeitet.) Neu entstehende Qualifikationsbedürfnisse zu erkennen und mit den bestehenden Qualifikationen abzugleichen, ist Aufgabe der Bedarfsanalyse. Auf diese zentral wirkende Komponente des Bildungscontrollings wird im Folgenden näher eingegangen.

Analyse des Bildungsbedarfs – eine zentrale Komponente des Bildungscontrollings

Dass der Ermittlung des Bildungsbedarfs eine grundlegende und tragende Rolle im Gesamtprozess des Bildungscontrollings zukommt, scheint allein schon durch die Position zu Beginn des Controllingprozesses (vgl. Abbildung 1) – so er denn als Prozess und nicht als Anhäufung von Einzelkomponenten verstanden wird – deutlich zu werden. Bedarfsermittlung ist als ein Soll-Ist-Vergleich zwischen einem angestrebten Qualifikationsstand als Soll-Zustand einerseits und dem jeweils aktuell feststellbaren Ist-Zustand andererseits zu verstehen (HUMMEL, 2001; SEUSING & BÖTEL, 2000; STAUDT, 1995). Ergeben sich aus dieser Gegenüberstellung im aktuell feststellbaren Ist-Zustand

Defizite, lässt sich ein Bildungsbedarf festmachen. Voraussetzung dafür ist jedoch die Relevanz des erhobenen Defizits, damit den Differenzen zwischen dem Ist und dem Soll durch Bildungsmaßnahmen entgegengewirkt werden kann. Weiterbildung wird dann als maßgeschneidert erachtet, wenn die Weiterbildungsmaßnahmen im Anschluss an eine Bildungsbedarfsanalyse durchgeführt werden (FLÜTER-HOFFMANN & JÜLICHER, 2000). So soll sich aus der Differenz von „Ist" und „Soll" Art und Umfang des Bildungsbedarfs ergeben. Dieses relativ einfach klingende Vorgehen bei der Bildungsbedarfsanalyse stellt eine der schwierigsten Aufgaben des Bildungscontrollings und damit auch der gesamten Personalentwicklung dar. Dies ist u.a. dadurch bedingt, dass weder die Anforderungen an eine Position noch die Qualifikationen von Mitarbeitern objektiv erfassbar sind (FLÜTER-HOFFMANN & JÜLICHER, 2000). „Die Ableitung notwendiger Bildungsaktivitäten ist mit einer Reihe von Problemen behaftet, die bei der Abbildung aktueller Anforderungen beginnen und bei der Prognose zukünftiger Erfordernisse eskalieren" (STAUDT, 1995, S. 183). Damit rückt wieder die von SEEBER (2000) festgestellte untrennbare Verknüpfung der Frage nach dem Bedarf mit der Frage nach dem Ziel in den Mittelpunkt der Diskussion. Welche Ziele verfolgt der einzelne Beschäftigte, welches Ziel die gesamte Abteilung, und welches Ziel verfolgt schließlich das Unternehmen? Die sich daran anschließende zentrale – unverkennbar schwierig zu beantwortende – Frage ist: Welche Qualifikationen werden zur Umsetzung und zur Erreichung dieser Ziele benötigt?

Und schließlich: Wie können diese antizipierten Qualifikationen erlangt werden? In Zusammenhang mit dieser Fragestellung rücken Weiterbildungsmaßnahmen ins Licht der Aufmerksamkeit. Neben anderen – nicht nur aus Kostengründen inzwischen als alternativ erachteten – Lernformen wie dem selbstgesteuerten Lernen (beispielsweise mit Lernprogrammen oder CBTs), dem Lernen am Arbeitsplatz usw. scheint die Weiterbildungsmaßnahme auch heute noch die verbreiteteste Lernform zu sein, um die noch zu erlangenden Qualifikationen den Beschäftigten zu vermitteln. Die Beschäftigten sollen sich in Maßnahmen (weiter-)qualifizieren, um schließlich ihre neu erworbenen Kenntnisse in ihr Arbeitsumfeld zu integrieren, um dort zukunftbezogen handeln zu können. Ein Problem kann hierbei entstehen, wenn die Beschäftigten diese noch zu erlangenden – da noch in der Zukunft liegenden – Qualifikationen für sich selbst nicht als notwendig erachten. So ist die erfolgreiche Teilnahme an einer Bildungsmaßnahme ungleich schwerer zu erreichen als im umgekehrten Fall. Bildungscontrolling hat die Aufgaben, Rahmenbedingungen für die Beschäftigten so abzustecken, dass zumindest ein Teil ihrer persönlichen Motive mit den neuen Qualifikationsforderungen verbunden ist (HOWALDT & KOPP, 2000). Personalentwicklungsbedarf sollte von sämtlichen Personen und Gruppen des Unternehmens erkannt und ermittelt werden, dabei muss vor allem die Deckung des Bedarfs beziehungsweise die Erfüllung der Bedürfnisse eingefordert oder zumindest vorgebracht werden (KÜNG, 1999). Die Forderung nach einer bedarfsgerechten Qualifizierung wird laut, jedoch ist diese nicht so einfach umzusetzen. Es wirken viele verschiedene Faktoren in das Feld hinein wie z.B.: Von wem geht der Bedarf aus (Beschäftigte, Abteilung, Unternehmen), welcher Bedarf ist gemeint (kurzfristig oder langfristig), wie wird Qualifizierung im Beschäftigungsverhältnis definiert, durch welche Maßnahmen kann die geforderte Qualifikation aufgebaut werden und schließlich: Wird die Qualifikation gemessen? Diese Fragen deuten an, dass die Bedarfsanalyse den Grundstein für weitere Komponenten des Bildungscontrollings legt.

Bei der Analyse des Bildungsbedarfs geht es also nicht vorrangig um die Beseitigung aktueller Defizite, sondern um eine langfristige Bewältigung von Kompetenzanforderungen unter Berücksichtigung individueller Interessen und Perspektiven. Dies ist integraler Bestandteil einer strategischen Personalentwicklung und des damit eng verwobenen Bildungscontrollings. Denn im Anschluss an eine durchgeführte Analyse des Bildungsbedarfs knüpfen nun die von EBBINGHAUS (2000, siehe Abbildung 1) dargestellten weiteren Phasen des Bildungscontrollings an. Der Bogen von der Analyse des Bildungsbedarfs hin zu einem prozessorientierten Bildungscontrolling, in dem eben nicht die einzelnen Controllingbereiche nebeneinander stehen, sondern ineinander greifen, schließt sich.

Resümee

Die Notwendigkeit, Bildungskonzepte und Weiterbildungsmaßnahmen in Hinblick auf ihre Effizienz gegenüber der Unternehmensleitung zu begründen, mag im ersten Moment auf eine eingeengte ökonomische Fragestellung hinweisen. „Sie verpflichtet aber die an der Qualifikation Beteiligten, den gesamten betrieblichen Bildungsprozeß in Kategorien zu reflektieren, die sich an den betrieblichen Zielen orientieren, die letztlich über ökonomische Zielsetzungen hinausgehen“ (LIEPMANN, 1993, S. 20). Dabei sollte Bildungscontrolling nicht zwangsläufig nur im Sinne einer betriebswirtschaftlichen Kosten-Nutzen-Analyse verstanden, sondern vielmehr sollte beachtet werden, dass Controlling sich auf unterschiedliche Prozessphasen eines Personalentwicklungsvorhabens bezieht – und deshalb nur gelingen kann, wenn pädagogische Maßstäbe zur Gestaltung des gesamten Prozesses mit herangezogen werden. Gleichwohl kann Bildungscontrolling eher als eine unternehmerische Erfolgssteuerung verstanden werden, die sich vor allem dem Bereich der Weiterbildung der Beschäftigten verschrieben hat. „Ein effektives Bildungscontrolling muß eine Sach- und Formalorientierung berücksichtigen, d.h. die pädagogische und ökonomische Sichtweise sind als zwei Ziele aufeinander zu beziehen und im Rahmen eines betrieblichen Zielbildungsprozesses einzuordnen“ (LIEPMANN, 1993, S. 21).

Um die Wirtschaftlichkeit der Unternehmen gewährleisten zu können, bleibt zwar Steuerung, gerade in wirtschaftlich schwierigen Zeiten, einerseits nicht aus, jedoch darf andererseits nicht aus den Augen verloren werden, dass eine immer stärkere Steuerung der Qualifizierungs- und (Weiter-)Bildungsprozesse diese auf einen sehr engen (eingeschränkten) Weg zwängt. Es stellt sich die Frage, ob die Wege, Bildungsprozesse zu kontrollieren – in dem Sinne, dass das Maß der Kontrolle immer weiter zunimmt – und (damit) zu optimieren, in der Zukunft noch weiterentwickelt werden müssen. Ob dadurch auf die sich immer schneller wandelnden (technischen, wirtschaftlichen usw.) Anforderungen an die Unternehmen und somit auch an die Beschäftigten nicht nur kurzfristig, sondern auch mittelfristig angemessen reagiert werden kann, müsste näher untersucht werden.

Gerade im Sinne einer strategischen Personalentwicklung scheint es ratsam zu sein, die einzelnen Komponenten des Bildungscontrollings – angefangen von der Bedarfsanalyse bis hin zum Transfercontrolling – als Prozess zu verstehen, auch wenn die Gewichtung der einzelnen Controllingaspekte situativ (z.B. Art und Größe des Unternehmens, Gewichtung der kurz- oder langfristigen Ziele) unterschiedlich sein kann und muss. Schließlich und letztendlich müssen die Unternehmen sich der Aufgabe stellen, zu prüfen, ob sich die – ja nicht nur finanziell aufwändige – Implementation der notwendigen Bildungscontrollingmechanismen für sie – auch in Hinblick auf ihre Unternehmensziele – „rechnet".

Literaturverzeichnis

Baethge, M. & Schiersmann, C. (1998). Prozessorientierte Weiterbildung – Perspektiven und Probleme eines neuen Paradigmas der Kompetenzentwicklung für die Arbeitswelt der Zukunft. In Arbeitsgemeinschaft QUEM (Hrsg.), *Kompetenzentwicklung `98. Forschungsstand und Forschungsperspektiven* (S. 15-87). Münster: Waxmann.

Bardeleben, R. von (1995). Betriebe als Weiterbildungsnachfrager – Sicherung eines optimalen Angebots. In R. von Bardeleben, D. Gnahs, E. M. Krekel & B. Seusing (Hrsg.), *Weiterbildungsqualität. Konzepte, Instrumente, Kriterien. Berichte zur beruflichen Bildung Heft 188* (S. 99-115). Berlin: Bundesinstitut für Berufsbildung.

Becker, M. (1993). *Personalentwicklung. Die personalwirtschaftliche Herausforderung der Zukunft.* Bad Homburg vor der Höhe: Verlag für Unternehmensführung Gehlen.

Becker, M. (1999). *Personalentwicklung. Bildung, Förderung und Organisationsentwicklung in Theorie und Praxis* (2. überarb. und erw. Aufl.). Stuttgart: Schäffer-Poeschl.

Büchter, K. & Christe, G. (2000). Qualifizierungsdefizite in kleineren und mittleren Unternehmen. In T. Hoffmann, H. Kohl & M. Schreurs (Hrsg.), *Weiterbildung als kooperative Gestaltungsaufgabe* (S. 69-80). Neuwied: Luchterhand.

Ebbinghaus, M. (2000). Controlling des Bildungserfolgs. In S. Seeber, E. M. Krekel & J. van Buer (Hrsg.), *Bildungscontrolling. Ansätze und kritische Diskussionen zur Effizienzsteigerung von Bildungsarbeit* (S. 117-129). Frankfurt/Main: Lang.

Flüter-Hoffmann, C. & Jülicher, A. (2000). Reorganisation im Unternehmen: Qualifizierung als Erfolgsfaktor. In T. Hoffmann, H. Kohl & M. Schreurs (Hrsg.), *Weiterbildung als kooperative Gestaltungsaufgabe* (S. 124-130). Neuwied: Luchterhand.

Gnahs, D & Krekel, E. M. (1999). Betriebliches Bildungscontrolling in Theorie und Praxis: Begriffsabgrenzung und Forschungsgegenstand. In E. M. Krekel & B. Seusing (Hrsg.), *Bildungscontrolling – ein Konzept zur Optimierung der betrieblichen Weiterbildungsarbeit* (S. 13-33). Bielefeld: Bertelsmann.

Günther, S. (2001). *Evaluation von Personalentwicklung on-the-job. Konzeptionelle Grundlagen einer integrativen Gestaltung*. Lohmar: Eul.

Harteis, C. (2002). *Kompetenzfördernde Arbeitsbedingungen. Zur Konvergenz ökonomischer und pädagogischer Prinzipien betrieblicher Personal- und Organisationsentwicklung*. Wiesbaden: Deutscher Universitäts Verlag.

Herget, H. & Beicht, U. (2000). Weiterbildung am Nutzen orientiert steuern – betriebliche Praxis und Perspektiven. In C. Bötel & E. M. Krekel (Hrsg.), *Bedarfsanalyse, Nutzenbewertung und Benchmarking. Zentrale Elemente des Bildungscontrollings* (S. 53-79). Bielefeld: Bertelsmann.

Hoffmann, T. (2000). Qualifizierung als notwendiges Begleitinstrument von Organisationsentwicklung. In T. Hoffmann, H. Kohl & M. Schreurs (Hrsg.), *Weiterbildung als kooperative Gestaltungsaufgabe* (S. 10-15). Neuwied: Luchterhand.

Howaldt, J. & Kopp, R. (2000). Neue Perspektive betrieblicher Personalentwicklung. *Sozialwissenschaften und Berufspraxis, 23* (2), 109-125.

Hummel, T. R. (2001). *Erfolgreiches Bildungscontrolling: Praxis und Perspektiven* (2., überarb. Aufl.). Heidelberg: Sauer.

Kühnlein, G. (2000). Arbeits- und Lernformen im Wandel: Folgen für die betriebsbezogene Weiterbildung. In T. Hoffmann, H. Kohl & M. Schreurs (Hrsg.), *Weiterbildung als kooperative Gestaltungsaufgabe* (S. 16-28). Neuwied: Luchterhand.

Küng, D. (1999). *Bezugsrahmen für konstruktivistische Personalentwicklung. Erarbeitung und Diskussion anhand eines Fallunternehmens*. Bamberg: Difo.

Liepmann, D. (1993). Betriebliche Qualifizierung: Notwendigkeiten, Möglichkeiten, Perspektiven. In D. Liepmann (Hrsg.), *Qualifizierungsmaßnahmen als Konzepte der Personalentwicklung* (S. 11-26). Frankfurt/Main: Lang.

Mandl, H., Prenzel, M. & Gräsel, C. (1992). Das Problem des Lerntransfers in der betrieblichen Weiterbildung. *Unterrichtswissenschaft, 20,* 126-143.

Mildenberger, J. (2000). Qualifikationsbedarf im Unternehmen. Mythen und Herausforderungen. In T. Hoffmann, H. Kohl & M. Schreurs (Hrsg.), *Weiterbildung als kooperative Gestaltungsaufgabe* (S. 131-138). Neuwied: Luchterhand.

Priddat, B. P. (1999). Zukunft der Arbeit – Eine theoretische Skizze. *Universitas (Deutsche Ausgabe), 54*, 133-141.

Renkl, A. (1996). Träges Wissen: Wenn Erlerntes nicht genutzt wird. *Psychologische Rundschau, 47*. 78-92.

Rosenstiel, L. von (1999). Entwicklung von Werthaltungen und interpersonaler Kompetenz – Beiträge der Sozialpsychologie. In K. Sonntag (Hrsg.), *Personalentwicklung in Organisationen: Psychologische Grundlagen, Methoden und Strategien* (2., überarb. und erw. Aufl., S. 99-122). Göttingen: Hogrefe Verlag für Psychologie.

Seeber, S. (1997). Bildungscontrolling – Eine Einführung in Theorien und Modelle. In R. H. Lehmann, G. Venter, J. van Buer, S. Seeber & R. Peek (Hrsg.), *Erweiterte Autonomie für Schule – Bildungscontrolling und Evaluation* (S. 25-47). Berlin: Humboldt-Universität.

Seeber, S. (2000). Stand und Perspektiven von Bildungscontrolling. In S. Seeber, E. M. Krekel & J. van Buer (Hrsg.), *Bildungscontrolling. Ansätze und kritische Diskussionen zur Effizienzsteigerung von Bildungsarbeit* (S. 19-50). Frankfurt/Main: Lang.

Seusing, B. & Bötel, C. (2000). Bedarfsanalyse – die betriebliche Praxis der Planung von Weiterbildungsbedarfen. In C. Bötel & E. M. Krekel (Hrsg.), *Bedarfsanalyse, Nutzenbewertung und Benchmarking: Zentrale Elemente des Bildungscontrollings* (S. 21-34). Bielefeld: Bertelsmann.

Sonntag, K. (1999). Personalentwicklung – ein Feld psychologischer Forschung und Gestaltung. In K. Sonntag (Hrsg.), *Personalentwicklung in Organisationen: Psychologische Grundlagen, Methoden und Strategien* (2., überarb. und erw. Aufl., S. 15-29). Göttingen: Hogrefe Verlag für Psychologie.

Staudt, E. (1995). Integration von Personal- und Organisationsentwicklung in der beruflichen Weiterbildung. In R. Arnold & A. Lipsmeier (Hrsg.), *Handbuch der Berufsbildung* (S. 183-199). Opladen: Leske + Budrich.

Uepping, H. & Ernst, M. (2001). Personalentwicklung im Umbruch. In K. Schwuchow & J. Gutmann (Hrsg.), *Jahrbuch Personalentwicklung und Weiterbildung 2001/2002* (S. 105-108). Neuwied: Luchterhand.

Wilkening, O. (1997). Bildungs-Controlling – Erfolgssteuerungssystem für Personalentwicklungs-investitionen? In H.-C. Riekhof (Hrsg.), *Strategien der Personalentwicklung* (4., völlig überarb. Aufl., S. 253-278). Wiesbaden: Gabler.

Teil III
Betriebe als Handlungsfelder von Individuen

Erhard Frank und Ludwig Reichart

Der Mitarbeiter – Kostenfaktor oder Erfolgsgarant?

Kapital und Kompetenz – das exzellente Unternehmen

Zwei Mal wurde im Jahr 2001 von der Schweizer Anlage- und Ratingagentur „SAM Sustainability Group" der sogenannte „Sustainabilitiy Index" ermittelt, durch den die größten Unternehmen des Dow Jones Global Index, bestehend aus 64 Branchen in 36 Ländern, überprüft und bewertet wurden. Der „Sustainability Index" wurde dann aus den 236 besten Unternehmen gebildet. Den besten Unternehmen in welcher Hinsicht?

Ausschlaggebend ist eine ganze Reihe von Einzelfaktoren, die von Spezialisten geprüft und bewertet werden: Neben der Unternehmensführung und Unternehmensstrategie, der Produktivität, dem langfristigen Wachstum und der technologischen Führungsrolle wird dabei das gesellschaftspolitische Engagement, der aktiv betriebene Umweltschutz, die Berücksichtigung der Arbeitnehmerinteressen und die tolerante Unternehmenskultur bewertet.

Denn nachhaltig zu wirtschaften heißt, die Belange aller von den Unternehmensaktivitäten betroffenen Menschen gleichermaßen zu berücksichtigen: Diejenigen der Aktienanleger („Shareholder") genauso, wie diejenigen der Arbeitnehmer, der Umwelt und der ganzen Gesellschaft („Stakeholder").

Auf diesem Index nimmt BMW in seiner Branche – die hier deutlich mehr als nur die Automobilindustrie umfasst, z.B. auch ein Unternehmen wie Fuji Photo Film – zum zweiten Mal in Folge den ersten Platz ein. Das heißt, dem Unternehmen BMW wird weltweit am meisten Kompetenz im nachhaltigen Wirtschaften zuerkannt. Und nachhaltiges Wirtschaften umfasst nicht nur ökonomische, sondern gleichermaßen ökologische und soziale Faktoren.

Was aber hat das mit diesem Thema zu tun?

Das Interessante ist, dass dieser „Index des nachhaltigen Wirtschaftens" nicht von einer ökologischen oder sozialen Gruppierung vergeben wird, sondern von einer Rating-Agentur, die sich um den Börsenwert der so betrachteten Unternehmen kümmert. Es hat sich gezeigt, dass die Gruppe der 236 Unternehmen, die den „Sustainability Index" bilden, eine deutlich bessere Performance auf dem Aktienmarkt nachweisen konnten als die übrigen Firmen. Sie zeigen, bezogen auf die Basis 1993, ein Plus von 164 Punkten, während der „Dow Jones Global Index" nur um 110 Punkte gestiegen ist.

Das heißt, die ökologische und soziale Leistung eines Unternehmens wirkt sich auch ökonomisch positiv aus. „Kapital" und „Kompetenz" – in einem umfassenden Sinn – gehen sozusagen im Gleichschritt. Dichotomien wie: Ökonomisch oder ökologisch, ökonomisch oder sozial sind längst veraltet, denn Unternehmen sind komplexe Gebilde, die einem multifaktoriellen Zielsystem gehorchen.

Das in Europa bekannteste Unternehmensmodell ist das „EFQM Exzellenz Modell". EFQM, das steht für „European Foundation for Quality Management", eine von etwa 800 europäischen Firmen getragene und von der EU unterstützte Stiftung, die jedes Jahr einen Qualitätspreis, den „European Quality Award", vergibt. Das Unternehmensmodell, an dem sich die Preisvergabe orientiert, besteht aus neun Faktoren bzw. Kriterien. Die Kriterien ordnen sich in zwei Gruppen: Die sogenannten „Ergebniskriterien", an denen die Performance des Unternehmens gemessen wird, und die „Befähiger", die zu diesen Ergebnissen führen. Der Ausgangspunkt dieser „Befähiger" und der Schlüssel zum EFQM-Modell ist die Führung. Gefragt wird z.B. danach, wie die Führungskräfte die Mission und Vision des Unternehmens erarbeiten und deren Erreichen fördern. Wie werden die Werte erarbeitet, die für den langfristigen Erfolg erforderlich sind? Wie werden diese durch entsprechende Maßnahmen und Verhaltensweisen eingeführt?

Die Führungskräfte steuern die entscheidenden „Befähiger":

- Mitarbeiter,
- Politik und Strategie und
- Ressourcen und Partnerschaften.

Wie werden nun aber diese Kriterien gestaltet und verknüpft?

Die Führungskräfte bestimmen, wie bereits gesagt, das zweite Kriterium des EFQM-Modells, die Politik und Strategie des Unternehmens. Es ergibt sich dadurch die Wirkungskette: Vision – Mission – Politik und Strategie, die ihrerseits in einem Prozess konsequenten Zielmanagements auf die einzelnen Handlungsebenen des Unternehmens übertragen werden. Die Unternehmensziele, die in der langfristigen Unternehmenspolitik, in der langfristigen Investitionsplanung und in der langfristigen Personalpolitik formuliert werden, werden in lang- und mittelfristige Ziele für Unternehmenseinheiten und schließlich in kurzfristige (jährliche) Ziel- und Leistungsvereinbarungen übersetzt.

Dies geschieht bei BMW im sogenannten Drei-Ebenen-Dialog der Zielvereinbarung, in dem jeweils im Beisein von drei Hierarchieebenen die Ziele vereinbart werden. In diesen Prozess sind alle Mitarbeiter und Führungskräfte einbezogen. Der eigenaktive Anteil der Mitarbeiter am Zielmanagementprozess wird hiermit noch etwas deutlicher betont als vom EFQM-Modell.

Die Mitarbeiter stellen auch das nächste Kriterium des Modells dar. Gefragt wird danach, wie das Unternehmen das Wissen und das gesamte Potenzial seiner Mitarbeiter auf individueller, teamorientierter und unternehmensweiter Ebene managt, entwickelt und freisetzt. Die Politik und Strategie und das effektive Funktionieren der Unternehmensprozesse sollen unterstützt werden. Dabei ist wichtig, dass Mitarbeiter beteiligt und zu selbstständigem Handeln befähigt werden. Partnerschaften und Ressourcen, womit vor allem die Zusammenarbeit mit Zulieferern und der gezielte und priorisierte Einsatz aller im Unternehmen vorhandenen Ressourcen, insbesondere der fachlichen und finanziellen, verstanden wird, ist das nächste Handlungsfeld des EFQM-Modells. Diese drei Kriterien bestimmen die „Prozesse", welche im Modell eine Schlüsselstellung einnehmen (Abbildung 1).

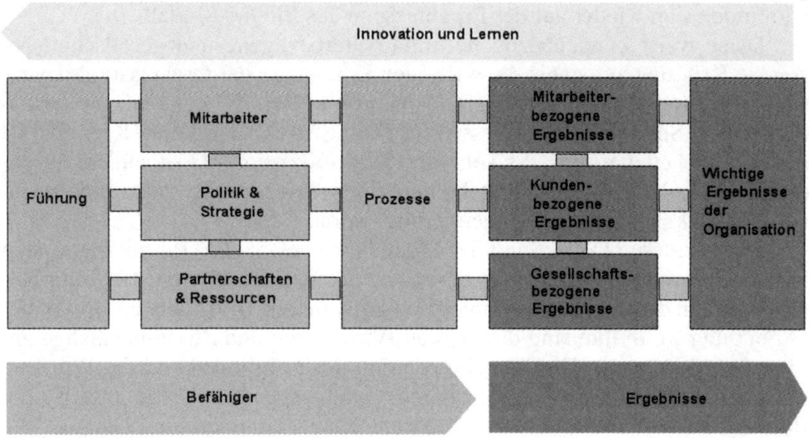

Abb. 1: EFQM Modell.

Alles, was im Unternehmen geschieht, läuft als Prozess ab und ist als Prozess strukturiert. Gefragt wird deshalb, wie das Unternehmen seine Prozesse gestaltet, managt und verbessert, um seine Politik und Strategie zu unterstützen, seine Kunden und anderen Interessengruppen zufriedenzustellen und die Wertschöpfung zu steigern. Sie leiten damit über, von den „Befähiger"-Kriterien zu den „Ergebnis"-Kriterien.

Dabei werden zwei Schlüsselprozesse unterschieden, die „Time to market" und „Time to customer" genannt werden. „Time to market" bezieht sich auf den Produktentstehungsprozess, der deutlich verkürzt werden soll, um dadurch schneller und flexibler auf Marktgegebenheiten reagieren zu können.

Unter „Time to customer" wird der auf den einzelnen Kunden bezogenen Vertriebs- und Produktionsprozess verstanden. Auch dieser Prozess soll deutlich verkürzt werden. Kundenbestellungen können damit im Idealfall in zehn Tagen ausgeführt werden, wo heute etwa 30 Tage das Minimum sind, bzw. der Kunde hat noch bis zehn Tage vor Auslieferung die Möglichkeit, Änderungswünsche zu äußern. Dazu gehört eine entsprechende Termintreue und eine 100%-ige Auskunftsfähigkeit über die Auftragsstände.

Diese beiden Prozesse „Time to market" und „Time to customer" bilden auch den Kern der Eigenschaften, die BMW unter dem Schlagwort Agilität zusammenfasst. Für ein agiles Unternehmen ist der Kunde nicht nur im Sinne der allgemeinen Phrase „König", sondern er hat bei der Herstellung seines Fahrzeugs Gestaltungsmöglichkeiten wie bei keinem anderen Automobilbauer. Und was den anderen wichtigen „Stakeholder", den Mitarbeiter, betrifft, so ist die agile Fabrik keinesfalls mehr mit den mechanistischen Führungsmodellen der Vergangenheit zu beherrschen. Sie setzt vielmehr den eigenverantwortlichen, selbstständig handelnden Mit-Unternehmer voraus.

Die wichtigsten „Stakeholder" des Unternehmens sind damit bereits angesprochen: Die Aktionäre, Mitarbeiter, Kunden sowie die Gesellschaft. Sie alle finden sich wieder auf der Ergebnisseite des EFQM-Modells.

Diese weist kundenbezogene, mitarbeiterbezogene und gesellschaftsbezogene Kriterien auf sowie die wichtigen Ergebnisse der Organisation. Damit sind jene Ergebnisse wie Umsatz, Gewinn und Rendite gemeint, die besonders einen „Shareholder" interessieren. Das „Shareholder-Value-Konzept" ist somit eingebettet in ein „Stakeholder-Value-Konzept". Oder anders ausgedrückt: Eine langfristige „Shareholder-Value-Orientierung" setzt eine nachhaltige „Stakeholder-Value-Orientierung" voraus.

Die nüchterne Darstellung des Modells, wie es die EFQM mit ihren neun Kriterien darbietet, wurde – insbesondere für den Dialog mit den Mitarbeitern – ergänzt um ein eher biologisch orientiertes Bild, den EFQM-Baum (Abbildung 2). In ihm sind die inneren Wirkweisen und Zusammenhänge anschaulich dargestellt: Die „Befähiger" sind der Nährboden und die Wurzeln, die über die „Prozesse" als Schaft des Baumes zu den „Ergebnissen" der Baumkrone und seinen Früchten führen. Hinzu kommen als „Dünger" die Maßnahmen, die das Unternehmen zur Verbesserung seiner Performance ergreift. Dieses „biomorphe" Bild betont noch etwas mehr die inneren Zusammenhänge des Modells.

Wie sieht es aber mit den Zielkonflikten zwischen den „Stakeholdern" aus, die es natürlich gibt?

- Hohe Wertschöpfung → versus → niedrige Preise
- Hohe Löhne → versus→ niedrige Kosten
- Agilität → versus → Kontinuität

Müssen dies zwangsläufig Gegensätze sein? Letztlich zeichnet sich ein erfolgreiches Unternehmen dadurch aus, dass es diese scheinbaren Widersprüche in eine „Gewinner-Gewinner"-Situation verwandelt. Dazu braucht das Unternehmen vor allem hochqualifizierte Mitarbeiter. Für diese gibt es einen Markt, an dem sich das Unternehmen orientieren muss. Trotz der immer wieder gehandelten Arbeitslosenzahlen sind qualifizierte Mitarbeiter immer schwerer zu finden. Der scheinbare Widerspruch zwischen Arbeit und Kapital löst sich auf in ein Spektrum von Qualifikationen, für die das Unternehmen einen entsprechenden Preis bezahlt.

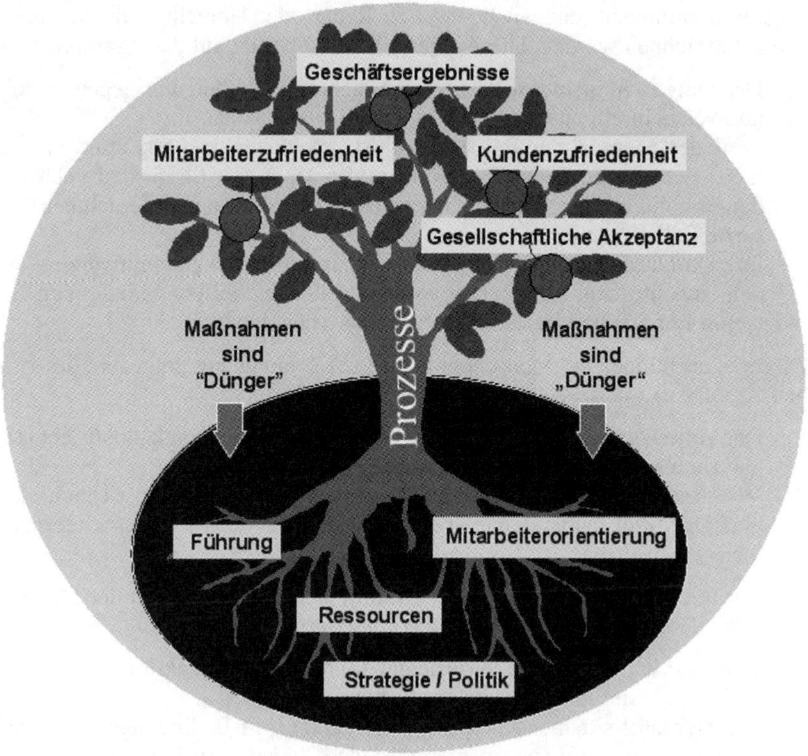

Abb. 2: EFQM-Baum

Betrachtet man das „Stakeholder-Konzept" noch einmal zusammenfassend, so stellt es ein Modell handelnder Menschen – Kunden, Mitarbeiter, Aktionäre, aber auch die Mitmenschen der umgebenden Gesellschaft – dar, die im Wesentlichen von gemeinsamen Interessen zusammengeführt werden. In diesem Sinne steht „der Mensch im Mittelpunkt" des Unternehmens. Diese viel zitierte Maxime ist auch oft belächelt worden, etwa nach dem Motto: „Der Mensch steht im Mittelpunkt – und damit allen im Wege." Der Mitarbeiter ist ein wichtiger Akteur, er bringt seinen Beitrag ein und muss sich auch nach den Interessen der Anderen richten.

Die Rolle des Mitarbeiters im Unternehmen

Die Frage nach der Rolle des Menschen im Unternehmen hat zum ersten Mal, Anfang der 60er Jahre, der Amerikaner McGregor in seinem Buch „The human side of enterprise" gestellt. Er stellte fest, dass die traditionellen Ansichten über Führung und Lenkung implizit ein unausgesprochenes Menschenbild enthielten, das wir heute – zu Recht oder Unrecht – als „tayloristisch“ bezeichnen würden. Dieses Menschenbild beruht auf drei Prämissen:

1) Der Durchschnittsmensch hat eine angeborene Abneigung gegen Arbeit und versucht, ihr aus dem Weg zu gehen, wo er kann.
2) Weil der Mensch durch Arbeitsunlust gekennzeichnet ist, muss er zumeist gezwungen, gelenkt, geführt und notfalls mit Strafe bedroht werden, um ihn mit Nachdruck dazu zu bewegen, das vom Unternehmen gesetzte Soll zu erreichen.
3) Der Durchschnittsmensch zieht es vor, an die Hand genommen zu werden, möchte sich vor Verantwortung drücken, besitzt verhältnismäßig wenig Ehrgeiz und ist vor allem auf Sicherheit aus.

Diesem „traditionellen“ Menschenbild setzt er sein eigenes entgegen, das von ganz anderen Voraussetzungen ausgeht:

1) Der volle körperliche und geistige Einsatz beim Arbeiten kann als ebenso natürlich gelten wie Spiel oder Ruhe.
2) Von Anderen überwacht und mit Strafe bedroht zu werden, ist nicht das einzige Mittel, jemanden zu bewegen, sich für die Ziele des Unternehmens einzusetzen.

Zugunsten von Zielen, denen er sich verpflichtet fühlt, wird sich der Mensch der Selbstdisziplin und Selbstkontrolle unterwerfen.

1) Wie sehr er sich Zielen verpflichtet fühlt, ist eine Funktion der Belohnungen, die mit ihrem Erreichen verbunden sind.
2) Der Durchschnittsmensch lernt, unter geeigneten Bedingungen, Verantwortung nicht nur zu übernehmen, sondern sogar zu suchen.
3) Die Anlage zu einem verhältnismäßig hohen Grad von Vorstellungskraft, Urteilsvermögen und Erfindungsgabe für die Lösung organisatorischer Probleme ist in der Bevölkerung weit verbreitet und nicht nur hier und da anzutreffen.
4) Unter den Bedingungen des modernen industriellen Lebens ist das Vermögen an Verstandeskräften, über die der Durchschnittsmensch verfügt, nur zum Teil genutzt.

McGregor nennt das „traditionelle“ Konzept „Theorie X“, der er seine eigene „Theorie Y“ entgegensetzt. Noch zu Anfang der 80er Jahre galt die „Theorie Y“ als etwas leicht Exotisches, das angeblich mit der Realität nicht so recht zusammenpasste.

BMW hat sich heute in seinen Führungs- und Organisationskonzepten und in der Personalpolitik vollständig dieser „Theorie Y“ verschrieben. In der Präambel des BMW-Mitarbeiter-Leitbildes heißt es:

- Die Mitarbeiter bestimmen den Erfolg unseres Unternehmens.
- Damit BMW weiterhin erfolgreich sein kann, muss jeder Einzelne seine Fähigkeiten und Leistungen im Sinne des Unternehmens einbringen und ständig weiterentwickeln.

– Der Umgang miteinander muss von Wertschätzung und gegenseitigem Verständnis sowie von Offenheit und Fairness geprägt sein.

Daraus werden folgende Anforderungen für den Mitarbeiter abgeleitet:

1) Beste Ergebnisse durch dauerhaft hohe Leistung erzielen.
2) Verantwortung für den persönlichen Beitrag zum Erfolg des Unternehmens übernehmen.
3) Mitdenken und mitgestalten.
4) In unterschiedlichen Arbeits- und Organisationsstrukturen zusammenarbeiten.
5) Veränderungen als Chance und nicht als Gefahr begreifen.
6) Flexibilität beweisen und sich ständig weiterbilden.

Durch dieses Leitbild soll folgendes klar werden: Das Unternehmen schätzt die Kompetenz der Mitarbeiter sehr hoch ein, nutzt und fördert sie. Zur Kompetenz gehört aber noch etwas wichtiges dazu: Verantwortung. Beides gehört untrennbar zusammen: *Ohne Kompetenz keine Verantwortung, ohne Verantwortung keine Kompetenz.*

Es sei noch anzuführen, dass das Mitarbeiterleitbild ergänzt und unterstützt wird von einem Führungsleitbild, das die Kompetenz der Führungskräfte so bestimmt, dass sie Freiräume für die Selbstverantwortung der Mitarbeiter schafft und deren Kompetenz entwickelt. Hier einige Auszüge:

1) Führen ist eine persönliche Leistung, keine „Technik", die nur in der Anwendung von Systemen besteht.
2) Führungskräfte entwickeln Visionen und begeistern Andere dafür.
3) Sie sind Vorbild.
4) Sie stellen die Aufgabe und nicht sich selbst in den Vordergrund.
5) Sie entwickeln Ziele, binden Mitarbeiter durch konkrete Zielvereinbarungen ein und schaffen dabei Freiräume für die Mitarbeiter.
6) Sie müssen sehr kommunikativ sein und durch Kommunikation Probleme lösen.
7) Sie schaffen – und das ist sicherlich als Führungsleitsatz etwas Besonderes – ein Klima, das Spaß an der Arbeit vermittelt.
8) Sie führen durch Vertrauen.
9) Sie entwickeln effiziente Teams und fördern ihre Mitarbeiter.

Die Kunst besteht im Austarieren dieser Verantwortlichkeiten. Natürlich gibt es ein Bild davon, wo das Unternehmen mit den Mitarbeitern hin und wie deren Entwicklungsspielräume genutzt werden sollen. Die „Langfristige Personalpolitik" beschreibt, wie die internationale Wettbewerbsfähigkeit durch die Mitarbeiter gesichert werden soll. Letzten Endes geht es – und damit wieder zum Stichwort „Kapital" – um Effizienzsicherung. Effizienz ist aber eine mathematische und betriebswirtschaftliche Größe, ein Verhältnis von Leistung zu Kosten.

Um die Effizienz zu erhöhen, kann man natürlich an der Kostenschraube drehen, und bis zu einem gewissen Grad wird jedes Unternehmen das tun müssen. Viel attraktiver und erfolgreicher ist es aber, die Leistungsseite zu optimieren. Hier sind auch die größeren Spielräume. Und hier entscheidet sich letzten Endes die Frage, ob ein Unternehmen den Mitarbeiter als Kostenfaktor oder als Erfolgsgarant einstuft.

Die Kategorie „Leistung" untergliedert sich in die Subkategorien Leistungsfähigkeit, Leistungsbereitschaft und Leistungsmöglichkeit.

Leistungsfähigkeit, d.h. ein hochqualifiziertes Mitarbeiterpotenzial muss gesichert werden: Die Mitarbeiterstruktur muss ausgewogen sein, in Hinblick auf Qualifikationen und demographische Zusammensetzung. Ein ausreichendes Managementpotenzial muss vorhanden sein und kontinuierlich gepflegt werden. Die Mitarbeiter müssen qualifiziert und für den internationalen Einsatz entwickelt werden.

Leistungsbereitschaft bezieht sich auf den gesamten Komplex „Führung und Zusammenarbeit". Sie muss team- und prozessorientiert ausgerichtet sein – wobei mit dem Ausdruck „prozessorientiert" die Unternehmensprozesse angesprochen sind.

Leistungsbereitschaft muss durch Führung sichergestellt sein, die Mitarbeiter müssen ständig neuen Anforderungen gerecht werden. Information und Kommunikation sind wichtige Instrumente, um Leistungsbereitschaft zu fördern.

Im Regensburger BMW-Werk wurde bereits zweimal eine *Kommunikationsoffensive* durchgeführt, die Ergebnisse sind eindeutig und sprechen ihre eigene Sprache. Dies muss besonders betont werden, da anfangs Einwände gegen diese Nutzung von Ressourcen vorhanden waren. Der Anlass der ersten Kommunikationsoffensive war der Wunsch der Werkleitung, zu klären, inwieweit jeder einzelne Mitarbeiter die werkrelevanten Ziele kennt, akzeptiert und Bereitschaft zeigt, sich tatkräftig zu engagieren. Das Ziel war, die Bereitschaft der Mitarbeiter aller Ebenen weiter zu erhöhen, die Wettbewerbsfähigkeit des Werkes zu steigern und diese engagiert mitzugestalten. Die Maßnahmen dazu: Eine detaillierte Bestandsaufnahme von Schwachstellen und Stärken durch systematische Befragung aller Mitarbeiter, dann aber – und dies ist besonders wichtig – eine gezielte Durcharbeitung der Ergebnisse der Befragung mit den Mitarbeitern: Denn erst mit der Verstärkung der Mitarbeiterbeteiligung und Mitarbeitereinbindung ist eine Erhöhung der Motivation, der Prozessorientierung und letztlich der Produktivität zu erreichen. Ein Vergleich der Ergebnisse der Befragungen beider Kommunikationsoffensiven zeigt, dass man durch gezielte Einbindung der Mitarbeiter sehr wohl etwas „bewegen" kann, selbst bei dem so intransigenten Thema wie „Information und Kommunikation", bei dem man meist annimmt, dass die Mitarbeiter darin diffus unterbringen, was ihnen so allgemein nicht passt.

Es konnten die Werte bei dieser Frage von 1995 bis 1998 hochsignifikant verbessert werden: Waren 1995 nur 40% der Mitarbeiter mit Information und Kommunikation zufrieden, so waren es 1998 mehr als doppelt so viele. Auch die anderen Werte – Arbeitsbedingungen; Tätigkeit; Berufliche Möglichkeiten; Bezahlung; Sozial- und Zusatzleistungen; Zusammenarbeit mit Kollegen; Direkte Führungskräfte; Höhere Führungskräfte – zeigen zum Teil signifikante Verbesserungen. Verbessert hat sich auch die an sich schon hohe Gesamtbewertung des Werks. Das ist ein besonders wichtiger Punkt: Jenseits aller Fragen wie Arbeitsbedingungen und Bezahlung ist es für Mitarbeiter wichtig, stolz auf ihr Unternehmen, auf ihr Werk, ihren Arbeitsplatz und damit ihre Arbeitsleistung sein zu können. Das konnte man beispielsweise auch bei dem Tag der offenen Tür feststellen, als die Mitarbeiter voller Stolz ihren Angehörigen und Bekannten zeigten, wo sie arbeiten. Insgesamt kommt dann noch der Stolz auf das Produkt hinzu, an dem sie mitwirken dürfen. Generell gilt BMW nach wie vor – trotz einiger Verwerfungen der letzten Zeit – als einer der attraktivsten Arbeitgeber. Bei Studienabsolventen liegt BMW z.B im Bereich „Ingenieure" auf dem dritten Platz. (Hier konnten wir uns sogar gegenüber 1999 um einen Platz verbessern.) Solche immateriellen Faktoren sind ein wichtiger Bestandteil der „Kompetenz" eines Unternehmens, nämlich hochqualifizierte Mitarbeiter an sich zu binden und sie zu Höchstleistungen zu begeistern.

Es bleibt, unter dem Stichwort „Leistungssteigerung", neben der „Leistungsfähigkeit" und „Leistungsbereitschaft", noch auf einen dritten Faktor, auf die *Leistungsmöglichkeit* hinzuweisen. Dies ist das Reich der Personalsysteme und Personalstrukturen wie „Neue Arbeitsstrukturen" (NAS), Entgelt, Zusatzleistungen und Arbeitszeit, auf die später noch näher eingehen wird.

Zunächst interessiert BMW – auch im Anschluss an unsere Kommunikationsoffensiven – die Frage: Was motiviert eigentlich Menschen, in einem Unternehmen zu arbeiten? Nach der Widerspruchstheorie von Kapital und Arbeit müsste doch die Bezahlung der „nervus rerum" sein, um den sich alles dreht. Aber weit gefehlt. Bei einer repräsentativen Befragung von Studenten taucht das Thema Geld unter den ersten acht Kriterien der Arbeitgeberattraktivität überhaupt nicht auf. Am wichtigsten sind abwechslungsreiche, herausfordernde Aufgaben (39.1%). Danach folgen flexible Arbeitsbedingungen (32.1%) „Erwerb von Fähigkeiten, die mir langfristig nutzen" (31.1%), dann eigenverantwortliche Arbeit (30.2%), Gleichgewicht zwischen Beruf und Privatleben (24.7%) und eine ansprechende Unternehmenskultur (21.9%). Zu den acht wichtigsten Kriterien gehören ferner die Möglichkeit der Projektarbeit (21.3%) und eine flache Hierarchie und offene Kommunikation (20.7%).

Wird hier der Maßstab der „Theorien X" und „Y" von McGREGOR angelegt, so bewegen wir uns im Menschenbild der „Theorie Y", des aktiven und verantwortungsbewussten Mitarbeiters. Aber hier wird von Studenten gesprochen, also dem „oberen Ende" der Qualifikationsskala. Wie sieht das sozusagen am „unteren Ende", auf der betrieblichen Basis aus?

Die Kompetenz des Mitarbeiters fordern und fördern

Unter tayloristischen Vorzeichen war es tatsächlich sinnvoll, hier von einem „unteren Ende" der Qualifikationsskala zu sprechen. Die Mitarbeiter in der

Produktion bekamen minutiös, ja sekundengenau vorgeschrieben, was sie zu tun hatten. Eigene Beteiligung, Einbringen eigener Ideen und Interessen waren damit ausgeschlossen. Denn TAYLOR ging ja davon aus, dass die Mitarbeiter so etwas überhaupt nicht wollten. Inzwischen wurden in der Produktion „Neue Arbeitsstrukturen“ eingeführt, die von einem anderen Mitarbeiterbild ausgehen.

In unserem Unternehmen wird unter „Neuen Arbeitsstrukturen“ (NAS) die Abkehr von den klassischen Methoden der Arbeitsteilung und die Einführung von integrierten Arbeitsstrukturen verstanden. Selbstständige Arbeitsgruppen mit klar definierten Aufgaben bilden dabei den Kern. Die Gruppen werden mit der notwendigen Kompetenz und Eigenverantwortung ausgestattet.

Beim Thema „Neue Arbeitsstrukturen“ gelten allgemein die unterschiedlichen Modellvarianten „Schweden“ und „Japan“ als alternative Denkansätze. In Schweden versucht man seit den 70er Jahren, Arbeitsgruppen mit einer möglichst hohen Autonomie auszustatten – mit dem Ziel „Arbeitszufriedenheit“. Dabei geriet der Gesichtspunkt der Effizienz gelegentlich aus dem Blickfeld. In Japan hingegen nutzt man Arbeitsgruppen, um eine möglichst hohe Produktivitätssteigerung zu erzielen, was zu roboterartigen Abläufen führte.

BMW ist es gelungen, beiden Zielen, sowohl der Produktivität als auch der Zufriedenheit, gleichermaßen gerecht zu werden. Dementsprechend wird der Weg kurz „Effizienz durch Motivation!“ genannt.

Bei den NAS, die bei BMW grundsätzlich sowohl für die Produktion wie für den Angestelltenbereich gelten, werden Kernelemente und unterstützende Elemente unterschieden.

Die Kernelemente sind:

- Gruppenarbeit,
- Arbeitsintegration und
- der kontinuierliche Verbesserungsprozess.

Unterstützende Elemente sind:

- Die Führungsstruktur, d.h. Minimierung der Anzahl der Führungsebenen zwischen Werkleiter und Werker.
- Zielvereinbarung, heruntergebrochen bis auf die Gruppenebene.
- Führungsverhalten entsprechend unserem Führungsleitbild.
- Qualifizierung: Selbstgesteuert und organisiert.
- Entgelt: Unterschiedliche Entgeltgruppen für unterschiedlich vielseitige bzw. anspruchsvolle Aufgabenkombinationen.
- Leistungsbeurteilung: Jeder Mitarbeiter wird jedes Jahr in Hinblick auf seinen individuellen Beitrag zum Gruppenergebnis beurteilt – das Beurteilungsergebnis bestimmt seine „persönliche Zulage“.
- Bewertung: Summarisch, d.h. keine Einzeltätigkeiten, sondern komplette Aufgabenbereiche, sogenannte „Funktionsbilder“ mit unterschiedlichen Tätigkeiten.
- Arbeitszeit: So flexibel wie möglich.

- Ideenmanagement: Einfach, schnell und unbürokratisch.
- Mitarbeiterentwicklung: Entlang der definierten Funktionsbilder.

Das zeigt am Beispiel der „Neuen Arbeitsstrukturen“, wie alle Elemente einer modernen Personalpolitik miteinander zusammenhängen.

Die Einführung „Neuer Arbeitsstrukturen“ musste z.B. notwendigerweise auch zu neuen Formen des Entgelts führen. Die personalpolitische Leitlinie, die der Gestaltung unserer Entgeltsysteme zugrunde liegt, lautet Leistung und Gegenleistung. Das heißt, das Unternehmen honoriert die individuelle Leistung des Mitarbeiters. Diesem Anspruch haben wir durch unser Prämienentgelt Rechnung getragen. Das Prämienentgelt besteht aus den regelmäßigen monatlichen Bestandteilen Basisentgelt, Prämie und persönliche Zulage.

- Das Basisentgelt honoriert den flexiblen Einsatz in erweiterten Arbeitsinhalten.
- Für das Erbringen einer definierten Stückzahl in BMW Qualität wird die Prämie gewährt.
- Der individuelle Beitrag zum Gruppenergebnis wird über die persönliche Zulage anerkannt. Dazu wird die Leistung aller Mitarbeiter jährlich beurteilt.

Dieses neue Entgeltsystem versetzt ein Unternehmen in die Lage,

- individuelle Leistung mit erfolgreicher Teamarbeit zu verbinden,
- Leistungssteigerungen für das Unternehmen zu erreichen und schließlich
- Entwicklungsmöglichkeiten für die Mitarbeiter zu schaffen.

Die „Neuen Arbeitsstrukturen“ sind ein ganzheitliches Konzept, das jeden Aspekt der betrieblichen Situation erfasst und ein ganzheitliches personalpolitisches Instrumentarium erforderlich macht. Zugleich schaffen sie die Voraussetzungen dafür, den Mitarbeiter auch als „ganzen Menschen“ zu integrieren. Die nachtayloristischen Betriebsstrukturen erfassen den Mitarbeiter nicht mehr als „Rädchen im Getriebe“, sondern als mitdenkenden Teil des Ganzen.

Zentrales Motiv dabei ist, dass der Mitarbeiter sich mit seiner Arbeitssituation als einem integralen Bereich seines Lebens identifizieren kann, damit sich Arbeits- und Privatleben sinnvoll ergänzen.

Zwar gibt es auch Menschen, deren Arbeitseinstellung eher einer „freizeitorientierten Schonhaltung“ gleicht. Aber die Mitarbeiter, die eine solche Schonhaltung einnehmen, sind nicht die, mit denen man im globalen Markt bestehen kann. Also zählt das Unternehmen auf die Mitarbeiter, denen herausfordernde Aufgaben, wie oben beschrieben, wichtig sind. Die „Neuen Arbeitsstrukturen“ dienen dazu, solche herausfordernden Aufgaben auf jeder betrieblichen und unternehmerischen Ebene zu schaffen.

Die Mitarbeiter erhalten so die Gelegenheit, ihre alltägliche Arbeit mit eigenen Sinnentwürfen zu verbinden. Bekannt ist, insbesondere aus der „Logotherapie“ FRANKLs, dass Sinn eine zentrale Kategorie eines gelingenden Lebens ist. Es soll nicht behauptet werden, dass es das Richtige ist, wenn Mitarbeiter den alleinigen Sinn ihres Lebens in der Arbeit sehen. Aber dass die Arbeit ein wesentlicher Lebensbereich ist, der auch von Sinn erfüllt sein muss, zeigt sich unter anderem auch in wissenschaftlichen Untersuchungen über Arbeitslose, die dieses Sinnelement in ihrem Leben vermissen.

Mitwirkung an der Sinngebung des Lebens durch mitgestaltende Arbeit, das ist es, was das Unternehmen seinen Mitarbeitern anbieten kann. Dazu wurden seit Jahren Modelle des Ideenmanagements entwickelt, die es unseren Mitarbeitern gestatten, ihre eigenen Ideen einzubringen. Von den sogenannten „KVP-Wochen" – „KVP" kommt von „Kontinuierlichem Verbesserungsprozess" – bis zu „imotion" reichen diese Möglichkeiten des Mitarbeiters, seine Vorstellungen einzubringen. „Imotion" ist die neue Form des Verbesserungsvorschlagswesens, das die Ideen der Mitarbeiter schnell und unbürokratisch auswertet und im Erfolgsfall auch gebührend honoriert.

Arbeitsgestaltung und Ideenhonorierung sind natürlich längst nicht die einzigen Mittel, um den Mitarbeitern eine sinnstiftende Identifikation mit dem Unternehmen zu ermöglichen. Die Werte der Unternehmenskultur, das Image des Produkts und die Reputation des Unternehmens oder des einzelnen Werks sind weitere wichtige Identifikations- und damit Motivationsfaktoren.

Entscheidend ist dabei eben, dass der Mitarbeiter nicht nur als Teilwerkzeug, als Sache, angesehen wird, sondern zugleich auch als Mensch in seinen wesentlichen Bestrebungen ernst genommen wird. Das ist es schließlich auch, was KANT in der inhaltlichen Version des kategorischen Imperativs fordert: Den Menschen nie nur als Mittel, sondern auch als Selbstzweck ansehen.

Das bedeutet nicht, dass der Mitarbeiter nicht auch ein Mittel zum Erreichen betrieblicher Zwecke wäre. Aber er wird zugleich als der ernst genommen, der er ist.

Eine inhaltliche Ausführung dazu stellt vor allem das umfangreiche Qualifizierungs- und Bildungsprogramm dar, das BMW seinen Mitarbeitern bietet. Dazu gibt das Unternehmen jährlich weltweit 100 Millionen Euro für Bildungszwecke aus. Manch einer mag sagen: „Für Bildungszwecke à la HUMBOLDT wohl aber nicht!?" Warum eigentlich nicht? Bildung als Instrument zur praktischen Lebensbewältigung ist auch eine Form von humanistischer Bildung. Und das ist es, wozu der größte Teil unserer Bildungsanstrengungen dient.

Das beginnt schon mit der Ausbildung. So könnten auch nur kurze Einweisungen in Arbeitsplätze durchgeführt werden, um Mitarbeiter zu gewinnen, die mit einer jeweils definierten Arbeitssituation gerade zurechtkommen. Das Unternehmen will aber mehr: Junge Nachwuchskräfte sollen, soweit das überhaupt möglich ist, mit einem Rüstzeug versehen werden, auf das sie in ihrem ganzen Arbeitsleben zurückgreifen können. Das ist in unserer schnelllebigen Zeit natürlich nur mehr teilweise möglich. Und deshalb werden ihnen auch alle Möglichkeiten eines lebenslangen Lernens angeboten. Hier wird die Kompetenz aufgebaut und erhalten, die letzten Endes auch die entscheidenden Umsetzungsbedingungen des Kapitals sind. BIEDENKOPF sagte neulich im „Spiegel": „Die knappste Ressource ist das Wissen. Im 21. Jahrhundert sucht sich das Kapital das Wissen, denn ohne Verbindung mit dem Wissen ist es wertlos. In der Wissensgesellschaft findet der Turboeffekt statt."

Es würde hier zu weit führen, im Einzelnen darzulegen, was das Unternehmen BMW unternimmt, um diese kostbare Ressource Wissen zu generieren. Das aktuelle „Trainingsmagazin“ umfasst etwa 200 Seiten. Wichtige Themen sind natürlich Gebiete wie Produktionstechnik, Informationstechnologie und CAx-Technologie. Aber dies gilt durchaus im Sinne der angesprochenen Lebensbewältigung. Ohne Informationstechnologie kann man in unserem heutigen Leben nicht zurechtkommen. Auch Führungskräfte- und Beraterqualifizierung spielen natürlich in diesem Bildungsprogramm eine gewichtige Rolle. Was aber vielleicht überraschen mag: Ein nicht geringer Teil dieses Bildungsprogramms, insbesondere der sogenannten „Eigeninitiative Weiterbildung“, befasst sich mit Themen, die zum Umkreis des Persönlichkeitstrainings gehören.

Mit dem Persönlichkeitstraining sind wir den humanistischen Überlegungen zur Bildung sicherlich schon ganz nahe. Und wenn nun die Frage aufkommt: Warum unternimmt die Wirtschaft das eigentlich, warum fördert sie die eigenwertige Persönlichkeit der Mitarbeiter? – dann kann nur darauf verwiesen werden, was über Sinnerfüllung in der Arbeit und die Rolle des Menschen als Ganzes im Unternehmen gesagt wurde.

Viele, auch gutwillige Menschen bekommen es heute noch in die falsche Kehle, wenn die Wirtschaft ihre berechtigten Ansprüche an das öffentliche Bildungswesen anmeldet. Wenn die Wirtschaft zum Beispiel fordert, in den Unterricht der Sekundarstufe ein eigenständiges Fach „Wirtschaft“ einzuführen, dann geht gleich – das muss leider so genannt werden – das Gezetere los, hier solle die Bildung den Ansprüchen der Wirtschaft unterworfen werden. Und das wegen einiger Wochenstunden, die die Schüler damit verbringen sollen, zu erkunden, was draußen in der Welt vor sich geht und was einmal ihr Leben ganz wesentlich mitbestimmen wird! Niemand kann sich in der Welt, wie sie heute ist, zurechtfinden, und niemand ist in der Lage, sich auf dem Arbeitsmarkt rational zu orientieren, wenn er nicht das Grund-Einmaleins des Wirtschaftens beherrscht.

Ein bisschen inhaltliche Befassung mit dem, was Lebensbewältigung – und das ist heute in einem erheblichen Maße die Wirtschaft – meint, ist aber nicht alles, was wir uns vom öffentlichen Bildungswesen wünschen. Internationale Untersuchungen, z.B. der OECD, zeigen, dass Deutschland im Bereich Bildung weltweit ins Mittelfeld, auf vielen Gebieten sogar ins untere Mittelfeld, abgerutscht ist.

Es muss viel geschehen, damit Deutschland auf diesem Gebiet wieder führend in der Welt wird – was zwingend notwendig ist, wenn wir unseren wirtschaftlichen Spitzenplatz halten wollen – und von ihm hängt unser Wohlstand ab.

Das beginnt bei den alten Kulturtechniken wie Rechnen, Schreiben und Lesen und führt über die neuen Kulturtechniken der Informationstechnologie bis zu den höheren Anforderungen der Naturwissenschaften und Mathematik. Zu diesem Zweck müssen wir Wettbewerb und Eigenverantwortlichkeit in unserem Bildungswesen zulassen. Es ist im internationalen Maßstab unvorstellbar, dass unsere Universitäten nicht einmal das Recht haben, sich ihre Studenten selbst auszusuchen!

Bei dieser Gelegenheit soll nicht ein Katalog von Bildungsforderungen vorgebetet werden, aber es muss gesagt werden: Es geht nicht an, dass in einer Welt, in der das Wissen die wichtigste Ressource geworden ist, ausgerechnet ein Land wie Deutschland, das über gar keine anderen Ressourcen verfügt, in die Zweitklassigkeit abrutscht!

Zusammenfassend lässt sich der Bogen schlagen von der Kompetenz des Unternehmens, die sich im „Sustainability Index" ausdrückt, zum Kern dieser Kompetenz: Dem Wissen, über das die Mitarbeiter verfügen und das es dem Unternehmen erlaubt, im weltweiten Wettbewerb das entscheidende „N+1", d.h. den entscheidenden Vorteil zu erzielen. Im Bestreben um diesen entscheidenden Vorteil gibt es unterschiedliche Rollen – die unterschiedlichen „Stakeholder". Wie immer diese Unterschiedlichkeit definiert sei, wo immer sie sich zur Gegensätzlichkeit verdichten mag: Entscheidend ist das gemeinsame Gut, das sie alle vereint: Der Erfolg. Und den Erfolg bestimmt der Markt, ein weltweiter Markt. Nur der Erfolg garantiert die Arbeitsplätze der Mitarbeiter genauso wie die Dividenden der Aktionäre und damit letztlich auch die Basis für den Wohlstand unserer Gesellschaft.

Klaus Bredl, Franz Lehner, Hans Gruber und Josef Strasser

Kompetenzentwicklung bei Unternehmensberatern

Die letzten Jahre waren geprägt von steigenden Umsätzen in der Beratungsbranche. Der Markt für Beratungen unterliegt einem enormen Wachstum. Dies korrespondiert mit einer steigenden Nachfrage nach Unternehmensberatung. Kaum ein großes Unternehmen in Deutschland verzichtet heutzutage auf die Leistungen renommierter Beratungshäuser. Trotzdem haben Berater landläufig keinen guten Ruf, obwohl der Beruf des Unternehmensberaters für Hochschulabsolventen ganz oben bei den Wunschberufen steht und sich somit die Beraterfirmen die Besten eines Jahrgangs aussuchen können.

Die Dienstleistung der Unternehmensberatungen basiert auf Wissen bzw. auf einem Wissensvorsprung gegenüber den zu beratenden Unternehmen. Deshalb ist anzunehmen, dass Unternehmensberatungen in besonderer Weise mit ihrem Produktionsfaktor Wissen umgehen. Da Wissen die Basis der Handlungsfähigkeit von Consultants darstellt, interessiert hier vor allem der individuelle Kompetenzerwerb in den Beratungsunternehmen. Dem Berater wird also sozusagen als personellem Produktionsfaktor des jeweiligen Beratungsunternehmens besondere Bedeutung zugemessen (DICHTL, 1998).

Der individuelle Aspekt des Kompetenzerwerbs von Consultants wurde bislang kaum thematisiert, was u.a. an der besonderen „Ausrichtung" von Unternehmensberatung liegt. Deswegen werden in diesem Aufsatz, welcher die individuelle Kompetenzentwicklung zum Thema hat, zuerst die Bestimmungsmerkmale von Unternehmensberatung und die vorherrschenden Aufgabengebiete dargestellt. Anschließend wird der derzeitige Stand der Diskussion zum Erwerb individueller Kompetenz aus Sicht der Expertiseforschung skizziert. Vor diesem Hintergrund werden Folgerungen für die Konzeptualisierung von Kompetenz in der Unternehmensberatung gezogen sowie abschließend anhand eines laufenden Forschungsprojekts aufgezeigt, wie man hierzu zu empirisch gestützten Erkenntnissen kommen kann.

Definition und Abgrenzungen der Unternehmensberatung

Eine Definition des Phänomens Unternehmensberatung gestaltet sich durch den Einfluss vieler Disziplinen als schwierig. Neben den Wirtschaftswissenschaften haben sich die Disziplinen Pädagogik, Psychologie, Soziologie, Systemtheorie und die Naturwissenschaften an der Theoriebildung versucht.

Differenzieren kann man zunächst zwischen personenbezogener Beratung und Unternehmensberatung. Im allgemeinen Sprachgebrauch versteht man unter der personenbezogenen Beratung Formen wie z.B. psychische und soziale Beratung (SPERLING & ITTERMANN, 1998), d.h. Beratungen, die sich nicht nur mit Personen auseinandersetzen, sondern bei denen das Beratungsziel auch auf die jeweiligen Personen gerichtet ist.

Ferner kann man zwischen interner und externer Beratung unterscheiden. Die grundlegende Differenz zwischen den beiden Beratungsformen besteht darin, dass bei der internen Beratung „Berater und Beratene (Klient) Mitglieder desselben sozialen Systems sind" (BLUNCK, 1993), während bei der externen Beratung ebendies nicht der Fall ist. Einen Überblick über die klassische Situation in der externen Beratung zeigt Abbildung 1 (SOMMERLATTE, 2000).

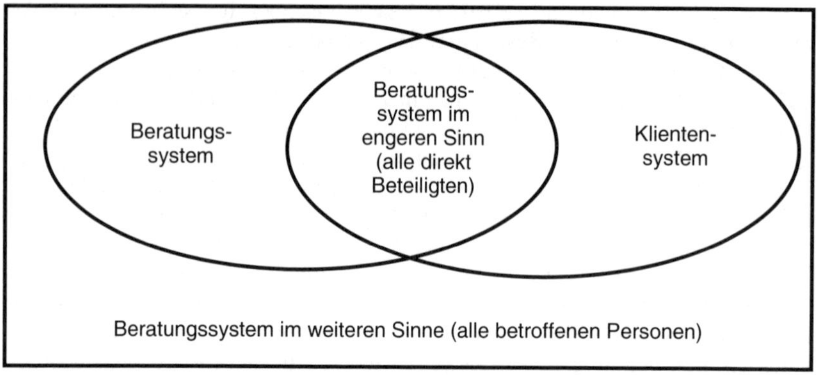

Abb. 1: Das Beratungssystem (nach SOMMERLATTE, 2000).

Des Weiteren kann man die Unternehmensberatung von den verwandten Unternehmenszweigen Steuerberatung und Wirtschaftsprüfung abgrenzen. Im Gegensatz zu den Berufsbezeichnungen *Steuerberater* und *Wirtschaftsprüfer* ist die Berufsbezeichnung *Unternehmensberater* in Deutschland „weder gesetzlich geschützt noch existiert ein Berufsregister" (DÖHMEN & KLAILE, 1981; z.B. auch NIEDEREICHHOLZ, 2000; SPERLING & ITTERMANN, 1998). In der Literatur findet man synonyme Bezeichnungen wie Wirtschaftsberatung, Betriebsberatung, Managementberatung, Unternehmensberatung, Consulting und Management Consulting usw. Vereinzelt findet man auch Abgrenzungsversuche der einzelnen Begriffe, was jedoch problematisch ist und nicht dem Sprachgebrauch der Praxis entspricht (THEUVSEN, 1994).

In der Branche herrscht zudem eine unterschiedliche Wahrnehmung über Unternehmensberatung vor (NIEDEREICHHOLZ, 2001). Es gibt zum einen die Prozessberatung und (systemische) Unternehmensberatung bzw. Organisationsentwicklung und zum anderen die klassische (technische bzw. betriebswirtschaftliche) Unternehmensberatung.

Beratungsanlässe der Unternehmensberatung

Kompetenz in der Organisationsberatung ist etwas sehr Vielgestaltiges und lässt sich zunächst über die domänenspezifischen Anforderungen definieren; diese Anforderungen werden klarer, wenn man die Beratungsanlässe betrachtet, mit denen die Berater konfrontiert sind.

Neue, innovative Beratungskonzepte werden heute meist von großen Beratungsfirmen forciert oder entwickelt: Change Management, Lean Management, Business Process Reengineering, Total Quality Management und Balanced Scorecard (MOHE, HEINEKE & PFRIEM, 2002; WEIERSHÄUSER, 1996), um nur einige zu nennen, gehören zum Beratungsportfolio der 90er Jahre. Knowledge Management und Customer Relationship Management sind die aktuellen *Buzz-Words*.

Es ist ein Phänomen, dass Beratungsanlässe, die der Kundennachfrage entsprechen, eigentlich aus der Angebotspalette der Beraterfirmen stammen. Das Portfolio der Unternehmensberatungen bestimmt somit die Sprache innerhalb des Beratungssystems im engeren wie auch im weiteren Sinne (Abbildung 1).

Zur Bestimmung aktueller Beratungsanlässe wurden zunächst Expertengespräche mit Beratern (accenture, diebold, Mummert & Partner) geführt und dabei erfragt, was sie unter Beratungsanlässen verstehen.

Dabei stellte sich heraus, dass die spontan genannten Anlässe eigentlich die Maßnahmen zur Problemlösung beim Kunden darstellten. Auf weiteres Nachfragen wurde klar, dass die jeweiligen Kunden bereits sehr genau wissen, welche Leistungen sie von der Beraterfirma erwarten. Die eigentlichen Probleme kommen oft erst bei der Problemanalyse, also erst nach Beginn des Projekts zum Vorschein. Beratungsanlässe lassen sich somit auch als Kundennachfrage oder als Beratungsprodukte (NIEDEREICHHOLZ, 2001) bezeichnen.

Um zu Angaben über die derzeit häufigsten Beratungsleistungen zu kommen, wurden die Internetauftritte der fünf größten IT-Beratungen (Tabelle 1) und der fünf größten Management-Beratungen (Tabelle 2) analysiert.

Tab. 1: Top 5 der IT-Beratungs- und Systemintegrations-Unternehmen in Deutschland 2001 (aus LÜNENDONK, 2002).

	Unternehmen	Umsatz in Mio. Euro			Mitarbeiterzahl	
		2001	davon im Inland	2000	**2001**	2000
1	CSC Ploenzke AG, Wiesbaden *)	**719,0**	475,0	702,0	**5070**	4783
2	Accenture GmbH, Sulzbach	**703,0**	703,0	547,0	**3450**	2506
3	gedas AG, Berlin	**628,0**	128,0	493,0	**5211**	3808
4	CAP Gemini Ernst & Young Deutschland Holding GmbH, Berlin	**625,0**	625,0	565,0	**3555**	3279
5	KPMG Consulting AG, Frankfurt am Main	**576,2**	576,2	370,0	**3146**	2625

*) Daten teilweise geschätzt.

Aufnahmekriterium für diese Liste: Mehr als 60% des Umsatzes werden mit IT-Beratung, Individual-Software-Entwicklung und Systemintegration erzielt.

Tab. 2: Top 5 der Managementberatungs-Unternehmen in Deutschland 2001 (aus LÜNENDONK, 2002).

	Unternehmen	Umsatz in Mio. Euro			Mitarbeiterzahl	
		2001	davon im Inland	2000	**2001**	2000
1	McKinsey & Company, Inc., Düsseldorf	**595,0**	595,0	475,0	**1798**	1660
2	Roland Berger Strategy Consultants GmbH, München*)	**511,0**	307,0	433,0	**1650**	1510
3	A. T. Kearney GmbH, Düsseldorf	**246,0**	231,0	230,0	**620**	615
4	The Boston Consulting Group, München	**238,5**	238,5	217,3	**1150**	1000
5	Booz, Allen & Hamilton, Düsseldorf	**148,0**	148,0	127,0	**365**	340

*) Daten teilweise geschätzt.

Aufnahmekriterium für diese Liste: Mehr als 60% des Umsatzes werden mit klassischer Unternehmensberatung, zum Beispiel Strategie, Organisation, Personal, Marketing, erzielt.

Grundsätzlich lässt sich sagen, dass sich die beiden Beratungsformen in ihren Inhalten kaum unterscheiden. Bei der Auswertung der Internetauftritte wurde vor allem deutlich, dass die Managementberatungen ihre Beratungsleistungen sehr untergliedern und sich dadurch stärker profilieren als die IT-Beratungen. Es fiel somit auf, dass insbesondere die IT-Beratungen ein wesentlich weniger detailliertes Leistungsprofil in ihrem Webauftritt darstellten.

Bei allen untersuchten Beratungen wurden 17 Anlässe gefunden, welche sich ausreichend differenzieren lassen (Tabelle 3).

Tab. 3: Häufigkeitstabelle der Beratungsanlässe.

Nr.	Beratungsanlass	Nennungen
	E-Business	9
	Customer Relationship Management (CRM)	8
	Supply Chain Management	7
	Unternehmens- und Geschäftsstrategie	7
	Mergers & Acquisitions	6
	Business Process Reengineering (BPR)	6
	Information-Management / Strategic Information Technology	5
	Human Resources	4
	Knowledge Management	4
	Enterprise Resource Planning (ERP)	3
	Outsourcing	3
	Mobile Business	3
	(Value-) Wertmanagement	3
	Procurement	3
	Change Management	2
	Euro/B2€	2
	Branding	2

Vergleicht man diese Ergebnisse mit den Nennungen, die eine regelmäßig für die Zeitschrift *Information Management & Consulting* durchgeführte Erhebung über die aktuellen Beratungsthemen der Consultingbranche zu Tage fördert, kann man weitgehende Übereinstimmung konstatieren. Zusätzlich werden folgende Themen/Anlässe genannt (IM-BAROMETER, 2001):

- Wertschöpfendes Wachstum
- E-Learning
- Content-Management
- Enterprise Application Integration (EAI)
- IT-Security

Kompetenz in der Unternehmensberatung

Angesichts dieser Diversität von Aufgaben in der Consultingbranche stellt sich die Frage nach den vorhandenen Kompetenzen bei den Beratern. Kompetenz im Sinne eines in konkreten Handlungen angewandten Wissens kommt im Bereich der Unternehmensberatung im Wesentlichen arbeitsteilig im Rahmen von Projektteams zum Einsatz. Mehrere, fachlich meist unterschiedlich qualifizierte Berater erarbeiten gemeinsam eine Lösung. Die Größe der Projektteams kann stark variieren und liegt meist zwischen zwei und 30 Beratern. Mit anderen Worten: Es ist nicht zu erwarten, dass ein Berater individuell die Gesamtkomplexität eines durchschnittlichen Beratungsprojektes überblickt. Dies kann bestenfalls vom Projektleiter erwartet werden, der dann aber wiederum oft wenig Kenntnisse im Detail aufweist. Die Phase der Qualifizierung von Unternehmensberatern beginnt meist mit einem einschlägigen Hochschulstudium (z.B. Betriebswirtschaftslehre, Wirtschaftsinformatik, Informatik). Die Absolventen treten oft als Trainees in die Unternehmen ein und durchlaufen unterschiedlich konzipierte Ausbildungswege. Diese unterscheiden sich von Beratungsunternehmen zu Beratungsunternehmen stark. Manchmal werden sie von Mentoren begleitet. Dabei handelt es sich um erfahrene Berater (*Senior Consultants*, *Partner*).

Aber nicht nur dieser klassische Weg führt zur Expertenschaft im Consultingbereich. Sehr oft finden sich unter den Experten Berater, die aus dem operativen Geschäft in die Beratung wechseln bzw. wegen ihres Branchenwissens „eingekauft" werden. Genauso wie viele Berater, die nach dem Studium sofort in die Beratung gingen, nach etwa zwei bis drei Jahren in den operativen Bereich, oft zu ehemaligen Kunden, wechseln.

GIDION (1999) unterteilt den Kompetenzbegriff in zwei Komponenten: Zum einen in die Berechtigung bzw. Legitimation zur Handlung, und in die innere Befähigung zur Bewältigung von Aufgaben; zum anderen hinsichtlich der geforderten Bevollmächtigung. Es sei darauf hingewiesen, dass keine einheitliche Ausbildung (bzw. Studiengang) zum Erlernen dieser Profession mit entsprechendem Abschluss in Deutschland angeboten wird. Vereinzelt findet man Kurse an Universitäten, die jedoch zumeist im Rahmen eines Wirtschaftsstudiums angeboten werden. Es sind auch außeruniversitäre Seminare von privaten Anbietern anzutreffen, deren Qualität jedoch ausbilderabhängig schwankt. Zum Beispiel wurde an der Universität des Saarlandes von SCHEER zum Wintersemester 1998/1999 ein Pilotprojekt für den *Studiengang Consulting* gestartet. Dieses ist jedoch ein berufsbegleitendes Angebot bzw. ein Aufbaustudiengang. Allerdings scheint dieser nicht zum regulären Studienangebot zu gehören, da eine Teilnahmegebühr anfällt (KÖPPEN, 1999). Auch an Fachhochschulen finden sich entsprechende Studienschwerpunkte, so z.B. an der Fachhochschule Rheinland-Pfalz, Abteilung Ludwigshafen (NIEDEREICHHOLZ, 2001).

Während die großen Beratungshäuser selbst Qualitätsstandards bezüglich ihres Produktes – der Beratung – und damit unweigerlich der Produktionseinheiten – der Berater – stellen, ist der Markt an kleinen und mittleren Betrieben schlichtweg undurchsichtig. Bestrebungen werden hier seitens des Bundesverbandes Deutscher Unternehmensberater BDU e.V. unternommen (BDU, 2002), welche sich vor allem auf folgende Punkte konzentrieren:

1) Einführung eines gesetzlichen Schutzes und Festlegung individueller Qualifikationskriterien,
2) systematische Aus- und Weiterbildung im Rahmen von Kursen, Vorträgen, Workshops usw. sowie
3) Sicherung der Qualität von Beratungsleistungen durch Zertifizierung nach DIN 9001-4 (EN29001-4).

In den USA gibt es bereits seit 1968 das Institute of Management Consultants (IMC), welches nach Absolvierung von Tests und Referenzprüfungen das

Prädikat „Certified Management Consultant" verleiht. Kriterien sind ein Collegeabschluss, eine fünfjährige Berufserfahrung, ein Nachweis über beraterische Tätigkeit auf Entgeltbasis, wobei die Person mindestens einmal die Projektverantwortung getragen haben muss (DICHTL, 1998).

Als einen neuen Ansatz für ein Kompetenzmodell basierend auf Handlungskompetenz könnte man folgendes sehen: Handlungskompetenz in einer Domäne bezeichnet die Fähigkeit, die in dieser Domäne gestellten Anforderungen erfolgreich zu meistern (STARK, GRAF, RENKL, GRUBER & MANDL, 1995). Sie ermöglicht es einerseits, häufig wiederkehrende Aufgaben mühelos und effizient zu bewältigen, sowie andererseits, mit neuartigen Problemfällen zurechtzukommen. Eine solchermaßen verstandene Handlungskompetenz setzt zweierlei voraus: Zum einen das Vorhandensein fundierten, zumeist deklarativen Wissens um die jeweiligen Sachverhalte, zum anderen die Fähigkeit, das jeweilige Wissen situationsangemessen und effektiv anzuwenden. Der Erwerb von Wissen steht zumeist im Fokus formaler Ausbildung, etwa des Studiums. Der Kompetenzerwerb zur Anwendung des Wissens wird hierbei in der Regel vernachlässigt, er erfolgt eher informell während beruflicher Tätigkeit durch Erfahrung (GRUBER, 1999a). Den beiden Komponenten von Handlungskompetenz – deklaratives Wissen und Erfahrungswissen – wurde in der Forschung bisher in unterschiedlicher Weise Aufmerksamkeit geschenkt.

Der Weg des Beratungsnovizen zum Experten – Erkenntnisse aus der Expertiseforschung

Ungeklärt ist bisher, wie die kompetente Leistung eines Consultants beschrieben werden kann und wie er im Laufe seine beruflichen Entwicklung Kompetenz erwirbt. Die Untersuchung kompetenter Leistung wurde vor allem von der Expertiseforschung vorangetrieben (für Überblicke siehe CHI, GLASER & FARR, 1988; ERICSSON & SMITH, 1991; GRUBER, 1994). Der Schwerpunkt liegt dabei auf der Beschreibung von Merkmalen von Personen, die innerhalb eines bestimmten Gegenstandsbereichs exzellente Leistungen hervorbringen. Die Kennzeichen expertenhafter Informationsverarbeitung werden im kontrastiven Vergleich mit den Leistungen von „Novizen", die in der Domäne über keine bzw. wenig Kompetenz verfügen, gewonnen. Wichtige Unterschiede in der Leistung von Experten und Novizen wurden vor allem bei kognitiven Merkmalen gefunden, etwa dem Umfang der Wissensbasis, der Art der Problemrepräsentation, der Effizienz und Schnelligkeit des Problemlösens oder der Flexibilität gegenüber neuen Problemstellungen.

Folgt man der Sichtweise der deskriptiv ausgerichteten Expertiseforschung, liegt der entscheidende Unterschied zwischen Experten und Novizen vor allem im Umfang des Wissens, das Experten in jahrelanger Praxis angesammelt haben, so dass sich Kompetenzerwerb als Wissensakkumulation konzipieren lässt. Die andauernde und intensive Auseinandersetzung mit dem jeweiligen Gegenstandsgebiet wäre dann eine hinreichende Bedingung für den Erwerb hoher beruflicher Kompetenz. Da umfangreiches domänenspezifisches Wissen sowie jahrelange Beschäftigung mit einer Domäne Kennzeichen von Experten sind, liegt diese Schlussfolgerung nahe. Sie beschreibt jedoch nur eine notwendige Voraussetzung von Expertise. Die querschnittlichen Befunde längsschnittlich in Bezug auf Prozesse des Kompetenzerwerbs zu interpretieren, ist nicht ohne Weiteres gerechtfertigt. Zudem hat der Erwerb umfangreichen deklarativen Wissens nicht zwingend zur Folge, dass dieses in authentischen Problemsituationen auch angewandt werden kann. In den letzten Jahren wurde eine Reihe von Studien veröffentlicht, in denen der Nachweis erbracht wurde, dass gelerntes Wissen oft träges Wissen bleibt, das im „Ernstfall" nicht angewandt werden kann (MANDL, GRUBER & RENKL, 1994; RENKL, 1996).

Um Fragen professionellen Kompetenzerwerbs beantworten zu können, ist daher die „traditionelle" Expertiseforschung um eine andere Perspektive zu ergänzen, in der die effektive Anwendung und Nutzung von Wissen, also das „Können", thematisiert wird (HACKER, 1992). Effiziente Wissensnutzung wird durch berufliche Erfahrung ermöglicht, wobei unter Erfahrung hier explizit keine rein zeitliche Kategorie verstanden wird. Erfahrung bedeutet vielmehr episodische Kenntnis über den Umgang mit Wissen, also darüber, wie, wann und in welcher Situation welches Wissen am erfolgversprechendsten zur Anwendung kommt. Die situative Einbettung von Wissen und seine Einschätzung als episodisch relevant ist von entscheidender Bedeutung, so dass Kompetenzerwerb nicht mehr bloßes Hinzufügen von Wissen, sondern stets auch ein Prozess des situationsabhängigen Reorganisierens und Integrierens von Wissensstrukturen ist (GRUBER, 1999b).

Dass eine solche Perspektive in der Expertiseforschung bisher kaum vertreten wurde, hat vor allem auch damit zu tun, dass vornehmlich wohldefinierte Domänen wie Physik, Schach oder Programmieren untersucht wurden, die sich durch klare Regeln, Ziele und Lösungen auszeichnen. In derartigen Gegenstandsbereichen ist situationsunabhängig „richtiges" Wissen vergleichsweise leicht zu bestimmen. Komplexe berufliche Domänen zeichnen sich hingegen üblicherweise durch schlechtdefinierte Problemstellungen aus. Für berufliche Problemstellungen gibt es nur selten von vornherein feststehende Lösungswege, ja sogar oft Zweifel, ob ein Zustand als Zielzustand akzeptabel ist (DÖRNER, 1979). Es gibt einige Hinweise darauf, dass die Befunde, die an wohldefinierten Gegenstandsbereichen gewonnen wurden, auf schlechtdefinierte nicht ohne Weiteres übertragbar sind (BROMME, 1992; VOSS, 1990).

Um Möglichkeiten zur Unterstützung des Erwerbs kompetenzrelevanter Erfahrung zu konzipieren, sind Annahmen darüber notwendig, wie Erfahrungswissen entsteht, verarbeitet, gespeichert und angewendet wird. Bislang vorliegende Ansätze hierüber werden im folgenden Abschnitt dargestellt.

Erwerb und Modifikation beruflichen Erfahrungswissens

In den Arbeiten der Arbeitsgruppe um BOSHUIZEN (BOSHUIZEN & SCHMIDT, 1992; BOSHUIZEN, SCHMIDT, CUSTERS & VAN DE WIEL, 1995; CUSTERS, BOSHUIZEN & SCHMIDT, 1998) wurde die Entstehung anwendungsrelevanten prozeduralen Wissens im Bereich der Medizin, vor allem bei diagnostischen Tätigkeiten, untersucht. Aus ihren Ergebnissen leiteten die Autoren ein Erfahrungsmodell ab, das Kompetenzerwerb in dieser komplexen, schlechtdefinierten Domäne als Enkapsulierung deklarativen Wissens und als Herausbildung narrativer Strukturen (*illness scripts*) beschreibt.

Mit zunehmender Expertise nehmen Mediziner bei diagnostischen Routineaufgaben immer weniger expliziten Bezug auf deklaratives, biomedizinisches Wissen (BOSHUIZEN & SCHMIDT, 1992). Dieses Wissen verschwindet aber nicht oder wird träge, sondern unterliegt unter dem Einfluss klinischer Erfahrung einer qualitativen Veränderung. In der Auseinandersetzung mit (vielen) konkreten Fällen resultiert die wiederholte Anwendung deklarativen Wissens in dessen allmählicher Enkapsulation, d.h. es wird unter generalisierte, fallbezogene Wissensstrukturen subsummiert, in denen klinische Erfahrung repräsentiert ist. In dieser enkapsulierten Form kann das biomedizinische Erklärungswissen weiterhin herangezogen werden, wenn dies, wie etwa bei der Beurteilung schwieriger oder ausgefallener Fälle, erforderlich wird. Deklaratives Wissen bleibt also weiterhin verfügbar, spielt aber immer weniger eine zentrale Rolle.

Die Wissensstrukturen, in die biomedizinische Konzepte im Verlauf medizinischen Expertiseerwerbs integriert werden, werden als *illness scripts* bezeichnet. Diese bestehen aus drei Komponenten: (1) Konzepte über „ermöglichende Bedingungen" (Hintergrundfaktoren/Kontext-, Klientenmerkmale), (2) Konzepte über die spezifische Störung, (3) Konzepte über Konsequenzen (Symptome, Beschwerden). *Illness scripts* von Experten zeichnen sich dadurch aus, dass Wissen über Hintergrundfaktoren bzw. Patientencharakteristika direkt mit Wissen über Symptome und Beschwerden verknüpft ist. Dadurch ist eine schnelle Aktivierung möglich, Krankheiten können in der Folge früh erkannt werden, und relevantes Wissen ist leicht zugänglich. Das Wissen weniger erfahrener Mediziner ist weniger effizient strukturiert: Sie müssen den Umweg über explizites störungsspezifisches Wissen gehen, um Hintergrundfaktoren und Symptome miteinander verbinden zu können. Interessant wäre es, zu untersuchen, ob es in der Domäne der Unternehmensberatung etwas Vergleichbares zu den *illness scripts* aus der Medizin gibt.

Über die reflexive Anwendung des episodisch gespeicherten domänenspezifischen Wissens gelangt man zu einer beständigen Verfeinerung von Expertise. Dabei existieren nach KOLODNER (1983) zwei zentrale Lernmechanismen, Lernen durch Generalisierungen über Episoden hinweg und Lernen durch die Analyse von Fehlern (vgl. das Kapitel von BAUER in diesem Band). Diese Mechanismen weisen auf Wege zur instruktionalen Unterstützung des Erwerbs hoher Kompetenz hin. Im Instruktionsmodell des fallbasierten Lernens macht KOLODNER solche pädagogische Folgerungen explizit. Dabei zeigt sich eine hohe Affinität zu Ansätzen des situierten Lernens.

Explizite Untersuchungen über Aufbau und Verwendung von Erfahrungswissen in beruflichen Bereichen liegen bislang kaum vor. Dies gilt insbesondere für Erfahrungswissen in beraterischen Berufen. Allerdings gibt es in der Unternehmensberatung einige Hinweise auf die Bedeutsamkeit von Erfahrung im o.g. Sinne für den Erwerb beraterischer Kompetenz, wie in den nächsten Abschnitten gezeigt wird.

Die Bedeutung der Erfahrung

Der Erwerb von Erfahrung kann in der Verknüpfung von situiertem Lernen und Expertenschaft als Aufbau kompetenter „Informationsverarbeitung in Situationen" beschrieben werden. Erfahrung kann zusammengefasst in sechs Merkmalen beschrieben werden. (1) Erfahrung ist Grundlage beruflicher Kompetenz; sie hängt mit überdurchschnittlich erfolgreicher Leistung in einer komplexen Domäne zusammen. (2) Erfahrung ist ein Merkmal von Individuen; sie geht vor allem mit deren besonders gutem Gedächtnis für domänenspezifische Information einher, das sowohl bei der kurzfristigen Speicherung als auch beim langfristigen Erinnern und Abrufen zu beobachten ist. (3) Erfahrung hängt mit dem Besitz umfangreichen domänenspezifischen Wissens zusammen. (4) Erfahrung korrespondiert vor allem mit Wissen, das durch episodische, selbst erlebte Ereignisse entsteht und das von den Individuen aufgrund dieser Erlebensprozesse konstruiert wird. (5) Erfahrung entsteht in episodischen Erlebnissen nur dann, wenn diese vom Individuum als relevant eingeschätzt werden. Damit hängt Erfahrung nicht nur von kognitiven, sondern auch von emotionalen, motivationalen und sozialen Merkmalen ab. (6) Erfahrung kann dann gelehrt werden, wenn es ermöglicht wird, Episoden zu erleben und wenn die individuelle Relevanz des Lerngegenstands vermittelt wird, was durch das Bereitstellen komplexer Lernumgebungen geschehen kann.

Der bisherige Stand der Forschung zum Kompetenzerwerb in der Beratung deutet darauf hin, dass mit zunehmender Erfahrung die Bedeutung des in Studium und Ausbildung erworbenen deklarativen Theorie- und Methodenwissens zurückgeht und stattdessen ein flexibles, an pragmatischen Kriterien orientiertes, eklektisches Erfahrungswissen Überhand gewinnt. Eine Analyse der tatsächlichen Beratungstätigkeit sowie der dabei notwendigen Kompetenzkomponenten wurde jedoch bislang in der Unternehmensberatung nicht durchgeführt.

Ansätze zur Kompetenzerfassung

In der wirtschaftswissenschaftlichen Ausbildung, insbesondere im angloamerikanischen Raum werden häufig *case studies* verwendet, um anwendbares Wissen bei den Studenten zu entwickeln und sie praxisnah auszubilden. Problematisch für den Einsatz als Untersuchungsinstrument ist bei diesen Fallstudien der Charakter eines abgeschlossenen Falles, d.h. die eigentliche, beruflich relevante Kompetenz kann damit kaum abgebildet werden. Um wirklich Kompetenzen abzutesten, müssten in diese Fälle Probleme eingebettet sein, die erkannt werden müssen und anhand derer Lösungsansätze entwickelt werden sollen. Zusätzlich müsste der Grad an Authentizität erhöht werden, indem z.B. simulierte Originalunterlagen eingefügt werden. Ferner sollte ein mit der Aufgabenbeschreibung verbundenes Szenario eingebettet werden. Aufgrund dieser Ausgangslage wurde im Projekt „Wissenserwerb und Wissensnutzung in der Beratung“ ein Fall entwickelt, der mit Hypertext- und Web-Technologie aufbereitet wurde (BREDL, PAUR, REMUS, LEHNER & LOCHER, 2002; LOCHER & BREDL, 2001). Dieser Fall in seiner spezifischen Ausgestaltung wurde entwickelt, um berufliche Kompetenzen eines Consultants zu erfassen, wozu Aufgaben gehören, die authentisch, relevant, komplex und dynamisch sind und die unter Zeitdruck bearbeitet werden sollen. In einer empirischen Überprüfung zeigte sich, dass die Hauptziele „Authentizität des Falls“, „Typikalität des Falls für die Domäne“ und „Realitätsnähe des Szenarios“ erreicht wurden. Versuchspersonen aus Beratungsfirmen erteilten der Fallstudie in diesen Kategorien durchgehend hohe Bewertungen.

Resümee und Ausblick

Aus dem hier skizzierten Forschungsstand lässt sich folgendes Resümee ziehen: In Hinblick auf die Expertiseforschung ist festzustellen, dass das Entstehen hoher beruflicher Kompetenz in der Unternehmensberatung noch kaum untersucht wurde und mit den aus der Untersuchung vor allem wohldefinierter Domänen gewonnenen Ergebnissen nicht hinreichend erklärt werden kann. Die Analyse des Wissens- und Kompetenzerwerbs in professionellen, für gewöhnlich schlechtdefinierten Domänen, wie der Beratung, in denen hohe Leistungsfähigkeit nicht ausschließlich durch Wissensanhäufung erreicht werden kann, stellt ein vorrangiges Postulat dar. Dazu ist es erforderlich, das berufsfeldspezifische „Können“ von Consulting-Experten sowie individuelle Informationsverarbeitungsprozesse in ihrem situativen Bezug genauer zu betrachten. Ähnliche Forderungen ergeben sich aus dem Stand der Forschung hinsichtlich der Erfahrungsbildung bei Beratern. Will man über deren Wissenserwerb und -nutzung im Karriereverlauf zu fundierten Aussagen gelangen, genügt es nicht, quantitativ definierte Erfahrung in Beziehung zu den Ergebnissen von Beratung zu setzen. Die Kompetenz des Beraters, wie sie sich in der Bewältigung domänenspezifischer Anforderungen zeigt, muss fokussiert werden. Hinsichtlich der Entstehung und Modifikation beruflichen Erfahrungswissens liegen bisher Befunde vor allem aus der Medizin vor. Es bleibt zu fragen, ob sich diese auf andere Gegenstandsbereiche übertragen lassen und ob bisherige theoretische Annahmen zum Erwerb, zur Repräsentation und Weiterverarbeitung von Erfahrungswissen empirische Stützung erfahren.

In praktischer Hinsicht sind Konsequenzen bezüglich der erfahrungsdienlichen Gestaltung von Studium und berufsbegleitenden Aus- und Weiterbildungen von Interesse. Ein wichtiger weiterer Aspekt des beruflichen Kompetenzerwerbs ist die Analyse von Wegen und Hindernissen der Umsetzung individueller Kompetenzerwerbsprozesse in die für Beratung oft typischen Arbeits- und Beratungsprozesse in Gruppen bzw. Teams.

Das Thema Kompetenzentwicklung in der Unternehmensberatung ist also ein Thema mit vielen Facetten, wobei kaum wissenschaftliche Ergebnisse vorliegen. Gerade jetzt, da sich die gesamte Consultingbranche angesichts der aktuell angespannten Wirtschaftslage aktuell in einer Phase der Konsolidierung befindet (HARTMANN, 2002), stellt sich der Kunde bei der Projektvergabe bzw. dem Einsatz seines Kapitals vermehrt die Frage nach der Beraterkompetenz. Um alle Aspekte der Kompetenzentwicklung in dieser hochkomplexen Domäne zu beleuchten sind vermehrte Forschungsbemühungen aus einer interdisziplinären Perspektive vonnöten, um zu aussagekräftigen Erkenntnissen zu kommen. Ansätze zur systematischen Analyse der Prozesse bei der Fallbearbeitung liegen seit kurzem ebenso vor wie tragfähige Untersuchungsinstrumente. Dies lässt für die nächste Zukunft interessante Forschungsbeiträge erhoffen.

Literaturverzeichnis

BDU (2002). *Bundesverband Deutscher Unternehmensberater BDU e.V.* http://www.bdu.de Stand: 31.7.2002.

Blunck, T. (1993). *Funktionen und Gestaltung institutionalisierter interner Beratungsleistungen. Europäische Hochschulschriften*. Bern: Lang.

Boshuizen, H. P. A. & Schmidt, H. G. (1992). On the role of biomedical knowledge in clinical reasoning by experts, intermediates and novices. *Cognitive Science, 16*, 153-184.

Boshuizen, H. P. A., Schmidt, H. G., Custers, E. J. F. M, van de Wiel, M. W. (1995). Knowledge development and restructuring in the domain of medicine: The role of theory and practice. *Learning and Instruction, 5*, 269-289.

Bredl, K., Paur J., Remus U., Lehner F. & Locher C. (2002). Die Fallstudie aus der Wirtschaftsinformatik. *Das Wirtschaftsstudium (WISU), 31*, 1442-1444.

Bromme, R. (1992). *Der Lehrer als Experte. Zur Psychologie des professionellen Wissens*. Bern: Huber.

Chi, M. T. H., Glaser, R. & Farr, M. J. (Hrsg.). (1988). *The nature of expertise*. Hillsdale: Erlbaum.

Custers, E. J. F. M., Boshuizen, H. P. A. & Schmidt, H. G. (1998). The role of illness scripts in the development of medical diagnostic expertise: Results from an interview study. *Cognition and Instruction, 16*, 367-398.

Dichtl, M. (1998). *Standardisierung von Beratungsleistungen*. Wiesbaden: DUV.

Döhmen, H.-P. & Klaile B. (1981). *Möglichkeiten und Probleme externer Unternehmensberatung* (Projektbericht Nr. 3). Köln: Lehrstuhl für Allgemeine Betriebswirtschaftslehre und Betriebswirtschaftliche Planung, Universität Köln.

Dörner, D. (1979). *Problemlösen als Informationsverarbeitung*. Stuttgart: Kohlhammer.

Ericsson, K. A. & Smith, J. (Hrsg.). (1991). *Toward a general theory of expertise: Prospects and limits*. Cambridge: Cambridge University Press.

Gidion, G. (1999). Qualifizierung in dezentralen Organisationsstrukturen. In H.-J. Bullinger (Hrsg.), *Effizientes Informationsmanagement in dezentralen Organisationsstrukturen* (S. 95-124). Berlin: Springer.

Gruber, H. (1994). *Expertise. Modelle und empirische Untersuchungen*. Opladen: Westdeutscher Verlag.

Gruber, H. (1999a). *Erfahrung als Grundlage kompetenten Handelns*. Bern: Huber.

Gruber, H. (1999b). Wie denken und was wissen Experten? In H. Gruber, W. Mack & A. Ziegler (Hrsg.), *Wissen und Denken. Beiträge aus Problemlösepsychologie und Wissenspsychologie* (S. 193-209). Wiesbaden: Deutscher Universitäts Verlag.

Hacker, W. (1992). *Expertenkönnen. Erkennen und Vermitteln*. Göttingen: Hogrefe.

Hartmann, M. (2002). Value Creation ist in, Visionen sind out. *Information Management & Consulting, 17*, 95-96.

IM-Barometer (2001). *Information Management & Consulting, 16*, 3.

Kolodner, J. L. (1983). Towards an understanding of the role of experience in the evolution from novice to expert. *International Journal of Man-Machine Studies, 19*, 497-518.

Köppen, A. (1999). Consulting im Studium. *Information Management & Consulting, 14*, 127.

Locher, C. & Bredl, K. (2001). *CST – Case Study Tool. Ein System zur Unterstützung der Erhebung und Analyse von Daten auf der Basis von Think Aloud Protokollen* (Forschungsbericht Nr. 57). Regensburg: Universität Regensburg, Lehrstuhl für Wirtschaftsinformatik III.

Lünendonk (2002). *Lünendonk-Listen*. http://www.luenendonk.de/html/marktanalysen_listen.html Stand: 31.7.2002.

Mandl, H., Gruber, H. & Renkl, A. (1994). Problems of knowledge utilization in the development of expertise. In W. J. Nijhof & J. N. Streumer (Hrsg.), *Flexibility in training and vocational education* (S. 291-305). Utrecht: Lemma.

Mohe, M., Heinecke, H. J. & Pfriem, R. (2002). *Consulting – Problemlösung als Geschäftsmodell. Theorie, Praxis, Markt*. Stuttgart: Klett-Cotta.

Niedereichholz, C. (2000). *Unternehmensberatung. Band 2: Auftragsdurchführung und Qualitätssicherung* (2. Aufl.). München: Oldenbourg Wissenschaftsverlag.

Niedereichholz, C. (2001). *Unternehmensberatung. Band 1: Beratungsmarketing und Auftragsakquisition* (3. Aufl.). München: Oldenbourg Wissenschaftsverlag.

Renkl, A. (1996). Träges Wissen: Wenn Erlerntes nicht genutzt wird. *Psychologische Rundschau, 47*, 78-92.

Sommerlatte, S. (2000). *Lernorientierte Unternehmensberatung: Modellbildung und kritische Untersuchung der Beratungspraxis aus Berater- und Klientenperspektive*. Wiesbaden: Deutscher Universitäts Verlag.

Sperling, H. J. & Ittermann, P. (1998). *Unternehmensberatung- eine Dienstleistungsbranche im Aufwind*. München: Hampp.

Stark, R., Graf, M., Renkl, A., Gruber, H. & Mandl, H. (1995). Förderung von Handlungskompetenz durch geleitetes Problemlösen und multiple Lernkontexte. *Zeitschrift für Entwicklungspsychologie und Pädagogische Psychologie, 27*, 289-313.

Theuvsen, L. (1994). *Interne Beratung – Konzept – Organisation – Effizienz*. Wiesbaden: Deutscher Universitäts Verlag.
Voss, J. F. (1990). Das Lösen schlecht strukturierter Probleme – ein Überblick. *Unterrichtswissenschaft, 18*, 313-337.
Weiershäuser, S. (1996). *Der Mitarbeiter im Beratungsprozeß – Eine agenturtheoretische Analyse*. Wiesbaden: Gabler.

Elena Stamouli

Auf dem Weg zur persönlichen Berufszufriedenheit

Ausgangsposition

Zufriedenheit im Beruf ist ein Faktor, der die persönliche Lebens- und Berufssituation eines jeden Menschen maßgeblich beeinflusst. In einer Zeit, die durch komplexe und steigende Leistungsanforderungen und veränderte Arbeitsstrukturen gekennzeichnet ist, bewegt sich die Qualität in vielen Unternehmen zwischen zwei Polen: *Reorganisation* als reine Kostensenkung und Effizienzsteigerung sowie *Umstrukturierung* im Sinne erhöhter Prozessqualität, Kundenorientierung und Mitarbeiterzufriedenheit (POHL & WITT, 2000). Demnach werden von Unternehmen konzeptuelle Ansätze gefordert, die der Berufszufriedenheit von Beschäftigten einen besonderen Stellenwert geben.

Kognitive Ansätze stellen Berufszufriedenheit als das Resultat der Auseinandersetzung von Beschäftigten mit ihrem Arbeitsleben dar (BRUGGEMAN, GROSKURTH & ULICH, 1975; BÜSSING, 1991; HACKMAN & OLDHAM, 1976; MERZ, 1979; NEUBERGER, 1974; VROOM, 1964). In der traditionellen Berufszufriedenheitsforschung wird entweder nur auf den Beschäftigten selbst oder nur auf das Arbeitsleben fokussiert. Hierbei werden die Auslöser von Berufszufriedenheit grundsätzlich in situativen Aspekten gesucht. Zumeist steht der Faktor *Arbeitsleben* im Vordergrund dieser Auseinandersetzung, die Beschäftigten und ihre persönlichen Merkmale treten in den Hintergrund.

Im Folgenden soll der Fokus auf die personbezogenen Merkmale gelegt werden. In Anlehnung an bedürfnisorientierte Ansätze wird davon ausgegangen, dass Beschäftigte im Auseinandersetzungsprozess mit dem Arbeitsfeld eine wichtige Rolle spielen. Bedürfnisorientierte Ansätze akzentuieren, dass Beschäftigte über persönliche Merkmale, wie zum Beispiel Bedürfnisse, Erwartungen und Ansprüche verfügen, die am Arbeitsplatz befriedigt werden sollten. Um das angestrebte „innere Gleichgewicht" zu erreichen, arbeiten Beschäftigte auf eine Übereinstimmung zwischen personenbezogenen und arbeitsbezogenen Merkmalen hin (NEUBERGER, 1974).

Nicht nur situationsbezogene Faktoren, sondern auch personbezogene Faktoren können einen positiven oder negativen Einfluss auf die Berufszufriedenheit ausüben. Das weist indirekt darauf hin, dass Beschäftigte ihren eigenen Beitrag zur Berufszufriedenheit leisten und ihre Berufszufriedenheit selbst regulieren können, indem sie sich mit ihren eigenen Merkmalen und ihrer Übereinstimmung bzw. Diskrepanz mit den Arbeitsmerkmalen befassen.

Die Bedeutsamkeit des Konstruktes ‚Zufriedenheit' für das Arbeitsleben

Wenn davon ausgegangen wird, dass es sich bei dem Auseinandersetzungsprozess zwischen *Beschäftigten* einerseits und *Arbeitsleben* andererseits um eine wechselseitige abhängige Beziehung handelt, wird Zufriedenheit gewährleistet, wenn individuelle Erwartungen, Bedürfnisse und Ansprüche mit den Unternehmenszielen und Arbeitsanforderungen in Übereinstimmung stehen.

Berufszufriedenheit hängt von der Produktivität, der Motivation, der Arbeitsleistung und dem Arbeitserfolg der Mitarbeiter ab. Es ist ein zirkuläres, wechselseitiges Verhältnis, in dem alle einzelnen Komponenten – Produktivität, Motivation, Arbeitsleistung und Arbeitserfolg – Berufszufriedenheit bedeutsam für das Arbeitsleben ausmachen. Um die Produktivität und den langfristigen Erfolg von Unternehmen und den darin Tätigen zu sichern, sollte auf die Berufszufriedenheit von Beschäftigten geachtet werden, da zufriedene Beschäftigte in ihrem Beruf engagiert sind, motiviert bleiben und versuchen, die bestmögliche Leistung am Arbeitsplatz zu bringen (KOLB, 1996). Wird Motivation zu den zentralen unternehmensbezogenen Zielen gerechnet, sollten nach FAULSTICH (1998) den Beschäftigten durch Supervision und Trainingsprogrammen Chancen gegeben werden, ihre Identität zu finden. Durch die Identitätsfindung sind Mitarbeiter in der Lage zu überprüfen, ob ihre Bedürfnisse mit den Interessen des Unternehmens übereinstimmen. Dadurch können Beschäftigte ihre eigenen Fähigkeiten, Ziele und Visionen entdecken, um zu vergleichen, ob eine übereinstimmende, komplementäre Beziehung mit den beruflichen Anforderungen besteht. Fällt das Ergebnis dieses Vergleichs positiv aus, kann dies zur Motivation der Beschäftigten und zur Steigerung ihrer Arbeitsleistung führen, was einen beruflichen Erfolg wahrscheinlich macht.

Beruflicher Erfolg resultiert dann, wenn Beschäftigte durch ihre Leistung Arbeitsanforderungen erfüllen. Wenn beruflicher Erfolg von einer Übereinstimmung zwischen individuellen Merkmalen und Arbeitsbedingungen bzw. -anforderungen geprägt ist, wird Zufriedenheit im Beruf ausgelöst (KOLB, 1996). Findet sich eine Diskrepanz, wird Berufsunzufriedenheit resultieren.

Identifikation von Auslösern für Berufszufriedenheit auf individueller Ebene

Im Folgenden werden ausschließlich Auslöser von Berufszufriedenheit bzw. Berufsunzufriedenheit diskutiert, denen die individuelle Ebene zugrunde liegt. Da Individuum und Arbeitsfeld dabei voneinander abhängen, wird zunächst auf den technologischen und ökonomischen Wertewandel fokussiert, um gegenseitige Änderungen in dieser Abhängigkeit transparent zu machen.

Seit Jahren befindet sich der Unternehmenssektor in einem Spannungsfeld zwischen Traditions- und Innovationsorientierung, in dem Vorgesetzte und Untergebene mit neuen und komplexen Aufgaben konfrontiert werden. Für dieses Spannungsfeld sorgt die zunehmende Komplexität und gleichzeitige Schnelllebigkeit der modernen Gesellschaft durch den immer weiter fortschreitenden technologischen und wirtschaftlichen Wandel.

Nicht nur der technologische und ökonomische Wandel, sondern auch der tiefgreifende Wandel der gesellschaftlichen Werte trägt zu einem neuen Arbeitsleben bei (INGLEHART, 1984). Sowohl die gesellschaftlichen als auch die beruflichen Werthaltungen haben sich zunehmend von „Pflicht- und Akzeptanzwerten" zu „Selbstentfaltungswerten" verändert. Individuelle Werte, wie Disziplin, Pflichterfüllung, Unterordnung, Anpassungsbereitschaft und Enthaltsamkeit, haben zugunsten von Werten wie Eigenständigkeit, Gleichbehandlung, Selbstverwirklichung, Kreativität und Selbstentfaltung an Bedeutung verloren (KLAGES, 1987). Da Selbstständigkeit, Selbstverwirklichung und Selbstentfaltung im beruflichen Leben immer größeren Raum einnehmen, erscheint es evident, die Einflussfaktoren auf die Berufszufriedenheit nicht nur in den Arbeitsbedingungen zu suchen, sondern ebenfalls auf individueller Ebene.

In diesem Zusammenhang werden Beschäftigte aufgerufen, aktiv zu werden, selbstständig zu agieren und die Auslöser ihrer Zufriedenheit oder Unzufriedenheit bei sich selbst zu suchen. Was für Faktoren im Arbeitsleben machen Beschäftigte zufrieden oder unzufrieden? Sind die persönlichen Erwartungen an das Arbeitsleben zu hoch eingestuft, und kommt es deshalb immer wieder zu Frustration und Unzufriedenheit? Unterscheiden sich individuelle Ziele von den Unternehmenszielen? Ist das der Grund der persönlichen Unzufriedenheit? Das sind einige der Fragen, die Mitarbeiter sich selbst stellen können, um sich personabhängigen Auslösern anzunähern. Im Weiteren wird aus Praktikabilitätsgründen auf zwei Handlungsmöglichkeiten – Selbsterkennen und Selbstreflexion – eingegangen, den Weg zur Berufszufriedenheit selbstständig zu skizzieren. Durch das Erkennen von eigenen Merkmalen wie Erwartungen, Bedürfnissen und Ansprüchen kann man einzelne personbezogene Merkmale identifizieren und sie gezielt zugunsten der eigenen persönlichen Berufszufriedenheit einsetzen. Durch Selbstreflexion setzt man sich kritisch mit seinen eigenen Merkmalen auseinander. Dadurch kann festgestellt werden, welche davon der Berufsrealität entsprechen und welche diskrepant zu den Arbeitsbedingungen sind. Selbstreflexion bedingt eine kritische Selbstdistanz, um illusorische von realitätsnahen personbezogenen Merkmalen zu unterscheiden. Beide Handlungsmöglichkeiten, die den Weg zur persönlichen Berufszufriedenheit skizzieren, stellt Abbildung 1 dar.

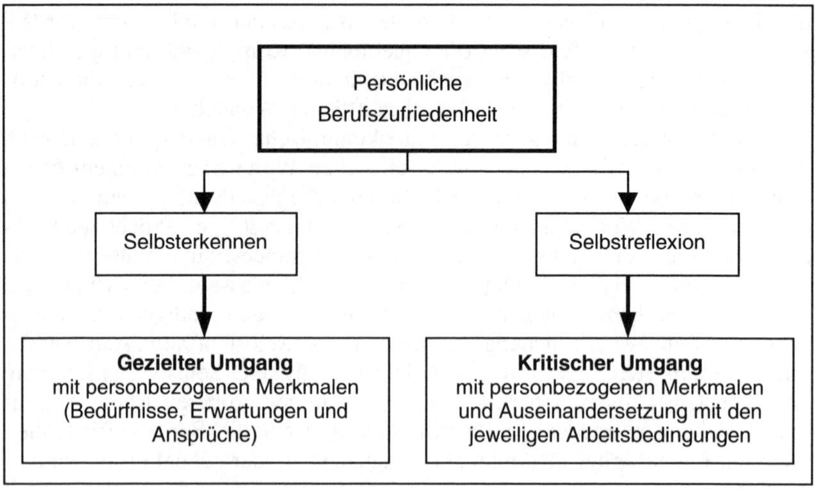

Abb. 1: Handlungsmöglichkeiten, die zur persönlichen Berufszufriedenheit führen können.

Selbsterkennen

Dass Beschäftigte ihre beruflichen Arbeitsbedingungen und damit die Wirkung auf die Berufszufriedenheit unterschiedlich bewerten, liegt an der Unterschiedlichkeit ihrer persönlichen Merkmale – Erwartungen, Ansprüche, Bedürfnisse und persönliche Charakteristika –, die ihre Wahrnehmung beeinflussen. Bewertungen von Berufszufriedenheit sind von der individuellen Wahrnehmung der jeweiligen Arbeitssituation abhängig. Laut BUROW (1993) verfügen alle Individuen über einen persönlich geprägten Wahrnehmungsfilter, denn im Verlauf der individuellen Biographie entwickelt sich eine Reihe von Wahrnehmungsmustern. Dadurch bildet sich das persönliche Paradigma, das aus einer Vielzahl von Erwartungen, Bedürfnissen und Ansprüchen gegenüber der eigenen Arbeit entsteht, die als Filter dienen, durch den man sein Arbeitsumfeld sieht. Es ergeben sich unterschiedliche individuelle Wahrnehmungsmuster, die dazu führen, dass berufliche Anforderungen und Bedingungen differenziert wahrgenommen werden (BUROW, 1998). Somit lassen sich unterschiedliche Aussagen von Beschäftigten über ihre persönliche Berufszufriedenheit unter gleichen Arbeitsbedingungen erklären. Demnach ist es wichtig festzustellen, wie das Individuum einzelne Arbeitsbedingungen wahrnimmt. Bei dieser Feststellung spielt das Selbsterkennen eine entscheidende Rolle.

Selbsterkennen hat grundsätzlich zwei Funktionen. Zum einen ist die Stabilisierungs- und zum anderen die Vorbeugungsfunktion gemeint. Wenn erkannt wird, dass einzelne personbezogene Faktoren zur Berufszufriedenheit führen, können diese zur Stabilisierung und zur Weiterförderung dieser Faktoren bis hin zur Berufszufriedenheit beitragen. Und wenn erkannt wird, dass personbezogene Faktoren zur Berufsunzufriedenheit beitragen, kann Selbsterkennen zu ihrer Vorbeugung und ihrer Beseitigung beitragen. Beide Funktionen können wirkungsvoll sein, solange Mitarbeiter bereit sind, eigene Stärken und auch Schwächen zu erkennen. Das setzt außerdem voraus, dass Beschäftigte sich selbst als die Protagonisten im Arbeitsgeschehen sehen und Selbstständigkeit zeigen, sich zu bemühen, den eigenen Weg zur Berufszufriedenheit zu beschreiten.

Selbsterkennen führt zur Identifikation von personbezogenen Merkmalen, aus denen Berufszufriedenheit abgeleitet werden kann. Dies kann besonders hilfreich sein, wenn Beschäftigte zu der Erkenntnis gelangen, dass sie auf Arbeitsbedingungen keinen Einfluss haben. Durch Selbsterkennen können Beschäftigte Selbstvertrauen in eigene Faktoren gewinnen und somit diese Faktoren zugunsten ihrer Berufszufriedenheit einsetzen. Werden einzelne arbeitsbezogene Faktoren vermisst, die zur Berufszufriedenheit führen, kann die Lösung in personbasierten Faktoren gesucht werden, aus denen Berufszufriedenheit abgeleitet werden kann. Für diese Lösung sorgt das Selbsterkennen. Wird es aktiviert, können Informationen darüber ermittelt werden, warum Beschäftigte auf die gleiche Arbeitssituation unterschiedlich zufrieden reagieren.

Selbsterkennen von persönlichen Bedürfnissen

Selbsterkennen wird in Zusammenhang mit dem Erkennen von individuellen Bedürfnissen, Erwartungen und Ansprüchen, um einige personbezogene Merkmale zu nennen, gesehen. In der täglichen Auseinandersetzung der Beschäftigten mit ihrem Arbeitsfeld spielen menschliche Bedürfnisse eine wichtige Rolle. Wird Berufszufriedenheit nach der Definition von HERZBERG, MAUSNER und SNYDERMAN (1959) und BRUGGEMANN et al. (1975) als das Ergebnis einer Ist-Soll-Differenz erfasst, stellen die Merkmale der Arbeitssituation die Ist-Werte dar, die individuellen Bedürfnisse entsprechen den Soll-Werten. Demgemäß wird persönliche Berufszufriedenheit als Resultat der Übereinstimmung zwischen individuellen Bedürfnissen und deren Verwirklichung am Arbeitsplatz betrachtet.

Bedürfnisse, wie psychologische Bedürfnisse, Sicherheits-, Sozial-, Selbstachtungs- und Selbstaktualisierungsbedürfnisse (MASLOW, 1943), gewinnen im Arbeitsfeld, insbesondere nach dem Wertewandel im beruflichen Leben, mehr an Bedeutung. Es wird immer wieder auf ihre Relevanz für die Berufszufriedenheit hingewiesen. Bietet ein Arbeitsplatz zum Beispiel Chancen zur persönlichen Entfaltung, wird das Bedürfnis der persönlichen Entfaltung erfüllt und die Betroffenen können zufrieden sein (WEINERT, 1987). Ein befriedigtes Bedürfnis macht jedoch noch keine berufszufriedene Person aus. Je mehr individuelle Bedürfnisse erfüllt sind, desto zufriedener ist der Betroffene. Es ist die Anzahl der befriedigten Bedürfnisse, die Berufszufriedenheit bedingt (VROOM, 1964).

Damit individuelle Bedürfnisse überhaupt als Faktoren für Berufszufriedenheit herangezogen werden können, müssen sie zunächst erkannt werden. Das Erkennen individueller Bedürfnisse für das Verständnis von Berufszufriedenheit gilt als notwendig, wenn Beschäftigte ihre Berufszufriedenheit selbst erklären und steuern möchten. Erst dann kann festgestellt werden, ob die Arbeitsbedingungen mit den individuellen Bedürfnissen in Übereinstimmung oder in Diskrepanz stehen.

Selbsterkennen von individuellen Erwartungen

Nicht nur menschliche Bedürfnisse sind für das Verständnis von Auslösern der Berufszufriedenheit maßgeblich, sondern auch persönliche Erwartungen an die Arbeit. In der Theorie von VROOM (1964) spielen sie eine zentrale Rolle, denn sie bestimmen das Verhalten und die Ziele des menschlichen Handelns. VROOM (1964) betrachtet Erwartungen in engem Zusammenhang mit individuellen Ereignissen der individuellen Lebensgeschichte und mit eigenen Erfahrungen. Individuelle Erwartungen können sich recht verschieden auf Arbeitsinhalte richten, in unterschiedlichem Maße erfüllt werden und so unterschiedliche Ausprägungen von Zufriedenheit bedingen (VON ROSENSTIEL, 1975). Die Relevanz des Erkennens wird daran deutlich, dass erst dann, wenn persönliche Erwartungen erkannt werden, bewusst damit umgegangen wird. Darüber hinaus besteht für die Beschäftigten dann die Möglichkeit, dass sie ihre Berufszufriedenheit selbst beeinflussen können.

Selbsterkennen von individuellen Ansprüchen

Das Erkennen eigener Erwartungen und Bedürfnisse kann zu einem bewussteren Umgang der Beschäftigten mit der jeweiligen Arbeitssituation führen und zum besseren Verständnis der persönlichen Berufszufriedenheit beitragen. Zum besseren Verständnis der persönlichen Berufszufriedenheit trägt ebenfalls das Erkennen des individuellen Anspruchsniveaus bzw. der eigenen Ziele bei. Analog zu den eigenen Erwartungen und Bedürfnissen resultiert Berufszufriedenheit auch aus dem Zusammenfallen von Arbeitsanforderungen und den eigenen Ansprüchen. Wenn sich das Anspruchsniveau von den Anforderungen der Arbeit nicht erfüllen lässt, können Resignation und Unzufriedenheit die Folgen sein. Nach CAMPBELL, CONVERSE und RODGERS (1976) wird Berufszufriedenheit umso größer, je geringer die Kluft zwischen Anspruch und Arbeitswirklichkeit ausfällt.

Die Relevanz von Selbsterkennen liegt also darin, dass Beschäftigte, die einerseits die Arbeitsgegebenheiten gut kennen und sich andererseits ihrer eigenen individuellen Merkmale bewusst sind, gezielt mit personbezogenen Einflussfaktoren umgehen können. Sie können daran arbeiten, die für ihre Berufszufriedenheit ungünstigen Faktoren zu verändern – zumindest diejenigen Faktoren, auf die sie überhaupt Einfluss haben.

Selbstreflexion

Die Übereinstimmung oder Diskrepanz zwischen individuellen Bedürfnissen und Erwartungen sowie Ansprüchen und deren Verwirklichung in den Arbeitsbedingungen muss jedoch kritisch betrachtet werden. Als hilfreiche Handlungsmöglichkeit hierfür zeigt sich Selbstreflexion. Sie dient dazu, dass Beschäftigte zwischen realistischen und illusorischen Erwartungen, Bedürfnissen und Ansprüchen unterscheiden können. Als illusorisch werden sie bezeichnet, wenn sie den realen Bedingungen der Arbeitswelt nicht entsprechen und angesichts der Arbeitsgegebenheiten nicht verwirklicht werden können.

Es können beispielsweise zu hohe Erwartungen sein, die einer perfektionistischen Haltung gegenüber den Arbeitsbedingungen entspringen. Beschäftigte, die an ihren Beruf mit hochgestecktem Enthusiasmus herantreten, sind anfälliger für Erlebnisse von Berufsunzufriedenheit. Sie fühlen sich zu Beginn ihrer Arbeit sehr kompetent und allen auf sie zukommenden Anforderungen gewachsen (ULICH, 1996). Es ist jedoch kein seltenes Phänomen, dass sie schon nach einiger Zeit subjektive Misserfolge erleben. Die Arbeit macht weniger Freude, und Beschäftigte beginnen zu resignieren (BARTH, 1990), weil sie sich wenig Zeit für ein genaues Einarbeiten in die berufliche Realität lassen. Hohe Erwartungen können Berufszufriedenheit oft verhindern, da diese eine „funktionale Überlastung" (FISCHER, 1991) bedeuten. Eine Relativierung eigener Erwartungen kann zur Berufszufriedenheit beitragen. Dazu spielt das Erkennen dieser Erwartungen eine entscheidende Rolle.

Bei der Einschätzung, ob diese Kluft zwischen personbezogenen und situationsbezogenen Merkmalen groß oder gering ist, spielt das realitätswiderspiegelnde Anspruchsniveau ebenfalls eine wichtige Rolle. Oft werden unbewusste Veränderungen des eigenen Anspruchsniveaus mit beruflichen Anforderungen kontrastiert. Dann ergeben sich Aussagen zur Berufszufriedenheit nicht aus der Übereinstimmung zwischen beruflichen Anforderungen und dem tatsächlichen personbezogenen Anspruchsniveau, sondern aus Verzerrungen des Anspruchsniveaus. Solche Verzerrungen ergeben sich aus ungerechtfertigt positiven Aussagen zur Berufszufriedenheit, die im Vergleich zu negativen Aussagen bevorzugt werden, um Berufsunzufriedenheit zu verbergen (FISCHER, 1985). Bevor Beschäftigte aufgrund ihrer Äußerungen als diejenigen stigmatisiert werden, die sich ständig beschweren und nichts geregelt bekommen, geben sie Antworten, die keinen klaren Hinweis auf die eigentlichen persönlichen Ansprüche im Arbeitsfeld geben. Somit lösen Beschäftigte zumindest keinen Ärger aus und halten sich von Schwierigkeiten fern. Positive Urteile bilden eine Art Schutzmechanismus, da eine öffentliche negative Kritik dadurch sabotiert und abgeschwächt wird.

Eine Änderung des Anspruchsniveaus hat zudem auch etwas mit sozialem Ansehen zu tun; dieses extrinsische Arbeitsmotiv nennen HERZBERG et al. (1959) Geltungsbedürfnis. Beschäftigte ändern ihre Äußerungen über persönliche Berufszufriedenheit zum Positiven, um ein gutes Bild in der Öffentlichkeit abzugeben. Hohes berufliches Ansehen in der Öffentlichkeit wird mit persönlicher Berufszufriedenheit gleichgesetzt (KOLB, 1996; MERZ, 1979; ULICH, 1996), was zu einer unbewussten, euphemischen Beurteilung von Arbeitsbedingungen führt. Um das positive Bild am Arbeitsplatz und das hohe Ansehen in der Öffentlichkeit beizubehalten und zu sichern, geben sich Beschäftigte meistens zufriedener, als sie in der Tat sind.

Der Erwartungsdruck der Öffentlichkeit gegenüber der gesellschaftlichen Funktion eines Berufs (ULICH, 1996) kann ebenfalls zur Änderung individueller Erwartungen und Ansprüche und ebenso zu unangemessen positiven Aussagen über persönliche Berufszufriedenheit führen. Wenn es sich zum Beispiel um einen Beruf mit einem etablierten hohen Status handelt, wird man sich eher zufrieden zeigen als unzufrieden. Dabei handelt es sich um eine Verschleierung der tatsächlichen Arbeitsrealität, ob sie sich nun in Übereinstimmung oder Diskrepanz mit den personbezogenen Faktoren befindet. Das Apostrophieren der Realität trägt zur Entstehung von Pseudo-Berufszufriedenheit bei, welche die Arbeitssituation aus Sicht der Beschäftigten erträglich macht (BRUGGEMANN et al., 1975).

Wenn Beschäftigte also *Zufriedenheit* in ihrem Beruf äußern, heißt das längst nicht, dass individuelle Bedürfnisse, Erwartungen oder Ansprüche bezüglich des Arbeitsfeldes erfüllt sind, sondern es kann auch bedeuten, dass alles noch schlechter sein könnte. Beim Verständnis von personbezogenen Einflussfaktoren auf die Berufszufriedenheit sollte demnach berücksichtigt werden, ob sich die gelieferten Aussagen aus einem „angepassten" individuellen Antwortverhalten ergeben.

Informationen über realistische, personenbasierte Faktoren üben nach SCOTT (1972) und WANOUS (1973) einen Effekt auf das Verständnis von Berufszufriedenheit aus. Nach ihrer Auffassung kann Berufszufriedenheit erreicht werden, wenn die Erklärung von Berufszufriedenheit und ihrer Auslöser von einer deutlich definierten und personbezogenen Basis ausgeht. Das setzt eine kritische Distanz des Individuums gegenüber den eigenen Merkmalen voraus, die durch eine Selbstreflexion von realitätsnahen versus illusorischen Merkmalen erfolgt.

Die Bedeutsamkeit von Selbstreflexion liegt darin, zwischen realistischen und illusorischen Erwartungen unterscheiden zu können, um das Arbeitsfeld und seinen Einfluss auf die Berufszufriedenheit möglichst realitätsnah zu bewerten. Letztendlich geht es bei Selbstreflexion um einen *kritischen Umgang* der Beschäftigten mit ihrer Arbeitsrolle, wenn sie ihre eigenen Merkmale erkennen. So können Beschäftigte selbst die Steuerung von Einflussfaktoren auf die Berufszufriedenheit – wenn die Arbeitsbedingungen es erlauben – übernehmen.

Zur Selbstreflexion kann die Realitätstherapie von EDELWICH und BRODSKY (1984) beitragen, die auf die Akzeptanz der Berufsrealität fokussiert, um dadurch den eigenen Handlungsspielraum und individuelle Bedürfnisse, Erwartungen und Ansprüche zu erkennen. Der Ausgangspunkt dieser Therapie ist das Kennenlernen der Arbeitswelt und insbesondere der eigenen Arbeitsrolle. Die Folge ist eine Entwicklung von realistischen Erwartungen an den Arbeitsplatz, die verwirklicht werden können, im Gegensatz zu illusorischen Erwartungen. Es bringt wenig, wenn man sich über die Arbeitsbedingungen beklagt, die man aufgrund illusorischer Erwartungen missversteht und entsprechend interpretiert. Demzufolge ist es sinnvoll, die individuellen Komponenten und gleichzeitig die Arbeitsanforderungen zu erkennen und nach Möglichkeiten zu suchen, wie die Arbeitssituation gestaltet werden kann, um die persönliche Berufszufriedenheit aufrechtzuerhalten oder zu steigern.

Festzuhalten ist, dass Beschäftigte durch Selbsterkennen ihre eigenen Bedürfnisse, Erwartungen und Ansprüche entdecken können. Durch das Selbsterkennen können sie die Ressourcen wahrnehmen (ANTONOVSKY, 1997), auf die sie jederzeit zurückgreifen können. Aus dem Erkennen von personbezogenen Faktoren ergibt sich Selbstvertrauen, das eine kritische Selbstdistanz benötigt, um realistische von illusorischen personbasierten Faktoren zu unterscheiden. Kritische Selbstdistanz wird durch Selbstreflexion gewährleistet (STAHL, 1995). Durch das Selbsterkennen, das auf eigener Initiative beruht, werden personbezogene Komponenten gezielt identifiziert; durch ein gesundes Selbstvertrauen, das durch Ausbildung und Berufserfahrung entwickelt werden kann, werden personbezogene Komponenten sichergestellt. Durch eine kritische Selbstdistanz, die man durch das Erkennen seiner tatsächlichen Erwartungen, Bedürfnisse und Ansprüche erreicht, wird eine realistische Auseinandersetzung mit den individuellen Faktoren ermöglicht. Selbsterkennen und Selbstvertrauen stehen in engem Zusammenhang mit Selbstreflexion. Sie führt zu einem selbstbewussten Umgang mit den eigenen Ressourcen und der eigenen Arbeitsrolle. Somit gelingt es den Beschäftigten, die Übereinstimmung bzw. die Diskrepanz zwischen den Anforderungen ihrer Arbeit und ihren personbezogenen Faktoren selbst zu überprüfen und den Weg zur Berufszufriedenheit selbst zu skizzieren, indem sie selbst daran arbeiten oder Hilfe von außen holen, wenn sie entsprechende Trainingsprogramme und Seminare besuchen.

Berufszufriedenheit als Folge von Selbsterkennen und Selbstreflexion

Durch die beiden Handlungsmöglichkeiten – Selbsterkennen und Selbstreflexion – lässt sich bei Beschäftigten Gelassenheit entwickeln. Diese Gelassenheit führt zur Einsicht, dass nicht alles in den eigenen Verantwortungsbereich fällt. Diese Einsicht ist besonders wirkungsvoll für diejenigen, die durch den Nimbus der Unfehlbarkeit zu Stresssymptomen neigen. Sie können keine Fehler zugeben, weder vor den Kollegen noch vor den Vorgesetzten. In diesem Zusammenhang scheint es erforderlich zu sein, dass jeder Beschäftigte feststellt, dass er allein nicht alle Berufsanforderungen gleichzeitig erfüllen kann. Sollte der Beschäftigte trotz eingegrenztem Aufgabenfeld mit Schwierigkeiten konfrontiert sein, ist es entscheidend zu wissen, dass er nicht der

Einzige ist, der Schwierigkeiten hat, und dass es vielleicht noch mehr Personen gibt, die ähnliche Probleme haben. Das setzt jedoch voraus, dass eventuelle Schwierigkeiten bei der Arbeit im Team diskutiert werden können, dass sich Beschäftigte teamfähig zeigen (WEINAND, 2000) und dass sie die gemeinsamen Ziele des Unternehmens kennen, akzeptieren und unterstützen. Unter solchen Bedingungen können Beschäftigte es wagen, in einem Arbeitsteam zu äußern, was sie freut, was zufrieden macht. Zufriedenheit durch Selbsterkennen und Selbstreflexion kann langfristig sein, wenn das Arbeitsumfeld die entsprechende Unterstützung gibt. Anthropologische Grunderkenntnisse besagen, dass der Mensch ein soziales Wesen ist, das ohne Unterstützung von Seinesgleichen nicht lebensfähig ist. Unterstützung und Supervision wird aber nicht nur von den Kollegen, sondern im noch größeren Ausmaß von den Führungskräften erwartet. Die Gewährung von vermehrter Unterstützung wird gefordert, um die Fähigkeiten der Mitarbeiter zu fördern, ihre Bedürfnisse zu berücksichtigen, ihre Ansprüche zu begreifen und individuelle Leistungen anzuerkennen.

Resümee

Da Produktivität und Erfolg von Unternehmen stark von der Motivation und Leistungsbereitschaft der Beschäftigen abhängig sind und da Motivation und Leistungsbereitschaft stark von der Mitarbeiterzufriedenheit beeinflusst werden, sollte die persönliche Berufszufriedenheit in der Arbeitsphilosophie eines Unternehmens eine besondere Bedeutung besitzen (KOLB, 1996). Die Betrachtung personbezogener Auslöser individueller Berufszufriedenheit scheint elementar zu sein, weil dadurch die „Humanisierung der Arbeit“ verstärkt (BULLINGER & WARNECKE, 1996; MERZ, 1979; RUDOW, 1995) und die Möglichkeit gegeben wird, dass jeder Beschäftigte in eigener Initiative selbst seine Berufszufriedenheit reguliert.

Als praktische Vorgehensweisen zur Identifizierung von personabhängigen Auslösern dienen Selbsterkennen und Selbstreflexion. Das Erkennen eigener Erwartungen, Bedürfnisse und Ansprüche führt zu Selbstvertrauen bezüglich individueller Ressourcen und zu ihrer gezielten Identifizierung. Selbsterkennen setzt Selbstreflexion voraus, die eine kritische und analytische Selbstdistanz erfordert. Dadurch kann festgestellt werden, welche individuellen Merkmale im Arbeitsfeld realisiert werden. Durch Selbstreflexion können eigene Stärken lokalisiert oder individuelle Ressourcen entdeckt werden, die zur Zufriedenheit beitragen und die bislang zu wenig beachtet wurden. Außerdem können eigene Schwächen identifiziert werden, die nicht sofort mit Resignation und Unzufriedenheit gesehen werden sollen, sondern als eine Chance, konstruktiv damit umzugehen (STAHL, 1995). Selbstreflexion weist auf einen bewussten Umgang mit personbasierten Einflussfaktoren auf die Berufszufriedenheit hin.

Da Mitarbeiter ihre eigenen Potenziale nur freiwillig in dem gewünschten Ausmaß einsetzen, sind Unternehmen darauf angewiesen, Bedingungen zu schaffen, die dieses freiwillige Einbringen wahrscheinlich machen. Dazu benötigen sie Wissen darüber, was Menschen motiviert, welche Art der Anerkennung Beschäftigte wünschen (MÜLLER & SOTTONG, 2000). Entscheidend ist demzufolge, eine Arbeitsphilosophie anzustreben, die sowohl auf die Objekte bzw. Produkte als auch auf die Individuen Wert legt. Voraussetzung dafür ist ein betriebswirtschaftlicher Paradigmenwechsel, der einhergeht mit einer größeren Autonomie für die Beschäftigten und mit erheblichen Veränderungen in der Führungsstruktur und Unternehmensorganisation (DUBS, 2000).

Das Erkennen von und das Vertrauen in eigene Ressourcen bzw. Merkmale durch Selbstreflexion sollten demnach zu den wichtigen Zielen eines jeden Beschäftigten und zum zentralen Anliegen einer personorientierten Unternehmenspolitik gehören. Dadurch kann jedem die Chance gegeben werden, seine Berufszufriedenheit zu erhöhen.

Entwicklungsmöglichkeiten des Personalmanagements von Unternehmen liegen darin, Bedingungen zu schaffen, die die Fähigkeiten der Mitarbeiter fördern, ihre Persönlichkeit weiterentwickeln und Organisationsstrukturen bereitstellen, die geeignet sind, die notwendige Motivation zur Bewältigung der Aufgaben hervorzubringen und die damit auch zur Zufriedenheit der Mitarbeiter führt. Somit wird Berufszufriedenheit zum zentralen Humanziel jeden Unternehmens.

Literaturverzeichnis

Antonovsky, A. (1997). *Salutogenese. Zur Entmystifizierung der Gesundheit.* Tübingen: DGTV.

Barth, A. (1990). *Burnout bei Lehrern. Theoretische Aspekte und Ergebnisse einer Untersuchung.* Göttingen: Hogrefe Verlag für Psychologie.

Bruggemann, A., Groskurth, P. & Ulich, E. (1975). *Arbeitszufriedenheit.* Bern: Huber.

Bullinger, H.-J. & Warnecke H. J. (Hrsg.). (1996). *Neue Organisationsformen im Unternehmen. Ein Handbuch für das moderne Management* (S. 21-35). Berlin: Springer.

Burow, O. A. (1993). *Gestaltpädagogik – Trainingskonzepte und Wirkungen.* Paderborn: Junfermann.

Burow, O. A. (1998). Belastung als Chance. Gemeinsam ein anderes Arbeitsumfeld schaffen. *Pädagogik, 50*, 20-22.

Büssing, A. (1991). Struktur und Dynamik von Berufszufriedenheit. Konzeptuelle und methodische Überlegungen zu einer Untersuchung verschiedener Formen von Berufszufriedenheit. In L. Fischer (Hrsg.), *Arbeitszufriedenheit* (S. 90-91). Stuttgart: Verlag für Angewandte Psychologie.

Campbell A., Converse P. E. & Rodgers W. L. (1976). *The quality of american life.* New York: Russell Sage Foundation.

Dubs, R. (2000). Selbstorganisation des Lernens. In C. Harteis, H. Heid & S. Kraft (Hrsg.), *Kompendium Weiterbildung* (S. 97-110). Opladen: Leske+Budrich.

Edelwich, J. & Brodsky, A. (1984). *Ausgebrannt. Das „Burn-out"-Syndrom in den Sozialberufen.* Salzburg: AVM.

Faulstich, P. (1998). *Strategien der betrieblichen Weiterbildung. Kompetenz und Organisation.* München: Vahlen.

Fischer, L. (1985). *Strukturen der Arbeitszufriedenheit bzw. Arbeitsunzufriedenheit. Zur Analyse individueller Bezugssysteme*. Göttingen: Hogrefe.

Fischer, L. (Hrsg.). (1991). *Arbeitszufriedenheit. Beiträge zur Organisationspsychologie*. Stuttgart: Verlag für Angewandte Psychologie.

Hackman, J. & Oldham, G. R. (1976). Motivation through the design of work. Test of a theory. *Organisational Behavior and Human Performance*, 16, 250-279.

Herzberg, F., Mausner, B. M. & Snyderman, B. B. (1959). *The motivation to work*. New York: Wiley.

Inglehart, R. (1984). New perspectives on value change: Response to Lafferty and Knutsen, Savage, and Boltken and Jagodzinski. *Comparative Political Studies*, 17, 485-532.

Klages, H. (1987). Indikatoren des Wertewandels. In L. von Rosenstiel, H. Einsiedler & R. Streich (Hrsg.), *Wertewandel als Herausforderung für die Unternehmenspolitik* (S. 1-3). Stuttgart: Fachverlag für Wirtschaft.

Kolb, P. (1996). *Zusammenhang zwischen Berufszufriedenheit und Transparenzerleben von Mitarbeitern in Unternehmen*. Frankfurt/Main: Lang.

Maslow, A. H. (1943). A theory of human motivation. *Psychological Review*, 50, 370-396.

Merz, J. (1979). *Berufszufriedenheit von Lehrern. Eine empirische Untersuchung*. Weinheim: Beltz.

Müller, M. & Sottong, H. (2000). Die Koordination der Unternehmensidentität. In B. Hentschel, M. Müller & H. J. Sottong (Hrsg.), *Verborgene Potenziale. Was Unternehmen wirklich wert sind* (S. 147-164). München: Hanser.

Neuberger, O. (1974). *Theorien der Berufszufriedenheit*. Stuttgart: Kohlhammer.

Pohl, M. & Witt, J. (2000). *Innovative Teamarbeit zwischen Konflikt und Kooperation*. Heidelberg: Sauer.

Rosenstiel, L. von (1975). *Die motivationalen Grundlagen des Verhaltens in Organisationen: Leistung und Zufriedenheit*. Berlin: Duncker & Humblot.

Rudow, B. (1995). *Die Arbeit des Lehrers. Zur Psychologie der Lehrertätigkeit, Lehrerbelastung und Lehrergesundheit*. Bern: Huber.

Scott, R. D. (1972). Job expectancy – an important factor in labour turnover. *Personal Journal*, 5, 360-363.

Stahl, T. (1995). Selbstevaluation. Ein Königsweg zur Qualitätssicherung in der Weiterbildung? In J. E. Feuchthofen & E. Severing (Hrsg.), *Qualitätsmanagement und Qualitätssicherung in der Weiterbildung* (S. 88-100). Neuwied: Luchterhand.

Ulich, K. (1996). *Beruf Lehrer/in. Arbeitsbelastungen, Beziehungskonflikte, Zufriedenheit*. Weinheim: Beltz.

Vroom, V. H. (1964). *Work and motivation*. New York: Wiley.

Wanous, J. R. (1973). Effects of a realistic job preview on job acceptance, job attitudes and job survival. *Journal for Applied Psychology*, 58, 327-332.

Weinand, F. (2000). *Kulturbewusstes Personalmanagement*. Frankfurt/Main: Lang.

Weinert, A. B. (1987). *Lehrbuch der Organisationspsychologie. Menschliches Verhalten in Organisationen*. München: PVU.

Erno Lehtinen, Kai Hakkarainen und Tuire Palonen

Organisationales Lernen und Expertennetzwerke

Einleitung

Tief greifende Veränderungen in der Arbeitskultur und im fachlichen und technischen Know-How gehen mit dem rapiden Wachstum der High-Tech-Industrie ebenso einher wie mit dem Entstehen einer digitalen und globalen Wirtschaft und mit den revolutionären Entwicklungen der Informations- und Kommunikationstechnologien (IKT). Statt in dauerhaften Communities zu arbeiten, in denen man sich auf gleich bleibende Netzwerkverbindungen und einmal erreichte Fachkompetenzen verlassen kann, müssen sich Menschen heute in sich schnell verändernden Communities zurechtfinden, dynamisch wechselnde Netzwerke aktiv aufrechterhalten und immer wieder zwischen Arbeit und Weiterbildung hin und her pendeln. Produktion, wissenschaftliches Arbeiten, Verwaltung und Alltagstätigkeiten folgen einem neuen operationalen Modell: Arbeit wird zunehmend auf Teams und Gruppen verlagert, die durch neue Technologien unterstützt werden, und ist somit durch verteilte Expertise und vernetzte Aktivitäten gekennzeichnet. Kompetenz und Expertise können in Zukunft nicht mehr als individuelle Fertigkeiten beschrieben werden, sondern müssen kollaborative Fähigkeiten von Teams und Netzwerken ebenso einschließen wie das Potenzial, sozial geteiltes Wissen aufzubauen.

Expertise wurde traditionell in der Forschung eher als Kompetenz konzipiert, die auf individuellen Fähigkeiten und Veranlagungen basiert und weniger auf der Verbindung individueller Fertigkeiten mit dynamischen Arbeitsprozessen von Communities und intelligenten Organisationen. Wenn Expertise jedoch nur auf individueller Ebene untersucht wird, ist es sehr schwierig, Expertiseentwicklung zu erklären. Es ist anzunehmen, dass eine Integration der Forschung über individuelle und soziale Aspekte von Expertise sowie über deren Beziehung zueinander, die theoretische Erfassung von Expertiseentwicklung deutlich voranbringen würde. Untersuchungen auf der Makroebene über Beziehungen zwischen Fertigkeiten und Kompetenzen, wie sie durch das Bildungssystem gefördert werden, und über Anforderungen von High-Tech-Firmen sind zwar weit verbreitet; jedoch können auch solche Zugänge auf der Makroebene die reziproken Beziehungen zwischen individuellen und kollektiven Kompetenzen nicht angemessen erfassen, weil in ihnen die stillschweigende Annahme getroffen wird, Merkmale der individuell Handelnden seien als gegeben hinzunehmen. Eines der Hauptziele unserer

Arbeiten ist es daher, die komplexen, reziproken Beziehungen zwischen individuellen und kollektiven Kompetenzen unter die Lupe zu nehmen. Wir nehmen an, dass bei entsprechender Unterstützung menschliche Kognition zu einer dynamischen Entwicklung imstande ist, um so transformiert zu werden, dass neuen intellektuellen Herausforderungen angemessen begegnet werden kann.

Unter Expertennetzwerken verstehen wir kognitive Kompetenzen höherer Ebene, die aus nachhaltigen kollaborativen Problemlöse- und Wissenserwerbsprozessen entstehen. Expertennetzwerke sind von Natur aus relational; sie entstehen, indem individuelle Kompetenzen maßgeschneidert auf spezifische Handlungsbedingungen angepasst werden. Sie zeichnen sich durch die gemeinsame bzw. geteilte Kompetenz der Community sowie organisierter Gruppen von Experten und Spezialisten aus. Quantität und Qualität der kommunikativen Verbindungen zwischen (individuellen) Experten charakterisieren die Qualität von Expertennetzwerken und erklären, wie effektiv sozial verteilte kognitive Ressourcen abgerufen werden können. Das Konzept beruht darauf, dass heterogen zusammengesetzte Netzwerke – neben den einzelnen Handelnden – auf kollektiv entwickeltes Wissen, auf selbst entwickelte kulturelle Artefakte und auf die Einbettung von Wissen in Werkzeugen und Handlungsroutinen zurückgreifen können. Das Entstehen von Expertennetzwerken geht Hand in Hand mit der Transformation sozialer Communities; dieser Prozess kann vorangetrieben werden, indem die Mitglieder der Community dazu bewegt werden, ihre augenblicklichen sozialen und kognitiven Aktivitäten zu reflektieren.

Die soziale Rolle von Experten in Communities

Die Wissenserwerbsperspektive der klassischen Expertiseforschung könnte durch Zugänge in Frage gestellt werden, die *Expertise als soziale Rolle in einer Community* konzipieren (AGNEW, FORD & HAYES, 1997; MIEG, 2001; STEIN, 1997). Hier wird eine Person dann als Experte bezeichnet, wenn sie von anderen Mitgliedern derselben lokalen Community mehr oder weniger explizit als Führungsperson anerkannt wird – und nicht dann, wenn sie außergewöhnliche kognitive Kompetenzen oder im großem Umfang "privilegiertes" Wissen besitzt (AGNEW et al., 1997). Zur Untersuchung von Expertise könnte dann davon ausgegangen werden, dass Experten zentrale kognitive Akteure in einer Organisation sind, die für die anderen Mitglieder ihres sozialen Netzwerks relevantes Wissen bereitstellen können. Auch wenn Fertigkeiten und Kompetenzen des Experten im – beispielsweise landesweiten – Vergleich mit anderen Experten gering wären, würde dieser Experte in seiner lokalen Community sehr wertvolles Wissen besitzen (STEIN, 1997). Es ist plausibel anzunehmen, dass die soziale Rolle als Experte wiederum die dynamische Entwicklung individueller Expertise erleichtert, da die Person angetrieben wird, ihre Kompetenzen in den sozial bedeutsamen Wissensbereichen zu vertiefen. Es kann zum Beispiel geschehen, dass eine Person imstande ist, ihre Expertise mit den Arbeitskollegen so zu teilen, dass dies sozial anerkannt wird; dadurch wird die Person ermutigt, das eigene Verständnis in dem sozial relevanten Gegenstandsbereich zu vertiefen.

MIEG (2001) weist dem Ansatz der sozialen Rolle in der Expertiseforschung besonders große Bedeutung zu, indem er eine Verbindung zwischen der Expertiseforschung und der Professionssoziologie herzustellen versucht. Nach seinen Analysen ist Expertise eine Sozialform, die auf einer besonderen Art von „Experteninteraktion" aufbaut, in der Person A einer Person B etwas *erklärt*. Nach MIEG sind Experten „Wissensinterpreten", die Anderen den Zugang zu Wissen erleichtern und ihnen helfen, Zeit zu sparen. „The interaction inherent in ‚the expert' is essentially an exchange of information from the person asked (the expert) to the person who is asking (the nonexpert)" (MIEG, 2001, S. 45). Seiner Meinung nach kann praktisch jeder als Experte fungieren, wenn er den Zugang zu und den Austausch von Information erleichtern kann. MIEG argumentiert, dass es neben wissenschaftlichen Experten auch Systemexperten gibt, also Personen, die die lokalen Gegebenheiten einer Organisation oder irgendeines anderen soziotechnischen Systems, in dem sie arbeiten, sehr gut kennen. Dies erlaubt es ihnen, relevante Informationen effektiv vermitteln zu können (sie fungieren somit als Informations-Gatekeeper). Wenn dies so ist, müssen Experten gar keine Individuen mehr sein, sondern auch Organisationen können als Experten betrachtet werden (z.B. Unternehmensberatungen). Expertise ist dann ein soziales Instrument, das dazu dient, effektiveren Zugang zu relevantem Wissen zu bekommen, als es durch eigene Bemühungen der Fall wäre. Experten bilden oft Fachgruppen, die ihren Status verteidigen und ihr Privileg demonstrieren, definieren zu können, was angemessene Problemlösungen sind und was richtiges Wissen ist.

Auch Arbeitsplatz-Communities funktionieren nicht isoliert. Wichtig für Fortschritt und Innovation in solchen Gemeinschaften ist, dass die Mitglieder auch in Wissens- und Handlungsgemeinschaften außerhalb ihres Arbeitsplatzes beteiligt sind. Solche erweiterten Communities stellen oft das professionelle Feld des einzelnen Mitglieds dar, das wiederum die Grundlage für den Aufbau weiterer Verbindungen zu der eigenen Arbeitsplatz-Community darstellt. Die Gemeinschaften bilden damit Netzwerke, in denen andere Communities für notwendige Veränderungen sorgen (AHONEN, ENGESTRÖM & VIRKKUNEN, 2000; LATOUR & WOOLGAR, 1986). In vielen Fällen ist es so, dass die erweiterte Community oder gar relativ weit entfernte Gemeinschaften durch ihre Fortentwicklung eine andere Gemeinschaft dazu antreiben, selbst Innovationen in Gang zu setzen (LATOUR & WOOLGAR, 1986).

Es gibt Evidenz dafür, dass progressives Problemlösen durch Umweltfaktoren angestoßen werden kann, also dass es zur Adaption von Problemlöseprozessen kommt, die wiederum aus der Entwicklung neuer kognitiven Kompetenzen und von höherer Expertise resultieren. BEREITER und SCARDAMALIA (1993) unterscheiden zwischen Umwelten erster und zweiter Ordnung. Umwelten erster Ordnung sind statisch, Adaptation in ihnen heißt, ein festgelegtes Set an Bedingungen zu erfüllen. Alltagsleben und traditionelle, hierarchische Organisationen werden oft als Umwelt erster Ordnung bezeichnet. Sie scheinen gut zu funktionieren, wenn alles mit Routinen zu erledigen ist. Im Gegensatz dazu ändern sich in Umwelten zweiter Ordnung die Bedingungen, denen sich Akteure anzupassen haben, dynamisch als Funktion des Fortschritts, den andere Akteure dieser Umwelt (seien es Individuen oder Organisationen) machen. High-Tech-Firmen oder wissenschaftliche Forschergruppen stellen solche Umwelten zweiter Ordnung mit sich fortschreitend ändernden Anforderungen dar. Der Druck nach Exploration und Innovationen entsteht also nicht nur in Communities, sondern auch in größeren Umwelt-Systemen.

In unseren Interviews[1] versuchten wir, die Merkmale von Arbeitsplatz-Communities unserer Befragten zu erheben. Die Ergebnisse unserer Studien zeigen jedoch, dass es für die Beteiligten manchmal sehr schwer war, diese Merkmale in Begriffe zu fassen, zum Beispiel ihre eigene Interaktionskultur: „Nein, ich verstehe nicht, was Teamkultur sein könnte, eine Umarmung für jeden am Morgen, oder was?" (F1). Ein anderer Experte (F9) bemerkte: „Da ist nichts Bemerkenswertes oder Besonderes dabei, wie wir miteinander reden. Ganz normale Gespräche." Gewöhnlicherweise waren die Teilnehmer aber schon in der Lage, ihre Community zu charakterisieren: „Yep, wir haben gemeinsame Weisen zu sprechen und unseren eigenen, speziellen Ausdrücke. Viele Kunden sind sogenannte Stammkunden, und wir haben bestimmte Spitznamen für sie, so dass nur wir wissen, über wenn (oder was) wir sprechen" (F6). Nichtsdestotrotz wurde die Teamkultur mehrmals während der Interviews erwähnt. Der Teamgeist wurde z.B. dadurch charakterisiert, dass Fehler korrigiert würden, selbst wenn niemand darum bitten würde, oder auch durch das Anbieten von Hilfe. Eine Person sagte: „Dass man in einem Team ist und Teamgeist hat, kann man daran erkennen, wenn jemand bemerkt, dass niemand ans Telephon gegangen ist; also hilfst du, obwohl dich niemand darum gebeten hat. Es ist Eigeninitiative, Hilfe anzubieten, wenn sie gebraucht wird" (F23). Dementsprechend ist es ein deutliches Anzeichen für die Entwicklung einer kollaborativen Kultur, wenn kollektive Verantwortung zur Übernahme verschiedener Aufgaben innerhalb einer Organisation entsteht (DREYFUS & DREYFUS, 1986; SCARDAMALIA, 2000, 2002).

Erweiterte kognitive Ressourcen sind in Werkzeuge und Handlungsroutinen einer Expertengemeinschaft eingebettet und entstehen durch die Interaktion und Kollaboration in *communities of practice*. Ein wichtiger Aspekt im Wissensmanagement ist es, informell entstandene und funktionierende *communities of practice* zu identifizieren und wiederzuerkennen, egal ob sie innerhalb der Grenzen der eigenen Organisation oder über diese hinweg

1 Für jede befragte Person wird ein Code aus einem Buchstaben und einer Zahl vergeben; gleiche Buchstaben kennzeichnen gleiche Organisationen, die Zahlen sind innerhalb der jeweiligen Organisation fortlaufend.

funktionieren. Solche Communities können zwar unterstützt und kultiviert, aber nicht auf traditionelle Art und Weise gemanagt oder ausgerichtet werden (BROOKING, 1999; STEWART, 1997; WENGER, MCDERMOTT & SNYDER, 2002). Man kann aber zu solchen Aktivitäten von Communities ermuntern sowie eine finanzielle und administrative Unterstützung bieten, die für die Kultivierung von Wissen, Kompetenzen und Fertigkeiten in diesen Gemeinschaften vonnöten ist.

Teilnahme an Expertengemeinschaften – *communities of practice*

Expertise entwickelt sich durch das allmähliches Hineinwachsen in eine Expertenkultur. Solche Sozialisierungsprozesse nennt man „legitime periphere Teilnahme" (*legitimate peripheral participation*; LAVE & WENGER, 1991; WENGER, 1998). Auch wenn dieses Konzept anhand der Beobachtung sehr traditioneller, statischer Expertenkulturen entwickelt wurde, können einige der Merkmale auch für die Beschreibung der Entwicklung von Expertise in Organisationen verwendet werden, die sich durch Wissensentwicklung und Netzwerkkomponenten auszeichnen. Es ist vor allem zentral, soziale Strukturen zu schaffen, die es Lernenden ermöglichen – egal, ob es sich um das Lernen in der Schule oder die Beteiligung am Arbeitsleben handelt –, an verschiedenen *communities of practice* von Beginn des Lernens an teilzuhaben. Periphere Teilnahme ist ein Prozess, durch den Novizen allmählich das (oft implizite) Erfahrungswissen und die Handlungsmuster von Experten übernehmen und durch Teilnahme an der Expertentätigkeit zu Mitgliedern dieser Expertenkultur heranwachsen.

In einer netzwerk- und wissensbasierten Arbeitswelt müssen wir den Begriff der peripheren Teilnahme neu interpretieren, so dass er sich auf das Lernen von „epistemischen" Prozessen und kollaborativen Aktivitäten bezieht, an denen Experten beim komplexen Problemlösen beteiligt sind; es geht also nicht darum, lediglich praktische Fertigkeiten zu erwerben. Deshalb wird dieser Prozess auch als *cognitive apprenticeship* (vgl. das Kapitel von COLLINS in diesem Band) bezeichnet, um ihn von traditionelleren Arten der Lehre (*apprenticeship*) zu unterscheiden (COLLINS, BROWN & NEWMAN, 1989). *Cognitive apprenticeship* spielt beim Erlernen aller höheren intellektuellen Leistungen eine bedeutende Rolle, sei es in technischen oder praktischen Bereichen (z.B. Handwerk, viele industrielle Berufe), sei es in der Kunst (z.B. Musik, bildende Kunst), sei es auf kinästhetisch-motorischem Gebiet (z.B. Ballett), sei es in der Wissenschaft. Partizipation hierbei mag sehr wohl lange, formale Erziehungsprozesse benötigen, aber solche formalen Prozesse allein führen nicht zu Expertise, denn diese kann sich nur durch die nachhaltige Teilnahme an den Problemlöseaktivitäten einer Expertengemeinschaft entwickeln. Die Teilnahme an diesen Aktivitäten ermöglicht es, jenes informelle

Wissen zu erwerben, das alltägliches Expertenhandeln kennzeichnet, und es mit dem formalen Wissen zu verbinden, das in der institutionellen Ausbildung erlernt wird. Abbildung 1 stellt verschiedene Aspekte des Hineinwachsens in eine Expertenkultur durch periphere Teilnahme schematisch dar.

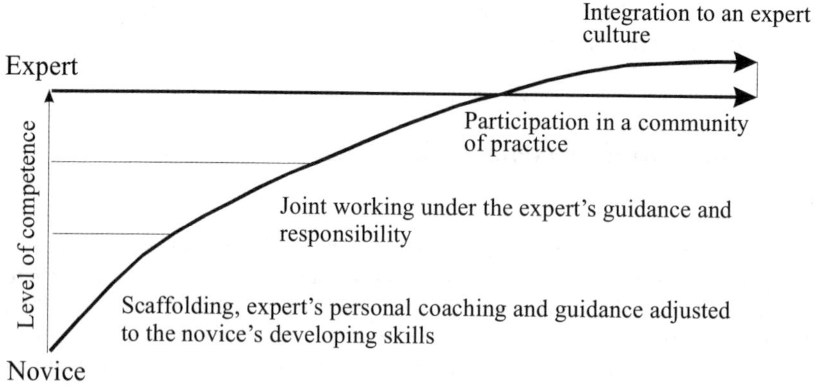

Abb. 1: Hineinwachsen in eine Expertengemeinschaft.

Einer Community anzugehören und an ihren Aktivitäten teilzunehmen, bietet wichtige Ressourcen für das Lernen und für die intellektuelle Entwicklung (WENGER, 1998). Menschen lernen Dinge tiefer, wenn das Lernen die Möglichkeit der Teilhabe an Communities eröffnet, mit denen sie sich identifizieren. Solche Prozessen helfen Menschen, verborgene psychische Ressourcen zu mobilisieren und so über sich selbst hinauszuwachsen. Es ist leichter, komplexe Phänomene verstehen zu lernen, wenn der Lernende dabei fortwährend Unterstützung bekommt, die an sein Kompetenzniveau angepasst ist. Eine solche Art der Unterstützung wird in den Kognitionswissenschaften *scaffolding* genannt (WOOD, BRUNER & ROSS, 1976). Die wesentlichen Merkmale von *scaffolding* sind die folgenden: (1) Das Ausmaß an gewährter Unterstützung wird den dynamisch sich ändernden Bedürfnissen Lernender angepasst. (2) Zu komplexe Probleme werden in eine Reihe einfacherer Probleme zerlegt. (3) Die Aktivitäten der Lernenden werden so strukturiert, dass sie es ihnen erleichtern, sich Prozessen höheren kognitiven Niveaus zu widmen. (4) Mehr Hilfe wird dann angeboten, wenn sie benötigt wird; ansonsten aber wird die Hilfe von außen allmählich reduziert, sobald die Fertigkeiten der Lernenden voranschreiten.

Eine weitere wichtige Rolle von Handlungs-Netzwerken ist, dass mehrere *communities of practice*, oft über Organisationsgrenzen hinweg, miteinander verbunden werden. BROWN und DUGUID (2001) betonen, dass Wissen manchmal zäh in dem Sinne ist, dass der Transfer in eine andere Abteilung innerhalb derselben Organisation nicht gelingt – besonders dann, wenn es mit vollständig unterschiedlichen Dingen zu tun hat. Hingegen kann manchmal der Transfer in eine andere Organisation sehr einfach sein, wenn dort *com-*

munities of practice mit ähnlichen Problemen beschäftigt sind. Ein Beispiel hierfür ist die Idee des graphischen User Interface, das in Forschungslabors von Xerox entwickelt wurde. Während die revolutionären Implikationen dieser Idee (die sich später in vielen Computerprogrammen und Betriebssystemen durchsetzte, etwa bei Windows) auf keine Resonanz in den Marketing- und Produktionsabteilungen von Xerox stieß und dort nicht verstanden wurde, konnte es leicht zu Apple Computer diffundieren. Dieses Phänomen kann auf verschiedene Art und Weise erklärt werden. Einerseits kann es sein, dass manches Wissen zäher ist als anderes (epistemologische Erklärung), andererseits kann es sein, dass man, um neue Ideen aufnehmen zu können, bereits gut strukturiertes Wissen oder „Absorptions-Fähigkeiten" benötigt (kognitive Erklärung; COHEN & LEVINTHAL, 1990). Solche Erklärungen mögen dem Phänomen zumindest zum Teil gerecht werden, aber BROWN und DUGUID stellen eine noch überzeugendere These auf: Wissen in Organisationen fließt durch Kanäle, die durch geteilte Aktivitäten geschaffen wurden. Es sind also die Handlungs-Netzwerke, die jenseits individueller *communities of practice* zu einem Großteil determinieren, wie leicht Wissen von einem Ort zu einem anderen gelangt. WENGER et al. (2002) beziehen sich in Zusammenhang mit solchen umfassenderen Netzwerken auf Konstellationen von *communities of practice*.

Gemeinsam geteiltes Problemlösen

Sozial geteiltes bzw. verteiltes Problemlösen führt zu dynamischen Entwicklungen individueller Expertise (HUTCHINS, 1995; NORMAN, 1993). Auch das Auftreten neuer Ideen und Innovationen wird durch soziale Interaktion und durch gemeinsames Problemlösen gefördert. Innovation und Wissensbildung werden durch Vertrauen in verteilte kognitive Ressourcen gefördert, die durch soziale Interaktion zwischen den Handelnden ebenso entstehen wie durch kollaborative Anstrengungen, zu geteiltem Verständnis zu gelangen. In gemeinsamen Problemlöseprozessen können Personen, die unterschiedliches Teilwissen über das betreffende Problem besitzen, ihr eigenes Problemverständnis durch soziale Interaktion verbessern. Viele Probleme, die individuell nicht gelöst werden können, können durch die Verknüpfung des Wissens und der Fertigkeiten mehrerer Handelnder erfolgreich angegangen werden (HUTCHINS, 1995; MIYAKE, 1986; NORMAN, 1993; OATLEY, 1990).

Um herausragende Kompetenzen zu erlangen, benötigt niemand außergewöhnliche Begabung oder Intelligenz, sondern eher nachhaltige, intensive Übung (*deliberate practice*; ERICSSON & CHARNESS, 1997) und Interaktion mit kulturellen Wissensressourcen. Charakteristisch für Expertennetzwerke ist das Aufkommen neuer Kompetenzen aufgrund des Überschreitens von Community- und Expertisedomänengrenzen, das wiederum durch Engagement in horizontalen (statt nur vertikalen) Lernprozessen in multiprofessionellen Teams möglich wird (ENGESTRÖM, 1999, 2002). Expertennetzwerke repräsentieren relationale Kompetenzen, die durch die Ko-Evolution individueller und verteilter Kognition entstehen.

Es gibt immer mehr Evidenz dafür, dass kognitive Vielfalt und verteilte Expertise die Wissensentwicklung bzw. generell kognitive Entwicklung fördern. In Gruppen mit heterogen verteilter Expertise hat jedes Teammitglied eigene Stärken, die Gruppe profitiert von einem Wissenspool, der umfangreicher ist als das Wissen einzelner Mitglieder (JOHNSON, HEIMANN & O'NEILL, 2000). Das heißt natürlich, dass es für das Team notwendig ist, ausreichendes Metawissen über die Verteilung des Wissens zu besitzen (MORELAND, 1999). Es gibt Belege dafür, dass Gruppen mit Mitgliedern, deren Expertise sich unterscheidet, aber sich auch teilweise überlappt, effektiver sind als Gruppen mit einheitlicher Expertise der Mitglieder (DUNBAR, 1995; HUTCHINS, 1995).

Die Rolle der Teamstruktur für den Wissenserwerb in Gruppen wurde in den letzten Jahren besonders intensiv untersucht. Teams bestehen oft aus Mitgliedern mit unterschiedlicher Expertise, so dass die Gruppe von einem Wissenspool profitieren kann, der das Wissen einzelner Mitglieder übertrifft. KITCHER (1989) und DUNBAR (1995) zeigten, dass die Verteilung kognitiver Arbeitsprozesse eine wichtige Voraussetzung für wissenschaftlichen Fortschritt ist. Eine solche Verteilung erlaubt es der Gemeinschaft, flexibler zu sein und bessere Ergebnisse zu erzielen als dies ansonsten möglich wäre. Um Expertise auf hohem Niveau zu erreichen, sollten sich die Fertigkeiten der einzelnen Mitlieder in Netzwerken ergänzen, aber dennoch muss es natürlich genügend viele Gemeinsamkeiten geben, um überhaupt zu wechselseitigem Verständnis gelangen zu können. Geteiltes Wissen kann einer Organisation (oder ihren Untereinheiten) dabei helfen, Wissen wiederzuverwenden, unnötigen doppelten Aufwand zu vermeiden oder komplementäre Expertise bereitzustellen. Solch ein Gruppenvorteil kann natürlich am besten genutzt werden, wenn es den Mitgliedern klar ist, wie Expertise innerhalb der Gruppe verteilt ist. Es ist zum einen notwendig, dass unterschiedliche Facetten von Expertise vorhanden sind, zum anderen müssen aber die Gruppenmitglieder sich im Klaren darüber sein, welche komplementären Aspekte von Expertise Andere besitzen.

WEGNER (1986) postulierte, dass das Erinnerungsvermögen von Gruppen dann effektiver ist, wenn die Mitglieder voneinander wissen, in welcher Domäne sie jeweils Expertise besitzen. Wenn die Gruppe neuer Information begegnet, können die Mitglieder davon ausgehen, dass sie von dem Mitglied verarbeitet und gespeichert wird, das Fertigkeiten, Interesse oder Wissen in der betreffenden Domäne hat. Diese Art des Metawissens ist eine wichtige Determinante effektiven Problemlösens. Solcherart Wissen über lokale Wissens-Ressourcen bringt die Gruppenmitglieder bei der Suche, der Speicherung, dem Abruf und dem Management von Information weiter. Es ist plausibel, dass solches Wissen üblicherweise situiert und eingebettet in die Arbeitsumgebung ist und dass es außerhalb der Organisation keinen Wert besitzt.

Auch Teams erledigen einen großen Teil der Arbeit außerhalb von Gruppensitzungen. Individuell Arbeitende können jedoch andere Mitglieder bei Bedarf fragen, wenn das Wissen der Gruppe offengelegt ist. Wenn Teammitgliedern die Grenzen der Expertise in der Gruppen bewusst sind, können sie sich ihr Wissen auch außerhalb des Teams oder sogar der Organisation beschaffen (AUSTIN, 2003). Wissen über Netzwerkstrukturen vermindert den Druck auf den Einzelnen, Wissen besitzen zu müssen, weil er weiß, wo er im Notfall Information in den sozial verteilten Ressourcen erhalten kann.

Es ist also entweder nur ein Teil der Information für alle Mitglieder verfügbar, und die Information ist nur teilweise geteilt. Geteilte Information ist im sozialen Austausch nicht gültig, solange ein Mitglied Andere nicht davon überzeugen kann, dass er sie exakt abzurufen imstande ist. Ein Mitglied, das spezifische Information kommuniziert, könnte aber als besonders kompetent wahrgenommen werden; auch könnte es sein, dass unterstellt wird, die Person hätte Zugang zu wertvollen Ressourcen, z.B. über den Kontakt zu wichtigen Leuten außerhalb der Gruppe (WITTENBAUM & STRASSER, 1996). MORELAND (1999) postulierte, dass Gruppen und Teams wahrscheinlich von heterogenem Wissen auch dann profitieren, wenn in Diskussionen fast nur das gesagt wird, was ohnehin jeder schon weiß. Geteiltes Wissen dominiert also Gruppendiskussionen unabhängig davon, ob es besonders bedeutsam ist oder nicht. Einige Gruppen fokussieren den Austausch des Wissens ihrer Mitglieder, um geteilte Repräsentationen der zu bewältigenden Aufgabe zur Hand zu haben (KAMEDA, OHTSUBO & TAKEZAWA, 1997).

Gruppenkohäsion und Informationsfluss

Die Analyse der Dichte und der Zentralisierung von Netzwerken kann sich auf einen individuellen Experten oder eine Netzwerkstruktur (z.B. Team, Arbeitplatz, Organisation) konzentrieren. Auf der individuellen Ebene sind folgende Fragen zentral: Wie beeinflusst der Wissensfluss bei einem Experten das Denken, Lernen und den Umgang mit Wissen? Erhält er genügend relevantes Wissen? Gibt es einen Informationsüberfluss zu Lasten seiner kognitiven Ressourcen? Welche Art von Wissensquellen verwendet er? Gibt es eine Vielzahl unterschiedlicher, breit verteilter Wissensressourcen oder nur wenige, einander oft ähnliche? Die Netzwerkperspektive gibt Hinweise, wie die Struktur des Wissensflusses in der Umgebung zu untersuchen ist. Auf Netzwerkebene können wir fragen, ob es dichte Wissensflüsse gibt, entlang derer Routinen und kulturelle Praktiken (und zudem Teile des formellen und des informellen Wissens) vermittelt wird.

Eine Überprüfung der Beziehungen zwischen Innovation und Netzwerk zeigt, dass es verschiedene Mechanismen gibt, mit denen die Verteilung von Information erklärt werden kann.

- Prozesse der Wissensproduktion und der Innovationsdiffusion kommen zwischen wechselseitig eng miteinander verknüpften Gruppenmitgliedern innerhalb einer Organisation vor. Mitglieder dieser Communities kennen sich üblicherweise sehr gut und besitzen Metawissen über die Expertise von allen. Dies ist eine grundlegende Bedingung für produktive Kollaboration (MORELAND, 1999).

- Ein zweiter Weg, Ideen und Informationen zu verbreiten, nutzt Vernetzung in Gremien (FRANK & YASUMOTO, 1998). Die wichtigsten Akteure treffen einander regelmäßig in der Verwaltung, in Komitees oder in Arbeitsgruppen. Wie bei *communities of practice* vertrauen sich die Mitglieder in diesen Netzen und kennen sich sehr gut. Eine solche Art von Informationsgewinn (und damit Macht) scheint sich bei bestimmten wichtigen Personen besonders zu häufen.
- Schließlich werden Innovationen durch eine Art „sozialer Ansteckung" verteilt, die sich über nur lose verbundene Akteure ausbreitet, die nicht notwendigerweise ein stabiles Netzwerk bilden. Mit dem Konzept der sozialen Ansteckung ist ein Prozess gemeint, bei dem Individuen Einstellungen oder Verhaltensweisen Anderer übernehmen, die sie beeinflussen (LEVY & NAIL, 1993; MARSDEN, 1998). Allerdings fließt dabei Wissen meist nur in eine Richtung, und die Akteure kennen einander wahrscheinlich nicht sonderlich gut.

Die Struktur des Wissensaustausches ist in Organisationsstrukturen eingebettet. Informationen zirkulieren innerhalb einer Arbeitsgruppe meist häufiger als zwischen verschiedenen Arbeitsgruppen, innerhalb einer Abteilung häufiger als zwischen verschiedenen Abteilungen usw. Auf individueller Ebene erfolgt die Verbreitung von Wissen meist zwischen eng verbundenen Personen. Selbst wenn Information Jeden erreichen würde, würden diejenigen, die schnell oder breiter informiert werden, im Vorteil sein, weil die Verbreitung Zeit braucht (BURT, 1999, 2000; FRIEDMAN & PODOLNY, 1992). Da vorhandenes Wissen den Einsatz neuen Wissen erleichtert, wird das, was neu gelernt werden kann, von dem beeinflusst, was bereits bekannt ist (POWELL & KOPUT, 1996).

Das informelle Netzwerk ist üblicherweise größer als die Organisation selber. Dünne Netzwerke, die durch *weak ties* charakterisiert sind, haben oft „strukturelle Löcher", also fehlende Verbindungen zwischen Handelnden, die den Fluss relevanter, bedeutungsvoller Information verhindert (BURT, 1999). Strukturelle Löcher bieten eine Möglichkeit, gänzlich neue Verbindungen zu schaffen, die das intellektuelle Kapital einer Organisation dadurch erweitern können, dass Handelnde aus verschiedenen, nahe beim strukturellen Loch gelegenen Teilen zusammengebracht werden; so werden sie darauf aufmerksam gemacht, dass es in ihrer Nähe Wissen und Expertise gibt, die für ihre Arbeit wichtig sind. In solchen Prozessen sind die Informations-Gatekeeper sowohl für Intra-Netzwerke als auch für Inter-Netzwerke wichtig. In vielen Fällen wissen sie, wie man die Information findet, die für das Lösen von Problemen relevant ist (BROOKING, 1999). Sie sind zudem für die Verteilung der Information zuständig, die von außen in die Organisation kommt. Gatekeepers bieten einer Organisation Zugang zu ausgedehnten Netzwerken (damit strukturelle Löcher überbrückend), die eine wichtige Ressource für Lernen und Wissensfortschritt sein können.

Kognitive Zentralität und die Stärke von Netzwerkverbindungen

HANSEN (1999) behauptete, effiziente Wissensschaffung und Wissensteilung zeichne sich durch enge Verknüpfungen zwischen Personen aus unterschiedlichen Teilen einer Organisation aus. Intensive Interaktion zwischen Experten, die in verschiedenen Untereinheiten der Organisation arbeiten, erleichtert eine produktive Zusammenarbeit wegen der frühzeitigen Wissensintegration über die organisationalen Grenzen hinweg.

GRANOVETTERs Theorie (1973) fokussiert die „strength of weak ties“.[2] Seiner Meinung nach sind weite Verbindungen bzw. *weak ties* wichtig für die Wissensteilung, da sie den Zugriff zu Informationen sichern, indem sie die Distanz zwischen ansonsten getrennten Gruppen und Individuen in einer Organisation überbrücken. *Weak ties* sind der Schlüssel für die Überschreitung von Grenzen zwischen diversen, eigentlich voneinander getrennten Wissenskulturen. Tabelle 1 fasst Merkmale des Wissensaustauschs zusammen, die mit *strong ties* und *weak ties* assoziiert sind.

Tab. 1: Kriterien des Wissensaustausches und Relationsintensität.

KRITERIEN DES WISSENSAUSTAUSCHS	RELATIONSINTENSITÄT	
	strong ties	*weak ties*
Informationsfluss	redundant und reziprok	nicht-redundant, oft asymmetrisch
Art des ausgetauschten Wissens	meist komplex	einfach bzw. gut-definiert
Wissensform	meist nicht-kodifiziert und *tacit*	meist kodifiziert und übertragbar
Bezug zum Wissenskontext	kontextgebunden, Teil eines größeren Gesamtzusammenhanges	meist ohne Kontext und ohne Zusammenhang nachvollziehbar
Form der Kommunikation	„dicht“, beinhaltet *chunks*, Fachbegriffe und *scripts*	„dünn“ und allgemeinverständlich
Pflege der Netzwerk-Kontakte	großer Aufwand	geringer Aufwand

Verbindungen zwischen Gruppenmitgliedern, die sich häufig treffen, sind in der Regel stark. *Strong ties* tendieren dazu, überflüssige Information zu vermitteln, da sie in kleinen Gruppen vorkommen, in denen jeder weiß, was der Andere weiß: Wenn alle (fast) dasselbe wissen, werden wenige Worte gebraucht, um viel Information zu vermitteln (SHANTEAU, 1992; VINCENTE & WANG, 1998), bzw. je besser man jemanden kennt, umso weniger muss man sagen, um verstanden zu werden. Wir vermuten, dass das wichtigste Wissen in Expertennetzwerken über *strong ties* vermittelt wird. *Strong ties* bieten die Möglichkeit zu geteilter hoher Expertise innerhalb der Arbeitsgruppe, aber

2 Die Bezeichnungen *weak ties* und *strong ties* für schwache bzw. starke Verbindungen werden mittlerweile im Deutschen verwendet.

sie führen nicht zu sehr viel neuer Information, da ein bedeutsamer Teil der Interaktion von Natur aus redundant ist. Im Gegensatz dazu unterstützten unserer Meinung nach *weak ties* die Abläufe in einer Wissensorganisation, indem sie Information in das Expertennetzwerk hinein und aus ihm heraus vermitteln. Organisationen erhalten oft durch *weak ties* neue Information, und durch sie werden auch Beziehungen zwischen verschiedenen Netzwerken vermittelt. Dünne Netzwerke haben üblicherweise viele *weak ties* und nicht-redundante Kontakte.

Netzwerke mit *weak ties* sind geeignet für das Lösen relativ einfacher, leicht beschreibbarer sowie technischer Aufgaben (z.B. Formeln, Detailinformation). Schwach verbundene Teams suchen eher außerhalb ihrer bestehenden Kontakte nach Wissen.

Im Gegensatz dazu scheinen *strong ties* für die Weitergabe komplexer Wissensstrukturen oder von nicht-kodifiziertem Wissen (z.B. *tacit knowledge*) wichtig zu sein (HANSEN, 1999; UZZI, 1997). Nach NONAKA und TAKEUCHI (1995) sind redundante Verbindungen sehr bedeutsam für den Innovationsprozess, da das Teilen informellen Wissens nur durch erweiterte intensive Kommunikation möglich ist. Nicht-kodifiziertes oder unvollständig dokumentiertes Wissen sowie kontextabhängiges Wissen sind oft schwer weiterzugeben. Ist informelles Wissen in hohen Ausmaß geteilt (wie zwischen zwei Fachmännern im selben Feld), kann die Kommunikation abgekürzt werden (RIKERS, SCHMIDT & BOSHUIZEN, 2000; VAN DE WIEL, BOSHUIZEN & SCHMIDT, 2000), aber wenn nur wenig davon geteilt ist (wie unter interdisziplinären Wissenschaftlern), muss die Information sorgfältiger erklärt werden. Eingeschränkte Bereitschaft oder Fähigkeit, Wissen zu teilen, kann somit auch zu Transferproblemen führen. Das Merkmal bidirektionaler Interaktion, das *strong ties* auszeichnet, ist wichtig für die Assimilation nicht-kodifizierten Wissens, da der Rezipient das Wissen vermutlich während der ersten Interaktion nicht vollständig erwerben kann; vielmehr braucht er eine Reihe von Gelegenheiten zur Assimilation. Probleme bei der Assimilation können nur durch das Herstellen von *strong ties* zwischen den Betreffenden überwunden werden.

Geteiltes Wissen kann einer Organisation oder ihren Untereinheiten helfen, Wissen wiederzuverwenden, doppelten Aufwand zu vermeiden oder komplementäre Expertise bereitzustellen. *Strong ties*, die mit nicht-redundanten, schwachen Kontakten beginnen, werden wahrscheinlich mit der Zeit redundant. Sie können aber auch zusammenbrechen und in einer neuen Struktur reorganisiert werden, in der sich neue Verbindungen bilden. Die Transformation von Netzwerkverbindungen sind bislang noch kein sehr gut erforschtes Gebiet (KEISTER, 1999).

Strong ties beeinflussen Handlungen mehr als *weak ties*. Sie sind mit reziproken Aktivitäten und einem multidirektionalen Informationsfluss verknüpft. Zwar können auch *weak ties* reziprok sein, aber sie fordern geringeren Aufwand und weniger Energie als *strong ties*. HANSENs (1999) Befunde zeigen, dass *weak ties* zwischen Untereinheiten Gruppen dabei halfen, neues nützliches Wissen zu suchen; zugleich aber erschwerten sie den Transfer komplexen Wissens. Hier scheinen *strong ties* zwischen den Akteuren des Wissensaustauschs notwendig zu sein. *Weak ties* in Untereinheiten beschleunigen den Ablauf von Projekten, wenn das Wissen nicht komplex ist; umgekehrt bremsen sie ihn, wenn das zu transferierende Wissen sehr komplex ist. Es liegen auch bereits zahlreiche Studien vor, die in sozialen Netzwerkanalysen zeigen, dass *weak ties* nicht dieselbe sozioemotionale Unterstützung bieten wie *strong ties*.

UZZI (1997) beschrieb, wie Informationstransfer bei geschlossenen Verbindungen über Chunks abläuft, was ihn spezifischer und genauer macht als bei anderen Verbindungen. Ein solcher Transfer besteht eher aus zusammengesetzten Chunks als aus Sequenzen einander unähnlicher Daten (ERICSSON & LEHMANN, 1996; vgl. mit dem *script*-Konzept in der Enkapsulierungstheorie: BOSHUIZEN & SCHMIDT, 1992; SCHMIDT & BOSHUIZEN, 1993).

Tacit knowledge kann kodifiziertes Begriffs- und Faktenwissen nicht ersetzen. Beide Arten sind vonnöten, vor allem in komplexen Umgebungen, die auf der Kooperation mehrerer Akteure beruhen, die verteilte Arbeitsaufgaben und unterschiedliche Expertise besitzen. Obwohl Expertise nicht direkt gelehrt werden kann, spielt formales, kodifiziertes Wissen doch eine wichtige Rolle im Arbeitskontexten. Ist kodifizierte Information nicht verfügbar, scheinen Routinen als Gedächtniseinheiten zu dienen, da sie genügend oft wiederholt wurden. („Neue Dinge werden zu Routine", wie eines der Teammitglieder uns im Interview sagte.) Jedoch ist Wissen leichter übertragbar und veränderbar, wenn es expliziert werden kann. Eine wissensintensive, technische Umgebung kann nicht nur auf Rituale und nicht-kodifiziertes Wissen aufbauen. Im vorliegenden Fall gab es massive Forderungen danach, mehr Unterstützung durch schriftliche Codes („Hilfen") für die Vereinfachung der praktischen Arbeit zu erhalten. Ähnliche Ergebnisse berichten auch andere Studien (z.B. VARTIAINEN, SIMOLA & KOKKO, in Druck). Wenn tiefes, kollaboratives Wissen produziert werden soll, muss explizites, unkodifiziertes Wissen breiter verteilt und nicht nur von einige Gatekeepern inne gehalten werden.

Die Diskurse über soziale Netzwerke und über *communities of practice* sind eng verwandt. Abbildung 2 enthält eine abstrakte Beschreibung von drei *communities of practice*, die sich jeweils durch *strong ties* zwischen ihren Mitgliedern auszeichnen. Diese *strong ties* zwischen Akteuren, die einander vertrauen, erleichtern die Integration von Wissensstrukturen und dadurch wohl auch das Entstehen von Innovation. Ein wichtiger Aspekt innerhalb dieser Communities ist die Interaktion zwischen peripheren und zentralen Teilnehmern. Novizen wachsen in Expertengemeinschaften durch einen Übergang von peripherer zur zentraler Teilnahme hinein. Verbindungen, die aus peripherer Partizipation entstehen sowie weitere *weak ties* verhelfen der Gemeinschaft zu neuem Wissen und neuen Erfahrungen, die neue Formen des Handelns und des Denkens erzeugen. Novizen bringen neues Wissen ein, das der Entwicklung der Gemeinschaft dienlich sein kann. Um bis dato getrennte Wissensstrukturen zusammenzubringen und sie so zu integrieren, dass neue Einsichten möglich werden, sind dynamische Prozesse vonnöten, die existierende *weak ties* in *strong ties* verwandeln. Andererseits sind soziale Netzwerke komplexe, dynamische Systeme, in denen jederzeit verschiedene Versionen und Ausprägungen des Netzwerks existieren. Ein Teil des Netzwerks kann durch intensive Kommunikationen gerade aktiviert sein, während sich andere Teile des Netzwerks augenblicklich in einem anderen Status befinden, da in ihnen weniger intensive Kommunikation aufgrund kontextabhängiger Bedingungen herrscht (NARDI, WHITTAKER & SCHWARZ, 2000, 2002).

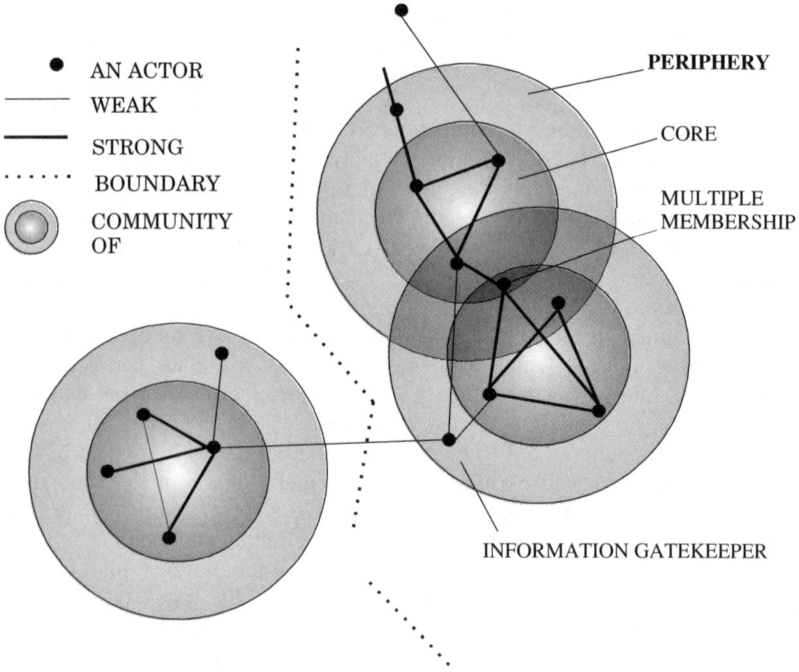

Abb 2: Abstrakte Beschreibung von Netzwerkrelationen zwischen *communites of practice*.

Unter Bezug auf STARs Arbeiten (BOWKER & STAR, 1999) macht WENGER (1998) deutlich, dass in der Entwicklungsgeschichte von *communities of practice* ständig Diskontinuitäten und Abgrenzungen produziert werden, die erst dann zu Tage treten, wenn eine Person von einer Gemeinschaft in eine andere wechselt. Bei der Interaktion mit Mitgliedern einer anderen Expertengemeinschaft erfährt man oft eigene Kompetenz- und Verstehensschranken, etwa wenn man mit Rechtsanwälten, Medizinern oder dem Finanzamt zu tun hat. Die auftretenden Hindernisse wirken oft wie unüberwindliche Lernbarrieren. Entscheidend für erfolgreiches Problemlösen ist es, wie auch immer Zugang zu der anderen Expertenkultur zu erhalten, in der sich viel Wissens über die Zieldomäne akkumuliert hat. Häufig mangelt es Personen jedoch an notwendigen Verbindungen oder hilfreicher Information, um die Grenze zwischen zwei *communities of practice* zu überschreiten (BOWKER & STAR, 1999; ENGESTRÖM, ENGESTRÖM & KÄRKKÄINEN, 1995). Menschen zeichnen sich eben auch durch kognitive Inflexibilität und durch Wissenskompartmentalisierung aus (CHERNIAK, 1986), was Grenzüberschreitungen der genannten Art sehr erschwert. Solche Grenzüberschreitungen, insbesondere, wenn sie schließlich doch gelingen, erweisen sich als intellektuell und emotional außerordentlich fordernd (ENGESTRÖM et al., 1995).

Hierarchische Organisationen schaffen innere Grenzen – unsichtbare „innere Wände" (G1) –, und zwar sowohl in vertikaler als auch in horizontaler Richtung. Moderne kollaborative Organisationen betonen daher Vertrauen und Offenheit, um die Ausbreitung von Fertigkeiten und Humankapital durch intensiven Wissensaustausch zu erleichtern. Umgekehrt erzeugt eine Einschränkung oder Kontrolle des Informationsaustauschs eher Hierarchien – selbst wenn diese sich dann nicht unmittelbar in formellen Organisationsstrukturen sichtbar werden. Es ist wichtig, Menschen die Möglichkeit zur Veränderung ihrer eigenen Position so zu geben, dass eine dynamische Entwicklung ihrer Expertise unterstützt wird und sie dadurch Kontrolle über die Entwicklung ihrer eigenen Kompetenz und ihres Trainings erlangen. Traditionelle Modelle der Arbeitsteilung tragen nicht immer zu Innovation und Wissensbildung bei; ihnen geht offenbar ein Stück weit Freiheit und Flexibilität ab. Unsere Interview- und Beobachtungsergebnisse zeigen, dass diese Art von Flexibilität gerade dynamische, wissensintensive Unternehmen kennzeichnet.

NISHIGUCHIs (2001) Unterscheidung zwischen funktionalen und relationalen Fertigkeiten kann sehr nützlich für die Analyse der Entwicklung von Expertennetzwerken sein. Nach seinen Analyse betreffen „funktionale Fertigkeiten" die Anwendung vorhandenen Wissen und vorliegender Kompetenzen, um spezifische Aufgaben zu erfüllen und vorgegebene Ziele zu erreichen. „Relationale Fertigkeiten" hingegen „refer to capabilities of a requisite variety to connect and reorder one's own and others' functional skills as necessary in relatively localized field or context of activities" (S. 216). Relationale Fertigkeiten basieren auf Metawissen über Fertigkeiten und Kompetenzen anderer Personen bzw. Communities: „A person with relational skills can make full use of a human network based on her ample knowledge of who knows what, who can and is willing to be helpful in what, and who may use new information best in and out of an organization" (S. 216). Diese Fertigkeiten bilden das Kernstück von Expertennetzwerken; sie entstehen durch intensive Interaktion einer Person mit der sozialen Umwelt, in der ihre Handlungen beheimatet sind.

NISHIGUCHI (2001) hebt hervor, dass Mitglieder exzellenter Teams normalerweise eine große Vielfalt an gut entwickelten relationalen Fertigkeiten und hilfreichen interpersonalen Verbindungen vorweisen, so dass sie größere Verantwortung für die gesamte Organisation tragen können, statt sich nur ihren eigenen aktuellen Aufgaben zu widmen. Im Gegensatz dazu verlassen sich schwächere Teams auf eine Reihe mechanischer, funktionaler Fertigkeiten, besitzen nur eng begrenzte personale Beziehungen und Kontakte über das eigene Team hinaus und engagieren sich dementsprechend nur in einem engen Rahmen. NISHIGUCHI macht deutlich, wie wichtig es daher ist, das Teilen relationaler Fertigkeiten zu ermöglichen, indem Erfahrung institutionalisiert werden, die diese Entwicklung solcher Fertigkeiten fördern, etwa durch Jobrotation oder zeitweiligen Personaltausch verschiedener Subunternehmen. Er hebt auch hervor, dass die Entwicklung relationalen Fertigkeiten auf Reziprozität beruht, die ohne *face to face*-Interaktion kaum zu erreichen ist. Relationale Fertigkeiten scheinen eine grundlegende Bedingung für gelingende Grenzüberschreitung zwischen Organisationen und für gelingende Ko-Entwicklung individueller und kollektiver Kompetenzen sowohl innerhalb von Organisationen als auch im Netzwerk kollaborierender Organisationen zu sein.

Knoten und Netzwerke

Der Begriff der *communities of practice* wird von Forschern in Frage gestellt, die sagen, dass Menschen in unserer sich rasch verändernden wissensbasierten Gesellschaft gar nicht mehr dazu kommen, sich in stabilen sozialen Communities zu sozialisieren und in ihnen zu arbeiten; vielmehr würden sich Communities von einem Projekt zum nächsten ändern („intensionale Netzwerke") bzw. Menschen, Werkzeuge und Aufgaben nur noch zeitweise zusammen bringen („Knotworking" statt „Networking"). NARDI et al. (2000) behaupten, dass Teams schon längst nicht mehr das Herzstück des Arbeitsmanagements und die zentrale Ressource individueller Arbeiter sind. Die wichtigste Ressource heutzutage ist das individuelle, persönliche, soziale Netzwerk, das NARDI et al. (2000) „intensionales Netzwerk" nennen. Die abnehmende Rolle von Teams folgt zum Teil aus der wachsenden Bedeutung informeller Verbindungen und von Beziehungen außerhalb der eigenen Organisation, zum Teil resultiert sie aus dem fortdauernden Wechsels und der Reorganisation von Teammitgliedern innerhalb einer Organisation.

Knotworking meint den Zusammenschluss von Personengruppen, Aufgaben und Werkzeuge für eine relativ kurze Zeit, um bestimmte Aufgaben zu bewältigen. ENGESTRÖM et al. (1995) bezeichnen *knotworking* als eine geschichtlich neue Form menschlicher Aktivität, die sich auszeichnet durch „rapidly pulsating, distributed and partially improvised orchestration of collaborative performance between otherwise loosely connected actors and activity systems" (S. 346). *Knotworking* unterscheidet sich von traditioneller Teamarbeit, denn die Mitglieder (z.B. Crews in Flugzeugen, Gerichtshöfe) kennen einander in Vorhinein wahrscheinlich nicht und und arbeiten vermutlich nur für eine kurze Zeit zusammen. Wenn diese Art der Arbeit eher die Regel als die Ausnahme wird, könnte es sein, dass sich die Vorstellung von *communities of practice* entweder erheblich ändert oder ganz aufgegeben werden muss.

Lernen im organisationalen Kontext – eine Surveystudie

Mit der folgenden Surveystudie sollte ein Instrument zur Erfassung von Expertennetzwerken („Inventory of Networked Expertise") entwickelt werden. Es sollte also erfasst werden, wie sich Expertise aus drei Komponenten entwickelt: (1) individuelle Bemühungen, immer anspruchsvollere Probleme lösen zu können; (2) gemeinsame soziale Bewältigung kognitiver Leistungen innerhalb einer Arbeitsplatz-Community; (3) Einleiten organisationaler Maßnahmen, die eine dynamische Entwicklung der Expertise der Mitarbeiter fördern. In einem Fragebogen sollten Experten, die in unterschiedlichen Organisationen arbeiteten, Auskunft über Merkmale ihrer individuellen Expertise ebenso geben wie über die Beschaffenheit der Arbeitsplatz-Community, die organisationale Unterstützung der eigenen, dynamischen Expertiseentwicklung und über externe Netzwerkarbeit. Die Stichprobe bestand aus 584 Arbeitnehmern, die einer der drei folgenden Organisationsformen angehörten: (1) eher traditionelle, prozessorientierte Organisationen; (2) stabile, wissensintensive Organisationen; (3) dynamisch sich verändernde, wissensintensive Organisationen. Eine Hauptkomponentenanalyse mit schiefwinkliger Rotation ergab eine Fünf-Faktoren-Lösung, die 44% der Varianz erklärt. Anschließend wurden aggregierte Variablen konstruiert, die dann in Pfadanalysen verwendet wurden (HAKKARAINEN, PALONEN, MURTONEN, PAAVOLA & LEHTINEN, in Druck).

Unsere Analysen zeigen, dass es beträchtliche Unterschiede zwischen den Organisationstypen gibt. Eine Pfadanalyse sollte zum besseren Verständnis der Beziehungen zwischen organisationalen, kommunalen und individuellen Prozessen in Expertennetzwerken beitragen. Die dreifach gestufte Variable „Organisation" diente als unabhängige Variable für Wissensintensität; die aggregierten Variablen („Erfahrenes organisationales Wissensmanagement", „Dynamische Expertise", „Erfahrener soziokognitiver Stress", „Beschaffenheit der Arbeitsplatz-Community", „Externe Netzwerkarbeit") dienten als abhängige Variablen. Abbildung 3 zeigt die Ergebnisse der Analyse.

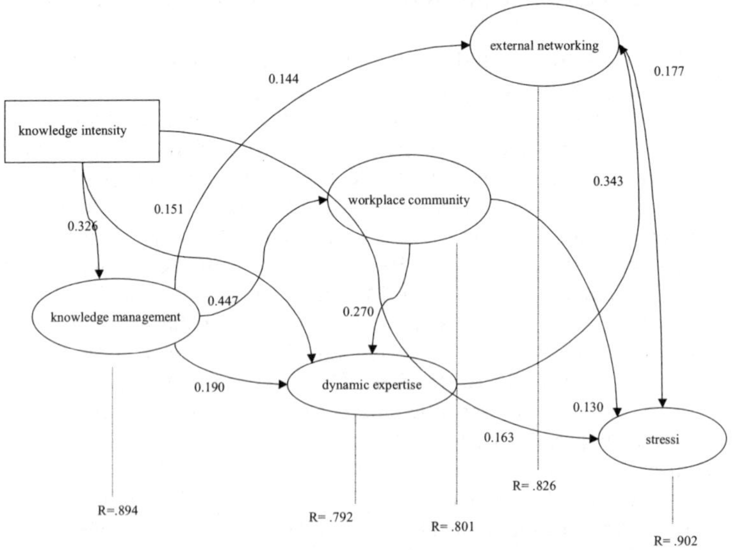

Abb. 3: Pfadanalyse der Beziehungen zwischen dem Index für Wissensintensität und den aggregierten Variablen („Erfahrenes organisationales Wissensmanagement", „Dynamische Expertise", „Erfahrener soziokognitiver Stress", „Beschaffenheit der Arbeitsplatz-Community", „Externe Netzwerkarbeit").

Das Modell wies einen guten Fit auf (d.h. das Modell unterschied sich statistisch nicht signifikant von den Daten, $chi^2(5,584)=3.88$, $p=.567$, RMS Standardfehler=0.015). Abbildung 3 enthält auch die Residualpfadkoeffizienten (*R*), die auf Faktoren außerhalb des Modells verweisen, die Einfluss auf eine spezifische Variable haben. Obwohl das Modell einen hohen Fit aufweist, verbleibt viel unaufgeklärte Varianz in den abhängigen Variablen.

Die Ergebnisse zeigen, dass die Wissensintensität von Organisationen eng mit erfahrenem organisationalen Wissensmanagement assoziiert ist, das wiederum eng mit der Beschaffenheit der Arbeitsplatz-Community zusammenhängt. Mit anderen Worten: Ein aktives Management des Wissens, das wissensintensive Arbeitskontexte kennzeichnet, hängt eng mit einer unterstützenden informellen Arbeitsplatz-Community zusammen. Des weiteren beeinflusst es signifikant die berichteten Erfahrungen dynamischer Expertise. Ferner deutet die Analyse darauf hin, dass dynamische Experten ein größeres externes Netzwerk haben und jede Art von Ressourcen außerhalb ihrer eigenen Organisation nach Information zu verwenden versuchen. Der erfahrene soziokognitive Stress scheint mit der Arbeit in einer unterstützenden Arbeitsplatz-Community assoziiert zu sein; für den Umgang mit Stress und Angst, die sich aus sehr anspruchsvollen und sich rasch ändernden Anforderungen ergeben, sind unterstützende soziale Strukturen gefragt. Ein signifikanter Zusammenhang besteht auch zwischen der Größe externaler Netzwerke und dem soziokognitiven Stress. Der größte Teil der Varianz im soziokognitiven Stress wird jedoch nicht durch das Modell erklärt, wie der hohe Residualwert zeigt.

Die Analyse zeigt, dass Bemühungen zum organisationalen Wissensmanagement eng mit einem guten Funktionieren informeller Arbeitsplatz-Communities zusammenhängen. Wissensmanagement und die Kultivierung von *communities of practice* scheinen keine einander ausschließenden Wege der Arbeitsorganisation zu sein, sondern hängen im Gegenteil sogar eng miteinander zusammen. Niedrige Werte im Wissensmanagement treten dann auf, wenn Arbeitsprozesse auf einer klaren Arbeitsteilung oder auf individuell erarbeiteten Routinen beruhen, die nicht geteilt werden, nicht kodifiziert und nicht durch die Arbeitsplatz-Community expliziert sind. Diese Art der Arbeitsorganisation ist typisch für traditionelle, prozessorientierte Organisationen, aber nicht für dynamisch sich verändernde, wissensintensive Organisationen.

Es war verblüffend, dass Wissensmanagement und informelle Arbeitsplatz-Communities so sehr Hand in Hand gingen. Die Ergebnisse unserer Studie deuten darauf hin, dass Menschen noch immer eher in recht starken sozialen Gemeinschaften arbeiten als in intensionalen Netzwerken (NARDI et al., 2000) oder in *knotworking*-Kontexten (ENGESTRÖM, 1999). Sogar dann, wenn Mitglieder des eigenen Projektteams zu einem anderen Projekt wechselten, blieb die Vertrautheit bewahrt, die Arbeitsplatz-Community verlor nicht ihren Wert im Leben des Betroffenen. Womöglich wurden die Ergebnisse durch unsere Form der Datenerhebung bei bestehenden Organisationen beeinflusst; konventionelle Formen der Arbeitsplatzgestaltung wurden dadurch eventuell überbetont, und zwar gerade im Vergleich zu loseren, flexiblen Beschäftigungsverhältnissen und Netzwerkbeziehungen, von denen NARDI oder ENGESTRÖM behaupten, dass sie in unserer Zeit immer mehr zum Normalfall werden. In jedem Fall wurde deutlich, dass die Zahl der Jobwechsel bei diesen Beschäftigten groß war. Sie rotierten von einer Abteilung zur nächsten, so dass eine große Herausforderung darin bestand, ein persönliches Netzwerk in der Organisation aufrecht zu erhalten, das ja für die Expertiseentwicklung bedeutsam ist.

Die Befragten unterschieden sich erheblich in ihren Netzwerktätigkeiten mit Experten-Communities und Wissensquellen jenseits ihres Arbeitsplatzes. Vermutlich hat dies mit der Art ihrer Arbeit zu tun; manche Arbeiten (z.B. Kundendienst, Marketing) involvieren ganz natürlich in externale Netzwerke, andere weniger.

Weak ties und *strong ties* von Netzwerken in der Teamorganisation

In einer zweiten Teilstudie untersuchten wir Muster der Wissensteilung und -verteilung in und zwischen Teams. Die Stichprobe umfasste 120 Arbeiter eines finnischen Telekommunikationsunternehmens. Als Instrumente dienten eine soziale Netzwerkanalyse und Interviews mit Schlüsselfiguren (z.B. Gruppenleiter oder Experten, die von Mitgliedern der Arbeitsplatz-Community oft um Rat gefragt werden) (PALONEN, HAKKARAINEN, TALVITIE & LEHTINEN, 2004). Mit der sozialen Netzwerkanalyse sollten Kommunikationsstruktur und Informationsfluss innerhalb der Organisation sichtbar gemacht werden. Soziale Netzwerkanalysen zeigen relationale Information über Partizipation auf, insbesondere stabile Muster darüber, wie die Beschäftigten miteinander verknüpft sind. Mit dieser Methode wird vor allem die Analyse von Strukturdaten vereinfacht (SCOTT, 1991; WASSERMAN & FAUST, 1994).

Die Ergebnisse der Studie deuten an, dass sich die Teams sowohl in ihrer kognitiven Zentralität (z.B. im Ausmaß des für andere Teams produzierten Wissens) als auch in der Dichte der internen Interaktion (lose zusammengesetzte vs. intensiv interagierende Teams) unterschieden. Die Interviews mit den Gruppenleitern und den Experten lieferten reichhaltige Beschreibungen kollektiven Lernens und zeigten zugleich, dass es eine enge Verknüpfung zwischen den Netzwerkaktivitäten eines Teams und die Art und Weise gibt, wie die Teammitglieder die Mission ihres Teams verstehen. *Strong ties* und *weak ties* zwischen den Mitgliedern besitzen eine komplementäre Funktion bei der Vermittlung von Wissen in einem organisationalen Kontext.

Die Studie zeigte auch, dass Wissen innerhalb des Unternehmens noch immer eher bei bestimmten Experten zentralisiert ist, statt unter einer großen Gruppe von Beschäftigten verteilt zu sein. Das gilt insbesondere für bestimmte Arten technischen Expertenwissens, die die Kernkompetenz im der Firma darstellt. Jene Experten können keine anderen Mitglieder der Organisation um Rat fragen, weil diese nicht über die hinreichend tiefe Expertise verfügen. Die Experten haben ihre eigene Kultur; ihre Netzwerke erstrecken sich aber über die Unternehmensgrenzen hinaus, in diesem Fall hin zu den Lieferanten und sogar zu Konkurrenzunternehmen. Solche Verbindungen sind teilweise direkt, teilweise sind sie über Dritte (z.B. Kunden) indirekt vermittelt. Bei den Experten herrscht ein Bedürfnis, ihre persönlichen Netzwerk aufrechtzuerhalten – ein Phänomen, das gut zum Konzept intensionaler Netzwerke (NARDI et al., 2000) passt. Es scheint, dass diese Experten als Informations-Gatekeeper agieren, also als Personen, die Profit aus ihren intellektuellen Ressourcen ziehen, mit denen sie strukturelle Löcher überbrücken können (BURT, 2000). Solche Überbrückungsfunktionen sind wichtig für Verbindungen zwischen Gruppen. Es war interessant zu sehen, dass einige der Experten eher für sozioemotionale Verknüpfungen verantwortlich waren, andere eher für aufgabenorientierte Verknüpfungen (erfasst z.B. über erbetene und gegebene Ratschläge). Mit anderen Worten: Die Personen mit den besten Ideen sind nicht immer die Beliebtesten. Die Brückenfunktion umfasst vielschichtige Prozesse und betrifft eine Vielzahl von Beziehungen (FRIEDMAN & PODOLNY, 1992).

Wir untersuchten auch das Ausmaß der Wissensteilung in den Teams und die Wege, wie das Wissen der Teams im Unternehmen verteilt wurde.

Strong ties wurden bezüglich aller ein- und ausgehender Verbindungen untersucht, um die Bedeutung redundanter, wechselseitiger Wissensteilung im Vergleich zu der Bedeutung nicht-geteilter Informationsquellen abschätzen zu können. Die tatsächliche Leistungsmaße (Gehalt, Sonderzulagen, erreichte Ziele usw.) waren leider nicht verfügbar. Sie wären allerdings auch nicht sehr aussagekräftig gewesen, weil einige Teams nur Funktionen innerhalb des Unternehmens haben, während andere unternehmensexterne Funktionen (z.B. Kundenkontakt) besitzen. Der Umfang erteilter Ratschläge, also die Informations- und Wissensmenge, die ein Team den anderen Teams bereitstellt, bietet aber eine grobe Schätzung seiner relativen Wichtigkeit oder seiner kognitiven Zentralität. Frühere Studien, die sich auf das soziale Kapital konzentrierten, konnten einen deutlichen Zusammenhang zwischen Teamleistung und dem durchschnittlichen sozialen Kapital der Mitglieder zeigen (Burt, 2000).

Die Ergebnisse stimmten mit denen von AUSTIN (2003) überein: Die Dichte der Verknüpfungen innerhalb eines Teams allein entscheidet nicht über die kognitive Zentralität des Teams. Die Häufigkeit unterschiedlicher Verbindungen – etwas multipler *weak ties* – ist ein besserer Indikator guter Teamleistung. *Weak ties* stellen, bildlich gesprochen, Futter für *strong ties* zur Verfügung, indem sie die Wissensbasis aktualisieren. Vermutlich erleidet der Arbeitskontext bei Abwesenheit von *weak ties* Einbußen in der Aktualisierung der Informations- und Wissensbasis; womöglich entsteht sogar unangemessenes Gruppendenken, bei dem angenommen wird, für den Erfolg einer Handlung wäre nur die innerhalb der Gruppe vorhandene Information bedeutsam (KAMEDA & SUGIMORI, 1993).

In den Interviews deutete sich an, dass kollektives Lernen auf zweierlei Weise erfolgte: (1) über interaktive Prozesse, etwa über gemeinsame Gespräche und Verhandlungen; (2) über das Entstehen eines kollektiven Repertoires an Verhaltensroutinen. Es scheint, dass kollektive Teamkognition es den Teammitgliedern erleichtert, neue Perspektiven kennen zu lernen (WONG & SITKIN, 2000). Bemerkenswerterweise berichteten vornehmlich kohäsive Teams über erlebte Prozesse kollektiven Lernens. Aufbau und Bewahrung von Expertise erfordert lang anhaltende Beziehungen, in denen Wissensaustausch über einen erlernten, geteilten Code stattfinden kann. Qualität oder Rigidität von Routinen und anderen Handlungen sollten aber nicht aus dem Auge gelassen werden: Die in der Organisation verbreitetsten Handlungen sind nicht unbedingt die besten.

Schließlich untersuchten wir in den Interviews auch noch, wie die Befragten bei der Informationssuche üblicherweise vorgehen. Es zeigte sich, dass das Internet allgemein und die Webseiten des Unternehmens im Besonderen wichtige Informationsquellen darstellen. Bei der Informationssuche wurden aber auch lange bestehende, informelle Kontakte zu Experten innerhalb und außerhalb des Unternehmens genutzt. NARDI et al. (2002) formten den Begriff „netWORK“, um das Erstellen, Aufrechterhalten, Kultivieren und Aktivieren persönlicher sozialer Netzwerke zu beschreiben. Dies erfordert eine gezielte, sorgfältige Arbeit über einen langen Zeitraum. Ähnliche Begriffen fanden wir in unseren Interviews: „Die Suche nach Information wurde zur täglichen Routine“ (F4). Einer der Experten (F12) beschrieb den Weg, wie er selbst an die neueste benötigte Information gelangt und damit verbundene Lern- und Problemlöseprozesse so:

> Das Netz ist eine sehr gute Informationsquelle über die Produzenten. Wenn man etwas mit ihnen zu tun hat, muss man sie ständig über viele Dingen befragen. Das ist die Aktivität, die notwendig ist ... In unserem Haus gibt es nur eine Stelle, die mir Informationen liefert. Das ist sehr wenig, was wir intern bekommen. Wir kommunizieren mehr mit den Produzenten. Natürlich hat jeder in unserem Team seine eigenen Verbindungen für den Informationsfluss; sie telephonieren, sie diskutieren mit Anderen, mit denen, die diese Sachen machen. Man kennt einige Kollegen, und dann ruft man sie eben an und spricht mit ihnen über dies und das. Ich habe auch einige Passwörter, um das Zeug direkt vom Netz runterzuladen. Wenn man es dort nicht bekommt, muss man halt etwas Anderes finden. Ich habe auch andere Kanäle – informelle Kontakte.
>
> Man muss seine eigenen Verbindungen benutzen. Ich hole mir die Information direkt von dort, wo sie ist. Ich möchte sie aus erster Hand haben. Auch Andere nutzen meine Kontakte. Ich weiß, an wen ich mich wenden muss. Es ist die Interaktion. Man spricht informell über dies und das, damit es klappt. (F12)

Zusammenfassung

Anzunehmen ist, dass Informationsvielfalt eher dann zu Leistungsverbesserung führt, wenn es um nichtroutinisierte Aufgaben geht (JEHN, NORTHCRAFT & NEALE, 1999). Dennoch ist geteiltes Wissen für das Bewältigen komplexer Anforderungen und das Entwerfen neuer Lösungen extrem wichtig. Das richtige Verhältnis zwischen geteilten und verteilten Ressourcen stellt offensichtlich das Schlüsselmerkmal für optimale Kooperationsergebnisse dar. Hochgradig zentralisierte Kommunikationsstrukturen sind gewiss vielen Arbeitsplätzen in sich schnell verändernden Bereichen gemein: Konventionelle Aufgaben können von den meisten Beschäftigten bewältigt werden, aber die neuesten Techniken und das dazugehörige Know-How liegen in den Händen nur einiger weniger Beschäftigter. In solchen Situationen ist Expertise nicht hinreichend geteilt, um bestmögliche Ergebnisse in der Zusammenarbeit zu erzielen. Viele Ressourcen werden aufgebraucht, um auch nur die wichtigsten Teile des zentralen Wissens zu kodifizieren und zu verteilen. Aus diesen Gründen scheint es so zu sein, dass diejenigen, die überlegene analytische Fähigkeiten, aufgabenspezifisches Wissen oder soziale Fertigkeiten besitzen, am ehesten kollektive Lernprozesse voranbringen. Sie werden vermutlich zu zentralen Akteuren unabhängig davon, wie das Wissen ansonst in dem Unternehmen organisiert ist.

Der Zusammenhang von Expertise und Erfahrung wird oft betont. Der Vergleich von Novizen und Newcomern mit Experten, die schon eine lange Arbeitskarriere hinter sich haben, wird häufig verwendet, um Expertise zu untersuchen. Lange Erfahrung macht jemanden aber nicht notwendigerweise zum Experten; es gibt viele Menschen, die als erfahrene Nicht-Experten charakterisiert werden können (BEREITER & SCARDAMALIA, 1993). Beschäftigt man sich mit einem sich schnell verändernden Bereich, ist die Vielfalt an Erfahrungen wichtiger als die bloße Dauer der Erfahrung, auch wenn natürlich ein gewisses Minimum an Erfahrung vonnöten ist. Beschäftigte arbeiten üblicherweise mehrere Jahre im selben Unternehmen (manchmal sogar 30-40 Jahre lang). In einigen Bereichen liefern aber gerade die jüngsten Mitarbeiter Wissen über den neuesten Stand der Technik. In unserer Studie war es so, dass fast jede Person, die aufgrund ihrer kognitiven Zentralität innerhalb des sozialen Netzwerks des Unternehmens an den Interviews teilnahmen, schon auf ein relativ langes Arbeitsleben und auf reichhaltige Erfahrung zurückblicken konnte. Es ist aber noch unklar, warum nur einige der Beschäftigten mit langer Erfahrung hervorragende Expertise erlangten.

Auf der Grundlage unserer theoretischen Analysen und unserer empirischen Befunde stellen wir fest, dass die Expertise, die in einer Wissensgesellschaft benötigt wird, nicht nur als Summe individueller kognitiver Kompetenzen verstanden werden kann. Ein Kennzeichen der beobachtbaren Expertise ist es, dass auch gemeinsame bzw. geteilte Kompetenz sich in dynamisch funktionierenden Communities und Expertennetzwerken niederschlägt. Dasselbe gilt für technische Artefakte, die den Kommunikations- und Wissensaufbau unterstützen. Nur eine Integration psychologischer, soziologischer und pädagogischer Ansätze kann erklären, wie individuelle, kollektive und organisationale Aspekte des Lernens und Entwicklung zusammenspielen. Zwar gibt es zahlreiche Studien, die ihren Fokus entweder auf die Untersuchung der Expertise von Individuen oder von Arbeitsgruppen oder von Organisationen legen, aber nur wenige, in denen diese Komponenten gemeinsam analysiert werden. Solche Studien sind aber notwendig – denn sie stellen die einzige Möglichkeit dar, einem so komplexen Phänomen wie Expertise in einer Wissens- und einer Netzwerkgesellschaft gerecht zu werden.

Literaturverzeichnis

Agnew, N. M., Ford, K. M. & Hayes, P. J. (1997). Expertise in context: Personally constructed, socially selected and reality-relevant. In P. J. Feltovich, K. M. Ford & R. R. Hoffman (Hrsg.), *Expertise in context* (S. 219-244). Menlo Park: AAAI Press.

Ahonen, H., Engeström, Y. & Virkkunen, J. (2000). Knowledge management – the second generation: Creating competencies within and between work communities in the competence laboratory. In Y. Malhotra (Hrsg.), *Knowledge management and virtual organizations* (S. 282-305). Hershey: Idea Group.

Austin, J. R. (2003). Transactive memory in organizational groups: The effects of content, consensus, specialization, and accuracy on group performance. *Journal of Applied Psychology*, *88*, 866-878.

Bereiter, C. & Scardamalia, M. (1993). *Surpassing ourselves: An inquiry into the nature and implications of expertise*. Chicago: Open Court.

Boshuizen, H. P. A. & Schmidt, H. G. (1992). On the role of biomedical knowledge in clinical reasoning by experts, intermediates and novices. *Cognitive Science*, *16*, 164-184.

Bowker, G. C. & Star, S. L. (1999). *Sorting things out: Classification and its consequences*. Cambridge: Cambridge University Press.

Brooking, A. (1999). *Corporate memory: Strategies for knowledge management*. London: International Thomson Business Press.

Brown, J. S. & Duguid, P. (2001). Knowledge and organization: A social practice perspective. *Organization Science, 12*, 198-213.

Burt, R. S. (1999). Entrepreneurs, distrust, and third parties: A strategic look at the dark side of dense networks. In L. L. Thompson, J. M. Levine & D. M. Messick (Hrsg.), *Shared cognition in organizations: The management of knowledge* (S. 213-243). Mahwah: Erlbaum.

Burt, R. S. (2000). The network structure of social capital. In R. I. Sutton & B. M. Staw (Hrsg.), *Organizational behavior*. Greenwich: JAI.

Cherniak, C. (1986). *Minimal rationality*. Cambridge: MIT Press.

Cohen, W. M. & Levinthal, D. A. (1990). Absorptive capacity: A new perspective on learning and innovation. *Administrative Science Quarterly, 35*, 128-152.

Collins, A. M., Brown, J. S. & Newman, S. E. (1989). Cognitive apprenticeship: Teaching the crafts of reading, writing and mathematics. In L. Resnick (Hrsg.), *Knowing, learning, and instruction: Essays in honor of Robert Glaser* (S. 453-494). Hillsdale: Erlbaum.

Dreyfus, H. & Dreyfus, S. (1986). *Mind over machine: The power of human intuition and expertise in the era of the computer*. Oxford: Blackwell.

Dunbar, K. (1995). How scientists really reason: Scientific reasoning in real-world laboratories. In R. J. Sternberg & J. Davidson (Hrsg.), *The nature of insight* (S. 365-395). Cambridge: MIT Press.

Engeström, Y. (1999). Innovative learning in work teams: Analyzing cycles of knowledge creation in practice. In Y. Engeström, R. Miettinen & R.-L. Punamäki (Hrsg.), *Perspectives on activity theory* (S. 377-404). Cambridge: Cambridge University Press.

Engeström, Y. (2002). New forms of expansive learning at work: The landscape of co-configuration. In G. Stahl (Hrsg.), *Computer-supported collaborative learning: Foundations for a CSCL community. Proceedings of the Computer-Supported Collaborative Learning 2002 Conference* (S. 23). Hillsdale: Erlbaum.

Engeström, Y., Engeström, R. & Kärkkäinen, M. (1995). Polycontextuality and boundary crossing in expert cognition: Learning and problem solving in complex work activities. *Learning and Instruction, 5*, 319-336.

Ericsson, K. A. & Charness, N. (1997). Cognitive and developmental factors in expert performance. In P. J. Feltovich, K. M. Ford & R. R. Hoffman (Hrsg.), *Expertise in context* (S. 13-41). Menlo Park: AAAI Press.

Ericsson, K. A. & Lehmann, A. C. (1996). Expert and exceptional performance: Evidence of maximal adaptation to task constraints. *Annual Review of Psychology, 47*, 273-305.

Frank, K. & Yasumoto, J. Y. (1998). Linking action to social structure within a system: Social capital within and between subgroups. *American Journal of Sociology, 104*, 642-686.

Friedman, R. A. & Podolny, J. (1992). Differentiation of boundary spanning roles: Labor negotiations and implications for role conflict. *Administrative Science Quarterly, 37*, 28-48.

Granovetter, M. S. (1973). The strength of weak ties. *American Journal of Sociology, 78*, 1360-1380.

Hakkarainen, K., Palonen, T., Murtonen, M., Paavola, S. & Lehtinen, E. (in Druck). *Assessing networked expertise: A multi-level inventory*.

Hansen, M. T. (1999). The search-transfer problem: The role of weak ties in sharing knowledge across organization subunits. *Administrative Science Quarterly, 44*, 82-102.

Hutchins, E. (1995). *Cognition in the wild*. Cambridge: MIT Press.

Jehn, K. A., Northcraft, G. B. & Neale, M. A. (1999). Why differences make a difference: A field study of diversity. Conflict and performance in workgroups. *Admininstrative Science Quarterly, 44*, 741-763.

Johnson, P., Heimann, V. L. & O'Neill, K. (2000). The wolf pack: Team dynamics for the 21st century. *Journal of Workplace Learning, 12*, 159-164.

Kameda, T., Ohtsubo, Y. & Takezawa, M. (1997). Centrality in sociocognitive networks and social influence: An illustration in a group decision-making process. *Journal of Personality and Social Psychology, 73*, 296-309.

Kameda, T. & Sugimori, S. (1993). Psychological entrapment in group decision making: An assigned decision rule and a groupthink phenomenon. *Journal of Personality and Social Psychology, 65*, 282-292.

Keister, L. A. (1999). Where do strong ties come from? A dyad analysis of the strength of interfirm exchange relations during China's economic transition. *International Journal of Organizational Analysis, 7*, 5-25.

Kitcher, P. (1989). Explanatory unification and the causal structure of the world. In P. Kitcher & W. Salmon (Hrsg.), *Scientific explanation: Minnesota studies in the philosophy of science* (S. 410-505). Minneapolis: University of Minnesota Press.

Latour, B. & Woolgar, S. (1986). *Laboratory life: The construction of scientific facts.* Princeton: Princeton University Press.

Lave, J. & Wenger, E. (1991). *Situated learning: Legitimate peripheral participation.* Cambridge: Cambridge University Press.

Levy, D. A. & Nail, P. R. (1993). Contagion: An theoretical and empirical review and reconceptualization. *Genetic, Social, and General Psychology, 132*, 235-285.

Marsden, P. (1998). Memetics and social contagion: Two sides of the same coin? *Journal of Memetics – Evolutionary Models of Information Transmission, 2*, 68-86.

Mieg, H. A. (2001). *The social psychology of expertise: Case studies in research, professional domains, and expert roles.* Mahwah: Erlbaum.

Miyake, N. (1986). Constructive interaction and the iterative process of understanding. *Cognitive Science, 10*, 151-177.

Moreland, R. L. (1999). Transactive memory: Learning who knows what in work groups and organizations. In L. L. Thompson, J. M. Levine & D. M. Messick (Hrsg.), *Shared cognition in organizations: The management of knowledge* (S. 3-31). Mahwah: Erlbaum.

Nardi, B., Whittaker, S. & Schwarz, H. (2000). It's not what you know, it's who you know: Work in the information age. *First Monday, 5*, 5.
http://firstmonday.org/issues/issue5_5/nardi/index.html

Nardi, B., Whittaker, S. & Schwarz, H. (2002). NetWORKers and their activity in intensional networks. *Computer-Supported Cooperative Work, 11*, 205-242.

Nishiguchi, T. (2001). Coevolution of interorganizational relations. In I. Nonaka & T. Nishiguchi (Hrsg.), *Knowledge emergence: Social, technical, and evolutionary dimensions of knowledge creation* (S. 202-222). Oxford: Oxford University Press.

Nonaka, I. & Takeuchi, H. (1995). *The knowledge-creating company: How Japanese companies create the dynamics of innovation.* New York: Oxford University Press.

Norman, D. A. (1993). *Things that make us smart: Defending human attributes in the age of the machine.* New York: Addison-Wesley.

Oatley, K. (1990). Distributed cognition. In H. Eysenck, A. Ellis, E. Hunt & P. Johnson-Laird (Hrsg.), *The Blackwell dictionary of cognitive psychology* (S. 102-107). Oxford: Blackwell.

Palonen, T., Hakkarainen, K., Talvitie, J. & Lehtinen, E. (2004). Network ties, cognitive centrality, and team interaction within a telecommunication company. In H. P. A. Boshuizen, R. Bromme & H. Gruber (Hrsg.), *Professional development: Gaps and transitions on the way from novice to expert* (S. 271-294). Dordrecht: Kluwer.

Powell, W. W. & Koput, K. W. (1996). Interorganizational collaboration and the locus of innovation. Networks of learning in biotechnology. *Admininstrative Science Quarterly, 41*, 116-146.

Rikers, R. M. J. P., Schmidt, H. G. & Boshuizen, H. P. A. (2000). Knowledge encapsulation and the intermediate effect. *Contemporary Educational Psychology, 25*, 150-160.

Scardamalia, M. (2000). *Knowledge-building principles. Knowledge Forum® Summer Institute*. Toronto: Knowledge Society Network.
Scardamalia, M. (2002). Collective cognitive responsibility for the advancement of knowledge. In B. Smigh (Hrsg.), *Liberal education in a knowledge society* (S. 76-98). Chicago: Open Court.
Schmidt, H. G. & Boshuizen, H. P. A. (1993). On acquiring expertise in medicine. *Educational Psychology Review*, *5*, 205-221.
Scott, J. (1991). *Social network analysis. A handbook*. London: Sage.
Shanteau, J. (1992). How much information does an expert use? Is it relevant? *Acta Psychologica*, *81*, 75-86.
Stein, E. W. (1997). A look at expertise from a social perspective. In P. J. Feltovich, K. M. Ford & R. R. Hoffman (Hrsg.), *Expertise in context* (S. 181-194). Menlo Park: AAAI Press.
Stewart, T. A. (1997). *Intellectual capital: The new wealth of organizations*. New York: Currency Doubleday.
Uzzi, B. (1997). Social structure and competition in interfirm networks: The paradox of embeddedness. *Administrative Science Quarterly*, *42*, 35-67.
Van de Wiel, M. W. J., Boshuizen, H. P. A. & Schmidt, H. G. (2000). Knowledge restructuring in expertise development: Evidence from pathophysiological representations of clinical cases by students and physicians. *European Journal of Cognitive Psychology*, *12*, 323-355.
Vartiainen, M., Simola, A. & Kokko, N. (in Druck). *Project memory and inter-project knowledge dissemination*.
Vicente, K. J. & Wang, J. H. (1998). An ecological theory of expertise effects in memory recall. *Psychological Review*, *105*, 33-57.
Wasserman, S. & Faust, K. (1994). *Social network analysis. Methods and applications*. Cambridge: Cambridge University Press.
Wegner, D. M. (1986). Transactive memory: A contemporary analysis of the group mind. In B. Mullen & G. R. Goethals (Hrsg.), *Theories of group behavior* (S. 185-248). London: Kogan Page.
Wenger, E. (1998). *Communities of practice: Learning, meaning, and identity*. Cambridge: Cambridge University Press.
Wenger, E., McDermott, R. & Snyder, W. M. (2002). *A guide to managing knowledge: Cultivating communities of practice*. Boston: Harvard Business School Press.
Wittenbaum, G. M. & Strasser, G. (1996). Management of information in small groups. In J. L. Nye & A. M. Brower (Hrsg.), *What's social about social cognition? Research on socially shared cognition in small groups* (S. 3-28). Thousand Oaks: Sage.
Wong, S. & Sitkin, S. B. (2000). Shaping collective cognition and behavior through collective learning. *Academy of Management Proceedings*, 2000, MOC:B1.
Wood, D., Bruner, J. & Ross, G. (1976). The role of tutoring in problem solving. *Journal of Child Psychology & Psychiatry & Allied Disciplines, 17*, 89-100.

Franz Lehner

Die Bedeutung von Virtuellen Gemeinschaften und Communities of Practice für Unternehmen

Wissensfördernde Organisationsformen

Durch die allgemeine Bedeutungszunahme des Wissensmanagements sind natürlich auch die Implikationen bei der organisatorischen Umsetzung zu einem wichtigen Thema geworden. Für die erfolgreiche Anwendung und Implementierung von Wissensmanagement in der Praxis bildet die Unternehmensorganisation den strukturellen Rahmen. Innerhalb dieser werden geeignete primäre sowie sekundäre Organisationsformen geschaffen, die in diesem Kapitel näher dargestellt werden. Im Anschluss daran wird auf das *Konzept der virtuellen Gemeinschaft* generell und auf *Communities of Practice* (CoPs) im Besonderen eingegangen, da an beide Konzepte, insbesondere in Unternehmen, große Erwartungen geknüpft werden.

Primäre Organisationsformen

Unter *primären Organisationsformen* werden zunächst die regulären Grundorganisationsformen einer Unternehmung wie funktionale Organisation, divisionale Organisation, Matrix-Organisation usw. verstanden (LEHNER et al., 1991). Aufgrund der bekannten Schwächen dieser traditionellen Organisationsformen sind weitere primäre Organisationsformen entwickelt worden, die insbesondere ein effektives Wissensmanagement unterstützen sollen. Zu den am häufigsten genannten Formen zählen die unendlich flache Organisation, die invertierte Organisation und das Modell der multiplen Überlappungsstruktur, das Spinnennetz sowie die Hypertextorganisation. Diese Organisationsformen verfügen über flache Hierarchien mit dynamischen Strukturen. In Bezug auf das Wissensmanagement lassen sich derart organisierte Unternehmen insbesondere dadurch charakterisieren, dass die Identifizierung, die Schaffung, das Verteilen und das Nutzen von Wissen im Vordergrund stehen.

(1) Die unendlich flache Organisation

Bei der unendlich flachen Organisation (Abbildung 1) handelt es sich um eine Organisationsform mit extrem flacher Hierarchie (NORTH, 1999; QUINN, 1992). Um ein Zentrum gruppieren sich – zumindest modelltheoretisch – unendlich viele, gleichberechtigte Organisationseinheiten. Das Zentrum dient dabei als Ansprechpartner für spezielle Sachverhalte, als Informationsquelle und als Koordinator. Alle Mitarbeiter können sich an das Zentrum wenden, ohne dabei an dessen Weisungen gebunden zu sein. Hier werden neue Produkte oder Dienstleistungsideen sowie das zentrale Wissen der Organisation entwickelt, das dann den übrigen Stellen zur Verfügung gestellt wird. Das spezifische Kundenwissen liegt hingegen bei den Mitarbeitern der Peripherie.

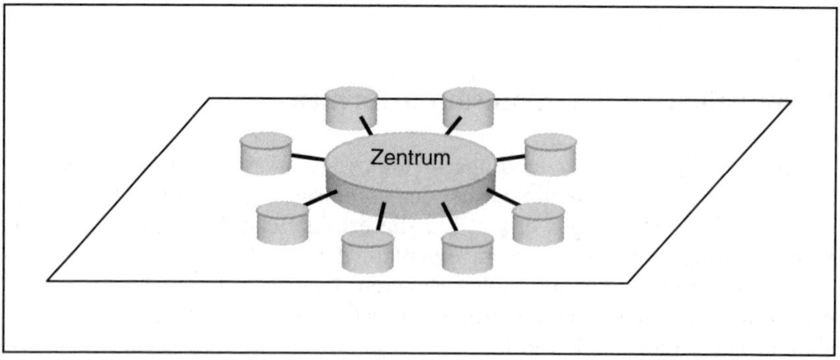

Abb. 1: Die unendlich flache Organisation.

Als idealtypische Beispiele für Unternehmen mit einer unendlich flachen Organisationsstruktur können Franchise-Unternehmen oder Unternehmen mit sehr vielen Niederlassungen aufgeführt werden. Beispielsweise verfügt der Finanzdienstleister Merill Lynch in den USA über eine solche Organisationsstruktur (QUINN, 1992).

(2) Invertierte Organisation

Die invertierte Organisation (Abbildung 2) basiert, im Vergleich zur klassischen Organisationsform, auf einer umgekehrt pyramidalen Struktur (NORTH, 1999; QUINN, 1992). Das Zentrum mit dem Top Management steht an der zugespitzten Basis, die übrigen Mitarbeiter oder Kontaktpersonen auf der breiten Spitze (QUINN, 1992). Sowohl die Kernkompetenzen als auch das spezifische Kundenwissen befinden sich bei diesen Kontaktpersonen und nicht im Zentrum. Das geschaffene Wissen wird bei dieser Organisationsform von den Spezialisten an das Zentrum, zum Aufbau einer organisationalen Wissensbasis, in vertikaler Richtung, auf formelle Art und Weise weitergeben. Unter den Kontaktpersonen wird jedoch das Wissen, in horizontaler Richtung, informell ausgetauscht. Die invertierte Organisation ist nur für solche Unternehmen geeignet, bei denen der Kundenkontakt eine herausragende Stellung einnimmt und bei denen die im direkten Kundenkontakt stehenden Mitarbeiter aufgrund ihrer persönlichen Erfahrungen und Begegnungen über ein sehr spezifisches Kundenwissen verfügen.

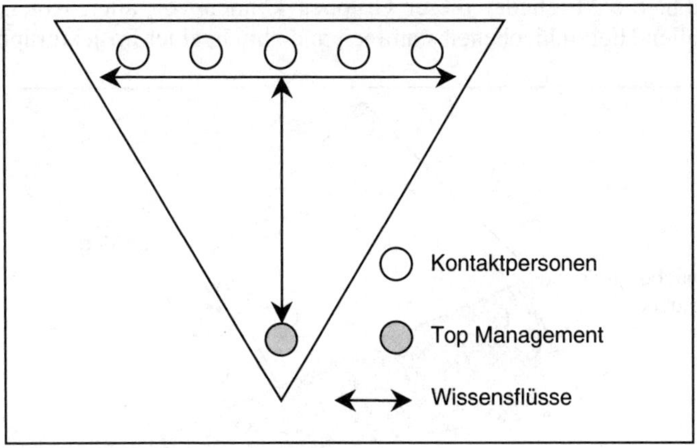

Abb. 2: Die invertierte Organisation.

Die invertierte Organisation erfordert, aufgrund der hohen Bedeutung des spezifischen Kundenwissens einzelner Mitarbeiter, zwingend einen effektiven Wissensaustausch sowie den Aufbau eines kollektiven Gedächtnisses, damit z.B. beim Ausscheiden eines Mitarbeiters das bei ihm akkumulierte Wissen für das Unternehmen nicht verloren geht. Als idealtypische Beispiele einer solchen Organisationsform sind Krankenhäuser genannt, in denen die Ärzte ein äußerst spezifisches Wissen über die einzelnen Patienten besitzen oder Beratungsfirmen, bei denen die Partner über ein besonders detailliertes Kundenwissen verfügen (NORTH, 1999).

(3) Modell der multiplen Überlappungsstruktur

Das Modell der multiplen überlappenden Gruppen (Abbildung 3) beschreibt die Vernetzung von Gruppen in Unternehmen sowohl in vertikaler, horizontaler als auch lateraler Richtung (LIKERT, 1975; SCHREYÖGG, 1999). Eine *vertikale* Vernetzung verbindet jede Gruppe mit der ihr übergeordneten Gruppe der nächst höheren hierarchischen Ebene. Diese Verbindung zwischen den beiden Gruppen wird durch den so genannten *linking pin*, einen Mitarbeiter, der Mitglied beider Gruppen ist, hergestellt. Als Vorgesetzter der untergeordneten Gruppe ist er in der übergeordneten Gruppe lediglich einfaches Mitglied. Die vertikale Vernetzung wird durch eine *horizontale* ergänzt: Nach regionalen oder divisionalen Gesichtspunkten werden funktionsübergreifende Arbeitsgruppen gebildet, innerhalb derer allerdings die hierarchische Unterordnung bestehen kann. Hieraus ergibt sich für die Mitglieder einer solchen funktionsübergreifenden Gruppe („cross function work group") eine doppelte Weisungsgebundenheit. Die *laterale* Vernetzung schließlich verbindet Gruppen, wenn die formellen Kommunikations- und Informationskanäle der Unternehmung zu umständlich sind, zu einer sogenannten „cross-linking-group“, d.h. die Mitglieder dieser Gruppen können von allen Abteilungen und von allen Hierarchieebenen stammen und ähneln einer Projektgruppe.

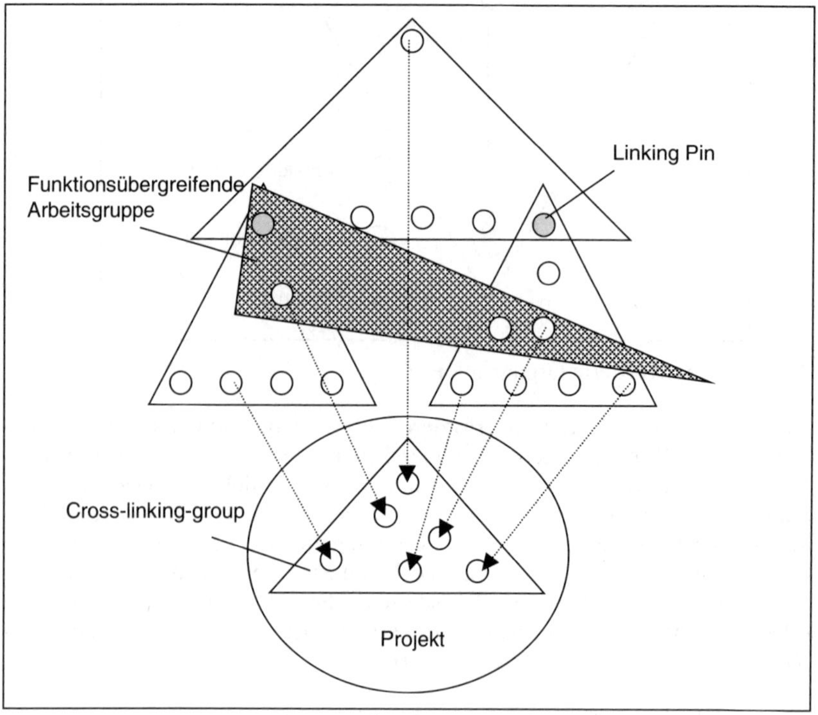

Abb. 3: Das Modell der multiplen Überlappungsstruktur (in Anlehnung an LIKERT, 1975, S. 196).

Durch die mögliche mehrfache Mitgliedschaft eines Mitarbeiters in verschiedenen Gruppen wird die Kommunikation innerhalb des Unternehmens erheblich verbessert und somit auch der unternehmensinterne Wissensfluss. Entscheidungen werden zudem nicht immer autokratisch von nur einem Vorgesetzten, sondern partizipativ in der Gruppe getroffen und erweitern so die Verantwortungsbereiche und die Mitbestimmung der Mitarbeiter. Hierdurch wird die Motivation, Wissen für die Lösung der jeweils anstehenden Probleme zu generieren und auszutauschen, in hohem Maße gefördert. Beim Modell der multiplen Überlappungsstruktur handelt es sich eher um ein Orientierungsmodell mit organisatorischen Gestaltungsvorschlägen als um eine konkrete Handlungsanweisung für die Organisationsgestaltung. Bisher wurde es in der Form mit allen beschriebenen Vernetzungen nur in sehr wenigen Unternehmen wie beispielsweise bei General Motors modellhaft umgesetzt (DOWLING, 1975).

(4) Spinnennetzorganisation

Im Gegensatz zum Modell der multiplen Überlappungsstruktur sind Netzwerkmodelle wesentlich weniger komplex strukturiert, da sie vorwiegend auf informeller Kommunikation und Spontankoordination im Unternehmen basieren (SCHREYÖGG, 1999). Hierzu sind Experten oder auch Kompetenzzentren über das gesamte Unternehmen verteilt und miteinander vernetzt. Im Folgenden wird das Spinnennetz (Abbildung 4), das in der unternehmerischen Praxis die meiste Verbreitung findet, als Idealtyp eines Netzwerkes näher erläutert. Die Organisationsform des Spinnennetzes kennt kaum Hierarchien. Die Knoten, die Kompetenzzentren für Produkte, Dienstleistungen oder Technologien sein können, handeln völlig unabhängig voneinander und ohne organisatorische Richtlinien oder formelle Vorgaben vom Management (QUINN, 1992). Sie verfügen über das akkumulierte Wissen der Organisation. Es ist kein Zentrum, wie bei der unendlich flachen Organisation vorhanden, das Wissen wird vielmehr direkt zwischen den einzelnen Knoten ausgetauscht.

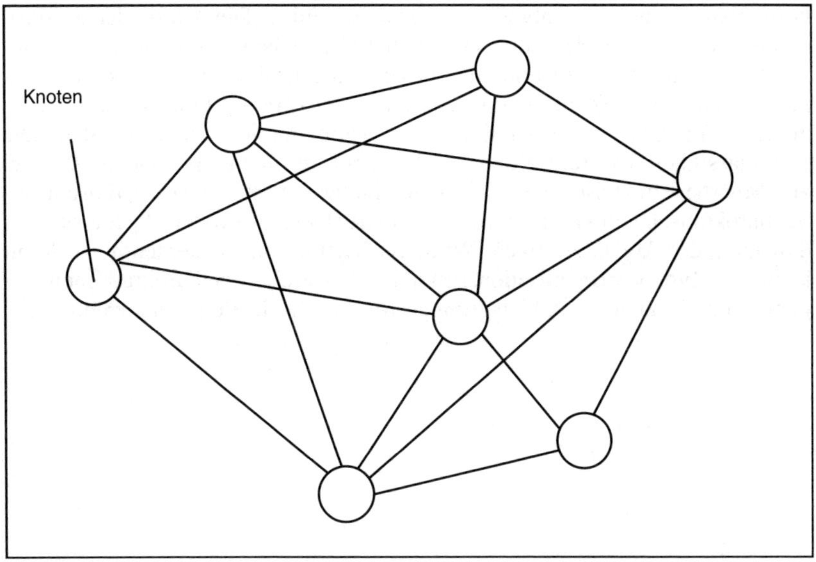

Abb. 4: Spinnennetzorganisation (in Anlehnung an NORTH, 1999, S. 86).

Die Spinnennetzorganisation ist vorwiegend in Großunternehmen bzw. in international agierenden Unternehmen zu finden. Als konkretes Beispiel sei hier MLP als ein Netzwerk von Finanzdienstleistern mit rechtlich selbstständigen, aber wirtschaftlich abhängigen Vermittlern genannt, in dem diese Organisationsform erfolgreich umgesetzt wird (SYDOW & VAN WELL, 1996).

(5) Hypertextorganisation

Die Hypertextorganisation (Abbildung 5) stellt eine Synthese von einer nichthierarchischen selbstorganisierenden Struktur mit einer traditionellen hierarchischen Struktur dar (NONAKA, 1994; NONAKA & TAKEUCHI, 1997). Diese Organisationsform bildet die strukturelle Basis für eine effiziente und beständige Wissensgenerierung im Unternehmen, da die Vorteile der beiden antagonistischen Organisationsstrukturen der Arbeitsgruppe, wie Effizienz und Stabilität, und der Bürokratie, wie Dynamik und Flexibilität, komplementär miteinander verknüpft werden. Für eine solche Struktur verwendet NONAKA (1994) die Metapher des Hypertextes aus der Computerwissenschaft. Ähnlich einem Hypertextdokument existieren bei der Hypertextorganisation verschiedene, miteinander verbundene Schichten, zwischen denen sich die Mitarbeiter frei hin- und herbewegen können.

Die zentrale Ebene der Organisation ist die hierarchisch aufgebaute Geschäftssystem-Ebene, innerhalb der das operative Geschäft erledigt wird. Auf der strategisch ausgerichteten Projektteam-Ebene wird das Wissen generiert, beispielsweise bei der Entwicklung neuer Produkte. Die Mitglieder der Projektteams stammen aus unterschiedlichen Bereichen der Geschäftssystem-Ebene und sind bis zum Ende des Projekts der Projektteam-Ebene zugeordnet. Die einzelnen Teams sind lose miteinander verknüpft und nur durch eine gemeinsame Unternehmenskultur und -vision miteinander verbunden. Die Durchlässigkeit der drei Ebenen und der daraus resultierende ständige Wechsel von Mitarbeitern zwischen den einzelnen Schichten führt trotz der Existenz einer bürokratisch geführten Organisation in der Geschäftssystem-Ebene zu einer dynamischen, kreislaufartigen Wissensschaffung im Unternehmen. Somit kann die Hypertextorganisation sowohl die Vorteile der bürokratischen Organisation als auch der Arbeitsgruppenstruktur gleichzeitig realisieren.

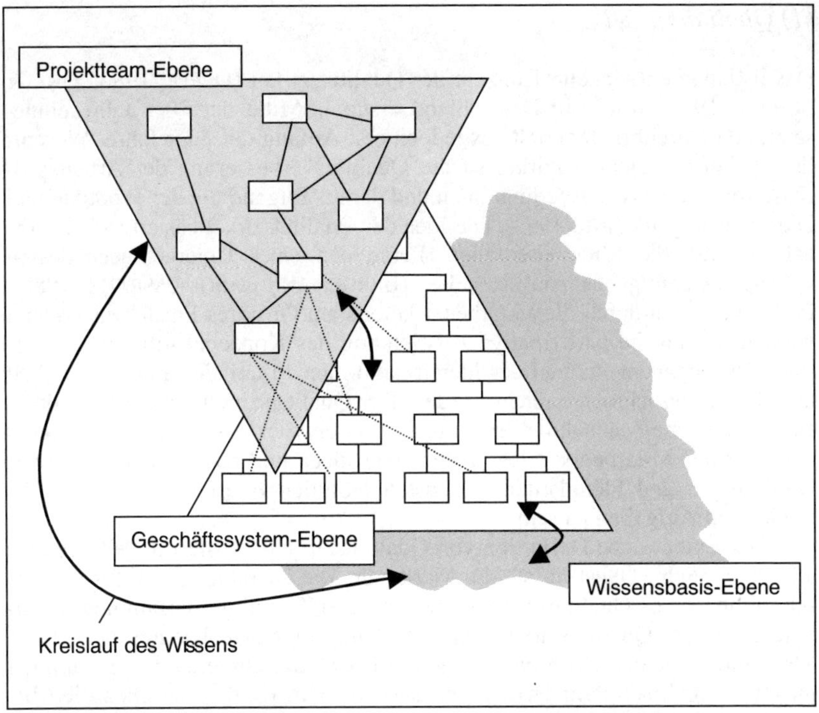

Abb. 5: Hypertextorganisation (in Anlehnung an NONAKA, 1994).

Als erfolgreiches Beispiel der Hypertextorganisation sei hier Sharp erwähnt, wo zwar alle drei Ebenen voll ausgebildet sind, die Mitarbeiter aber nicht zwischen der Geschäftssystem- und Projektteam-Ebene wechseln (NONAKA & TAKEUCHI, 1997).

Sekundäre Organisationsformen

Wenn eine primäre durch eine *sekundäre Organisationsform* ergänzt wird, kann durch die hierarchieübergreifende Zusammenarbeit die Flexibilität erhöht werden. Die sekundäre Organisationsform ersetzt die primäre also nicht. Eine besondere Bedeutung für das organisatorische Lernen und das Wissensmanagement kommt Gruppen und Teams zu. Zu den wissensfördernden Gruppenorganisationsformen zählen dabei vor allem Kleingruppen wie Qualitätszirkel und die Lernstatt, Technology Groups, Projektgruppen, Teams, Netzwerke und Communities, die anschließend näher betrachtet werden. Ihre Bedeutung erhalten sie im vorliegenden Kontext durch ihren Beitrag zur Stärkung einer „Wissensorganisation".

(1) Qualitätszirkel

Das in Japan entwickelte Konzept der Qualitätszirkel (DEPPE, 1986; ZINK & SCHICK, 1987) wurde in Deutschland erstmals Mitte der 70er Jahre eingesetzt, den Durchbruch erzielte es jedoch erst Anfang der 80er Jahre. Wesentliches Ziel der Qualitätszirkel ist die Qualitätsverbesserung der Arbeitsprozesse sowie der Arbeitsbedingungen und daraus folgend die der Produkte und Dienstleistungen (ZINK, 1992). Die Idee der Qualitätszirkel basiert auf der Annahme, dass die Mitarbeiter aller Hierarchien eines Unternehmens dessen wichtigstes Erfolgspotenzial darstellen (BERGEMANN & SOURISSEAUX, 1988). Probleme sollen durch die Mitarbeiter bereits am Ort ihres Entstehens erkannt werden. Durch die partizipative Ausrichtung des Konzepts soll eine Steigerung des Engagements und der Identifikation der Mitarbeiter mit ihrer Arbeit und dem Unternehmen erreicht werden. Der Qualitätszirkel-Ansatz kann demzufolge als eine Maßnahme der Organisationsentwicklung angesehen werden, nach der der Mitarbeiter selbst Träger von Ideen und bisher kaum genutzter Erfahrungen und Fähigkeiten ist, anstatt lediglich Empfänger und Ausführender von Aufgaben zu sein.

Eine einheitliche Definition von Qualitätszirkeln existiert in der Literatur allerdings nicht. DEPPE fasste die Merkmale, die charakteristisch für die Beschreibung eines Qualitätszirkels sind, in einer Definition zusammen. Demzufolge ist ein Qualitätszirkel eine auf Dauer angelegte Kleingruppe, deren Teilnehmer aus derselben hierarchischen Ebene der Unternehmung stammen und sich regelmäßig auf freiwilliger Basis treffen. Hierbei tauschen die Mitglieder sich mit Hilfe eines Moderators über Themen des eigenen Arbeitsbereiches mit den anderen Mitgliedern aus. Zu den einzelnen Problemen werden von den Mitarbeitern selbst konkrete Lösungsvorschläge erarbeitet, im Unternehmen implementiert und Ergebniskontrollen durchgeführt.

Die genannten Merkmale lassen erkennen, dass Wissen in dieser Art von Kleingruppen gemeinsam generiert und anschließend verteilt wird, um dann für die Optimierung der Arbeitsprozesse genutzt werden zu können. Die Ergebnisse der einzelnen Qualitätszirkel werden an die anderen Gruppen im Unternehmen weitergegeben, so dass diese auf bereits entwickelte Lösungsansätze für ähnliche Probleme zurückgreifen können. Qualitätszirkel werden auch als Modell für die Persönlichkeitsentwicklung und unternehmensinterne Weiterbildung angesehen, in denen das soziale Lernen gefördert wird. Durch Gespräche und die Erweiterung der individuellen Wissensbasis können die Mitarbeiter ihre Persönlichkeit entfalten, soziale Denk- und Handlungsmuster ausbauen und dadurch zur Steigerung der Produktivität des Unternehmens beitragen.

(2) Lernstatt

Der Begriff Lernstatt ist eine Wortschöpfung und setzt sich aus den Begriffen Lernen und Werkstatt zusammen (KUNSTEK, 1986). Lernstatt kann somit als ein „Lernen in der Werkstatt" verstanden werden. Um der Vielzahl von Definitionen gerecht zu werden (GEBHARDT & HEITMEYER, 1985; KUNSTEK, 1986; RISCHAR & TITZE, 1998), stellte DEPPE eine zusammenfassende Definition auf. Er umschreibt eine Lernstatt als zeitlich begrenzte Kleingruppe von Arbeitern, deren Treffen genauso wie bei den Qualitätszirkeln regelmäßig und auf freiwilliger Basis stattfindet. Die Treffen finden dabei in der Nähe ihres Arbeitsplatzes statt und absichtlich nicht in einem Schulungsraum. Nur so kann das Arbeitsklima einer Art Werkstatt garantiert werden, so dass sich die Teilnehmer nicht wie in der Schule fühlen. Ähnlich wie bei den Qualitätszirkeln werden die Treffen von Moderatoren geleitet, wobei in dem Falle der Lernstatt sich immer zwei Moderatoren gegenseitig unterstützen.

Das Konzept der Lernstatt wurde Anfang der 70er Jahren in deutschen Betrieben eingeführt, nachdem die Zahl ausländischer Arbeiter drastisch zugenommen hatte und eine fachliche und soziale Integration notwendig erschien. Da Ausländer häufig Verständigungs- und Kommunikationsprobleme haben, sollte ihnen innerhalb einer Lernstatt in Kleingruppen die Möglichkeit geboten werden, ihre Sprachkenntnisse anhand von Gesprächen über betriebliche Themen und Abläufe zu verbessern. So wurde ihnen, neben der reinen Vermittlung der deutschen Sprache, zusätzlich noch betriebliches Fachwissen nähergebracht. Mit dem Wegfall der Notwendigkeit einer Integration vieler ausländischer Mitarbeiter hat sich auch das Lernstatt-Modell geändert, so dass es zu einer freiwilligen Kommunikations- und Problemlösegruppe für alle Arbeiter geworden ist. Die verschiedenen Gruppen beschäftigen sich mit aktuellen betrieblichen Strukturen und Problemen. Die Lernstatt kann daher, ähnlich dem Qualitätszirkel, als eine Form des selbstorganisierten Lernens oder als Modell der Fort- und Weiterbildung angesehen werden, mit dem Ziel, das individuelle Wissen der Teilnehmer durch aktive Informations- und Wissensverteilung zu erweitern (DECKER & DECKER, 1998). Die Gruppe lernt durch die Gespräche. Die Kommunikation und Zusammenarbeit unter den teilnehmenden Mitarbeitern wird verbessert, die Verbundenheit zur eigenen Arbeit gestärkt und die Eigeninitiative jedes Einzelnen geweckt (STROMBACH, 1984). Die Ziele der Lernstatt sind folglich vor allem Weiterbildung, Motivation, Information und Erhöhung des Verantwortungsbewusstseins der Mitarbeiter.

(3) Technology Groups

Technology Groups sind Gruppen, die sich mit neu aufkommenden Technologien beschäftigen und diese auf eventuelle Einsatzmöglichkeiten im Unternehmen überprüfen (REHÄUSER & KRCMAR, 1996). Die daraus folgende schnelle Einsatzfähigkeit einer neuen Technologie kann bei den immer schneller werdenden Innovationszyklen ein entscheidender Wettbewerbsvorteil für das Unternehmen sein. Diese Gruppen beteiligen sich zudem an der Einführung und Umsetzung der neuen Technologien im Unternehmen und sind so in hohem Maße an der Bereitstellung der Wissens-, Informations- und Kommunikationsinfrastruktur beteiligt.

Die Mitglieder der Technology Groups haben eine „Gatekeeper-Stellung" inne, d.h. Kollegen können sich zur Erlangung von Fachinformationen oder Fachwissen an sie wenden, da Gatekeeper ein höheres Informationspotenzial aufweisen als Andere (STAUDT, 1993). Ein Gatekeeper ist dabei als Schlüsselperson bei der Aufnahme und Übergabe fachspezifischer Informationen zu betrachten. Er hält intensive Kontakte zur Unternehmensumwelt und gibt die erlangten Informationen im Unternehmen gefiltert, sortiert und gezielt an die Mitarbeiter weiter.

(4) Projektgruppen

Vor einer Betrachtung von Projektgruppen ist zunächst eine Definition des Begriffs Projekt notwendig. Ein Projekt ist ein einmaliges Vorhaben mit zeitlicher Befristung, bei dem sich die Problemstellungen durch Komplexität, Singularität und originäre Zielsysteme auszeichnen (LEHNER et al., 1991; SCHREYÖGG, 1999). In Projektgruppen werden Vertreter verschiedener Abteilungen und Hierarchieebenen für die Dauer des Projektes zusammengeführt, um sich der Lösung einer meist komplexen und innovativen Fragestellung zu widmen. Organisatorisch bleiben die Mitarbeiter jedoch in ihrer Organisationseinheit eingebunden und kehren nach Projektende dorthin zurück. Die Unternehmensführung setzt die Ziele und auch die Teilnehmer für die Projektgruppen fest, so dass nicht auf jeden Fall von einer freiwilligen Teilnahme ausgegangen werden kann (ANTONI, HOFMANN & BUNGARD, 1996).

Durch die Projektvorgabe arbeiten die Teilnehmer aufgaben- und nicht zwingend themenbezogen. Zudem sind die Mitglieder hinsichtlich ihrer Fähigkeiten und Positionen heterogen, so dass durch das Zusammentreffen unterschiedlicher Funktionsbereiche und Unternehmensebenen eine schnelle, von allen betroffenen Unternehmensbereichen akzeptierte Lösung herbeigeführt werden kann (SCHOEN, 2000). Durch die große Diversität der Teilnehmer ist eine fundierte Ausgangsposition geschaffen, die angesichts der Komplexität der Problemstellungen erforderlich zu sein scheint.

(5) Teams

Die in der unternehmerischen Praxis sehr geläufigen Teams gehören ebenfalls zu den Kleingruppen in einer Organisation. Nach KATZENBACH und SMITH (1993) zeichnen sich Teams dadurch aus, dass die Mitglieder sich für eine gemeinsame Sache, gemeinsame Leistungsziele und einen einheitlichen Arbeitsansatz engagieren. Nicht alle Mitglieder müssen dabei zwangsläufig die gleichen Fähigkeiten besitzen. Es genügt, wenn entweder all jene zur Erfüllung der Teamaufgaben nötigen Fähigkeiten sich in der Gruppe ergänzen oder wenn zumindest ein gewisses Potenzial an Fähigkeiten, das dann im Laufe der Teamarbeit durch die vorhandene Dynamik weiterentwickelt werden kann, vorhanden ist. Schließlich müssen alle Teammitglieder erkennen, dass jeder Einzelne für das Team Verantwortung trägt und nicht ein Teammitglied stellvertretend für alle. So ist bei Teams, genauso wie bei Projektgruppen, eine Kooperation zwischen den Mitgliedern unerlässlich.

KLEINGARN (1997) unterscheidet fünf verschiedene Teamarten als Träger von Lernprozessen in einer lernenden Organisation. Die *Top-Management-Teams* haben als Hauptaufgabe die gesamte Gestaltung und Lenkung der lernenden Organisation. Die *Prozessteams* sind für die operative Bearbeitung ganzheitlicher Teilprozesse zuständig. *Serviceteams* unterstützen andere Teams bei spezifischen Anfragen, *Problemlösungsteams* sind verantwortlich für die Bearbeitung komplexer Problemlösungen. Schließlich stellen *Betreuerteams* den Wissenstransfer im Unternehmen sicher, indem sie die Kommunikation zwischen den einzelnen Teams und den Kontakt zwischen den Teams und der Führung des Unternehmens optimieren. Durch die gemeinsame Zielvorgabe und die große Diversität von Fähigkeiten wird das Wissen aller Teammitglieder aus den verschiedenen Wissensgebieten identifiziert und gebündelt. Ein effektiver Wissensaustausch unter den Mitgliedern ist sowohl durch den gemeinsamen Arbeitsansatz als auch durch die gemeinsame Verantwortlichkeit garantiert.

(6) Soziale Netzwerke

CHARAN (1991) beschreibt die Idee des Netzwerkes sehr anschaulich als „small company inside the large company". Netzwerke überwinden die durch die Hierarchie gegebenen Grenzen. Sie sind völlig abteilungs- und bereichsübergreifend und richten sich nicht nach einem Organigramm (WIEMANN, 1998). Im Netzwerk selbst existiert keine Hierarchie, es gibt weder Über- noch Unterordnungsverhältnisse. Auch die Grenzen des Netzwerkes sind eher fließend und weder plan- noch steuerbar.

Soziale Netzwerke etablieren sich ohne äußeren Einfluss von selbst und können sich ebenso schnell wieder auflösen, wie sie entstanden sind. Die Selbststeuerung der Netzwerke funktioniert nach Kriterien, die sich aus dem gemeinsamen Basisinteresse der Mitglieder, ihren persönlichen Beziehungen und dem gegenseitigen Leistungsaustausch ergeben (BOOS, EXNER & HEITGER, 1994). Die Gegenseitigkeit ist eines der Kernelemente eines Netzwerkes. Wenn nicht alle Beteiligten in gleichem Maße geben und nehmen, kann ein Netzwerk auch nicht auf Dauer bestehen bleiben. Die Freiwilligkeit der Teilnahme lässt ein geeignetes Klima des Vertrauens, der Aufrichtigkeit und Offenheit entstehen (CHARAN, 1991). Soziale Netzwerke sind zeitlich unbegrenzt und zeichnen sich durch eine starke Identifikation der Mitglieder sowohl mit dem Netzwerk als auch untereinander aus. Hierfür ist eine ständige Kommunikation zwischen den Teilnehmern, sei es virtueller oder physischer Art, notwendig.

KRACKHARDT und HANSON (1993) unterscheiden drei Typen von informellen, sozialen Beziehungsnetzen, die gleichzeitig drei wichtige Ziele der Netzwerke widerspiegeln. Im *Beratungsnetz* stehen Mitarbeiter zum Austausch von fachlichem Wissen untereinander in Beziehung. Das *Vertrauensnetz* umfasst ein Netzwerk von Unternehmensmitgliedern, deren Beziehungen fast ausschließlich auf einer persönlichen Vertrauensbasis beruhen, so dass auch die Mitarbeiter sich gegenseitig Vertrauen schenken und miteinander auch sehr problematische oder heikle Fragestellungen besprechen. Das *Kommunikationsnetz* umfasst die Beziehungen all jener Mitarbeiter, die regelmäßig in Kontakt miteinander stehen und sich dabei über arbeitsbezogene Probleme austauschen.

Die genannten Merkmale des sozialen Netzwerkes lassen erkennen, dass die Mitarbeiter ihr Wissen auf informelle Art und Weise im Netzwerk identifizieren, generieren sowie austauschen können (NORTH, 1999; WIEMANN, 1998).

(7) Communities

Zu den informellen Gruppen einer Unternehmung zählen schließlich noch die Communities. Dieser Begriff hat sich in der deutschsprachigen Literatur als Fachbegriff gegen die Übersetzung „Gemeinschaft“ durchgesetzt. Unter den Communities haben in der Wirtschaft die sogenannten Communities of Practice als wissensfördernde Organisationsformen eine besondere Bedeutung erlangt. Auf diese wird in den weiteren Ausführungen nach einer kurzen Darstellung des Community-Begriffs näher eingegangen.

Community of Practice (CoP)

Community-Begriff und Eigenschaften Virtueller Gemeinschaften

Der Community-Begriff wird von der Soziologie mit sehr unterschiedlichen Bedeutungen belegt. Das primäre Kriterium ist meist das gemeinsame Interesse der Mitglieder im Sinne einer Interessensgemeinschaft. Bei Geschäftsgemeinschaften versteht man darunter aber auch den Zusammenschluss von Personen mit komplementären Bedürfnissen oder Interessen (z.B. Kunden und Anbieter). Generell finden sich in den Definitionen aber folgende gemeinsame Basiskonzepte:

- Die Gemeinschaften beziehen sich auf Menschen,
- es gibt soziale Interaktionen zwischen den Mitgliedern,
- und sie fördern gemeinsame Bindungen.

Der Gemeinschaftsbegriff an sich ist dynamisch und wandelt sich natürlich auch mit der fortschreitenden Entwicklung einer Gesellschaft. Kritisch wird dabei angemerkt, dass das Streben nach Gleichheit innerhalb der Gesellschaft immer stärker von der Förderung des Individualismus abgelöst wurde. Die Betonung der Unabhängigkeit von Individuen kann natürlich nicht ohne Auswirkungen auf Gemeinschaften bleiben. Dadurch werden Probleme geschaffen, die sich auch bei Virtuellen Gemeinschaften fortsetzen. Eine Gemeinschaft erfordert nämlich immer ein gewisses Mindestmaß an Altruismus und „Gemeinschaftssinn“ im traditionellen Sinn. Gemeinschaften sind also komplexe soziale Gebilde, die auch über ein geteiltes Werte- und Symbolsystem verfügen. Die Entwicklung und Aufrechterhaltung einer Gemeinschaft erfordert eine permanente Anstrengung und die Orientierung an Zielen oder sozialen Bedürfnissen. Gemeinschaften übernehmen in der Gesellschaft eine Reihe sozialer Funktionen und erzeugen auch ein entsprechendes Identitätsgefühl. Etwas vereinfacht können drei Arten von Gemeinschaften unterschieden werden:

- Gemeinschaften durch geographische Zugehörigkeit
- Interessensgemeinschaften
- Gemeinschaften, die sich durch ein Gemeinschaftsgefühl (Identität) definieren

Durch die dynamische Entwicklung im Umfeld des Internets gewinnen sogenannte Virtuelle Gemeinschaften oder auch Online-Communities zunehmende Bedeutung. In der Literatur findet man eine Vielzahl von Definitionen für diese neue Art von Gemeinschaften. Üblich sind in diesem Zusammenhang neben Virtueller Gemeinschaft auch Bezeichnungen wie Internet-, Online-, Web- und Net-Community, die im Allgemeinen synonym verwendet werden. Allerdings werden diese Begriffe nicht nur für Gemeinschaften im Sinne von Tripod (www.tripod.de) oder Fortunecity (www.fortunecity.de) sondern auch für die riesige Gemeinschaft der Internetbenutzer an sich verwendet. FIGALLO (1998) nennt zur Charakterisierung von Virtuellen Gemeinschaften (auch als Virtual Communities oder abgekürzt VCs bezeichnet) vier Attribute:

- Zugehörigkeitsgefühl zu einer größeren sozialen Einheit (also einer Gemeinschaft),
- Netz von Beziehungen zwischen den Mitgliedern,
- Informationsaustausch zwischen den Mitgliedern sowie
- gemeinsame Historie der Mitglieder.

Dies entspricht den üblichen soziologischen Definitionen einer Gemeinschaft. Diese Attribute bewirken, dass die Loyalität der Gruppe gestärkt wird und die Mitglieder deshalb in regelmäßigen Abständen wiederkommen, weil sie eine Gegenleistung erhalten (z.B. Informationen, Meinungen und auch entgegengebrachte Gefühle).

Während einige Autoren den Begriff „Virtual Community“ auf starke persönliche Bindungen zwischen den Mitgliedern einer Gruppe beschränken wollen, wird er aber inzwischen viel mehr für kommerziell orientierte Gemeinschaften benutzt. Eine bekannte betriebswirtschaftlich orientierte Definition stammt von HAGEL und ARMSTRONG (1997). Diese beiden Autoren gehen in Übereinstimmung mit der soziologischen Auffassung des Gemeinschaftsbegriffs von einer Kommunikationsplattform für Netzwerkbenutzer mit gleichen oder ähnlichen Interessensschwerpunkten aus. Allerdings sind darüber hinaus noch fünf weitere charakteristische Merkmale erforderlich:

- *Spezifischer Interessenschwerpunkt.* Dieser dient dazu, dem Mitglied bzw. Benutzer die Orientierung zu erleichtern (z.B.: Welche Informationsquellen stehen zur Verfügung?). Die Ausrichtung kann geographisch, demographisch, topologisch usw. erfolgen.
- *Integration von Inhalt und Kommunikation.* Im Idealfall sollte die Community den Mitgliedern die Möglichkeit bieten, über den zur Verfügung gestellten Content zu diskutieren, Anmerkungen zu machen und Fragen zu stellen, um dadurch selbst Content zu erzeugen. Im Allgemeinen geschieht dies über Messageboards, Foren, E-Mail, Polls und Chats.
- *Verwendung von mitgliedergenerierten Inhalten.* Es wird den Mitgliedern die Möglichkeit geboten, ihre Erfahrungen zusammenzuführen und auszutauschen und dadurch den Stand der Information zu maximieren. Damit wird auch erreicht, dass in der Virtual Community eine Historie und die Möglichkeit für eine emotionale Bindung entstehen.
- *Zugang zur Konkurrenz: Die Attraktivität wächst mit steigendem Angebot.* Der Markt wird transparenter, die Konsumenten fühlen sich gut informiert und versorgt.
- *Kommerzielle Orientierung.* Ohne Aussichten auf einen Gewinn stehen die nötigen Ressourcen zur Erzeugung einer kritischen Masse an Besuchern meist nicht zur Verfügung, so dass die Entwicklung gehemmt wird.

Inzwischen existiert eine fast unüberschaubare Anzahl Virtueller Gemeinschaften. Die Kategorisierung ist dabei alles andere als einfach. Beim Versuch einer solchen Ordnung unterscheidet SCHUBERT (1999) folgende Typen von Virtual Communities, die durchaus mit den Kategorien vergleichbar sind, die aus der Soziologie bekannt sind:

- Interessensgemeinschaften (Communities of Interest)
- Hobbygemeinschaften
- Beziehungsgemeinschaften (Communities of Relationship)
- Phantasie- und Spielegemeinschaften (Communities of Fantasy)
- Geschäftsgemeinschaften (Business Communities)
- Handels- und Transaktionsgemeinschaften

Virtuelle Gemeinschaften waren ursprünglich völlig losgelöst von realen Gemeinschaften. Mit der zunehmenden Verbreitung des Internets und der Durchdringung aller gesellschaftlichen Schichten kommt es jedoch zu einer zunehmenden Annäherung und Überschneidung. So finden sich inzwischen auch Virtual Communities für Zielgruppen wie Senioren, Frauen, Softwareentwickler oder andere berufliche Interessensverbände und viele weitere Bereiche. Überlegungen und Erfahrungen zur erfolgreichen Entwicklung von Communities finden sich u.a. bei ANDREWS (2002). Eine besonders wichtige Kategorie, die meist den hybriden Charakter einer realen und Virtuellen Gemeinschaft aufweist, ist die sogenannte Community of Practice, auf die nachfolgend näher eingegangen wird.

Communities of Practice und das Konzept der legitimen peripheren Partizipation

Das Konzept der Communities of Practice (CoPs) ist keine Erfindung des Wissenszeitalters, sondern beruht auf der grundlegenden Erkenntnis der Vorteilhaftigkeit der Wissensvermittlung und -weitergabe in sozialen Gruppen. Im Zuge der zunehmenden Bedeutung des Wissensmanagements für die unternehmerische Praxis hat das Konzept der CoPs allerdings einen bemerkenswerten Aufschwung erhalten. Der Begriff Community of Practice wird sehr unterschiedlich ins Deutsche übersetzt. Mit den Begriffen Wissensgemeinschaft, Praktikergemeinschaft, Zweckgemeinschaft und Gemeinschaft von Praktikern sei an dieser Stelle exemplarisch auf die Vielfalt der Übersetzungen hingewiesen. Mangels einer einheitlichen Bezeichnung wird hier aber der allgemein akzeptierte englische Terminus Community of Practice verwendet.

Als „Vorbild" für die CoPs wird in der Literatur häufig auf das Zunftwesen der Handwerker im Mittelalter verwiesen (SNYDER, 1999; WENGER & SNYDER, 2000). Gleich den Zünften im Mittelalter, in denen das Wissen vom Meister an den Lehrling weitergegeben wurde, existieren CoPs in einem gemeinsamen Fachgebiet, in dem Wissen ausgetauscht wird. Der Begriff Community of Practice wurde von LAVE und WENGER (1991) in Studien über die Beziehungen zwischen Lehrling und Meister sowie über die allgemeinen situierten Lernprozesse während einer Ausbildung geprägt und 1991 erstmals verwendet. LAVE und WENGER kommen hierbei zu dem Ergebnis, dass nicht nur die Beziehung zwischen Meister und Lehrling, sondern auch diejenige zwischen neuen Lehrlingen und bereits weiter ausgebildeten Lehrlingen oder Gesellen für den Lernprozess bedeutsam ist. Durch regelmäßige Kommunikation mit Gleichgesinnten lernt der Lehrling oftmals mehr und vor allem schneller als in einem formellen Gespräch mit dem Meister. Die Gruppe der Lehrlinge, Gesellen und Meister wird von LAVE und WENGER als eine CoP bezeichnet, in der das soziale Lernen eine entscheidende Rolle spielt.

Das ursprünglich auf dem spezifischen Verhältnis zwischen Meister und Lehrling aufgebaute Konzept ist natürlich auch auf Umgebungen übertragbar, in denen keine hierarchisch aufgebaute Lehrsituation vorhanden ist. In jeder sozialen Gruppe, auch außerhalb der Arbeitswelt, gibt es Novizen (oder Newcomer), denen die Rolle des Lehrlings zukommt, und Experten (oder Oldtimer), die jene des Meisters übernehmen. Der Prozess des situierten Lernens beruht nach LAVE und WENGER auf dem *Konzept der legitimen peripheren Partizipation.* Der Novize nimmt in einer Gruppe, aufgrund mangelnder fachlicher Kenntnisse, zunächst eine Position im Randbereich ein und beteiligt sich durch eng begrenzte Tätigkeiten an Teilbereichen der gemeinsamen Praxis. Von dieser Randposition bewegt er sich im Laufe der Zeit, durch situiertes Lernen und durch Aufnehmen von implizitem Wissen der Experten, in den Kern der Gruppe hinein und entwickelt sich somit schrittweise zum vollen Mitglied der Gruppe. Der Positionswandel einer Person von der Stufe der peripheren Partizipation hin zu einer Vollmitgliedschaft ist damit vollzogen. STEWART und BROWN (1996) bezeichnen die CoPs daher auch als „Produktionsstätte menschlichen Kapitals".

Obwohl das Konzept von CoPs mittlerweile in Theorie und Praxis weit verbreitet ist, existiert keine einheitliche Definition. Die Anfänge einer definitorischen Beschreibung von CoPs im heute üblichen Sinne sind in einer Studie von ORR (1986) über die Techniker-Gruppen des amerikanischen Kopiergeräteherstellers Xerox festzumachen. In den untersuchten Gruppen ergänzten die Techniker ihr im offiziellen Training erworbenes Wissen durch Erfahrungen des Alltags, die sie mit ihren Kollegen im informellen Gespräch austauschten. Das Austauschen von Geschehnissen in informellen Zusammenkünften sowie Zusammenarbeit und Improvisation wurden als Schlüsselfaktoren für das Lernen und den Aufbau von Wissen innerhalb der Techniker-Gruppen beobachtet.

Allgemein betrachtet können sich CoPs überall dort bilden, wo Personen eng zusammenarbeiten. Eine CoP ist eine informelle Gruppe von Personen, die sich freiwillig, aufgrund eines gemeinsamen Interesses oder zur Erreichung eines gemeinschaftliches Ziels, zusammengeschlossen haben, um sich durch Identifikation, Generierung und Austausch von Wissen sowie durch die damit verbundenen Aspekte des Lernens bei der Lösung von Problemen gegenseitig zu unterstützen. BOTKIN (2000) fasst den Begriff der CoP eng, indem er darunter lediglich die in jedem Unternehmen existierenden informellen und teilweise sogar unsichtbaren Gemeinschaften versteht, die bei eventuell auftretenden Problemen nicht zur Rechenschaft gezogen werden können. Dem setzt BOTKIN den Begriff der Knowledge Communities als Bezeichnung für Gruppen von Menschen, die gemeinsam neues Wissen schaffen, teilen und nutzen wollen, gegenüber. Diese werden bewusst gegründet und sind für das gesamte Unternehmen sichtbar. Unabhängig von diesen definitorischen Auseinandersetzungen sollen nachfolgend wesentliche und charakteristische Eigenschaften näher diskutiert werden.

Zu CoPs schließen sich Personen aus verschiedenen Organisationseinheiten und Standorten eines Unternehmens zusammen, die ein gemeinsames Ziel, eine gemeinsame Tätigkeit oder ein gemeinsames Interesse an einem Wissensgebiet verfolgen. Die Mitglieder einer solchen CoP können entweder die gleiche Arbeit verrichten, an einer gemeinsamen Aufgabe zusammenarbeiten oder ein gemeinsames Produkt entwickeln (BROWN & GRAY, 1995). Die Mitglieder von CoPs werden nicht vom Management bestimmt; stattdessen handelt es sich um einen vollkommen freiwilligen Zusammenschluss von Personen, wodurch die nötige Motivation zur Teilnahme und gemeinsamen Arbeit unter den Mitgliedern sichergestellt ist (MANASCO, 2000).

Ebenfalls charakteristisch für CoPs ist die Informalität und die persönliche Basis der Beziehungen der Mitglieder. In einer solchen Gruppe sind daher die informellen Beziehungen wesentlich zahlreicher und bedeutender als die formellen Kontakte, weil sie sich auf bestehende soziale Verbindungen gründen, die einen leichten Aufbau ermöglichen. Unterstützt wird die Informalität durch das notwendige Vertrauen unter den Mitgliedern. Der Begriff *practice* lässt erkennen, dass sich die Mitglieder einer CoP mit ihrer gemeinsamen Tätigkeit identifizieren. Die teilnehmenden Personen lernen auf einfache Art und Weise voneinander und sind dadurch in der Lage, sich bei Problemen gegenseitig zu helfen. Dafür sind eine regelmäßige und persönliche Interaktion und großes Engagement der Mitglieder zwingende Voraussetzung (BROWN & DUGUID, 1998; SNYDER, 1997).

Die Grenzen von CoPs stimmen nicht mit den geographischen, räumlichen oder funktionalen Grenzen in Organisationen überein, sondern eher mit denen personenbasierter Netzwerke. CoPs ersetzen keine anderen primären oder sekundären Organisationsformen, sondern werden lediglich zu deren Ergänzung gebildet (WENGER, 1998). Sie haben daher im Unternehmen eine Querschnittsfunktion inne und können als ein „shadow network" verstanden werden (MANASCO, 2000). In einer Unternehmung können daher zeitgleich mehrere CoPs existieren, die sich überlappen und ineinander übergehen (BROWN & GRAY, 1995). CoPs werden sowohl in populärwissenschaftlichen Publikationen als auch von Praktikern häufig mit anderen Gruppenorganisationsformen, insbesondere den Projektgruppen und den sozialen Netzwerken, gleichgesetzt. Es bestehen dennoch wesentliche Unterschiede zwischen diesen drei Gruppenformen. CoPs sind, im Gegensatz zu Projektgruppen, die zur Erfüllung einer speziellen Aufgabe einberufen werden und in denen somit die Aufgabenorientierung im Vordergrund steht, *themenorientiert*. In CoPs sind die Sammlung und der *Austausch von Wissen* sowie das *gegenseitige Lernen* entscheidend. Bei sozialen Netzwerken hingegen sind die Ziele wesentlich unklarer gesteckt; die Mitglieder beraten sich lediglich bei aktuellen Fragestellungen.

Beim Vergleich mit anderen Gruppenorganisationsformen hinsichtlich der Mitgliederauswahl und der Art des Zusammenhalts zeigt sich, dass der Grad der Formalität bedeutend ist. In CoPs organisieren sich die Mitglieder selbst. Persönliche Präferenzen und Engagement sind für eine Mitgliedschaft in einer CoP entscheidend (ALLEE, 2000; WENGER & SNYDER, 2000). Durch die Informalität einer CoP kann sich der Mitgliederkreis kurzfristig ändern und die CoP sich häufig neu formieren. Die Mitglieder von Projektgruppen hingegen werden vom Management ausgewählt und werden durch die zu erreichenden Projektziele zusammengehalten. Die Gruppe selbst kann keine Mitglieder bestimmen. In Netzwerken ist der Zusammenschluss der Mitglieder noch informeller und loser als derjenige der CoPs. Ein Kriterium der Auswahl und des Zusammenhalts der Mitglieder ist lediglich das gemeinsame Basisinteresse sowie die wechselseitigen Bedürfnisse (Abbildung 6).

	Ziele	Mitgliederauswahl	Art des Zusammenhalts der Mitglieder	Dauer der Zusammenarbeit
CoPs	Entwicklung der Fähigkeiten der Mitglieder Sammlung und Austausch von Wissen gemeinsames Lernen gegenseitige Hilfe und Unterstützung	Selbstbestimmung der Mitglieder persönliches Engagement steht im Vordergrund	Begeisterung Engagement gemeinsames Interesse oder gemeinsame Tätigkeit Identifikation mit der Gruppe	bis das Interesse der Mitglieder an der Zusammenarbeit wegfällt
Projektgruppen	Erfüllung einer speziellen Aufgabe	Ernennung der Mitglieder vom Management bzw. vom Projektleiter	Projektziele	bis das Projekt abgeschlossen oder die gemeinsame Aufgabe erfüllt ist
Soziale Netzwerke	Beratung und Austausch von Lösungen bei konkreten Problemen	loser Zusammenschluss von Mitarbeitern aufgrund eines gemeinsamen Basisinteresses	allgemeine, wechselseitige Bedürfnisse	bis die Mitglieder in dem Kontakt keinen Vorteil mehr sehen

Abb. 6: Abgrenzung von Communities of Practice zu anderen Gruppenformen (in Anlehnung an WENGER & SNYDER, 2000, S. 142)

Die Mitgliederanzahl von CoPs kann sehr variabel sein. Je nach Themengebiet und Kommunikationsart können sie von nur einigen wenigen Mitgliedern bis hin zu mehreren hundert reichen. Je größer eine CoP ist, desto wichtiger wird eine konkrete inhaltliche Abgrenzung und Ausgestaltung, da die Arbeit einer CoP ansonsten nicht effektiv und zielgerichtet durchgeführt werden kann (BOROWSKI, 2000). BROWN und GRAY (1995) schlagen aus diesem Grund als sinnvolle Größe einer CoP maximal 50 Personen vor, damit eine intensive Interaktion überhaupt noch möglich bleibt. Auch hinsichtlich der geographischen Herkunft ihrer Mitglieder können CoPs stark variieren (BOROWSKI, 2000). So können die Mitglieder sowohl von einem einzigen Organisationsstandort als auch aus unterschiedlichen Regionen, Ländern oder Kontinenten stammen. Bei weltweiten CoPs, bei denen regelmäßige persönliche Treffen nicht möglich sind, kommt der eingesetzten IuK-Technologie eine besondere Bedeutung zu. Hier kommt es somit zu einer Überlappung der Community-Idee mit dem Ansatz der Virtuellen Gemeinschaft.

Gerade bei CoPs mit einer großen Mitgliederzahl bilden sich Untergruppen für kleinere Teil- oder Randgebiete des Tätigkeitsbereichs. Diese Untergruppen können sich sowohl thematisch als auch personell überschneiden, so dass einige Personen Mitglieder mehrerer Untergruppen sein können. Zudem bildet sich in der Regel in der Gesamt-CoP eine kleine Kerngruppe mit etwa 5-20 Mitgliedern, die im Wesentlichen die Gestaltung der CoP prägt und vorantreibt und der dominanten Koalition in Organisationen vergleichbar ist. Die Mitglieder dieser Kerngruppe investieren daher auch die meiste Zeit in die Arbeit der Community. Natürlich kann eine CoP auch auf Community-externe Wissensträger zurückgreifen, die nicht zwingend Unternehmensangehörige sein müssen. Diese stehen in direktem persönlichen Kontakt mit einem aktiven oder passiven Mitglied und geben über diese Kontaktperson ihr spezifisches Wissen an die CoP weiter.

Bei der Aktivität von CoPs sind unterschiedliche Rollen zu beobachten (SCHOEN, 1999a, 1999b, 2000). In jeder CoP gibt es einen frei bestimmten Moderator, der eine der bedeutendsten Rollen in der CoP innehat. Er übernimmt die Organisation der Community-Struktur und bestimmt die Ziele, die mit der CoP erreicht werden sollen. Zudem kümmert er sich um die Bereitstellung notwendiger Ressourcen und ist für die Organisation der Veranstaltungen einer CoP zuständig. Unterstützung kann er in seiner Arbeit von einem oder mehreren CoP-Assistenten erhalten. Diese übernehmen dann sowohl die Verwaltung der CoP als auch die Sammlung, Klassifizierung, Bewertung und Weitergabe des Wissens an die übrigen Mitglieder. Die CoP-Assistenten haben die Funktion von Kontaktpersonen, an die sich die anderen Mitglieder bei inhaltlichen, organisatorischen oder technischen Fragen wenden können. Auch in den einzelnen Untergruppen können Moderatoren bestimmt werden, die dann dem Moderator der Gesamt-CoP vergleichbare Funktionen ausüben. Sogenannte Themenexperten verfügen über ein fundiertes Fachwissen in einem bestimmten Themenbereich und sind für die Wissensidentifizierung und -bewertung in der CoP zuständig. Wie stark sie sich in die CoP einbringen und an Entscheidungen mitwirken, hängt dabei von jedem Einzelnen ab. Die Rolle des „Boundary-Spanners“ entsteht durch die Mehrfachzugehörigkeit eines Mitglieds zu verschiedenen Gruppen innerhalb der Organisation. In Abhängigkeit von seiner Zugehörigkeit übernimmt er die Rolle eines Vermittlers zwischen den einzelnen Untergruppen einer CoP, zwischen verschiedenen CoPs oder auch zwischen einer CoP und externen Personen. Der Boundary-Spanner verbessert somit den Wissenserwerb und -transfer zwischen verschieden CoP-internen Gruppen sowie von CoP-externen Quellen.

Das Beispiel Xerox

CoPs sind bereits in vielen großen Unternehmungen etabliert. Zu den Unternehmen, die mit der Etablierung von CoPs am weitesten fortgeschritten sind, zählen Anderson Consulting, American Management Systems, British Petroleum, Buckman Laboratories, DaimlerChrysler, Ford, McKinsey & Company, Monsanto, National Semiconductor, Shell Oil, Siemens und Xerox (HENSCHEL, 2001; SCHOEN, 2000; SNYDER, 1999; WENGER & SNYDER, 2000). Im Folgenden wird die praktische Umsetzung einer CoP am Beispiel der Techniker-Gruppen der Firma Xerox aufgezeigt (BROWN & DUGUID, 1998, 2000).

Xerox ist ein Unternehmen mit besonders vielen Technikern im Außendienst, deren Arbeit in der Wartung und Reparatur von Kopiergeräten der

Kunden vor Ort besteht. Kundenbesuche müssen die Techniker meistens ohne Kollegen vornehmen; sie sind daher völlig auf sich allein gestellt. Sie führen für die Fehlerbehebung zwar stets Handbücher und umfangreiches Dokumentationsmaterial mit sich, dieses reicht allerdings in den meisten Fällen zur Problemlösung nicht aus.

Die einzelnen Techniker greifen bei unlösbaren Problemen auf die Erfahrungen ihrer Kollegen zurück. Obwohl die Techniker fast die gesamte Arbeitszeit bei den Kunden vor Ort verbringen, versuchen sie sich so oft wie möglich in ihren Pausen zu treffen. So verabreden sie sich zu einem gemeinsamen Frühstück, zur Kaffeepause oder zum Mittagessen und nehmen dafür teilweise lange Anreisewege in Kauf. Dort diskutieren sie zwanglos über neue Probleme, tauschen Lösungen aus und erzählen sich gegenseitig Anekdoten über Erfahrungen mit speziellen Kunden oder problematische Produkte. Im Laufe ihrer zahlreichen Zusammenkünfte bauen sie durch den persönlichen Austausch einen gemeinsamen Bestand an praktischen Erkenntnissen und Wissen und somit eine kollektive Wissensbasis auf. In einigen Fällen treffen sich die Techniker auch direkt beim Kunden, um gemeinsam eine Reparatur bei besonders komplizierten Problemen durchzuführen. Durch Improvisation und Experimentierfreudigkeit kommen sie somit meist zu einer erfolgreichen Lösung.

Als Erweiterung dieser informellen Treffen wurde versucht, ein Werkzeug zu finden, um den Technikern die weiten Wege zu ihren persönlichen Treffen und dem dort stattfindenden Wissensaustausch zu ersparen. Hierzu wurde in einem ersten Versuch der sogenannte „Knowledge Channel“ eingeführt, den die Techniker über eine Radiofrequenz empfangen konnten. Mittels Zweiwege-Kopfhörer konnten sie über diesen Knowledge Channel mit anderen Technikern Probleme austauschen, denjenigen direkt Fragen stellen, die über das gerade benötigte Fachwissen verfügen oder auch einfach nur anderen Konversationen zuhören. Für den direkten Wissensaustausch war der Knowledge Channel zwar ein sehr hilfreiches Instrument, sein Nachteil bestand allerdings in der Flüchtigkeit des dort entstehenden Wissens, das mangels Archivierung zu späteren Zeitpunkten nicht mehr zugänglich war. Aus den Erkenntnissen dieses Experiments wurde der Knowledge Channel daraufhin durch die sogenannte Eureka-Datenbank ersetzt.

Die Eureka-Datenbank enthält Empfehlungen oder Tipps von Technikern. Mit Hilfe ihrer Laptops können alle Techniker auf in dieser Datenbank enthaltenes Wissen zurückgreifen. Durch Einwahl in das Internet kann die online-verfügbare Datenbank auf den Laptops der Techniker aktualisiert werden. Da die Tipps erst nach einer ausführlichen Prüfung durch örtliche Prüfer und Konstrukteure, unter Beteiligung der jeweiligen Techniker, in die Datenbank aufgenommen werden, ist gewährleistet, dass sich weder unverständliche noch redundante Empfehlungen in der Datenbank befinden. Das Eureka-Projekt ist eine Art elektronische Version des im Knowledge Channel kommunizierten Wissens, mit den Vorteilen einer Expertenbewertung, eines institutionellen Gedächtnisses, einer benutzerfreundlichen Suchmaschine und einer standort- und zeitunabhängigen Verfügbarkeit. Aufgrund oben skizzierter Merkmale können die Techniker-Gruppen von Xerox als eine idealtypische Realisierung einer CoP bezeichnet werden.

Nutzen und Erfolgsfaktoren von CoPs

Der konkrete Nutzen, der sich aus der Existenz von CoPs im Unternehmen für die einzelnen Mitarbeiter sowie für das gesamte Unternehmen ergibt, ist nur schwer messbar (MILLEN, FONTAINE & MULLER, 2002). Es lassen sich jedoch einige durch CoPs hervorgerufene Nutzenpotenziale beobachten. Die im Folgenden vorgestellten Nutzenpotenziale stammen sowohl aus Beobachtungen von WENGER und SNYDER (2000) als auch von NORTH, ROMHARDT und PROBST (2000) sowie aus einer vom IBM Institute for Knowledge Management, Lotus Research und der Boston University durchgeführten Studie, die von LESSER und EVEREST (2001) zusammengefasst wurde.

– *Offenlegung von Wissensbeständen und Wissensdefiziten.* Durch den intensiven Gebrauch von Repository-Systemen (wie Data Warehouses oder On-Line Datenbanken), in denen Wissen z.B. in Form von Best Practices oder Präsentationen gespeichert werden kann, ist das schnelle Wiederauffinden von in CoPs angesammeltem und generiertem Wissen garantiert. Außerdem können durch das Nichtauffinden gesuchter Informationen eventuelle Wissensdefizite aufgedeckt werden. Durch die regelmäßige Einspeisung von Wissen in Repository-Systeme in der Community sind sowohl Aktualität als auch der tatsächliche Nutzen dieser Systeme sichergestellt.
– *Vergrößerung der organisationalen und der individuellen Wissensbasis der Mitarbeiter.* Wie bereits mehrfach erwähnt, wird in einer CoP Wissen generiert, ausgetauscht und gespeichert, wodurch sich die organisationale Wissensbasis des Unternehmens kontinuierlich vergrößert. Die einzelnen Mitglieder gewinnen durch ihre Mitarbeit an der CoP sowohl einen Überblick über die vorhandenen Wissensbestände als auch wertvolle Kontakte und Zugang zum Wissen Anderer, wodurch sich ihr individueller Wissensstand erhöht. Das ständige Geben und Nehmen von Wissen in der Community fördert die Weitergabe und den Austausch auch außerhalb der Gemeinschaft. Nicht-Community-Mitglieder können von CoP-Mitgliedern schnell benötigte Informationen und Wissen erhalten, da sie die spezifischen Wissensträger innerhalb der CoP leicht identifizieren können.
– *Schnellere Beantwortung von Kundenanfragen und schnellere Problemlösungen.* Mit Hilfe kompletter und umfangreicher Mitgliederverzeichnisse der CoP-Mitglieder wird garantiert, dass die richtigen Ansprechpartner bei Kundenanfragen oder speziellen Problemen, die im Interessen- oder Themengebiet der CoP liegen, in Kürze gefunden werden kön-

nen, was besonders in großen und international agierenden Unternehmen häufig ein Problem darstellt. Die Transparenz des Wissens wird zudem durch die regelmäßige Interaktion, sei es in persönlichen Treffen oder sei es auf virtueller Ebene, erhöht und kann somit zeit- und damit kostensparend wirken. Die Synergieeffekte durch den Wiedergebrauch bereits vorhandenen Wissens für ähnliche Problemstellungen führen ebenfalls zu erheblichen Kosteneinsparungen. Da auf die in CoPs generierten und existierenden Wissensbestände zurückgegriffen werden kann, muss das „Rad nicht immer neu erfunden" werden. Schätzungen zufolge konnte Xerox beispielsweise mit der Eureka-Datenbank bis zum Jahr 2000 mehr als 100 Millionen Dollar an Arbeitskosten und Ersatzteilen sparen.
- *Verkürzung der Lernkurve für neue Mitarbeiter.* In Unternehmen ist es äußerst wichtig, neue Mitarbeiter schnell zu integrieren, damit sie möglichst rasch ihre Arbeit in vollem Maße ausüben und somit frühzeitig Nutzen für das Unternehmen erbringen können. CoPs können neuen Mitarbeitern den Einstieg in die Unternehmensorganisation erleichtern, indem Kontakte zwischen den Neueinsteigern und den entsprechenden Experten hergestellt werden. Die durch die Arbeit der CoP gewonnenen intimen Kenntnisse über die Unternehmensstruktur und -kultur helfen ihnen außerdem, ihre Position in den organisatorischen Kontext der Unternehmung einzuordnen und sich darin wiederzufinden.
- *Generierung neuer Ideen für Produkte und Dienstleistungen.* Durch die lockere und offene Atmosphäre des gegenseitigen Vertrauens wird die Ideengenerierung innerhalb von CoPs gefördert, da die Mitarbeiter ungezwungen und ohne alltäglichen Druck von Zielvorgaben über schwierige Probleme und unausgereifte Ideen diskutieren können. Auch das für die Entwicklung neuer Produkte notwendige Engagement der Mitarbeiter steigt durch die offene Atmosphäre. Durch den Transfer bereits vorhandenen Wissens auf neue Gebiete erhöht sich zudem die organisationale Wissensbasis und damit das Innovationspotenzial.

Wissensmanagement bezieht sich sowohl auf die Personen als auch auf die Prozesse, die am Aufbau einer organisationalen Wissensbasis beteiligt sind. Folglich ist eine Unternehmenskultur, in der das Teilen des individuellen Wissens im Vordergrund steht, eine der wichtigsten Voraussetzungen (HANLEY, 1999). Eine solche Kultur garantiert einen funktionierenden Wissenstransfer innerhalb einer CoP und trägt so zu ihrem Erfolg bei. Zu einer Unternehmenskultur, die die Tätigkeit von CoPs fördert, zählen insbesondere der Aufbau einer *Kommunikations-*, einer *Kooperations-* sowie einer *Vertrauenskultur.* Da Misstrauen Barrieren zwischen den Mitarbeitern aufbaut, stellt eine *Vertrauenskultur* eine unentbehrliche Grundlage für die Kommunikation und Kooperation zwischen den Mitarbeitern der Organisation dar (FREY, 2000). Zu einer *Kommunikationskultur* zählt das Recht, Zugang zu den Wissensquellen des Unternehmens zu erhalten und Gründe von Entscheidungen zu erfahren. Dies erfordert allerdings weder eine permanente Kommunikation noch eine breite Diskussion sämtlicher Entscheidungen. Bei einer *Kooperationskultur* stehen schließlich die Teamorientierung und die Bereitschaft, die eigene Position zu revidieren, im Vordergrund. Dies beinhaltet jedoch keinen Verzicht auf internen Wettbewerb oder auf persönliche Profilierung der Mitarbeiter. Gerade in Gemeinschaften ist ein gewisser Wettbewerb nötig, damit Durchsetzungskraft und Effektivität gewährleistet sind. Wichtig für einen produktiven Wissensaustausch und somit für den Erfolg einer CoP ist eine gemeinsame Kommunikationsbasis, damit ein gegenseitiges Verständnis und Vertrauen unter den Beteiligten aufgebaut werden kann. Eventuell kann auch ein entsprechender Verhaltenskodex die Interaktion fördern und eine hinreichend lockere Atmosphäre schaffen.

Die Unternehmensführung kann CoPs auf verschiedene Art und Weise aktiv unterstützen. Dazu zählen sowohl die Hilfe bei der Suche potenzieller Mitglieder als auch die Anerkennung und Wertschätzung der Community-Arbeit, eventuell sogar verbunden mit Anreiz- oder Belohnungsmechanismen. Wichtig ist ferner, den Mitarbeitern hohe Freiheitsgrade bei der Arbeitszeitgestaltung zuzugestehen, um ihnen die Mitgliedschaft in einer CoP überhaupt zu ermöglichen (LESSER & EVEREST, 2001; STEWART & BROWN, 1996; WENGER & SNYDER, 2000). Da CoPs selbstorganisierend sind und von ihrer Eigendynamik leben, ist es schwierig, wenn nicht sogar unmöglich, sie auf traditionelle Art und Weise zu führen und zu kontrollieren (NORTH et al., 2000; STEWART & BROWN, 1996; WENGER, 1999). Das Management einer Unternehmung muss diese Erkenntnis beachten, sollte aber deswegen keineswegs CoPs ganz vernachlässigen oder gar negieren (WENGER, 1999).

Obwohl sich Größe und Zusammensetzung einer CoP im Laufe ihrer Existenz verändern können, lassen sich bestimmte Erfolgskriterien nachweisen. EPPLER und DIEMERS (2001) entwickelten in diesem Zusammenhang *Kohäsionsfaktoren*, die den Erfolg einer CoP gewährleisten sollen. Diese werden im Folgenden kurz dargestellt:

- *Gemeinsames Interesse*. Das geteilte Interesse ist der Mittelpunkt einer Community, vor allem bei CoPs. Es kann beispielsweise das Arbeitsgebiet sein, das unabhängig ist vom jeweiligen Land oder der damit verbundenen Kultur. Auch wirtschaftliches Interesse der Kommunikationspartner kann das gemeinsame Interesse darstellen. Im Mittelpunkt dieser Betrachtung steht vor allem das betriebswirtschaftliche Interesse nach einem konkreten Nutzen für die Beteiligten (z.B. Lernunterstützung, Produktverbesserungsmaßnahme, Kundenbindungs- und Marketingtool).
- *Geteilte Werte und Normen*. Innerhalb der Community existieren gewisse Verhaltensregeln, die entweder konkret vorgegeben werden oder implizit gelten. Dafür ist es nötig, dass die Mitglieder eine bestimmte gemeinsame Wissensbasis haben, die durch die Eingliederung in die Gemeinschaft erworben wurde. Auch müssen Symbole eine gemeinsame Bedeutung haben.
- *Geteilte Interaktionsplattform*. Außerdem ist es wichtig, eine gemeinsame Interaktionsplattform zu haben, die eine Kommunikationsmöglichkeit

für die Mitglieder darstellt. Bei herkömmlichen Gemeinschaften waren dies die Gruppenräume, in denen man sich traf und in denen die Symbole der Gemeinschaft vorhanden waren. In der Virtual Community kommt es ebenfalls auf die Gestaltung des virtuellen Raums an. Auch hier sind Symbole usw. zu finden, die die Gemeinschaft kennzeichnen.
- *Sozioemotionale Bindungen.* Hierunter verstehen die Autoren den Gemeinschafts-Sinn, der das Gefühl von Zusammengehörigkeit vermittelt. Auch hier wird die schwierige Messbarkeit von Emotionen bemängelt. Dennoch werden Methoden genannt, diese Gefühle zu messen (HOCHSCHILD, 1983). Als Mittelpunkt der Betrachtung emotionaler Verbindungen sehen die Autoren das Vertrauen zwischen den Community-Mitgliedern. Hier werden die o.g. drei Ebenen des Vertrauens herangezogen.
- *Kontinuität.* Als nächstes sehen die Autoren die ständige, kontinuierliche Interaktion der Mitglieder in regelmäßigen Abständen als wichtiges Element einer CoP an. Vorausgesetzt diese, wird es den Mitgliedern leichter fallen, Beziehungen kommunikativer Art auf- und auszubauen. Auch die Gemeinschaft an sich betrachtet bildet ein gemeinsames Gedächtnis bzw. eine gemeinsame Erzählung der Gruppenmitglieder, die an die neuen Mitglieder weitergegeben wird. Dieses gemeinsam Durchlebte bildet dann die Grundlage für das zukünftige Handeln in der Gemeinschaft.
- *Reziprozität.* Die Austauschbeziehungen unter den Gruppenmitgliedern sind üblicherweise hoch. Dadurch entsteht eine gemeinsame Solidaritätsbeziehung unter den Mitgliedern. Eine typische Form des Austauschs in der Gemeinschaft ist der Wissensaustausch.

Diese qualitativen Faktoren für die Kohäsionsmessung von CoPs sind auch für empirische Untersuchungen wichtig; dabei wird besonders die Organisationskultur angesprochen. Man findet immer wieder Elemente, die an Indikatoren der Messung von Organisationskultur erinnern. Diese Indikatoren sind sicherlich auch zur Messung der „Community-Kultur“ geeignet. Außerdem stellen sie qualitative Indikatoren dar und können so eher auf die Kohäsion von Gruppenmitgliedern angewendet werden. Auch eine existierende Kultur deutet auf den Zusammenhalt in der Gruppe hin, andernfalls hätte sich diese gar nicht erst bilden können. Die genannten Elemente wurden von anderer Seite und in etwas abgeänderter Form bereits als wichtige Grundbausteine für das Schaffen und Weiterleben von Communities genannt. Als Beispiel soll hier KIM (2001) erwähnt werden, der sich mit Strategien für den Aufbau erfolgreicher Web-Communities befasste (ANDREWS, 2002).

Ein wichtiger Faktor für den Erfolg von CoPs sind natürlich auch geeignete Räumlichkeiten für persönliche Treffen. Auf den ersten Blick scheinen Konferenzräume hierfür ein adäquater Ort zu sein. Die Gestaltung dieser Räume stellt allerdings häufig ein Problem dar (FREIMUTH, 1998). So lässt die räumliche Anordnung nicht immer eine flexible Sitzordnung zu, und die Ausstattung kann die Entstehung einer lockeren Atmosphäre verhindern. Ideal wäre es demnach, wenn den CoPs eigene Räume für ihre Treffen zur Verfügung stehen würden, die nach ihren Bedürfnissen flexibel eingerichtet werden könnten. Auch die Schaffung von Foren, an denen sich ganze Gruppen zum spontanen Gedankenaustausch, zu Vorträgen oder Workshops treffen können, wird in der Literatur angeregt. Diese marktähnlichen und über das gesamte Unternehmen verstreuten Gesprächsplätze sollten idealerweise variabel gestaltbar sein, so dass sie unterschiedlichen Gruppengrößen gerecht werden können und auch verschiedenen Gruppen Gelegenheit bieten, während ihrer getrennten Beratungen an einem gemeinsamen Ort zusammenzukommen (EISENHART, 2000; FREIMUTH, HARITZ & KIEFER, 1997; SCHWARZ-GESCHKA, 1998).

Entscheidend für den Erfolg einer CoP ist neben der Bereitstellung physischer Begegnungsmöglichkeiten auch die Einrichtung von virtuellen Treffpunkten. Daraus leitet sich für die Organisation einerseits die Notwendigkeit ab, eine geeignete informationstechnische Infrastruktur bereitzustellen, aber auch eine in diesem Kontext förderliche Unternehmenskultur zu schaffen (ANDREWS, 2002). Beispiele für unterstützende IuK-Technologien, die in CoPs eingesetzt werden können, sind Mitgliederverzeichnisse, synchrone und asynchrone Kommunikation (z.B. Email, Telefon, Videokonferenz und Chat), Wissensverzeichnisse sowie Newsgroups und Diskussionsforen (BOROWSKI, 2000). Durch die immer stärkere Verbreitung von IuK-Technologien in Unternehmen und Gesellschaft sind jedoch auch Probleme in Bezug auf soziale Aktivitäten und Prozesse in Gemeinschaften zu beobachten (SEUFERT, VON KROGH & BACH, 1999; STAMPS, 1997). In einer CoP müssen die Entwicklung und der Austausch von Wissen durch soziale Interaktion besonders gefördert werden. Gerade hier ist zu beachten, dass die Zusammenarbeit der einzelnen Mitglieder durch die IuK-Technologien zwar erleichtert wird, diese die persönliche Zusammenarbeit jedoch keinesfalls ersetzen können, so dass eine Einbettung der IuK-Technologien in die Unternehmenskultur unerlässlich wird. Da der Transfer von implizitem Wissen aufgrund seines informellen Charakters eine persönliche Kommunikation erfordert, ist hierbei der alleinige elektronische Wissensaustausch ungeeignet.

Zusammenfassend bleibt festzuhalten, dass IuK-Technologien weder den persönlichen Kontakt in einer CoP ersetzen können noch die traditionellen Wissensmanagement-Aktivitäten einer Organisation überflüssig machen, da sie lediglich als unterstützende Instrumente dienen. Eine Balance zwischen persönlichen Treffen und indirekter Kommunikation muss daher von den Mitgliedern einer CoP selbst gefunden werden. Für eine erfolgreiche Implementierung von Wissensmanagement bilden die primären Organisationsformen eines wissensorientierten Unternehmens weiterhin die organisationale Grundlage. Bei der Einbettung sekundärer Organisationskonzepte in das durch die primären Organisationsformen geschaffene Unternehmensumfeld sind besonders die wissensfördernden Gruppenorganisationsformen, zu denen auch die CoPs gezählt werden, hervorzuheben. Sämtliche Funktionsbereiche und Hierarchieebenen sind dabei an der Umsetzung des Wissensmanagements beteiligt. Gerade global agierende Unternehmen sollten CoPs zur Unterstützung ihrer Wissensmanagement-Aktivitäten bewusst fördern. Das Management von wissensorientierten Unternehmen sollte hierzu ein geeignetes Unternehmensumfeld mit den in diesem Kapitel vorgestellten Erfolgsfaktoren schaffen, um eine erfolgreiche Verwirklichung des Konzepts der CoPs zu ermöglichen.

Literaturverzeichnis

Allee, V. (2000). Knowledge networks and communities of practice. *OD Practitioner Online, 32* (4), 4-13.

Andrews, D. C. (2002). Audience-specific online community design. *Communications of the ACM, 45* (4), 64-68.

Antoni, C., Hofmann, K. & Bungard, W. (1996). Gruppenarbeit. In H.-J. Bullinger & H.-J. Warnecke (Hrsg.), *Neue Organisationsformen im Unternehmen: Ein Handbuch für das moderne Management* (S. 489-497). Berlin: Springer.

Bergemann, N. & Sourisseaux, A. L. J. (1988). *Qualitätszirkel als betriebliche Kleingruppen.* Heidelberg: Sauer.

Boos, F., Exner, A. & Heitger, B. (1994). Soziale Netzwerke sind anders. In B. Heitger & F. Boos (Hrsg.), *Organisation als Erfolgsfaktor* (S. 68-81). Wien: Facultas.

Borowski, R. (2000). *Wissensgemeinschaften – Konzeption und betriebliche Umsetzung eines Knowledge Management-Instruments* (Veröffentlichungen des Instituts für Wirtschaftsinformatik, Heft 163). Saarbrücken: Universität des Saarlandes, Institut für Wirtschaftsinformatik.

Botkin, J. (2000). *Vorsprung durch Wissen.* München: Econ.

Brown, J. S. & Duguid, P. (1998). Organizing knowledge. *California Management Review, 40* (3), 90-111.

Brown, J. S. & Duguid, P. (2000). Balancing act: How to capture knowledge without killing it. *Harvard Business Review, 78* (5-6), 73-80.

Brown, J. S. & Gray, E. S. (1995). The people are the company. *Fast Company, 38* (1), 78-82.

Charan, R. (1991). How networks reshape organizations – four results. *Harvard Business Review, 69* (9-10), 104-115.

Decker, A. & Decker, F. (1998). *Ausgelernt gibt's nicht. Personal-, Organisations- und Wissensentwicklung als Lernprozesse am Arbeitsplatz.* Würzburg: Lexika.

Deppe, J. (1986). *Qualitätszirkel – Ideenmanagement durch Gruppenarbeit: Darstellung eines neuen Konzepts in der deutschsprachigen Literatur.* Bern: Lang.

Dowling, W. (1975). At General Motors: System 4 builds performance and profits. *Organizational Dynamics, 4* (3), 23-38.

Eisenhart, M. (2000). Around the virtual water cooler: Sustaining communities of practice takes plenty of persistence. *Knowledge Management Magazine, 3* (10), 49-52 .

Eppler, M. J. & Diemers, D. (2001). Reale und virtuelle Gemeinschaften im betriebswirtschaftlichen Kontext. *Die Unternehmung. Schweizerische Zeitschrift für betriebswirtschaftliche Forschung und Praxis, 53* (1), 25-41.

Figallo, C. (1998). *Hosting web communities.* New York: Wiley.

Freimuth, J., Haritz, J. & Kiefer, B.-U. (Hrsg.). (1997). *Auf dem Weg zum Wissensmanagement: Personalentwicklung in lernenden Organisationen.* Göttingen: Verlag für Angewandte Psychologie.

Freimuth, J. (1998). Kommunikative Architektur im Unternehmen. *Harvard Manager, 20* (2), 105-112.

Frey, D. (2000). Kommunikations- und Kooperationskultur aus sozialpsychologischer Sicht. In H. Mandl & G. Reinmann-Rothmeier (Hrsg.), *Wissensmanagement: Informationszuwachs – Wissensschwund? Die strategische Bedeutung des Wissensmanagements* (S. 73-92). München: Oldenbourg.

Gebhardt, W. & Heitmeyer, K. (1985). *Lernstatt. Ein Beitrag zur Erreichung von Personal- und Organisationsentwicklungszielen*. Köln: Deutscher Wirtschaftsdienst.
Hagel, J. & Armstrong, A. (1997). *Net gain*. Boston: Harvard Business Press.
Hanley, S. (1999). Communities of practice: A culture built on sharing. *Information Week Online*, 26.4.1999. http://www.informationweek.com/731/31ershr.htm
Henschel, A. (2001). *Communities of practice: Plattform für individuelles und kollektives Lernen sowie den Wissenstransfer*. Unveröff. Diss., Universität St. Gallen.
Hochschild, A. R. (1983). *The managed heart. Commercialization of human feeling*. Berkeley: University of California Press.
Katzenbach, J. R. & Smith, K. S. (1993). *Teams. Der Schlüssel zur Hochleistungsorganisation*. Wien: Ueberreuter.
Kim, A. J. (2001). *Community building. Strategien für den Aufbau erfolgreicher Web-Communities*. Bonn: Addison-Wesley.
Kleingarn, H. (1997). *Change management: Instrumentarium zur Gestaltung und Lenkung einer lernenden Organisation*. Wiesbaden: Deutscher Universitäts Verlag.
Krackhardt, D. & Hanson, J. R. (1993). Informal networks: The company behind the chart. *Harvard Business Review, 71* (7-8), 104-111.
Kunstek, R. (1986). *Das Konzept der Lernstatt im Industriebetrieb. Kritik eines Ansatzes der Organisationsentwicklung*. Spardorf: Wilfer.
Lave, J. & Wenger, E. (1991). *Situated learning: Legitimate peripheral participation*. Cambridge: Cambridge University Press.
Lehner, F., Auer-Rizzi, W., Bauer, R., Breit, H. & Reber, G. (1991). *Organisationslehre für Wirtschaftsinformatiker*. München: Hanser.
Lesser, E. & Everest, K. (2001). Using communities of practice to manage intellectual capital. *Ivey Business Journal, 65* (4), 37-41.
Likert, R. (1975). *Die integrierte Führungs- und Organisationsstruktur*. Frankfurt/Main: Campus.
Manasco, B. (2000, Januar). *The hidden power of communities*. http://www.apqc.org/free/articles/dispArticle.cfm?ProductID=642
Millen, D. R., Fontaine, M. A. & Muller, M. J. (2002). Understanding the benefit and costs of communities of practice. *Communications of the ACM, 45* (4), 69-73.
Nonaka, I. (1994). A dynamic theory of organizational knowledge creation. *Organization Science, 5* (1), 14-37.
Nonaka, I. & Takeuchi, H. (1997). *The knowledge-creating company: How Japanese companies create the dynamics of innovation*. Oxford: University Press.
North, K. (1999). *Wissensorientierte Unternehmensführung*. Wiesbaden: Gabler.
North, K., Romhardt, K. & Probst, G. (2000). Wissensgemeinschaften – Keimzellen lebendigen Wissensmanagements. *io-Management, 7/8/2000*, 52-62.
Orr, J. E. (1986). Narratives at work: Story telling as cooperative diagnostic activity. *Proceedings of the CSCW'86 Conference* (S. 62-72). Austin: ACM Press.
Quinn, J. B. (1992). *Intelligent enterprise: A knowledge and service based paradigm for industry*. New York: Free Press.
Rehäuser, J. & Krcmar, H. (1996). Wissensmanagement im Unternehmen. In G. Schreyögg & P. Conrad (Hrsg.), *Managementforschung 6 – Wissensmanagement* (S. 2-40). Berlin: de Gruyter.
Rischar, K. & Titze, C. (1998). *Qualitätszirkel: Effektive Problemlösung durch Gruppen im Betrieb*. Renningen-Malmsheim: expert.
Schoen, S. (1999a). Gestaltung und Unterstützung von Communities of Practice. In A.-W. Scheer (Hrsg.), *Electronic Business und Knowledge Management – Neue Dimensionen für den Unternehmenserfolg* (S. 543-574). Heidelberg: Physica.
Schoen, S. (1999b). Gestaltung, Unterstützung und Controlling von Wissensmanagement-Prozessen in Communities of Practice. In J. Hofer-Alfeis (Hrsg.), *Geschäftsprozessma-*

nagement: Innovative Ansätze für das wandlungsfähige Unternehmen (S. 117-129). Marburg: Tectum.

Schoen, S. (2000). *Gestaltung und Unterstützung von Communities of Practice*. Unveröff. Diss., TU München.

Schreyögg, G. (1999). *Organisation: Grundlagen moderner Organisationsgestaltung*. Wiesbaden: Gabler.

Schubert, P. (1999). *Virtuelle Transaktionsgemeinschaften im Electronic Commerce*. Lohmar: Eul.

Schwarz-Geschka, M. (1998). Hoher Stellenwert für Kreativitätsförderung. *Wirtschaft & Weiterbildung, 11* (5), 81-82.

Seufert, A., von Krogh, G. & Bach, A. (1999). Towards knowledge networking. *Journal of Knowledge Management, 3* (3), 180-190.

Snyder, W. (1997). *Communities of practice: Combining organizational learning and strategy insights to create a bridge to the 21st century*. http://www.co-i-l.com/coil/knowledge-garden/CoP/cols.shtml

Snyder, W. (1999). *Organization and world design: The Gaia's hypotheses*. Cambridge: Social Capital Group. http://www.co-i-l.com/coil/ knowledge-garden/CoP/gaia.shtml

Stamps, D. (1997). Communities of practice – Learning is social. Training is irrelevant? *Training Magazine, 2* (Februar), 35-42.

Staudt, E. (1993). Forschung und Entwicklung. In W. Wittmann (Hrsg.), *Handwörterbuch der Betriebswirtschaft* (Bd. 1, S. 1185-1198). Stuttgart: Schäffer-Poeschel.

Stewart, T. A. & Brown, V. (1996). The invisible key to success. *Fortune, 134* (3), 173-176.

Strombach, M. E. (1984). *Qualitätszirkel und Kleingruppenarbeit als praktische Organisationsentwicklung*. Frankfurt/Main: Kommentator.

Sydow, J. & van Well, B. (1996). Wissensintensiv durch Netzwerkorganisation – Strukturationstheoretische Analyse eines wissensintensiven Netzwerkes. In G. Schreyögg & P. Conrad (Hrsg.), *Managementforschung 6 – Wissensmanagement* (S. 191-234). Berlin: de Gruyter.

Wenger, E. (1998). Communities of practice – Learning as a social system. *Systems Thinker, (Juni 1998)*, 1-10.

Wenger, E. (1999). Communities of practice: The key to knowledge strategy. *Knowledge Directions, 1* (Fall 1999), 2-10.

Wenger, E. & Snyder, W. (2000). Communities of practice: The organizational frontier. *Harvard Business Review, 78* (1), 139-145.

Wiemann, K. (1998). Netzwerke zum Aufbau von neuem Wissen. *Gablers Magazin, 12* (2), 22-25.

Zink, K. J. (1992). Qualitätszirkel und Lernstatt. In E. Frese (Hrsg.), *Handwörterbuch der Organisation* (S. 2129-2140). Stuttgart: Poeschel.

Zink, K. J. & Schick, G. (1987). *Quality circles 1*. München: Hanser.

Teil IV
Der Markt als Determinante betrieblichen Handelns

Thomas R. Bailey

High Performance Arbeitssysteme und ihre Auswirkung auf die Organisationsleistung und die Beschäftigten

Technologische Entwicklungen und Herausforderungen des Wettbewerbs der letzten zwei Jahrzehnte führten zu einer Revolution der Arbeitsprozesse und des Human Resource Managements. Die daraus entstehenden neuen Organisationskonzepte werden in den USA als High Performance Arbeitssysteme (HPAS) bezeichnet und betonen allgemein die Gruppenarbeit und eine größere Einbindung Beschäftigter in die Arbeitsplanung und bei fälligen Entscheidungen. Diese Veränderungen vollzogen sich insbesondere in der Industrie und führten zu signifikanten Veränderungen des Arbeitsinhaltes und der Arbeitsstruktur, speziell bei Beschäftigten ohne Führungsaufgaben. Mit zunehmender Ausdifferenzierung dieser Produktionsansätze kam die Frage auf, ob sie wirklich zu einer Verbesserung der organisationalen Leistung führten oder ob sie einfach nur eine neue wirtschaftliche Laune waren, die wieder vergehen würde. Auch fragte man, ob sie die Interessen der Arbeiter widerspiegelten oder ob sie eigentlich eine verdeckte Form der Arbeitsbeschleunigung oder -intensivierung darstellten.

In unserem Buch *Manufacturing Advantage* (APPELBAUM, BAILEY, BERG & KALLEBERG, 2000) sprechen wir diese beiden weitreichenden Fragen dadurch an, indem wir den Effekt der High Performance Arbeitssysteme auf organisationale Leistung in drei gewerblichen Industriezweigen der USA – Bekleidung, Stahl und Medizintechnik – überprüfen, insbesondere in Hinblick auf Produktivität, Kostenentwicklung und Arbeitnehmerinteressen. Die Untersuchungen basieren auf Daten, die in 46 Verarbeitungsbetrieben aus den drei genannten Industriezweigen und in Telefoninterviews mit Beschäftigten aus diesen Betrieben gesammelt wurden.

In den 90er Jahren prüfte eine immer größer werdende Zahl an Untersuchungen die Effekte von High Perfomance Arbeitssystemen auf verschiedene Betriebsergebnisse. Viele dieser Untersuchungen wurden auf einer aggregierten Firmenebene durchgeführt, wodurch präzise Messungen einzelner Innovationseffekte schwierig waren, da die meisten Betriebe eine Vielzahl von neueren und traditionellen Ansätzen parallel benutzten. Fast all diese Untersuchungen basieren auf Informationen von Managern, nicht von gewöhnlichen Beschäftigten. Unsere Untersuchungen wurden auf der Betriebsebene und manchmal auf der Arbeitsgruppenebene durchgeführt, so dass wir die Umsetzung und dadurch auch die Effekte der innovativen Strategien genauer identifizieren konnten. Somit sind unsere Untersuchungen deswegen einmalig, weil wir eine detaillierte Prüfung der Firmenaktivitäten auf der Betriebsebene mit einer formellen Befragung einer großen Anzahl an Beschäftigten dieser Fabriken kombinierten. Wir kombinierten die Vorteile detaillierter Fallstudien mit einer quantitativen Analyse, die es uns erlaubt, Hypothesen über die Effekte dieser Innovationen systematisch zu testen.

Dieses Kapitel ist eine Zusammenfassung unseres Buches. Zuerst stellen wir unser Konzept der High Performance Arbeitssysteme dar, in dem wir die Gelegenheit für Beschäftigte zur Partizipation an Entscheidungen speziell herausheben. Danach liefern wir eine Zusammenfassung unserer empirischen Arbeit mit den Effekten der HPAS auf die organisatorische Leistung in den drei Industriezweigen und auf die Beschäftigten. Wir beginnen mit einer kurzen Beschreibung der traditionellen Arbeitsorganisation, die als Ausgangsbasis für die Untersuchung der Veränderungseffekte dienen wird.

Traditionelle Arbeitssysteme

In traditionellen Produktionsbetrieben ist die Konzeptualisierung und das Planen von Arbeitsprozessen getrennt von der Ausführung der Arbeitsaufgaben zu sehen. Produktionstätigkeiten sind in Routine- und Wiederholungsaufgaben fragmentiert, somit haben die Beschäftigten nur wenig Handlungsspielraum und bekommen kaum Trainings. Der Akzent liegt auf der individuellen Leistungsfähigkeit. Produktionsbeschäftigte lernen aus der konstanten Wiederholung, ihre Aufgaben expertenhaft auszuführen – dahinter steckt allerdings wenig Wissen. Die meisten Beschäftigten haben wenig Autonomie oder Kontrolle über ihre Arbeitsaufgaben oder –methoden.

Manager koordinieren die Informationsansammlung und den Informationsprozess bei den Produktions- und den anderen nicht leitenden Angestellten. Dabei spielt das Wissen des Managements eine entscheidende Rolle, Ideen von Produktionsbeschäftigten haben kaum Gelegenheit, aufwärts zu fließen. Wenn Entscheidungen einmal getroffen sind, wird die Order entlang der Befehlskette zurück an die Produktionsbeschäftigten gegeben, die sie dann auszuführen haben.

Zur Überwachung werden regelrechte Aufseher eingestellt. Ihre Aufgabe ist es, die Beschäftigten zu disziplinieren und Drückebergerei zu verhindern sowie den Beschäftigten Instruktionen zu geben, was und wie sie etwas machen sollen. Beschäftigte werden bezahlt, um den Befehlen zu folgen, nicht um zu denken. In diesem Sinne bedeutet die Zeit, die in Trainings oder bei Problemlösetreffen verbracht wird, Produktionsverlust.

In der Vergangenheit sorgte diese Art der Arbeitsorganisation, die die Beherrschung der Routineaufgaben und die Maximierung individueller Produktivität betont, für eine gute Anpassung an hohe Volumina und die Massenproduktion standardisierter Produkte. Aber die Wettbewerbsdynamik in Industriezweigen wie Stahl, Bekleidung und Medizintechnik änderte sich. Natürlich blieb der Preis ein wichtiger Faktor. Aber um konkurrenzfähig zu bleiben, müssen Betriebe heute strenge Standards bezüglich Qualität, Vielfalt, Kundenorientierung, Verbraucherfreundlichkeit und Pünktlichkeit erfüllen – sowohl bei der Entwicklung und Einführung innovativer Produkte als auch bei der zeitgenauen Lieferung von Komponenten und Produkten. Als ein Ergebnis führten Produktionsbetriebe zunehmend High Performance Arbeitssysteme ein. Mit dieser Einführung änderten sich die Arbeitsinhalte und die Arbeitsstruktur entlang von vier Schlüsseldimensionen.

Arbeitsstruktur und Arbeitsinhalt in High Performance Arbeitssystemen

Die Gelegenheit zur Partizipation an Entscheidungen ist ein Schlüsselelement des High Performance Systems. Wir unterscheiden hierbei vier Elemente, die die Gelegenheit zur Partizipation umfassen:

Das *erste Element* betrifft die neuen konkurrenzfähigen Standards, die verlangen, dass ein Produktionsarbeiter sowohl die Gelegenheit als auch die Verantwortung hat, an operationalen Entscheidungen mitzuwirken. Die Arbeit ändert sich und Aufgaben werden neu zugeschnitten, um Produktionsbeschäftigten die Mitwirkung an Entscheidungen zu ermöglichen. So erhalten die Beschäftigten größere Autonomie und Kontrolle über Arbeitsaufgaben und –methoden (HACKMAN & GOLDMAN, 1975, 1980).

Das *zweite Element* bezieht sich auf Handlungsfreiheit. Sie wird eingeschränkt, wenn die nichtleitenden Angestellten ihre Ideen weder innerhalb ihrer Arbeitsgruppen noch gegenüber Beschäftigten, Führungskräften und Experten aus anderen Bereichen der Organisation kommunizieren und koordinieren können. Wenn die Beschäftigten bei der Problemlösung oder Verbesserung von Produktionstechniken helfen sollen, müssen sie sich auf die Expertise von Fachleuten berufen und ihre Lösungsvorschläge mit anderen Beschäftigten und Führungskräften erörtern können (APPELBAUM & BERG, 1999).

Kommunikation und Autonomie können innerhalb einer Vielfalt von organisationalen Settings existieren, aber viele Manager halten die Bildung von Gruppen oder Teams für vorteilhaft. Somit beziehen sich das *dritte und vierte Element* auf zwei verschiedene Team- und Gruppentypen – autonome Teams, die direkt in den Produktionsprozess integriert sind, und Problemlöse- oder Qualitätsverbesserungsteams, die nicht direkt in die Produktion eingegliedert sind.

Ein Vorteil von Produktionsteams gegenüber individueller Arbeit ist, dass Teams die Produktion effektiver ausbalancieren können, um Engpässe zu vermeiden. Außerdem sind Teams in der Lage, die Fähigkeiten der Mitglieder einer Gruppe zu kombinieren. Es ist unangemessen zu erwarten, dass jeder Einzelne in allen Bereichen bewandert ist. Wenn Manager Entscheidungsbefugnis innerhalb der Organisation weiter nach unten verlagern und selbstgesteuerte Teams sowohl auf der Werkstattebene als auch bei den Angestellten implementieren, vergrößert sich deren Bereich horizontaler und vertikaler Arbeitsaufgaben. Für Produktionsbeschäftigte kann das bedeuten, dass sie ein weites Spektrum der horizontalen Aufgaben übernehmen, wie z.B. die Bedienung der Maschinen, Inspektionen, den Umgang mit dem Material und die Instandhaltung der Maschinen. Vertikale Aufgaben, vorzugsweise ausgeführt von Aufsehern oder technischen und anderen sie unterstützenden Mitarbeitern, werden diesen Teams ebenfalls zugeordnet. Diese Aktivitäten beinhalten die Aufgabenverteilung, das Festlegen der Freizeit, die Handhabung nicht festgelegter Absenzen einzelner Teammitglieder, die Entscheidung über die Arbeitsmethoden und die Diagnose von Problemen (KLEIN, 1993). Somit gibt Gruppenorganisation Beschäftigten einen größeren Aufgabenbereich und mehr Gelegenheit, zur organisationalen Leistung beizutragen. Gleichzeitig scheinen Teams effektiver zu arbeiten, wenn ihnen mehr Autonomie zugesprochen wird und interne und externe Kommunikation gefördert werden. Ein Team mit beschränkter Autonomie wird keine Vorteile aus den von der Gruppe erzeugten Ideen ziehen und könnte zudem von den Beschäftigten als manipulativ erlebt werden.

Viele Probleme können jedoch nicht effektiv an ein produktionsbasiertes Team adressiert werden, da einige Lösungen die Teilhabe vieler Arbeitsgruppen verlangen. In einigen Fällen gibt die Technologie des Produktionsprozesses an sich sehr wenig Raum für die autonome Aktivität auf der Arbeitsgruppenebene. In diesen Fällen scheinen off-line (im Sinne von herausgelöst aus dem Produktionsprozess) Problemlösegruppen der effektivste Ansatz zu sein. Auch off-line Teams sind effektiver, wenn ihnen Autonomie und bessere Kommunikationsmöglichkeiten zugesprochen werden.

Dazu gibt es vier Schlüsseldimensionen, die eine partizipative Arbeitsorganisation charakterisieren und die sie von einer traditionellen, tayloristischen Arbeitsorganisation unterscheiden. Diese sind (1) das Ausmaß der Autonomie der Beschäftigten und der Kontrolle über betreffende Arbeitsaufgaben; (2) das Ausmaß der Kommunikation, die Produktionsbeschäftigte sowohl mit anderen Beschäftigten und Führungskräften ihrer Arbeitsgruppe als auch mit Beschäftigten, Führungskräften und Experten aus anderen Teilen der Organisation pflegen; (3) dass die Angestellten sowohl in selbstgeleiteten Teams als auch (4) in Problemlöse- oder Qualitätsverbesserungsteams arbeiten. Obgleich jede dieser Dimensionen auch als einzelne bestehen kann, würde ihre Kombination die Chancen steigern, einen positiven Effekt hervorzurufen und bei den Beschäftigten als bedeutungsvolle Reform angesehen zu werden.

Zusätzlich hängen Qualität und Produktivität einer partizipativen Arbeitsorganisation davon ab, ob sie in ein komplettes Set von Human Resource (HR) Maßnahmen eingebettet ist, das Fähigkeiten steigert und Arbeitsanreize liefert.

Typischerweise beziehen diese Maßnahmen eine strenge Auswahl neuer Angestellter, Schulungen für Produktionsbeschäftigte, Zusagen von Arbeitsplatzsicherheit und finanzielle Leistungszulagen mit ein. Zudem können sie auch die Mitteilung firmenbezogener Informationen sowie familienfreundliche Maßnahmen und Gelegenheiten zur Personalentwicklung umfassen. Diese HR-Maßnahmen gewährleisten, dass die Beschäftigten zu richtigen Entscheidungen fähig sind und dass Anreize für Entscheidungen vorhanden sind. Leistungen, die von einer partizipativen Arbeitsorganisation hervorgerufen werden, steigern sich wahrscheinlich in Zusammenhang mit solchen HR-Maßnahmen, die wiederum Fähigkeiten und Motivation wachsen lassen.

Wir verwendeten Interviewstudien mit Beschäftigten dazu, um Messinstrumente zur Erhebung der Partizipationsgelegenheiten zu entwickeln. Dabei kamen wir zu einer Skala mit vier Komponenten, die die Veränderungen in der Arbeitsstruktur und im Arbeitsinhalt erfassen: Das Ausmaß der Autonomie und der Kommunikation sowie die Existenz von Produktions- und Problemlöseteams. Die nächsten drei Abschnitte dieses Kapitels fassen die wesentlichen empirischen Ergebnisse unserer Untersuchungen zusammen.

High Performance Arbeitssysteme und Betriebsleistung

In unseren Untersuchungen analysierten wir HPAS in drei sehr unterschiedlichen Industriesparten in Hinblick auf branchenspezifische Effekte. In der kapitalintensiven Stahlindustrie gehört es zu den Aufgaben des Managements, die Betriebszeit der Maschinen sehr genau zu überwachen. Einen Leistungszuwachs erwartet man hier von steigender Produktivität und der verbesserten Fähigkeit, Produktionsplanungen einzuhalten. In der Bekleidungsindustrie, in der die vernähenden Tätigkeiten sehr arbeitsintensiv sind, betonen die Manager traditionellerweise die Näheffizienz in Bezug auf die Durchlaufzeit – die Zeit, die für das Zuschneiden des Rohmaterials bis hin zur Fertigstellung des Kleidungsstücks gebraucht wird. Steigende Leistungen können hier durch eine Reduzierung der Durchlaufzeit und eine größere Nähe zu den Händlern als Kunden erzielt werden. Schließlich erwartet man im Bereich der Medizintechnik, in dem Material- und Maschinenpreise sehr hoch sind, Leistungssteigerung durch Verkürzung der Arbeitprozesse und Abbau der Lagerhaltung.

Während wir in vielen Fällen Kosten- und Produktivitätsverbesserungen entdeckten, entstanden die wesentlicheren Nutzeneffekte der HPAS eher auf der Einkommens- denn auf der Produktivitäts- oder Kostenseite. Der Vorteil der horizontalen Koordination der Produktionsarbeiter schlägt sich in erster Linie in solchen Leistungssteigerungen nieder, die zu einer Steigerung der Umsätze und Gewinne führen, ohne notwendigerweise mit Produktivitätssteigerung oder Senkung der Arbeitskosten einher zu gehen.

Näharbeiten im Team zu organisieren ermöglicht dem Betrieb die Entwicklung der Fähigkeit, rasch auf – auch unerwartete – Kundenanforderungen reagieren zu können. In Folge dessen können diese Betriebe eine langfristige Partnerschaft mit den Einzelhändlern eingehen und profitabler arbeiten, obwohl die benötigte Nähzeit nicht gesunken ist. Den Mehrwert generieren die Prozesse der Informationsverarbeitung und Kommunikation in den Arbeitsgruppen. In den Wirtschaftswissenschaften spricht man vom „Informationszins" (AOKI, 1990), weil er durch Nutzung und Verarbeitung von Information durch die Arbeiter in einem solchen partizipativen Arbeitsumfeld entsteht.

Betriebsleistung am Beispiel Stahlindustrie

Ein Schlüsselmoment in der Walz- und Produktionstätigkeit eines Stahlwerks ist die Reduzierung von Verzögerungen – Stunden, in denen Arbeitsprozesse geplant sind, die aber durch unplanmäßiges Anhalten der Linie verloren gehen. Solche Verzögerungen sind in zweierlei Hinsicht kostspielig: Erstens wird in der Stillstandzeiten kein Stahl produziert. Die Laufzeit einer Linie zu erhöhen, bedeutet automatisch, deren Produktivität zu erhöhen, denn sobald die Produktionslinien spezifiziert sind, hängt die Produktion von der Verfügbarkeit der Maschinen ab (ICHNIOWSKI, SHAW & PRENNUSHI, 1997). Zweitens unterbrechen Verzögerungen die Produktion und Verhindern das Einhalten des Produktionsplans. Das führt zu Schwierigkeiten, die Kundenanforderungen in Hinblick auf eine pünktliche Lieferung zu erfüllen. Deshalb ist die Verfügbarkeit der Maschinen für die Betriebe immens wichtig dafür, ob sie im Wettbewerb bezüglich Pünktlichkeit und Kosten bestehen können.

Stahlwerke überwachen die Laufzeit für jede Linie auf jeder Produktionsstufe. In unserer Studie wurden Daten über die Laufzeiten von 48 walzenden oder fertigstellenden Linien von insgesamt 13 Betrieben gesammelt, in denen wir außerdem eine Befragung der Beschäftigten durchführen konnten. Die 48 Linien beinhalteten Walzwerke, elektrogalvanisierende und normal galvanisierende Linien, Beizlinien, temperierte Mühlen und kalte Walzwerke. Diese Abteilungen variieren in ihren Laufzeiten beträchtlich. Um die Effekte von Arbeitsplatzmaßnahmen auf die Leistung zu messen, kontrollierten wir auch andere Faktoren, die die Laufzeit beeinflussen, wie Technologie und Produktvielfalt. Für die Querschnittsanalyse der Leistung in verschiedenen Abteilungen benutzten wir Informationen, die wir durch Interviews mit den Managern und Befragung der Beschäftigten gesammelt hatten.

In den Interviews mit den Managern erhielten wir Informationen über die formale Einführung der Arbeitsplatzmaßnahmen. Durch die Befragung der Manager wurde deutlich, inwieweit Beschäftigte Gelegenheit zur Partizipation an Entscheidungen haben. Formell wurden entweder selbstleitende Arbeitsgruppen oder Problemlösegruppen eingeführt. Außerdem erfuhren wir, ob sich die Oberaufsicht der walzenden oder der fertigstellenden Linie auf die Frontlinienarbeiter verließ. Über die Frage nach HR-Maßnahmen erfuhren wir, welcher Prozentsatz an Beschäftigten im nächsten Jahr formale Schulungen erhalten sollte, ob es eine formale Abstimmung über die Arbeitsplatzsicherheit mit den Beschäftigten gab und ob Beschäftigten qualitative Leistungsanreize geboten wurden.

Bei der Befragung der Beschäftigten erhielten wir Informationen über informelle Arbeitsplatzpraktiken. Die Beschäftigten erzählten uns, ob sie an selbstleitenden Arbeitsgruppen oder an Problemlösegruppen teilnahmen, sie erklärten das Ausmaß, in dem sie Autonomie über ihre Arbeitsaufgaben wahrnahmen und das Ausmaß, in dem sie mit anderen Beschäftigten, Managern und Experten kommunizierten. Bezüglich der HR-Maßnahmen fragten wir alle Beschäftigten, ob sie im vergangenen Jahr eine formale Schulung erhalten hatten, ob sie glaubten, bei sinkender Nachfrage Opfer von Personalabbau zu werden und ob ihnen qualitative Tätigkeitsanreize geboten wurden. Obwohl wir Daten aus anderen Messungen vorliegen hatten, die sowohl Schulungen, Fähigkeiten als auch andere Motivationsanreize umfassten, führte uns die kleine Stichprobengröße (48 Abteilungen) dazu, ein sparsames Modell mit möglichst wenig Variablen zu verwenden.

Für die Querschnittsanalyse über die 48 Abteilungen hinweg standardisierten wir die Daten der Beschäftigten und Manager, um vergleichbare Variablen zu erhalten. Wir verwendeten vier in aggregierten Variablen abgebildete Maßnahmen – Gelegenheit zur Partizipation, Schulung, Arbeitsplatzsicherheit und qualitative Leistungsanreize. Außerdem berechneten wir eine Clusteranalyse und fanden heraus, dass sich die Linien der Stahlwerke in vier Systeme bündeln lassen. Dies sind traditionelle Systeme (mittelmäßige Werte auf der Schulungsskala, aber nicht viel mehr); Anreizsysteme (hauptsächlich auf qualitative Leistungsanreize fokussierend); Arbeitsorganisationssysteme (hohe Werte auf der Skala Gelegenheit zur Partizipation); und High Performance Arbeitssysteme (hoch im Bereich der Arbeitsorganisation, der qualitativen Anreize, der Arbeitssicherheit und der Schulungen).

Indem wir die Effekte der vier Maßnahmen zusätzlich überprüften, fanden wir signifikante Effekte im Bereich der qualitativen Anreize und der Arbeitssicherheit, die die Laufzeit der Maschinen um fast 8% anhoben. Indem wir die Clustereffekte überprüften, fanden wir Beweise für Synergien zwischen den getesteten Maßnahmen. Verglichen mit dem traditionellen System weist das Anreizsystem eine um 13% erhöhte Laufzeit auf, das Arbeitsorganisationssystem eine um 14% und das High Performance Arbeitssystem eine um 17% gesteigerte.

Betriebsleistung am Beispiel Bekleidungsindustrie

Eines der Kernmerkmale der Bekleidungsproduktion ist, dass jedes Kleidungsstück einen eigenen Produktionsprozess benötigt. Dies macht es unmöglich, die Nähminuten pro fertiggestelltem Kleidungsstück zu vergleichen. Zudem ist der Nähprozess kein kontinuierlicher Prozess, denn die Maschinen stoppen und starten permanent. Es gibt keine nennenswerte Analogie zu der Betriebszeit in der Stahlindustrie. Betriebsleiter der Bekleidungsindustrie verfolgen allerdings die Daten der Arbeitskosten für jedes Kleidungsstück auf einem hohen Auflösungsgrad. Wir nutzten diese, um innerhalb eines einzigen Betriebs die Produktionskosten ein und desselben Kleidungsstückes zu vergleichen, das einmal im traditionellen Produktionssystem und einmal im Modulsystem produziert wurde. So konnten wir die Quellen der Kosteneinsparungen – so sie denn vorhanden sind – erkennen, die aus den Unterschieden der Arbeitssysteme herrührten. Zwölf der 17 von uns untersuchten Bekleidungsbetriebe benutzten beide Systeme – das traditionelle und das Modulsystem –, und von neun dieser Betriebe haben wir vollständige Kostendaten.

Das Erkennungsmerkmal von High Performance Arbeitssystemen in der Bekleidungsindustrie ist die Einführung selbstgesteuerter Teams und Nähteams. Selbstgesteuerte Teams, die die Produktion balancieren und Engpässe ausgleichen, liefern den Maschinenarbeitskräften die Gelegenheit zur Partizipation (BATT, 1998; BATT & APPLEBAUM, 1995). Das Teamnähen erfordert umfangreichere Fähigkeiten, denn Beschäftigte in Modulen sind meistens für zwei oder drei Operationen zuständig, oft bedienen sie mehr als eine Nähmaschine und sind verantwortlich für Routine-Wartungsarbeiten an den Maschinen. Dies steht im Vergleich zum traditionellen System, bei dem pro Person nur ein einziger Arbeitsschritt auszuführen ist. Hier werden die benötigten Fähigkeiten hauptsächlich informell über Kollegen erworben. Modularbeitskräfte brauchen darüber hinaus Fähigkeiten zu Teambildung und Kommunikation.

Ein weiteres Unterscheidungsmerkmal stellen die gebotenen Tätigkeitsanreize dar. Die Vergütung in allen untersuchten Teams basierte auf der Gruppenstückzahl, während im traditionellen System nach individuellen Stückzahlen entlohnt wurde. Der Anreiz liegt beim Teamnähen also darauf, die Gruppenleistung und weniger die individuelle Leistung zu erhöhen. Somit kann Teamnähen als ein High Performance Arbeitssystem bezeichnet werden.

In die Leistungsanalyse konnten wir leider die Skala der Partizipationsgelegenheit, die wir für jeden Beschäftigten unserer Stichprobe konstruiert hatten, nicht einbeziehen. Außerdem waren wir nicht imstande, Beziehungen zwischen den verschiedenen High Performance Maßnahmen und den Leistungen der traditionellen und der Modularbeiten zu bilden. Das kam daher, weil wir nicht sagen konnten, welcher Beschäftigte an der einzelnen Linie arbeitete, für die wir die Kostendaten vorliegen hatten. Stattdessen führten wir einen einfachen Vergleich identischer Produkte ohne Abgleich auf Fähigkeiten und Anreize durch, die nach beiden Verfahren produziert wurden, und prüften den Effekt auf die Durchlaufzeit und die Arbeitskosten.

Der Zweck der Moduleinführung in den Betrieben war zum einen die Reduzierung der Durchlaufzeiten und zum anderen, große Einzelhändler, die ihr Lager auf niedrigem Niveau halten, als Stammkunden zu gewinnen. Unsere Daten bestätigen, dass die Moduleinführung tatsächlich in Hinblick auf diese Zielsetzung wirksam war. Die Reduzierungen sind dramatisch: Im Durchschnitt wurde bei den zwölf Betrieben die Nähdurchlaufzeit um 93.5% reduziert. In einem Betrieb betrug die Dauer vom Zeitpunkt der Lieferung zurechtgeschnittener Stoffstücke bis zur Auslieferung des fertigen Kleidungsstückes im traditionellen System zwei Wochen und im Modulsystem weniger als eine halbe Stunde. Bei anderen Betrieben beträgt die Durchlaufzeit im traditionellen System einen Monat und weniger als eine Stunde im Modulsystem. Die geringste Differenz der Durchlaufzeit eines Betriebs unserer Stichprobe betrug 28 Stunden (dreieinhalb Tage) für das traditionelle System und 6.4 Stunden (weniger als ein Tag) für das Modulsystem.

Was an dieser Studie neu ist, ist der Vergleich der Kosten. Wir verglichen die Arbeitskosten in beiden Systemen. Wir fanden heraus, dass sieben von neun Betrieben durch Moduleinführung beträchtliche Kosteneinsparungen erreichen konnten, nämlich bis zu 37% – durchschnittlich aber knapp halb soviel. In sechs Betrieben unserer Studie wuchs der Stundenlohn der Beschäftigten mit der Moduleinführung. Dadurch stiegen die Lohnkosten in einigen Betrieben mäßig und fielen weniger steil in anderen. Im Durchschnitt gibt es keinen Unterschied bezüglich der Lohnkosten zwischen beiden Systemen. Modular organisierte Betriebe können den Beschäftigten also höhere Löhne zahlen, ohne dass die Lohnkosten steigen.

Betriebleistung am Beispiel Medizintechnik

Fast alle Betriebe der medizintechnischen Industrie machen sich Verfahren der Zellproduktion zu eigen, weswegen es unter den zehn untersuchten medizintechnischen Betrieben (fünf stellen elektrokardiologische Geräte her, fünf Röntgengeräte) nur wenig Variation in den im Kreise des Managements erhobenen Daten gibt (z.B. Berichte über formale Arbeitsorganisation oder Existenz von Problemlösegruppen). Dennoch können wir die Befragung der Beschäftigten verwenden, um Unterschiede in der Arbeitsorganisation der Betriebe zu ermitteln, denn die Betriebe können hinsichtlich der über die Skala der Partizipationsgelegenheiten gemessenen Daten unterschieden werden. Diese Skala bildet ab, wie die Beschäftigten ihre Möglichkeiten der Teilhabe an wichtigen Entscheidungen einschätzen. Diese Daten wurden mit denen der Betriebsleitung in Verbindung gesetzt.

Wir betrachten die Partizipationsdaten auf der Betriebsebene, indem wir die Antworten der Beschäftigten betriebsweise bündeln. Dabei kann man sehen, dass die vier Komponenten der Partizipationsskala relativ hoch korrelieren. Das heißt, Betriebe, die bereits eine Partizipationsmaßnahme implementiert haben, haben tendenziell auch all die anderen Maßnahmen – Problemlösegruppen, Autonomie und Kontrolle über die Arbeit und ausgeprägte Kommunikation – realisiert.

Die großen Ausgabeposten dieses Industriezweiges sind das Rohmaterial, die eingekauften Teile sowie die Teilemontage. Die Gewinne korrelieren hochgradig (Pearson Korrelation, r=.73) mit der Wertschöpfung pro Dollar, der für Rohmaterial und gekaufte Komponenten ausgegeben wird. Aber die Ergebnisse zeigen darüber hinaus, dass die Skala Partizipationsgelegenheit ebenfalls hoch (r=.74) mit der Wertschöpfung pro Dollar Kosten korreliert. Ähnlich hohe Korrelationen finden sich auch zwischen der Skala Partizipationsgelegenheit und Gewinn.

High Performance Arbeitssysteme und ihre Auswirkung auf die Beschäftigten

Obwohl nicht unwichtig, sind Auswirkungen von HPAS auf die Beschäftigten bislang seltener untersucht worden als die Effekte für die Betriebe. Darin besteht ein Schwachpunkt vorangegangener Analysen von Maßnahmen der betrieblichen Leistungssteigerung. Dabei können Forscher Zugang zur Blackbox zwischen Produktionsinput und Produktionsleistung erlangen, indem sie Beschäftigte und deren Erfahrung mit verschiedenen Arbeitsabläufen und Verhaltensweisen studieren. Dies verbessert unser Verständnis vom Zusammenhang zwischen HPAS und Arbeitsleistung. Zudem ist es an sich wichtig zu verstehen, was Beschäftigte denken – wodurch sie ihre berufliche Tätigkeit als befriedigend erleben, was deren Tätigkeit lohnenswert erscheinen lässt und was zum Stressabbau beiträgt. Steigerungen der Betriebsleistung auf Kosten der Beschäftigten dürften auf lange Sicht zu Lasten des Betriebs gehen, obwohl sie kurzfristig dessen Gewinne steigern können.

Die Untersuchung der Beschäftigten erlaubt auf Seite der Belegschaft eine Überprüfung der Auswirkungen jener organisationalen und HR-Maßnahmen, die vom Management in erster Linie zur Steigerung der Produktionsleistung eingeleitet wurden. Dabei wird auf folgende Aspekte fokussiert: Partizipation an Entscheidungen, Praktiken der Kompetenzerweiterung, Anreize zur Steigerung der Arbeitsmotivation.

Die große Stichprobe – fast 4000 nichtleitende Angestellte – dieser Befragung ermöglichte es, ein sehr viel reichhaltigeres Datenfeld der Kompetenzerweiterung und Anreizsysteme zu überprüfen, als es in der Analyse der Betriebsleistung möglich war. Unsere Erhebungen der Fähigkeiten und Arbeitsanreize umfassen die Dauer der Betriebszugehörigkeit und die Bildungsbiographie; die Einschätzung der Sicherheit des Arbeitsplatzes – gemessen über die Wahrnehmung der Konkurrenzfähigkeit des eigenen Betriebs – sowie die Einschätzung der Wahrscheinlichkeit, dass der Betrieb im Falle eines Geschäftsrückgangs auf Entlassungen verzichten würde; die Einschätzung der Transparenz firmenbedeutsamer Informationen sowie der Unterstützung bei der Ausbalancierung betrieblicher und privater Interessen.

Wir untersuchen die Auswirkungen von High Performance Arbeitssystemen in fünf Ausprägungen: Das Ausmaß, in dem die Belegschaft der Geschäftsführung Vertrauen entgegenbringt; der Grad, in dem die Beschäftigten ihre Arbeit als intrinsisch motivierend erleben; organisationale Bindung; Arbeitszufriedenheit und Arbeitsstress.

Partizipative Arbeitsorganisationen weisen oft auch vertrauensvolle Arbeitsverhältnisse auf. Es zeigt sich, dass intrinsische Motivation und Vertrauen direkte Folgen davon sind, dass Beschäftigte High Performance Arbeitssysteme erleben. Darüber hinaus erklären diese beiden Zusammenhänge die Auswirkung von Arbeitsorganisation und Partizipationsgelegenheit auf organisationale Bindung und Arbeitszufriedenheit.

Nicht-monetäre Auswirkungen

Betrachten wir zunächst Vertrauen und intrinsische Belohnungen: Vertrauen innerhalb von Organisationen hängt sehr eng mit vertrauenswürdigem Verhalten des Managements zusammen (CLARK & PAYNE, 1997; WHITENER, BRODT, KORSGAARD & WERNER, 1998) sowie mit der Art und Weise des Führungsverhaltens, das die „Gesinnung einer Schicksalsgemeinschaft" erzeugt (ADLER, 1998, S. 16). Genau solches Verhalten ist auch Merkmal von High Performance Arbeitssystemen. In unseren Daten findet sich genau dieser Zusammenhang, dass solches Verhalten das Vertrauen der Beschäftigten in die Geschäftsleitung steigert. Somit können wir zeigen, dass High Performance Arbeitssysteme positive Auswirkungen auf das Vertrauen Beschäftigter in den Betrieb in allen drei Industriezweigen zeitigten.

Arbeitsaufgaben sind dann intrinsisch motivierend, wenn sie sinnvoll und herausfordernd sind. Die Gelegenheit zur Partizipation an wichtigen Entscheidungen lässt intrinsische Motivation anwachsen, weil die Beschäftigten in Entscheidungen über ihre Arbeit und über den Arbeitsprozess involviert werden. Dadurch werden die Beschäftigten herausgefordert, es wird ihnen Kreativität abverlangt und es werden ihre Fähigkeiten und ihr Wissen in Anspruch genommen. In unseren Ergebnissen zeigt sich in allen drei Industriezweigen ein großer positiver Effekt auf intrinsische Motivation durch Partizipationsgelegenheit: Angestellte mit einem höheren Dienstalter, mit mehreren formalen Schulungen in der Stahl- und in der Bekleidungsindustrie oder in Vorarbeiterstellung in der Medizintechnik erleben ihre Arbeitsaufgaben als intrinsisch motivierend.

Organisationale Bindung spiegelt die Identifikation der Beschäftigten mit ihrem Arbeitgeber wider, die Bindung zur Organisation und den Willen, im Namen der Organisation zu handeln (MOWDAY, PORTER & STEERS, 1982; PORTER, STEERS, MOWDAY & BOULIAN, 1974). Insbesondere die dritte Komponente – Handeln in eigenem Ermessen – stellt einen Kernaspekt von High Performance Arbeitssystemen dar und sollte durch die Gelegenheit zur Partizipation an Entscheidungen erhöht werden. Andere Merkmale der High Performance Arbeitssysteme – speziell unsere Anreizmessungen – dürften die organisationale Bindung ebenfalls vergrößern (LINCOLN & KALLEBERG, 1990). Unsere Daten belegen, dass die Partizipationsgelegenheit einen positiven Effekt auf die organisationale Bindung in der Stahlindustrie und in der Medizintechnik hat, nicht jedoch in der Bekleidungsindustrie. Beschäftigte mit mehr Partizipationsgelegenheiten sind fester an ihre Organisation gebunden, weil sie mehr Vertrauen in ihre Manager haben und größere intrinsische Anreize erhalten. In der Medizintechnik können die Effekte der Partizipation auf organisationale Bindung hauptsächlich durch Vertrauen und durch die intrinsischen Belohnungen erklärt werden. Auch in der Stahlindustrie kann die Hälfte der Effekte von Partizipation auf die Bindung mit diesen beiden Variablen erklärt werden.

Arbeitszufriedenheit stellt einen weitreichend erforschten Indikator für die generelle Qualität der Arbeitserfahrungen dar. Frühere Studien deuten an, dass die Merkmale von High Performance Arbeitssystemen – Gelegenheit zur Partizipation an wesentlichen Entscheidungen, höheres Anforderungsniveau und Anreizsysteme – die Arbeitszufriedenheit erhöhen (KALLEBERG, 1977). Jedoch zeigen unsere Ergebnisse diesen Zusammenhang nur in der Stahlindustrie, in der Bekleidungsindustrie und der Medizintechnik bleibt dieser Effekt aus. Ferner werden die Effekte der Partizipation auf die Arbeitszufriedenheit in der Stahlindustrie hauptsächlich durch Vertrauen und intrinsische Motivation erklärt. Würden diese Variablen in die Analyse mit einbezogen, wäre der Effekt der Partizipation auf die Arbeitszufriedenheit nicht mehr signifikant.

Schließlich sei noch die kontroverse Frage überprüft, ob partizipativere Arbeitssettings den Arbeitsstress erhöhen, weil von den Beschäftigten Unterstützung für das Team und gesteigerter Einsatz für den Betriebserfolg verlangt wird (PARASURMAN & ALUTTO, 1981, 1984). Wir analysierten den Effekt von Partizipationsgelegenheit auf jeden der fünf folgenden Jobstressoren: Ob Beschäftigte regulär zu viel zu tun haben oder ob ihnen in ihrer Zeit zuviel abverlangt wird; ob die Beschäftigten unfreiwillig Überstunden machen müssen; ob die Beschäftigten ihre Arbeitsumgebung als problematisch erachten; ob die Beschäftigten ihre Ressourcen für ihren Job als inadäquat erachten; ob die Beschäftigten Konflikte mit ihren Kollegen erfahren haben. Beschäftigte an partizipativeren Arbeitsplätzen berichten weniger über Überstunden, seltener darüber, dass sie unter unsicheren und unsauberen Arbeitsbedingungen arbeiten, dass ihre Ressourcen für ihre Aufgabe inadäquat sind; auch berichten sie über weniger Konflikte mit ihren Kollegen. Schließlich zeigt sich in unseren Daten kein Zusammenhang zwischen partizipativen Arbeitsverhältnissen und Überarbeitungszuständen. Auch zeigt sich kein Zusammenhang mit unseren Messungen der allgemeinen Arbeitsstressoren. Somit finden wir keinen Beleg dafür, dass sich die Änderungen in der Arbeitsorganisation in einer „Drehzahlerhöhung“ niederschlagen, die Beschäftigte negativ beeinflusst.

Arbeitsergebnisse nach Industriezweigen

Unsere Analysen deuten an, dass in den untersuchten Betrieben die High Performance Arbeitssysteme zu besseren Arbeitsergebnissen führen. Der allgemeine Index der Partizipationsgelegenheit der Beschäftigten zeigt zwar einen positiven Effekt auf fast alle Arbeitsergebnisse der untersuchten Industriezweige. Dennoch sollten auch negative Auswirkungen von Partizipation in selbstgesteuerten Arbeitsgruppen – einer der Komponenten dieses Indexes – auf einige Arbeitsergebnisse der Beschäftigten in der Bekleidungsindustrie beachtet werden.

Sowohl für die Beschäftigten in der Bekleidungsindustrie als auch für andere Beschäftigte war der Partizipationsgelegenheitsindex positiv mit Vertrauen verbunden. Diese Verbindung resultiert aus Autonomie und Kontrolle über die Arbeitsaufgaben sowie aus der Kommunikation unter Beschäftigten, Managern und Experten außerhalb der Arbeitsgruppe. Im Gegensatz zur Stahlindustrie, jedoch in Einklang mit den Befunden in der Medizintechnik, zeigt sich in der Bekleidungsindustrie kein signifikanter Effekt von Partizipation in selbstgesteuerten Teams auf Vertrauen. Überdies trägt Partizipation sogar zu einem Absinken intrinsischer Arbeitsanreize in der Bekleidungsindustrie bei. Im Gegensatz hierzu führt sie in Arbeitsgruppen in der Medizintechnik zu einem Anstieg der Arbeitsanreize, in der Stahlindustrie zeigt sich kein signifikanter Zusammenhang.

Der Index der Partizipationsgelegenheit, der in der Stahl- und in der Medizinindustrie zu einem positiven Effekt auf die organisationalen Bindungen führt, ist in der Bekleidungsindustrie nicht signifikant – was wahrscheinlich auf den negativen Effekt der Partizipation in selbstgesteuerten Arbeitsgruppen auf die Bindung zurückzuführen ist. Diese Partizipation reduziert außerdem die Arbeitszufriedenheit der Beschäftigten in der Bekleidungsindustrie, zeigt aber in den anderen beiden Industrien keinen entsprechenden Effekt.

Eine Erklärung hierfür könnte in der Natur der Arbeitstätigkeit in traditionellen und in Gruppennähprozessen liegen. Große Puffer im Arrangement des Arbeitsprozesses erlauben es den Beschäftigten im traditionellen Bündelsystem, auf ihre eigene Art zu arbeiten, unabhängig davon, wie andere arbeiten. Im Gegensatz dazu haben die Beschäftigten in selbstgesteuerten Teams weniger Kontrolle über die Art und Weise ihrer Arbeit und könnten sich daher durch die Anforderungen der Koordination und Gruppenarbeit eingeengt fühlen.

Arbeitsorganisation und Löhne

Es gibt vereinzelte Studien über die Effekte von Gruppenarbeit und anderen High Performance Arbeitsmerkmalen auf die Lohnentwicklung. Wir würden erwarten, dass die erweiterten Handlungsspielräume in partizipativen Arbeitssettings und die daraus resultierenden verbesserten Betriebsergebnisse zu höheren Löhnen führen. Denn die Organisationen stehen in der Erwartung, für gestiegene Ansprüche an Beschäftigte entsprechende Anreize zu bieten. Dies könnte in einer Form geschehen, dass Zusatzzahlungen an Leistungsziele geknüpft werden oder dass Leistungslöhne bezahlt werden, die zu höheren Leistungen anspornen, indem eine wechselseitige „Gebensbeziehung" dadurch aufgebaut wird, dass ein Betrieb seinen Beschäftigten mehr bezahlt als sie andernorts verdienen können (BURKS, 1997).

Wie auch immer – die empirische Evidenz eines solchen Zusammenhangs ist schwach, und Untersuchungen zeigen in der Regel keine bedeutsamen Korrelationen zwischen Gruppen- oder anderen partizipativen Praktiken und Bezahlung. Manchmal scheint sogar ein negativer Zusammenhang vorzuliegen. Jedoch bestehen die meisten dieser Studien aus Managerinterviews und vergleichen die Durchschnittslöhne in einer Fabrik mit den dortigen Arbeitsstrukturen. Information darüber, ob individuelle Löhne mit Partizipationsgelegenheiten zusammenhängen, gehen verloren, sobald mit Durchschnittswerten gerechnet wird. Außerdem ist die Wahrnehmung von Managern in Hinblick auf die Verbreitung von Arbeitspraktiken oder von Selbstbestimmung und Steuerungsmöglichkeiten Beschäftigter verzerrungsanfälliger als die Befragung von Beschäftigten im entsprechenden Arbeitsfeld. Eine Untersuchung der Beschäftigten bietet hierfür direkte Belege. Wir sind in der Lage, die individuellen Löhne der befragten Beschäftigten zu erfassen und sie mit den individuellen Arbeitsplatzmerkmalen und der Einbindung in High Performance-Maßnahmen in Beziehung zu setzen.

Unsere Befunde zeigen, dass Beschäftigte, die in Gruppenarbeit eingebunden sind, durchschnittlich höhere Löhne beziehen als solche, bei denen dies nicht der Fall ist. Und dies gilt für unser gesamtes untersuchtes Spektrum und in jedem der drei Industriezweige. Auf Basis einer multivariaten Datenanalyse, bei der die individuellen Merkmale kontrolliert wurden, können wir nachweisen, dass Beschäftigte in Gruppenarbeit 5-7% höhere Einkünfte aufweisen als andere Beschäftigte. Darüber hinaus zeigt sich auch ein positiver Zusammenhang zwischen Lohn und Partizipationsgelegenheit.

Schlussfolgerungen

Durch die Befragung von Beschäftigten konnten wir eine Skala entwickeln, die die Gelegenheit zur Partizipation an wichtigen Entscheidungen misst. Diese Skala vereinigt die vier Schlüsseldimensionen, entlang deren sich die Arbeitsstruktur und der Arbeitsinhalt zwischen High Performance und traditionellen Arbeitssystemen in der Industrie unterscheiden. Diese Dimensionen sind: (1) Ausmaß der Autonomie der Beschäftigten; (2) Einbindung in selbstgesteuerte Teams; (3) Partizipation an Problemlöseteams; (4) Ausmaß der Kommunikation mit Anderen. Außerdem lieferte die Befragung der Beschäftigten Informationen über die anderen Komponenten von High Performance Arbeitssystemen – Fähigkeiten der Beschäftigten und Tätigkeitsanreize. Wir konnten diese Informationen nutzen, um die Effekte von High Performance Arbeitsplatzmaßnahmen auf Betrieb und Arbeitsergebnis zu prüfen.

Allgemein sagen unsere Ergebnisse aus, dass in der Industrie die Einführung von High Performance Arbeitssystemen zu *win-win*-Ergebnissen, also zu positiven Effekten sowohl für den Betrieb als auch für die Beschäftigten führt. In den drei untersuchten Industriezweigen ist die Betriebsleistung in solchen Messkategorien höher, die den Managern in diesen Industrien als wichtig erscheinen. Die Skala der Partizipationsgelegenheit wurde aus der Befragung von Beschäftigten abgeleitet und zeigt ebenfalls einen positiven Zusammenhang mit den Betriebsergebnissen. Vertrauen und intrinsische Anreize vergrößern sich durch gesteigerte Partizipationsgelegenheiten sowie weitere Arbeitsplatzmerkmale, die mit einem High Performance Arbeitssystem verknüpft sind. Zudem erhöht Partizipation die organisationale Bindung in der Stahlindustrie und Medizintechnik sowie sehr stark die Arbeitszufriedenheit in der Stahlindustrie, und zwar vermittelt über die Auswirkungen auf das Vertrauen und die intrinsischen Arbeitsanreize. Wir finden keine Belege für die Ansicht, dass partizipative Arbeitsplatzmaßnahmen Stress bei den Beschäftigten hervorruft. Wichtig ist schließlich, dass wir eine signifikante Lohnsteigerung feststellen können, die sowohl mit Gruppenarbeit als auch mit dem Ausmaß der Partizipationsgelegenheit verbunden ist.

Literaturverzeichnis

Adler, P. S. (1998). *Market, hierarchy, and trust: The knowledge economy and the future of capitalism* (Manuscript). Los Angeles: Marshall School of Business, University of Southern California.

Aoki, M. (1990). Participatory generation of information rents and the theory of the firm. In M. Aoki, B. Gustafsson & O. E. Williamson (Hrsg.), *The firm as a nexus of treaties* (S. 26-52). London: Sage.

Appelbaum, E., Bailey, T., Berg, P. & Kalleberg, A. L. (2000). *Manufacturing advantage: Why high performance work systems pay off.* Ithaca: Cornell University Press.

Appelbaum, E. & Berg, P. (1999). Hierarchical organization and horizontal coordination: Evidence from a worker survey. In M. Blair & T. Kochan (Hrsg.), *The new relationship: Human capital in the American corporation* (S. 11-24). Washington: Brookings Institution.

Batt, R. (1998). *Work design, technology and performance in computer-medicated service and sales* (Manuscript). Ithaca: Cornell University Press.

Batt, R. & Appelbaum, E. (1995). Worker participation in diverse settings: Does the form affect the outcome, and if so, who benefits? *British Journal of Industrial Relations, 33*, 331-378.

Burks, S. V. (1997). *Origins of a segmented labor market: An endogenous gift exchange explanation of good jobs and bad jobs in motor freight* (Manuscript). Amherst: Economics Department, University of Massachusetts at Amherst.

Clark, M. C. & Payne, R. L. (1997). The nature and structure of worker's trust in management. *Journal of Organizational Behavior, 18*, 205-224.

Hackman, J. R. & Goldman, G. R. (1975). Motivation through the design of work: Test of a theory. *Organizational Behavior and Human Performance, 16*, 250-279.

Hackman, J. R. & Goldman, G. R. (1980). *Work redesign*. Reading: Addison-Wesley.

Ichniowski, C., Shaw, K. & Prennushi, G. (1997). The effects of human resource management practices on productivity: A study of steel finishing lines. *American Economic Review, 87*, 291-313.

Kalleberg, A. L. (1977). Work values and job rewards: A theory of job satisfaction. *American Sociological Review, 42*, 124-143.

Klein, J. (1993). Faster, better decisions through small business teams. In J. Klein & J. Miller (Hrsg.), *The American edge: Leveraging manufacturing's hidden assets* (S. 11-24). New York: McGraw-Hill.

Lincoln, J. R. & Kalleberg, A. L. (1990). *Culture, control, and commitment: A study of work organization and work attitudes in the United States and Japan.* Cambridge: Cambridge University Press.

Mowday, R. T., Porter, L. W. & Steers, R. M. (1982). *Employee-organization linkages: The psychology of commitment, absenteeism, and turnover.* New York: Academic Press.

Parasurman, S. & Alutto, J. A. (1981). An examination of the organizational antecedents of stress at work. *Academy of Management Journal*, *24*, 48-67.

Parasurman, S. & Alutto, J. A. (1984). Sources and outcomes of stress in organizational settings: Toward the development of a structural model. *Academy of Management Journal*, *27*, *330*-350.

Porter, L. W., Steers, R. M., Mowday, R. T. & Boulian, P. V. (1974). Organizational commitment, job satisfaction and turnover among psychiatric technicians. *Journal of Applied Psychology*, *59*, 603-609.

Whitener, E. M., Brodt, S. E., Korsgaard, M. A. & Werner, J. M. (1998). Managers as initiators of trust: An exchange relationship framework for understanding managerial trustworthy behavior. *Academy of Management Review*, *23*, 513-530.

Birger P. Priddat

New und Old Economy: Zwei Welten? Neue Formen der Arbeit und ihrer Organisation

Unternehmensorganisationen agieren auf Märkten, sind aber selbst nicht wie Märkte organisiert, sondern wie Hierarchien. Die Mitarbeiter können nicht wie Marktakteure nach den besten Opportunitäten agieren, sondern sind an Planungszusammenhänge und Ausführungsregeln gebunden. Unternehmensorganisationen verbieten, als Hierarchien, intern den Markt, für den sie extern arbeiten. Als Hierarchien sind sie regelorientiert und erlauben den Mitarbeitern nicht, immer wieder neue Verträge einzugehen, wie im Marktgeschäft.

Doch ändert sich das: Unternehmensorganisationen holen den Markt in die Unternehmensorganisation hinein. Das geschieht in vorsichtiger Weise, wenn z.B. die Unternehmensorganisation in diverse „profit-center" aufgeteilt wird, die sich zum Markt wie untereinander als Wettbewerber verhalten. In zweiter Konsequenz müssen die *profit-center* – nehmen wir an, sie gehören zu einem Konzern – aussuchen dürfen, mit welchen internen Abteilungen oder anderen *profit-centers* sie zusammenarbeiten und mit welchen nicht. Wenn die Konzernbuchhaltung zu langsam arbeitet und zu teuer ist, muss das *profit-center* sich gegebenenfalls eine externe Buchhaltung leasen können usw. Indem so das Wettbewerbsprinzip intern zugelassen wird, gelten die üblichen Selektionsmechanismen für alle Abteilungen. Der Konzern zieht sich funktional auf eine Holding zurück, d.h. auf eine Finanzzentrale oder eine Art Bank, mit der die einzelnen Abteilungen als *profit-center* für Investitionen verhandeln können und an die ausgehandelte Profits gehen.

Nennen wir diesen Prozess einen Zerfällungs- oder Dissipationsprozess, der noch komplexer wird durch die möglichen Käufe und Verkäufe (*mergers & acquisitions*), die die Holding tätigen kann. Die dissipierten kleineren Leistungseinheiten stellen nicht nur Produkte her, sondern sind selber Produkte auf einem Unternehmensmarkt. Wenn der eine Markt nicht läuft, läuft der andere Markt; Unternehmen haben eine Option mehr, indem sie nicht nur ihre Produkte oder Leistungen verkaufen können, sondern auch sich selbst. Durch diese Dissipation 2. Ordnung nimmt die Menge der Handlungsmöglichkeiten für die Holding zu (Aufbau heterogener und/oder optimaler Produktketten), insbesondere die Wettbewerbsstruktur kann sich schnell ändern.

Das Unternehmen hat den Markt in sein Unternehmen hereingelassen, was funktional-organisatorisch bedeutet, dass die ehemalige Arbeitsteilung zwischen den Bereichen zurückgenommen wird auf die selbstständigen *profit-centers,* die nun die ganze Leistungspalette von kleinen Unternehmen bieten müssen: Produktion, Entwicklung, Vertrieb, Marketing usw. Ökonomisch sinnvoll ist die Dissipation 1. Ordnung nur dann, wenn die Produktivität im Holding-Bereich steigt. Das geschieht, wenn die dissipierten Leistungsbereiche mit ihren Produkten und Leistungen Spezifität mitproduzieren, d.h. wenn sie sehr viel genauer als zuvor Kundenwünsche bedienen können. Die Produktpalette wird „getuned“ oder „taylor-made“.

Die Logik der Dissipation 1. Ordnung (Unternehmenssplitting) beruht auf einer schnellen und intensiveren Marktdifferenzierung; die Logik der Dissipation 2. Ordnung (*mergers & acquisitions*) beruht auf einer schnellen Änderung der Wettbewerbsstruktur, die gewisse Konzentrationen und Dekonzentrationen erreichen will, um den Fokussierungsprozess, der mit der Dissipation 1. Ordnung läuft, zu unterstützen. Anstatt neue Unternehmen zu gründen, neue Märkte zu erobern, werden Leistungseinheiten gekauft, die für das kaufende Unternehmen „Innovationen“ einspielen („relative Innovation“, d.h. relativ für das kaufende Unternehmen).

Dissipationen 1. und 2. Ordnung verlangen unterschiedliche organisatorische Anpassungen. „Mergers“ und „acquisitions“ fordern eine „post-merger-integration“, die zum einen in die „merger-costs“ einzurechnen oft vergessen wird, zum anderen einen Aufwand an unternehmenskulturellem Integrationsmanagement, auf den die Vorstandsequipe selten eingestellt und trainiert ist.

Die Verträge der Fusionen und Firmenkäufe bleiben unvollständig, ihre Transaktionskosten un- oder nur teilkalkuliert. Es reicht nicht, die Transaktionen zu tätigen, sondern sie müssen a posteriori gemanaged werden. Die „mergers“ und „acquisitions“ sind Transaktionen, deren Vertrag nur den Anfang eines Prozesses darstellt, der nicht mehr nur als Integration einer Organisation in die andere aufgefasst werden kann, sondern auch als Reorganisation beider Komponenten, die untereinander eine Subsequenz informeller und neuer formeller Verträge aushandeln müssen, aus denen neue Regeln und Hierarchien entstehen können (nicht nur bei „mergers of equity“).

Da die Reorganisationen (Dissipation 1. Ordnung) und „mergers“ und „acquisitions“ (Dissipation 2. Ordnung) aber weitergehen in dynamischen Marktumgebungen, verflüssigt sich die Organisationsstruktur und „Organisation“ wird zum ständigen, fluiden Organisationsprozess, der zwischen internem wie externem „bargaining“ und Regelhierarchien oszilliert. In dem beschleunigten Wettbewerbsfeld, das wir global „globalization“ und lokal „Internationalisierung“ nennen, wird Organisation zu einem Prozess ständiger Vertragsanpassungen und „recontractings“.

Die Verträge, insbesondere die informellen, die man im Organisationskontext eingeht, müssen offene Verträge sein, da die Erstellungs-, Folge- und Realisierungskosten unsicher bleiben. Die Organisationsverträge sind transaktionskostenunbestimmt, und das neue Management erfordert Einschätzungen, die die Transaktionskosten zu minimieren in der Lage sind. Wenn die Organisationen in der Dissipationsökonomie stärker auf – temporäre – Formen der Kooperationen umstellen, werden die Transaktionskosten der zunehmenden „contractings“ und „recontractings“ hochbedeutsame Kostenpositionen, auf die sich das Management einstellen muss, um am „post-merger“ und an den Organisationskonstellationen nicht zu scheitern. Management wird, stärker als bisher, Transaktionskostenmanagement.

In den virtuellen Organisationen wird wegen der Spezifität der geforderten Produkte und Leistungen der Konzern nach Kernkompetenzen der neuen, kleineren Leistungseinheiten dissipiert. Die Unternehmung wird auf einen Kern (Kernkompetenz) reduziert. Die Verkleinerung ist ein Prozess der Fokussierung auf Spezifität, d.h. von Markt- und Produktdifferenzierung. Der Rest der Leistungen wird durch externe Auftragnehmer erledigt, die als Satellitenwolke ein Netzwerk von potenziellen Ko-Operateuren um die Kernkompetenz legen. Die früher klare Grenze von innen/außen der Unternehmensorganisationen wird geöffnet.

Je weiter die Leistung der neuen Einheiten von der Kernkompetenz entfernt ist, desto eher wird sie anderen Unternehmen übertragen. Man will keine Vermittelständigung der Konzerne erreichen, sondern ihre Entbeamtung: Der Kern der Mitarbeiterschaft bleibt in den Leistungszentren, der Rest der Arbeit wird „part-time“ hinzugekauft. Das wird zum Teil als „outsourcing“ bezeichnet. Wir sprechen dann von „virtual organizations“.

Die Unternehmen werden nicht nur als neue Leistungseinheiten kleiner, sondern die Leistungseinheiten verkleinern sich selbst auf ihren Kompetenzkern, um den Rest ihrer Arbeit an den Markt abzugeben. Mit dieser Bewegung erzeugen die Unternehmen (die sich nicht auf Konzerne begrenzen) zum einen, qua *outsourcing*, weniger Beschäftigte. Zum anderen aber benötigen sie mehr Anbieter, die ihnen ihre Nicht-Kernkompetenzen erledigen. Dafür entlassen die verkleinerten Unternehmen teilweise Mitarbeiter, die nicht in ihren Kompetenzkern passen. Zudem bilden sich, zum Teil aus diesen Mitarbeitern, neue kleine Anbieter, die für die herausgelagerten Arbeiten bereitstehen (*outsourcing*).

Die hier sich vollziehende Verschiebung von abhängiger Beschäftigung in freie Arbeit ist Lösung und Problem zugleich. Wenn die Zukunft der Arbeit, wie bisher, als „recontracting“ betrachtet wird, d.h. als Wiedergewinnung abhängiger Arbeitskontrakte, formulieren wir sie als Problem. Diese Zukunft hat bereichsweise aufgehört und wechselt in eine Zukunft der freien Arbeit, die wir unter den Bezeichnungen „Gründungsinitiative“, „neue Selbstständigkeit“, „new work“ usw. noch vage beschreiben. Doch folgt diese Ausweitung der „freien Arbeit“ keinen normativen Bestrebungen, sondern der Logik der Dissipation, die eine neue Entwicklung in den Arbeitsvertragsstrukturen in Gang setzt (die für die deutsche Arbeitsmentalität einigermaßen neu ist).

Zwei Basistypen

Wir befinden uns an der Schwelle der endgültigen Aufgabe abendländischer Reste der Zunftmomente im Unternehmensorganisationskorpus. Zünfte waren die Kooperationsinstitutionen der Handwerke und Gewerbe über Jahrhunderte in Europa. Natürlich war die Erfindung der „fabrique“ und der Manufaktur, der Geburtsstätte der modernen Industrieunternehmung, anti-zünftig eingestellt. Aber die Unternehmensorganisationen haben sich im Laufe des 19. Jahrhunderts darauf eingestellt, für die Arbeiter ähnliche Kooperationsmodi anzubieten, wie sie die Zünfte für ihre Meister und Gesellen boten. Das geschah immer dann, wenn eine gewisse Unternehmenskultur mit gewissen Gewährleistungen entstand, oft aus patriarchalischer Fürsorge, manchmal aus Bindungskalkül (um der „exit-option“ von nachgefragten Facharbeitern entgegenzutreten). Das zünftige Modell wurde natürlich transformiert, aber in seiner Sicherungs- und Gewährleistungskomponente tendenziell beibehalten. Auf dieser Basis entwickelt sich die Anschauung, dass man ein Leben lang in einer Firma arbeiten könne. Die Firma sorge für einen, usw. Arbeit war in der Industrieepoche verknüpft mit einem Arbeitskontrakt, der längerfristig angelegt sein sollte, d.h. als eine Art von Gewährleistung gegen Arbeitslosigkeit (vornehmlich später durch gewerkschaftliche Tarifregime).

Folglich war Arbeitslosigkeit, d.h. ein Zustand der Kontraktlosigkeit mit Unternehmen, ein Zustand, der staatlich durch soziale Systeme kompensiert werden musste. Das konnte durch einen Vertrag mit einem – in Deutschland halb- oder parastaatlichen – Versicherungsinstitut geschehen (Sozialversicherung), oder durch einen Vertrag mit dem Staat, der Sozialzahlungen generierte – genauer gesagt: Durch einen politischen Vertrag, den wir in Deutschland generell „Sozialpartnerschaft“ nennen.

Die Sozialpartnerschaft zieht ihre Geltung und Legitimität aus der Fähigkeit, langfristige Bindungen zwischen kooperierenden Wirtschaftssubjekten aufzubauen, die wechselseitig Vorteile aus dieser Kooperation realisieren wollen. Gegenüber dieser „rheinischen Variante“ der Marktwirtschaft steht das „neo-amerikanische“ oder „neo-liberale“ Modell, das seine Legitimation aus der möglichst ungehinderten Mobilität der Ressourcen zieht.

Im neo-amerikanischen Modell, das die Herkunft der virtuellen Organisation markiert, spielen langfristige Bindungen zwischen Vertragsparteien eine geringe Rolle. Spotmärkte und die Fähigkeit, sich schnell von unzuverlässigen Vertragspartnern zu trennen und neuen Vertragspartnern zuwenden zu können, haben hohe Bedeutung („exit-option“, im Gegensatz zu der in starken Vertragsbindungen gewöhnlichen „voice-option“, das Aushandeln und Druck-Machen).

Der Vorteil der neo-liberalen Version ist die hohe Flexibilität, Mobilität und Marktanpassung aller Akteure. Nachteile sind die daraus entspringenden „disincentives“ für die Qualifizierung der Arbeitskräfte. Wegen der hohen Mobilität lohnten sich keine spezifischen Investitionen, weil die dafür notwendige Erwartung langfristiger Kooperation fehlt. Mit der leicht möglichen Abwanderung gehen auch betriebsspezifische Erfahrungen und Wissen verloren.

Der Vorteil des rheinischen Modells, das in Deutschland, unter dynamischen Wettbewerbsbedingungen, die Form der „learning organization" annimmt, besteht darin, dass alle Beteiligten aufgrund vergleichsweise hoher Abwanderungskosten eine längerfristige Zusammenarbeit erwarten (die Basis des Vertrauens, für die deutsche Wirtschaftskultur als typisch angesehen (wie auch für die japanische)). Das erhöht den Anreiz, in betriebsspezifische Qualifikationen zu investieren, Erfahrungen weiterzugeben, Verbesserungen auszuarbeiten usw., d.h. gemeinsam zu „lernen", den Leistungsprozess voranzutreiben.

Der Vorteil der Stabilisierung einer längerfristigen vertrauensvollen Kooperation geht allerdings parallel mit dem Nachteil des Ausschlusses derjenigen, die schwer die Schwelle über diesen „closed shop" finden: Neuanfänger, Arbeitslose, aber auch Unqualifizierte.

Die Dissipation transformiert die deutsche Wirtschaft in Richtung des amerikanischen Modells bzw. in Richtung „virtual organization". Das ist der signifikante Wandel: Die Dissipation produziert freie Arbeit, die nicht mehr automatisch in Arbeitslosigkeit münden muss, d.h. nicht in unternehmenskontraktlose Zustände, sondern wegen der Dissipationsevolution in den Netzwerkbereich der neuen Wirtschaftsstruktur eintreten kann. Das gelingt dann, wenn die „freie Arbeit" sich als freier Anbieter in der dissipativen Ökonomie definiert, d.h. vornehmlich in kurzfristigen Verträgen. Das kann über Teilzeitarbeitsverträge laufen oder über den Übergang in selbstständige Tätigkeiten.

Wissen, Netzwerke, Risiko

Doch haben wir es nicht nur mit neuen Kontraktstrukturen zu tun, sondern parallel mit einem neuen Basisprozess: Die Wissensressource ändert sich. Der Vorteil kooperativer längerfristiger Bindungen von Mitarbeitern in Unternehmen bestand in einem Wissenskapital, das akkumulierte Erfahrungen besaß: Für die internen wie für die externen Prozesse. In schnell sich ändernden Wissenslandschaften – in schnell sich ändernden Märkten, in schnell veraltenden Wissensbeständen der „informational technology" usw. – ändert sich die Strategie, in Mitarbeitern akkumuliertes Wissen bereitzuhalten, in die Strategie, jederzeit frischen Zugriff auf neues Wissen zu bekommen, mit der Konsequenz, die „knowledge base" im Unternehmen kleiner zu halten als früher und sich das aktuell benötigte aktuelle Wissen partiell zuzukaufen. Dem folgt die Organisationsentwicklung in Richtung Dissipation, infrastrukturell unterstützt durch die „electronic media", die ein „world wide web" des Wissenszugriffs anbieten, und durch die neuen Netzwerkarbeitsanbieter.

Wenn die auf Kernkompetenzen reduzierten neuen Leistungseinheiten ihre aktuellen Wissensressourcen (neben anderen Leistungen natürlich) aus dem Markt beziehen, bedarf es eines neuen Schnittstellenmanagements, das die Innen-/Außen-Beziehungen hantiert. Das betrifft nicht nur die Manager, sondern die Mitarbeiter selbst, die nun gewärtig und kompetent sein müssen, auf allen Ebenen mit Externen zusammenzuarbeiten. Die interne Zusammenarbeit wird durch eine externe Zusammenarbeit parallelisiert. Das bedeutet eine höhere Entscheidungskompetenz und -autonomie für alle Mitarbeiter, die in diesen Schnittstellen agieren. Denn jeder Auftrag nach außen ist eine Art von Investition, deren Erträge durch die Minimierung der dafür aufzuwendenden Kosten bemessen werden können. Die informellen Organisationsanteile werden externalisiert. Zudem entstehen ständig, und variierend, virtuelle Teams; die Geschlossenheit und relative Abgeschirmtheit der Mitarbeiter, die klassische Unternehmen kennzeichnete, ihre Eingliederung in Standardlinien, ändert sich zugunsten einer Marktöffnung, die die Mitarbeiter stärker in unternehmerische Handlungsweisen einlässt.

Man beginnt, die Angestellten und Arbeiter als „kleine Unternehmer" zu betrachten, als „intrapreneurs". Diese „Verunternehmerung" der Mitarbeiter ist erst einmal mehr eine Vision als eine dominante Strategie, folgt aber der Logik der Dissipation, die ich als den Evolutionspfad der Organisationsänderung mit der größten Änderungsdimension hervorheben will. Mit der Verunternehmerung der Mitarbeiter erreicht man eine Dimension, die wir noch viel zu wenig beachten und die die Zukunft der Arbeit stärker beeinflussen wird als die anderen Beobachtungen, wie die der Automatisierung und insbesondere die der Elektronisierung. Ich meine die Einführung des Risikos für die Mitarbeiter in Organisationen wie für die herausgenommenen (*outsourced*) Externen, die „networkers".

Der Wechsel der Kontraktstrukturen, die Bevorzugung kurzfristigerer Verträge, die die Kooperation von Kernunternehmen und „freier Arbeit" dominieren, indem externe Unternehmer im Netzwerkverbund der Kernkompetenzunternehmen (*extrapreneurs*) integriert werden, findet seinen Komplementärprozess in der Entwicklung der Mitarbeiter der Kernkompetenzunternehmen zu „internen Unternehmern" (*intrapreneurs*). Für die „intrapreneurs" wechselt nicht die Arbeitsvertragsform (wenn sie auch umsatzorientiert oder anders ergebnisorientiert variiert wird), aber ihre Vertragsfähigkeit gegenüber dem Markt wird ausgebaut (bzw. ihre interne Vertragsfähigkeit, mit anderen Mitarbeitern schnell wechselnde Kooperationen auszuhandeln). Wir beschreiben diesen Prozess noch momentan unter einem anderen Namen: „Kundenorientierung". Das ist ein harmloser Name für grundlegende Änderungen in der Organisation.

Die Dissipationsökonomie erreicht eine höhere Marktintegration, indem sie

1) einen Teil ihrer Leistungen, die vorher rein interne hierarchische Regelungen waren, über Marktkontrakte abwickelt (Kooperation mit der „freien Arbeit", den *extrapreneurs*) und indem sie
2) die Marktkontraktkompetenz der Kernmannschaft erhöht.

Beide Prozesse bedeuten eine Ökonomisierung der Organisationen, wenn man „Ökonomisierung" einen Prozess nennt, der „market behaviour" forciert (und die organisierte Kooperationskompetenz, typisch für „klassische" Unternehmensorganisationen, abbaut). *Market behaviour* ist hier nur ein anderer Name für die Einführung des Risikos, Anschlussaufträge zu verlieren oder aus bestimmten avancierten Positionen im Unternehmen herausgenommen zu werden. Zugleich ist *market behaviour* auch ein Name für die Vervielfältigung der Anreize, d.h. der Chancen, seine Erträge zu steigern.

Auffällig ist die Typusänderung bci den „free lancers" (und, neuerdings, bei den „e-lancers"), d.h. bei den hochkompetenten ehemaligen Mitarbeitern, die sich selbstständig machen und mit ihren – ehemaligen – Unternehmen nur mehr noch Netzwerkbeziehungen aufrechterhalten. Netzwerkbeziehungen sind vertragliche Beziehungen von eigenständigen Leistungsträgern, die gewisse Kontraktionsvorrechte haben (wer im Netzwerk Mitglied ist, wird eher angesprochen als Nichtnetzwerkmitglieder). Allein um die Disposition aufrechtzuerhalten, im Netzwerk jemanden beanspruchen zu können, sind Verträge nötig. Anderweitig ist der so vertraglich nur noch lose gekoppelte neue Selbstständige (*networker*) allen anderen Verträgen außerhalb des Netzwerkes offen. Dispositionsverträge in Netzwerkbeziehungen sind Zwischenstrukturen, die eine gewisse Sicherheit der Vertragsbindung mit einer neuen Selbstständigkeit des Erwerbs verknüpfen, gleichsam eine Halb-Freiheit (die Akquisitionskosten senkt). Man sieht, dass in dieser Halbordnung der Kontraktformen eine Transitionsmöglichkeit liegt, die bei vielen „outsourcings" tatsächlich wahrgenommen wird.

Die Sicherheit fester Arbeitskontrakte wird durch eine, zeitlich begrenzte, Vertragsbindung bezüglich Leistungsbeziehungen ersetzt, gleichsam als eine Art Auslöse- und Startkapital für die neue Selbstständigkeit. Diese Form der Kontraktierung freier Arbeit wird von den so Herausgenommenen (*outsourced*) akzeptiert, weil die Alternative, arbeitslos zu werden, minder einkommensträchtig ist, als das Risiko, selbstständig zu werden mit einem Anfangskontrakt längerfristiger Leistungsbindung.

Was für die „outgesourcten" Mitarbeiter an neuer Selbstständigkeit gewonnen ist, gilt für die intern verbleibenden Mitarbeiter in gewissem Maße auch. Innerhalb der neuen dissipierten Organisationen sind die Intrapreneurs allerdings erst einmal nur Semi-Unternehmer. Es wird von ihnen erwartet, dass sie unternehmerisch selbstständig agieren können, aber das Risiko bleibt das der Unternehmensorganisation. Sie setzen kein eigenes Kapital ein, gefährden allerdings ihre Gehaltsauszahlungshöhen (wenn entsprechende variante Vertragsformen vorliegen). Der feste Kontrakt bleibt bestehen, aber innerhalb des Kontraktes wird eine höhere Variabilität eingeführt, die sich z.B. an Umsatzentwicklungen orientiert. Innerhalb der formellen Verträge erhöht sich die Menge der möglichen informellen Verträge.

Indem sie persönlich marktunmittelbarer agieren, sind Erfolge wie Fehler natürlich persönlich zurechenbarer als in hierarchischen Organisationen. Die Organisationsform macht jedes Handeln transparenter, die handelnden Personen evaluierbarer. Das hat Folgen für die Bewertung und für den Personaleinsatz. Wissens-, Entscheidungs- und Kommunikationsdifferenzen werden schärfer und klarer beobachtbar. Man wird sich schneller dafür entscheiden, in bestimmten Positionen andere Mitarbeiter einzusetzen oder die nötigen Kompetenzen auf dem Markt einzukaufen. Der „human capital"-Umsatz wird steigen. In Antizipation dieses Trends werden die „high qualified workers and employees" von sich aus in die interessanteren Projekte einsteigen, d.h. den Wechsel der Tätigkeit auf dem Markt so lange verfolgen, wie sie nachgefragt werden. Jeder „high-knowledge-worker" ist potenziell in der Lage, aus einem längerfristigen Arbeitskontrakt in „freie Arbeit" zu wechseln – eine Tatsache, die nicht nur das Kontrakteinkommen steigert, sondern auch Rückwirkungen hat auf die Organisationsform, die auf eine höhere Autonomie zugeschnitten werden muss, um die Leute zu halten.

Es bildet sich eine „high-quality-worker"-Elite heraus, die nicht allein durch ihr Wissen definiert ist, sondern durch die Wissensdynamik, d.h. die Aktualität (und permanente Aktualisierung) ihres Wissens in schnell entwertenden Wissenslandschaften. Die Nachfrage wird ständig größer sein als das Angebot, was nicht nur die Preise erhöht, sondern es für die high-knowledge-Anbieter attraktiv macht, ihre Kompetenz nicht nur einer Organisation zur Verfügung zu stellen, sondern, spektral, mehreren. Weil die Nachfrage aus den Organisationen höher ist als das jeweils aktuelle Angebot, müssen sich die Organisationen auch aus diesem Grund auf Dissipation umstellen. Sie haben, bei diesen „high-level-positions", gar nicht die Chance, solche Leute permanent einzustellen oder sie vertraglich längerfristig und ausschließlich zu binden (wie sie sich umgekehrt an potenziell entwertbare Ressourcen nicht binden wollen). Sie müssen sie über befristete Aufträge binden, und ihre Organisation so organisieren, dass sie über diese Schnittstellen arbeiten kann (es sei denn, wie öfters geschehen, die Holding kauft ein neues Unternehmen zu, allein um die „high-level-manpower" zu ergattern, die sie auf dem Arbeitsmarkt gar nicht mehr bekommt).

Die Risikoproblematik, die ich vorhin bezüglich der Kontraktformen ansprach, bekommt noch eine zusätzliche Nuance. Die Risiken bestehen vornehmlich in der Entwertung des privaten „knowledge" oder „human capital" (mit der Konsequenz, dass wir einen sich ausweitenden Wissensmarkt bekommen werden, auf dem einerseits Wissen für die laufende Unternehmensarbeit angeboten wird, andererseits aber Ausbildung zum Wissenserwerb. Der Bildungsmarkt wird stark expandieren und im neuen Jahrhundert eine neue Wachstumsbranche werden). Die Risiken bestehen darin, sich aktiv aus der Unternehmensorganisation auszugrenzen oder ausgegrenzt zu werden. Längerfristige Vertragsbindungen lohnen sich dann nur noch für die Mitarbeiter, aber nicht mehr für die Unternehmen.

Es gibt Parallelkonzepte, z.B. das der „learning organization". Hier wird angestrebt, das ganze Unternehmen lernen zu lassen, anstatt wissensdynamische Positionen im Unternehmen auszuwechseln oder zuzukaufen. In den „learning organizations" wird versucht, das (rheinische) Modell längerfristiger Vertragsbindungen mit den Flexibilisierungsanforderungen so zu verknüpfen, dass der Netzwerkbedarf nicht steigt und Dissipationen vermieden werden. Der Organisationsentwicklungsaufwand ist erheblich, hoch versagensanfällig, vor allem wegen der Idee der alle Mitarbeiter betreffenden Parallelität bzw. Gleichmäßigkeit der Wissensdynamik. Ich halte das für die gefährdetere Variante, die allerdings den Vorteil hat, gelänge sie, die „corporate identity" zu halten und zu verstärken und die bewährten Formen organisierter Kooperation zu stärken. Denn in den dissipativen Organisationen werden die traditionellen Formen der Zusammenarbeit durch neue, weniger gesellige, vor allem in den Konstellationen wechselnde Formen abgelöst.

Es wird allerdings schwierig, von einer „corporate identity" zu reden, wenn sich der organisatorische Korpus, der vorher immer eine Raum/Zeit-Einheit darstellte, ins „communicational network" der neuen Arbeits- und Organisationsbeziehungen auflöst. In „virtual organizations" wird die „corporate identity" ein spezifisch zu managender Prozess der ständigen Wiedergewinnung von „corporate integrity". Identität wird zur Flussgröße, ist keine unternehmenskulturelle Ressource mehr, auf die man meint, beliebig zurückgreifen zu können, sondern ein Prozess des „value managements", der „trust-relations" ständig neu generieren und kommunizieren muss.

Was ich hier benenne, gilt nur für die „high-knowledge"-Elite, die allerdings größer wird, weil sie nicht nur die sogenannten Experten umfasst, sondern jeden, der in der Wissensdynamik avantgardistisch agiert. So wie die dissipierten Leistungseinheiten Produzent und Produkt zugleich sind, werden die Arbeitsplätze ebenso bivalent bewertet werden: Welche Kompetenzausübung sie gestatten und welches Wissen sie zu generieren helfen. Der Schritt in die Selbstständigkeit ist leicht getan (insbesondere wegen der oft nur geringen nötigen Kapitalausstattung), so dass die Unternehmen beide Optionen verfolgen müssen:

1) attraktive Arbeitskontrakte anbieten, aber
2) auch „best competences" von außen einkaufen.

Typisch sind hierfür Netzwerkorganisationen. Netzwerke bestehen aus „weichen Verträgen", haben die Gefahr hoher Transaktionskosten, aber dynamische Eigenschaften, insbesondere eine hohe Anpassungsfähigkeit. Einerseits ermöglicht die Redundanz für das Netzwerk insgesamt ein hohes Maß an Flexibilität, auch wenn die einzelnen Netzwerk-Unternehmen relativ inflexibel sind. Andererseits induziert weich kontrahierte, kooperative Arbeitsteilung mit mehreren Partnern Lerneffekte, ist also förderlich für die Diffusion von Innovationen („strength of weak ties").

Netzwerke sind Formen virtueller Organisationen, die durch die Kooperation „lernen", nicht als Kooperationsgebilde, wie die „learning organization". Virtuelle Organisationen bilden eine „co-opetition" aus, eine Mischung von „cooperation" und „competition". Diese duale Struktur ist adaptionsfähiger als das schwerflüssigere Gebilde der „learning organization", das die Kosten des Misslingens internalisieren muss (während die „virtual organization" sie externalisieren kann).

„Learning organizations“ und „virtual organizations“ sind zwei diametral entgegengesetzte Enden eines Organisationsspektrums, in dem die meisten Unternehmen Mischformen darstellen. Beide Endungen unterscheiden sich von den alten hierarchischen Firmen durch ihre dynamische Modulation; beide müssen neue Flexibilitäten und Marktadaptionen erzeugen. Beide leisten das durch unterschiedliche Vertragsstrukturen, die unterschiedliche Formen der Arbeit konfigurieren.

In Deutschland wird sich ein besonderer Mix herausbilden, der sich einerseits auf die Virtualisierung der Organisationsstrukturen einlassen muss, andererseits aber die „learning organization“ beibehält, und zwar im Kompetenzkern. Hier werden sich längerfristige Verträge halten und konzentrieren, und auch eine Form der Vertrauenskultur. Dieser „German mix“ wird die kontinentale Tradition der Unternehmens- und damit der Wissensbindung weiter pflegen, aber nur im Kern, während die Satellitenwolke des Netzwerks eine „virtual organization“ bilden wird, mit hoher Austauschbarkeit oder Variabilität der Leistungsbeziehungen (und natürlich mit Oszillationen zwischen Kern und Satellitenwolke).

Diese „Spektralanalyse“ ist schematisch. Praktisch werden nicht nur Mischungen, sondern auch Phasenverschiebungen bedeutsam. Eine „virtual organization“ kann sich unter Wettbewerbsbedingungen in eine geschlossenere Form der Organisation transmutieren, nicht nur im Kompetenzkern. Über die Stabilitäten von „virtual organizations“ wissen wir noch zu wenig. Möglicherweise eignen sich „virtual organizations“ nur für bestimmte Organisationsbereiche; möglicherweise bekommen wir es mit Oszillationen um die beiden Spektralformen zu tun. Die beiden Endungen definieren nur folgende signifikante Differenz:

Bindung von Wissen über längerfristige Verträge/Kauf und Verkauf von Wissen, mit kurzen Verträgen.

Wechsel von der einen zur anderen Form sind nicht symmetrisch (jedenfalls nicht unter den institutionellen Bedingungen deutschen Tarifrechts). Wechselt man zu längerfristigen Verträgen, geht man hohe „human capital“-Bindungen ein. Ein Rückwechsel in „virtual organizations“ ist nicht ohne hohe Kosten möglich.

Wir stehen erst am Beginn dieser Entwicklung der dissipativen Ökonomie. Gewiss ist es, dass wir ein reichhaltigeres Formenspektrum von Organisationen bekommen werden, mit unterschiedlichen Vertragsmodalitäten. Die Tendenz zu kurzen Verträgen nimmt zu.

Was geschieht mit den Anderen, die nicht zu dieser „high-knowledge“-Elite gehören? Viele der Arbeiten werden stärker als bisher standardisiert werden, mit dem Vorteil, dass man die Branchen besser wechseln kann, wenn man z.B. eine WINDOWS-Kompetenz hat. Natürlich wird ein Großteil der Arbeit routinisiert bleiben, ohne unternehmerische Komponente. Der „intrapreneurialen Dimension“ sind Grenzen gesetzt. Allerdings gehört auch zu diesen Arbeiten in unternehmerischer gestrickten Umgebungen eine erhöhte Kommunikationsagilität und Organisationskompetenz. Jede Arbeit in den dissipierten Unternehmen wird stärker als bisher, oder überhaupt erstmals, als „service" verstanden werden, für die Kunden außerhalb oder für die Intrapreneurs innerhalb. Man arbeitet nicht mehr in einer Fachabteilung, sondern projektbezogen, d.h. leistet „services" für agile Projekte, was auch bei diesen Tätigkeiten ein höheres Maß an Flexibilität erfordert.

Das Spektrum der Lohn- und Gehaltsdifferenzierung wird ausgeweitet werden. Was in Deutschland tarifvertraglich in einem hohen Einkommenskorridor gehalten wird, wird sich durch die Zeit- und Projektverträge flexibilisieren, ein gewerkschaftlich kaum noch zu reglementierender Bereich. Wenn das Einkommen über ein Tätigkeitsportfolio gewonnen wird, in dem verschiedene, nichtsynchronisierte Jobs parallel ausgeübt werden, erhöht sich die Opportunität, offene, gegebenenfalls auch einkommensniedere Verträge einzugehen, weil die Einkommenskontinuität höher bewertet wird als die Qualität tarifvertraglich geschlossener Verträge. Die Höhe des Einkommens und andere Absicherungen sind in einer Welt singulärer und längerfristig abgeschlossener Verträge weitaus bedeutsamer als in einer Tätigkeits-Portfolio-Welt kurzfristigerer Projektarbeitsverträge. Natürlich will man auch in der Portfolio-Welt sein Einkommen hoch halten und verbessern, aber in Zeiten schwierigerer Vertragssuche und -findung ist die Vertragsanschlussfrequenz höher gewichtet als die jeweilige Einkommensoptimierung.

Die höhere Flexibilität und Marktreagibilität wird an der Schnittfläche von Organisation und Markt oft als „Kundenorientierung" erwartet. Das bedeutet nicht nur eine Neuorientierung der Kompetenz von Mitarbeitern, sondern auch eine Reordination der internen Beziehungen: Interne Abteilungen werden zu „service"-Abteilungen der Kundenfrontmitarbeiter. Kundenorientierung ist nur der Name für eine Reordination der Unternehmen, deren Tragweite noch kaum abzusehen ist. „Kundenorientierung" läuft auf eine horizontale Steuerung der Wertschöpfungsprozesse der Organisation hinaus: Der Kundenkontakter muss die Autorität haben, die Organisation auf die Realisation der Kundenwünsche zu fokussieren, in *real time*.

Die eine Dimension dieses neuen Prospektes der Organisationsentwicklung heißt „Kundenintegration". Dazu zählen alle Formen neuer Organisations/Kunden-Beziehungen, die unter den Namen „prosumtion" laufen. In der „prosumtion" arbeiten die Kunden an der Erstellung der Produkte oder Dienstleistungen mit: Im Selbstbedienungsrestaurant, bei IKEA, dessen Möbel man selber zu Ende bauen muss, am Bankautomaten, und beim zukünftigen Autokauf, wo man am Display mit den Kundenberater zusammen das eigne Auto „konstruieren" wird. Die letztere Form der „prosumtion" wird hoch individualisierte (*mass customization*) Produkte innerhalb der Massenfertigung zulassen. Die Kunden steuern den Produktionsprozess unmittelbar (man lässt sich z.B. den Körper mit Laser vermessen und bekommt sein individuell zugeschnittenes Kleidungsstück), aber innerhalb eines Organisationsregimes, das diese Steuerung wiederum steuert.

Die nächste Dimension wird, allein der Logik dieser Entwicklung folgend, eine fortgeschrittene Kundensteuerung der Organisation in dem Sinne sein, dass virtuelle Organisationen – andere haben diese Flexibilität womöglich gar nicht – nur für spezifische Kundenbedürfnisse gegründet werden und, bei deren Nachlassen, sofort wieder aufgelöst werden. Die virtuelle Organisation wird als temporäres Projekt betrieben. Silicon Valley arbeitet längst nach diesem Modell. Büroräume und Produktionsanlagen sind nur mehr eine generelle Infrastruktur, die durch ständig neue Organisationen besetzt und wieder entsetzt wird. Die paar Schreibtische und Computer, die man dafür braucht, sind für diese Organisationen marginale Materiatur ihres Leistungsprozesses; das „main capital" sind ihre Ideen und ihre Mitarbeiter, die diese Ideen haben und umsetzen. Wir können diesen Prozess durchaus „kapitalistischen Platonismus" nennen. Der energetische Einsatz wird minimiert, dafür steigt die Wissens- und Ideenanforderung und damit die Wissensgenerierung an. Die Kundensteuerung dieser Prozesse hat einen höheren Grad als jemals zuvor, weil die Schnelligkeit des Organisationswechsels keine stabilen Organisationsstrukturen mehr herausbilden lässt, die ihre Eigengesetzlichkeit in Anschlag bringen.

Organisationen werden unter diesen Bedingungen fluide Hüllen für wechselnde Ideenproduzenten und -umsetzer, die sich anstelle von hierarchischen Organisationsregeln durch heterarchische Kommunikationsformen verbinden. Der Habitus der Kooperateure wird ein entscheidendes Organisationskoppelungsmoment werden. Überhaupt wird die Organisation eher als Kooperationsmodus denn als Organisation beschrieben werden, in der Dualität von Kooperation und Kompetition.

Kommunikation, Vertrauen, Identität

Virtuelle Organisationen können ihre Identität nicht mehr durch andauernde Mitgliedschaft, durch Anstellungsverhältnisse und interne Kooperationsroutinen definieren. Ihnen fehlt das (relative) Vertrauen, das sich in lernenden Organisationen ausbilden kann. Marktbeziehungen sind verschieden von hierarchischen Koordinations- und Kooperationsbeziehungen. Deshalb ist es für virtuelle Organisationen sehr viel schwieriger, eine „corporate identity" herzustellen. Die marktlich koordinierten Leistungsbeziehungen unterliegen dem Wettbewerb, d.h. sie bilden selten wiederkehrende Kooperationsmuster aus.

Virtuelle Organisationen müssen ihre Identität über die Attraktivität ihres „brands", ihrer Produkte und Leistungsangebote, herstellen. Es ist vorteilhaft für sie, eine „story" zu haben. Mit einem spezifischen Kompetenzkern zusammenzuarbeiten, muss nicht nur profitabel sein, sondern auch statusaufwertend. Für virtuelle Organisationen ist ihr Marketing nicht nur für die Kundenbeziehungen, sondern auch für die Wertigkeit der Leistungsbeziehungen signifikant. Mit erfolgreichen Unternehmen zu kooperieren, die auch sagen, dass sie erfolgreiche Unternehmen sind, erhöht den eigenen Value im Netzwerk.

Anstelle von Kooperationsidentitäten haben wir es im Falle der virtuellen Organisation vornehmlich mit Kommunikationsidentitäten zu tun. Man kooperiert über marktliche Leistungsbeziehungen eher mit Kompetenzkernen, die einen höheren gesellschaftlichen Kommunikationswert haben (oder eine höheren Potenzialwert, der allerdings nur gilt, wenn er auch kommuniziert wird, z.B. an Börsen). Um es genauer zu sagen:

- *Lernende Organisationen* bilden ihre Identitätsmuster durch die Formen der Kooperation innerhalb des Unternehmens aus, d.h. durch vertrauensvolle Zusammenarbeit. Gelungene Zusammenarbeit ist gelungene interne Kommunikation.
- *Virtuelle Organisationen* bilden hingegen ihre Identitätsmuster über gelungene externe Kommunikation aus. Es kommt nicht nur darauf an, wie Kompetenzkern und Netzwerksatellit zusammenarbeiten (natürlich muss auch das stimmen), sondern auch darauf, wie der Kompetenzkern (oder der Netzwerksatellit) in der Öffentlichkeit kommuniziert wird. Gesellschaftliche Erwartungen sind hierbei orientierend – und die Produktion dieser Erwartungen. Differenzieren wir:
- *Lernende Organisationen* kommunizieren mit den Kunden wie mit den Mitarbeitern der Organisation – extern, um die Transaktionschancen, intern, um die Kooperationschancen zu erhöhen.
- *Virtuelle Organisationen* kommunizieren intern wie extern nach dem gleichen Muster, zugleich aber noch mit der Gesellschaft, über alle relevanten Medien.

Denn weil die virtuellen Organisationen für Kunden wie für Mitarbeiter identitätsloser sind als lernende Organisationen, können sie die Identitätsmarkierungen nicht über Organisation lösen, sondern nur über symbolische Bedeutungen und Kommunikation.

Sie müssen ihre Identität in eine Metapher, in ein Symbol „auslagern“, damit sie (1) erkennbar bleiben und (2) dennoch flexibel sein können. Unter der Invarianz des Symbols kann sich die virtuelle Organisation elastisch formieren und reformieren.

Die lernende Organisation – als anderer Extremtypus – muss ihre Identität mit ihren Lernschritten mitverwandeln. Ihre Identität ist deswegen variabel, weshalb der Änderungsprozess der lernenden Organisation immer auch ein Identitätsrestabilisierungsprozess ist. Der Lernprozess kann zu einem Identifikationsmerkmal werden, aber das bleibt ambivalent.

Die Auswirkungen auf die Identitätsmuster sind erheblich. Wenn man virtuelle Organisationen als lose Netzwerkkopplungen mit ihren Satelliten beschreibt, ist die Demission der „corporate identity“ offensichtlich. Dass sich im Satellitennetzwerk neue Kooperationsformen ausbilden, ist eine Gegentendenz (*guilds*). Zugleich erfordert die virtuelle Organisation eine Umdefinition von Kooperation.

Die Netzwerkwolken um die Kompetenzkerne der virtuellen Organisationen sind besondere Strukturen: Weder Markt noch Hierarchie. Kompetenzkerne haben besondere, prioritäre Vertragsbeziehungen zu den Netzwerken. Man geht nicht „in den Markt", sondern „in sein Netzwerk", weil man seine Netzwerkpartner besser kennt als anonyme Marktpartner.

In diesem Sinne ist es ungenau, zu sagen, dass sich virtuelle Organisationen in Marktbeziehungen auflösen. Sie „lösen sich auf", „sourcen out", verkaufen usw., aber sie bevorzugen spezifische Transaktionsbeziehungen zu spezifisch ausgewählten Partnern. Gewisse Vertrauensbeziehungen spielen eine herausgehobene Rolle. Wir haben es mit Netzwerken zu tun, d.h. mit „Halb-Märkten". Mit Partnern, mit denen man gut kooperiert, arbeitet man immer wieder zusammen, so dass eine stabile Leistungsbeziehung entsteht. Nicht der Wille zur Kooperation, sondern die Konkurrenz anderer möglicher Kooperationspartner ist das Problem.

Die Beziehungen der Kompetenzkerne zu ihren Netzwerksatelliten sind neuer Art. Zum einen sind es Marktbeziehungen, d.h. man kontrahiert nur, wenn man die Satelliten für die Aufgabenerledigung braucht. Zum anderen aber sind Netzwerkbeziehungen keine rein kontingenten Marktbeziehungen, sondern Vertragsdispositive, die gewisse Bindungsqualitäten haben. Netzwerkbeziehungen sind vorvertragsartige Primärrelationen: Bevor man auf den Markt geht, geht man erst ins Netzwerk.

Das heißt, dass die Kompetenzkerne (d.h. die Unternehmen, die sich auf ihre Kernkompetenzen reduziert haben) mit ihren Netzwerkpartnern eher zusammenarbeiten als mit Nichtnetzwerkpartnern. Daraus entstehen Kooperationsmuster neuer Art, deren Identitätsmerkmale noch schwierig einzuschätzen sind (mangels längerfristiger Erfahrungen). Natürlich werden gute Kooperationen Vertrauen erzeugen. Gemeinsames Wissen und eingeübte Kommunikation senken die Transaktions- und Kooperationskosten.

Doch wird dieses neue Kooperationsmuster, das eigene Identitäten in der Kooperation erzeugen kann, immer wieder kompetitiv unterbrochen durch höhere Attraktivität anderer Kooperationspartner. Die Kompetenzkerne werden ein neues Kooperationsmanagement entwickeln müssen. Denn die Netzwerksatelliten werden ihre eigene Identität als hochqualifizierter Partner avancierter Kompetenzkerne nicht durch einseitige Bindung an einen Kompetenzkern lädieren. Ihre Qualität besteht ja gerade darin, im Netzwerk zwar Kooperationsressourcen zu haben, aber potenziell auch für Andere attraktiv zu werden.

Die Qualität der Zusammenarbeit wird dadurch nicht mehr allein durch die Qualität der Zusammenarbeit definiert, sondern durch die in der Zusammenarbeit bewiesene Attraktion für Andere, ebenfalls eine Zusammenarbeit anzustreben. Das Kooperationsmanagement muss

1) die Zusammenarbeit bewerten und
2) die eigene Fähigkeit, Andere von der Zusammenarbeit abhalten zu können.

Die Identität der Satelliten bzw. die Identität der Mitglieder in den Satelliten speist sich dann vornehmlich daraus, auch für Andere kooperationsattraktiv zu sein. Sie beruht nicht mehr nur auf gelungener Zusammenarbeit und guter

Kooperation, sondern zusätzlich auf deren potenzieller Aufhebbarkeit. Damit aber kommt eine Asymmetrie in die Kooperation, eine „co-opetition“:

Kooperation unter Kompetitionsbedingungen unterscheidet sich von innerorganisationaler Kooperation. Die unter „co-opetition“ ausgebildete Identität ist ambivalenzerprobter; sie bewertet die möglichen Kooperationen, welche Investition in „human capital“, in Kompetenzausweitung, sie bieten.

Die Kooperationschancen, die die Kompetenzkerne ihren Netzwerkpartnern zu eröffnen haben, müssen dynamische Qualitäten anbieten: Nicht nur Entgelt und „income“, nicht nur gutes „teamwork“, sondern auch Qualifizierungsspezifität. Die exzellenten Satelliten können sich die Netzwerkkooperationen danach aussuchen, welches neues Wissen sie erwerben. Die neue Identität, die im Kontext der virtuellen Organisation entsteht, ist nicht nur an die Kompetenz gekoppelt, seine Kompetenz gut einsetzen zu können und anerkannt zu bekommen, sondern darüber hinaus an die Kompetenz, neue Kompetenzen zu entwickeln oder zu erwerben.

Die Kompetenzkerne müssen dann in der Lage sein, ein Integrationsmanagement zu betreiben, das, auf das jeweils anstehende Kooperationsprojekt bezogen, neben dem Angebot zur Zusammenarbeit zudem ein Angebot zur Wissensgenerierung bietet. Das können sie tun, weil sie davon ausgehen können, dass die Satelliten in anderen Kooperationen mit anderen Unternehmen ebenfalls neues Wissen generieren, das sie für ihr Projekt geliefert bekommen. Die Netzwerksatelliten werden zu Relais der schnelleren Wissensdiffusion im Wettbewerbskontext. Das unterscheidet sie von reinen „service-units“, die mit Unternehmenskernen kooperieren und macht sie, bei allem Risiko, selbstbewusst. Die „neue Identität“ entwickelt sich nicht vornehmlich über die quasi-unternehmerische Selbstständigkeit, auch nicht besonders über die Kooperationsmuster mit den Kompetenzkernen, sondern über die transversale Wissens-Relais-Funktion. Die Netzwerksatelliten stehen zum einen im Wettbewerb, zum anderen ständig in diversen Kooperationen, und in dieser „co-opetition“ bilden sie eine Struktur, die quer zum Markt liegt, über mehrere Unternehmen gehend, deren Wissen sie verknüpft, indem sie es verteilt.

In diesem Sinne kooperieren die einzelnen Kernkompetenz-Unternehmen indirekt über die „brokerage“ ihrer Netzwerksatelliten. Neue Marktstrukturen entstehen; der Markt wird nicht mehr als reines Koordinationsagens verstanden, sondern als „co-opetition“-Arena. Wissensgenerierung und -diffusion wird zum zentralen agens movens der Optionengewinnung. Das Profitspiel der Unternehmen wird von einem Optionenspiel überlagert, das in den „new markets“ selber zum Profitspiel wird. Optionen sind keine Produkte, sondern Bewertungen zukünftiger Marktpotenziale, was den „Markt für Unternehmen“ einschließt. Wenn Unternehmensorganisationen den Marktwert ihrer Produkte/Leistungen wie ihren eigenen Marktwert parallel steigern, sind sie bi-präsent: Auf mindestens zwei Märkten gleichzeitig. Sie steigern ihre Markt- wie Fusionspotenziale.

Wenn Unternehmensorganisationen aber potenziell akquisitionsfähig sind, sind ihre eigenen Organisationsentwicklungen wie die eigenen Herausbildungen von Organisationsdesigns von vornherein zeitlich begrenzte Prozesse, in die Fusionen verschwinden und dann völlig neu sortiert und neu angegangen werden. Die jeweiligen spezifischen Organisationsdesigns sind temporäre Zustände in einem dynamischen Markt, die jederzeit rekonstelliert werden können. Deshalb wird die „virtual organization" eine dominante Organisationsform werden, weil sie den höheren Dispositionswert hat bezüglich allfälliger Reorganisationen und Rekonstellationen.

Franz Lehner

Die Gruppe unter dem Einfluss neuer Technologien

Entwicklung und Veränderung von Gruppen- und Teamarbeit

Bei der Suche nach Mitarbeitern werden heute mehr denn je, neben der fachlichen Kompetenz, die Eigenschaften der Teamfähigkeit und Kompetenz im Umgang mit dem Computer bzw. den neuen (Kommunikations-)Medien gefordert. Vor allem durch neue technologische Möglichkeiten zeichnen sich Entwicklungen ab, die einen grundlegenden Einfluss auf die Arbeit in Gruppen und Teams haben. Es werden Gruppen in den Organisationen etabliert, die auf der ganzen Welt verteilt sein können. Durch kulturelle Unterschiede treten zum Teil neue Probleme und Fragen auf, die ebenso mit Hilfe von Kommunikation wie mit Kommunikationstechnologien überbrückt werden müssen.

Der Ursprung der Gruppenarbeit liegt in der industriellen Fertigung. Man begann mit der Gruppenforschung aufgrund steigender Fehlzeiten, hoher Fluktuationsraten und Problemen in der Qualität der Produkte. Die Lösung lag zunächst in der Humanisierung der Arbeit (TEUFEL, SAUTER, MÜHLHERR & BAUKNECHT, 1995). Man kam zu der Einsicht, dass die Erweiterung von Handlungsspielräumen als Nebeneffekt die Effektivität und Effizienz der Unternehmen steigert.

Der chronologische Ablauf dieser Entwicklung begann mit FORD. Dieser führte zu Beginn des 19. Jahrhunderts die Gruppenarbeit am Fließband ein. Die theoretische Konzeption der Gruppenfabrikation ist auf die Arbeiten von HELLPACH und LANG in den 20er Jahren des 20. Jahrhunderts zurückzuführen. Dabei war noch keineswegs die Überlegung in Richtung Humanisierung der Arbeit erkennbar. Die Ziele waren auf effizienteres Arbeiten durch Reduktion von langen Warte- bzw. Transportzeiten gerichtet (TEUFEL et al., 1995). Tayloristische Arbeitsstrukturen wurden somit nach wie vor beibehalten. Später galt das Hauptaugenmerk nicht mehr nur der Arbeit in Gruppen, sondern auch der Gruppendynamik (LEWIN, 1947). In den 60er Jahren entwickelte LIKERT die Struktur der überlappenden Gruppen, in der der Humanisierungsgedanke und damit auch die Motivation der Mitarbeiter und vor allem die Kommunikation zwischen diesen sehr bedeutend wurden.

Der nächste Entwicklungsschritt waren teilautonome Arbeitsgruppen (ROHMERT & WEG, 1976) in den 70er Jahren, bei denen der Gruppe-als-Ganzes die volle Entscheidungsmacht zugeteilt wurde. Das Volvo-Werk für PKWs in Kalmar war das erste Unternehmen, das das Konzept der teilautonomen Arbeitsgruppen einführte (BERGGREN, 1991). Aber auch das VW-Werk in Salzgitter war dahingehend als erstes deutsches Unternehmen innovativ und startete Mitte der 70er Jahre ein Pilotprojekt mit teilautonomen Arbeitsgruppen (BMFT, 1980).

Anfang der 80er Jahre wurde es wieder stiller um die teilautonomen Arbeitsgruppen. Die Ablösung des Trends übernahm das japanische Konzept des Qualitätszirkels als neue Gruppenarbeitsform (BUNGARD, 1992). Mitarbeitermitbestimmung und Eigeninitiative bei der Problemlösung in der Gruppe waren die Leitgedanken. Anfang der neunziger Jahre wurde dann im Rahmen von Lean Production, Lean Management (WOMACK, JONES & ROOS, 1991), Kaizen (IMAI, 1986) und Total Quality Management (ISHIKAWA, 1985) die Gruppenarbeit wieder zum Trend. In all diesen Konzeptionen wird Gruppenarbeit nämlich als wichtigster Baustein vorausgesetzt. Spätestens seit Anfang der 90er Jahre sehen deutsche Unternehmen Gruppenarbeit als einen entscheidenden Faktor des Unternehmenserfolgs an, der das Unternehmen flexibler macht (in Bezug auf Mitarbeiter-Know-How und Zeitvariabilität), die Qualität der Produkte steigert und eine Prozessoptimierung erzielt (ANTONI, 1994). Als bedeutender Auslöser für diese Sichtweise der Gruppenarbeit wird die MIT-Studie von 1991 angesehen. Diese Studie zeigt anhand der Automobilbranche auf, dass Lean Production einer tayloristischen bzw. „fordistischen" Fertigung weit überlegen ist (WOMACK et al., 1991).

Der Einsatz von Technologien in Organisationen ermöglicht es heute, neue Organisationsformen zu etablieren, wie z.B. eine verteilte Organisationsstruktur. Unter den gruppenorientierten Organisationsstrukturen, bei denen die Befugnis zur Entscheidung an Gruppen statt an Individuen übertragen wird (z.B. „Multiple overlapping group structure" von LIKERT, „Teamorientierte Matrixorganisation" von SCHNEIDER, „Colleague model" von GOLEMBIEWSKI), ermöglichen Technologien eine global vernetzte Struktur, das „globale Team" (ZERBE & KRCMAR, 1999). Für diese neuen Strukturen ist es wiederum wichtig, dass die Organisationsmitglieder flexibel sind. Diese Flexibilität soll auch hinsichtlich der Gestaltung von Arbeitszeit und -ort gelten. Für diese Ansprüche wird wiederum der Einsatz von Technologien notwendig (KRCMAR, 1996). Daher bedingen die neuen Technologien einen erneuten Wandel. Dieser Wandel, der konkret durch Kommunikationstechnologien ausgelöst wird, stellt den Schwerpunkt dieses Kapitels dar. In den weiteren Ausführungen werden zunächst traditionelle Gruppenformen kurz dargestellt. Anschließend werden neue Gruppenformen diskutiert, und zum Schluss wird eine zusammenfassende Übersicht der Ergebnisse empirischer Studien präsentiert.

Traditionelle Gruppenformen

Die traditionellen Gruppenformen haben gemeinsam, dass sie zumindest partiell an einen Ort gebunden sind. Die Gruppenzugehörigkeit bedingt in gewissem Maße eine räumliche und geographische Verbundenheit. Diese Verbundenheit ist zudem von Inhalten und Aufgaben bestimmt. Nachfolgend werden folgende Gruppenformen näher dargestellt: Arbeitsgruppe, Teilautonome Arbeitsgruppe, Team, Soziales Netzwerk sowie Gemeinschaft.

Arbeitsgruppe

Eine Arbeitsgruppe ist eine „Mehrzahl von Arbeitskräften, die von der Betriebsleitung zu einer arbeitsorganisatorischen Einheit formell gruppiert werden, mit dem Ziel, eine von ihr übertragene, klar umrissene Aufgabe – meistens während einer längeren Zeitspanne – in Form der Gruppenarbeit zu erfüllen" (SCHNEIDER & KNEBEL, 1995, S. 15). Als weitere notwendige Bedingung zum Vorliegen einer Arbeitsgruppe verlangt BÜHNER (1999) die Gleichberechtigung der Gruppenmitglieder bei der Aufgabenerfüllung bzw. propagiert VON ROSENSTIEL (1994) die Situation des „Nebeneinander". Außerdem sollte noch die Möglichkeit des Hinzufügens von einer oder mehreren weiteren Leistungseinheiten zu einer solchen Gruppe bestehen (BÜHNER, 1999).

Eine Unterscheidung von Arbeitsgruppen kann hinsichtlich des primären Einsatzbereichs (Entscheidung oder operative Aufgaben) vorgenommen werden.

(1) Arbeitsgruppen im *Entscheidungsbereich* können wiederum danach unterschieden werden, ob die Dauer der Zusammenarbeit kurz- oder langfristig geplant ist.

Die auf *kurzfristige* Zeit eingerichtete Arbeitsgruppe wird als *Projektgruppe* (BÜHNER, 1999; VON ROSENSTIEL, 1994; STEINBUCH, 1990; VAHS, 1997) bezeichnet. VON ROSENSTIEL (1994) bezeichnet diese Form der Arbeitsgruppe als eine der aktuellsten betrieblichen Gruppenformen. Dieser werden schwierige und interdisziplinäre Sonderprobleme zur Lösung anvertraut, bei denen eine zeitliche Begrenzung festgesetzt ist (BÜHNER, 1999; VON ROSENSTIEL, 1994). Zudem sind die Mitglieder dieser Arbeitsgruppe ständig mit der Projektarbeit betraut und arbeiten somit in Vollzeit an dem Projekt. Die Gruppe steht unter der Aufsicht eines Projektleiters oder -managers, der die Projektdurchführung verantwortet (BÜHNER, 1999; LEHNER et al., 1991; STEINBUCH, 1990; VAHS, 1997). Dies beinhaltet die Erreichung der Projektziele sowie die Termin- und Kosteneinhaltung.

Auf *langfristige* Zeit gegründete Arbeitsgruppen werden „*Kollegien*, Komitees, Ausschüsse oder Kommissionen" (BÜHNER, 1999, S. 88) genannt. Daneben existieren aber auch noch weitere Begriffe wie Problemlösegruppe oder Task Force. Diese Arbeitsgruppen treffen sich in regelmäßigen, aber dafür längeren Zeitabständen (z.B. quartalsmäßig) auf eine befristete oder unbefristete Zeit und vor allem in teilzeitlicher Arbeit (VAHS, 1997). Ihre Aufgabengebiete sind funktions- und bereichsübergreifend und stellen daher meist Koordinationstätigkeiten dar (BÜHNER, 1999). Die Gruppenmitglieder erarbeiten neben ihrer sonstigen Arbeitstätigkeit eine zusätzliche Problemlösung.

Man kann noch eine weitere Unterscheidung vornehmen. Diese beläuft sich nach der Aufgabenerfüllungskompetenz, die der Arbeitsgruppe zugrunde liegt und gliedert sich in „Informations-, Beratungs-, Entscheidungs- und Ausführungsausschüsse" (KOSIOL, 1976, S. 161). Die vorherrschenden Aufgaben sind die der Information und Beratung.

(2) Arbeitsgruppen im *operativen Bereich* zeichnen sich hinsichtlich der Aufgabenerfüllung durch mehrere Beteiligte aus, die die Aufgaben gemeinsam erledigen. Auch hier können wiederum verschiedene Arten unterschieden werden (BÜHNER, 1999): Es gibt Gruppen, bei denen die Gruppenarbeit durch einzelne, gemeinsame Ablaufschritte gekennzeichnet ist. Dabei wird ein Arbeitsschritt (etwa die Vorarbeit) von unterschiedlichen Personen durchgeführt und ein anderer (der darauffolgende Arbeitsschritt) gemeinsam erledigt. Ferner gibt es die *Gruppenarbeit mit gemeinsamem Ablauf* (BÜHNER, 1999, S. 89). Hier gleicht sich der gesamte Arbeitsablauf der beteiligten Personen. Die letzte in diesem Zusammenhang zu unterscheidende Form ist die *Gruppenarbeit bei nicht vorherbestimmbarem Ablauf* (BÜHNER, 1999, S. 89). Anhand des Arbeitsfortschrittes oder durch die Arbeitsgruppe an sich wird der Ausführende des Arbeitsschrittes bestimmt. Falls die Arbeitsgruppe selbst darüber entscheiden kann, liegt eine autonome oder teilautonome Arbeitsgruppe vor.

Teilautonome Arbeitsgruppen

Eine gruppenbasierte Strukturierung, welche – wie schon erwähnt – den Kompetenz- und Verantwortungsspielraum der Mitglieder in der Gruppe im Vergleich zu anderen Gruppenformen ausweitet, stellt die teilautonome bzw. selbstregulierende Arbeitsgruppe dar.

Unter einer teilautonomen Arbeitsgruppe ist eine kleine Gruppe von Mitarbeitern (etwa drei bis zehn) zu verstehen, die konstant zusammenarbeiten und die mit der kompletten Erstellung eines (Teil-)Produktes bzw. einer Dienstleistung betraut wurden (ROHMERT & WEG, 1976). Die Verantwortung für diesen Teil des Fertigungsprozesses liegt somit bei der teilautonomen Arbeitsgruppe selbst. Innerhalb der Gruppe wird eine variable Arbeitsteilung praktiziert (DRUMM, 1995). Es handelt sich bei dieser Begriffsfassung um Arbeitsgruppen, die keinen Führer im engeren Sinne haben, so dass die Gruppenmitglieder bei der Erfüllung der ihr übertragenen Aufgabe diese mehr oder weniger eigenständig abwickeln (VON ROSENSTIEL, 2000). Die Gruppe-als-Ganzes hat dabei Entscheidungsmacht über die Zielsetzung, den Ablauf und die operative Erledigung dieser Aufgabe (SCHNEIDER, 1999). Man erhofft sich von diesem Konzept eine *Steigerung der Motivation* (aufgrund der höheren Autonomie), aber auch die Verbesserung von Produktivität und Qualität der Arbeitsergebnisse. In der teilautonomen Arbeitsgruppe können der Gruppe-als-Ganzes Aufgaben übertragen, die Anforderungen gestreut, selbstständiges und verantwortliches Handeln unterstützt, soziale Kontakte sowie das Lernen und Entwickeln des Einzelnen anhand von Gruppenmitgliedern ermöglicht werden.

Für die Umsetzung sind die Konzepte „job rotation“ (TEUFEL et al., 1995, S. 48), „job enrichment“ (TEUFEL et al., 1995, S. 48) und „job enlargement“ (ANTONI, 1994, S. 35) von Bedeutung.

Team

KATZENBACH und SMITH (1993) definieren ein Team als „eine kleine Gruppe von Personen, deren Fähigkeiten einander ergänzen und die sich für eine gemeinsame Sache, gemeinsame Leistungsziele und einen gemeinsamen Arbeitseinsatz engagieren und gegenseitig zur Verantwortung ziehen“ (S. 70). Diese Definition stellt eine Unterscheidung des Team-Begriffs von einer Gruppe von Personen, die an der gleichen Aufgabe arbeiten, dar. Zusätzlich kann das Team zur Arbeitsgruppe abgegrenzt werden, indem in der Arbeitsgruppe die „Leistungserfordernis oder -chance“ (KATZENBACH & SMITH, 1993, S. 125) fehlt, die die Abgrenzung zu einem Team ausmacht. Die Beteiligten in der Arbeitsgruppe betreiben den Informationsaustausch und die Entscheidungsfindung zur Unterstützung des Einzelnen, es fehlen jedoch eine kollektiv angestrebte „Sache für die Gruppe“ sowie „zusätzliche Leistungsziele oder gemeinsame Arbeitsergebnisse“, so dass kein gegenseitiges Verantwortungsbewusstsein existiert.

Tab. 1: Vergleich von „Arbeitsgruppe“ und „Team“ (nach KATZENBACH & SMITH, 1993; TEUFEL et al., 1995).

Kriterien	Arbeitsgruppe	Team
Führung	Prädestinierte, zumeist hierarchische Führung durch einen Führer.	Wechselnde Führung: Jeder im Team kann in bestimmten Situationen führen (durch fachliche Qualifizierung).
Verantwortlichkeiten	Individuelle Verantwortung intern. Für externe Belange ist Führer verantwortlich.	Individuelle und gegenseitige interne Verantwortung. Das Team-als-Ganzes ist extern verantwortlich.
Ziele	Ziel der Gruppe resultiert aus übergeordneten Unternehmenszielen. Die Zielverfolgung wird durch den Führer beaufsichtigt.	Das Team bestimmt eigene Ziele; alle Teammitglieder stimmen hier überein.
Arbeitsergebnisse	Individuelle Arbeitsprodukte.	Gemeinsame Arbeitsprodukte.
Meetings	Der Gruppenleiter führt effiziente Meetings, meist zur Information. Die Sitzungsteilnehmer sind meist passiv.	Diskussionen mit offenem Ende und aktive Problemlösesitzungen.
Effizienzmessung	Gruppeneffizienz wird durch Benchmarks gemessen (mit anderen Gruppen oder betriebswirtschaftlichen Leistungsgrößen).	Teamleistung wird durch das Maß der Zielerreichung, d.h. durch gemeinsames Endprodukt, gemessen.
Führungsstil	Diskussionen und Entscheidungen an der Führungsspitze. Delegation der Arbeit an die Mitglieder der Gruppe (Top-Down-Prinzip).	Gemeinsame Diskussion, Entscheidung und Erarbeitung im Team.

TEUFEL et al. (1995) nehmen eine ähnliche Untergliederung in Arbeitsgruppe und Team vor. Nach ihrer Auffassung wandelt sich eine Gruppe dann zu einem

Team, „wenn die Mitglieder des Teams den Willen haben, ihre Leistung zugunsten des erfolgreichen Erreichens eines Zieles zu koordinieren und zu optimieren“ (S. 52). Tabelle 1 fasst die Unterschiede der beiden Begriffe zusammen.

Teamarbeit versucht durch eine Verstärkung von Gruppenprozessen die Leistung im Rahmen der Gruppenarbeit zu erhöhen. Gruppenarbeit steht eher für formelle, organisatorische Zusammenhänge, bei der Teamarbeit wird auch der informelle, emotionale Charakter betont (FORSTER, 1978). Eine absolut trennscharfe Abgrenzung von Teamarbeit zu anderen Gruppenarbeitsformen ist in der Praxis allerdings kaum möglich. Zu erwähnen ist daher noch, dass der Teambegriff gegenüber der Arbeitsgruppe von manchen Autoren aus diesem Grund nicht eindeutig abgegrenzt oder sogar als Synonym betrachtet wird. SCHNEWLIN (1960) beschreibt, dass eine Gruppe zwar die Grundlage schaffen kann für die Entstehung von Teamcharakter, es jedoch auch Teams gibt, die keine klaren Gruppenverhältnisse besitzen.

Soziales Netzwerk

Nach MITCHELL (1969b) ist ein soziales Netzwerk definiert als „a specific set of linkages among a defined set of persons, with the additional property that the characteristics of these linkages as a whole may be used to interpret the social behavior of the persons involved“ (S. 2). Einige Jahre später erweitert SCHENK (1995) diese Definition nochmals „als eine durch Beziehungen eines bestimmten Typs verbundene Menge von sozialen Einheiten wie Personen, Positionen, Organisationen“ (S. 14).

Ein wichtiger Faktor in beiden Definitionen ist die Frage nach der Kategorie von Beziehungen, die im Untersuchungsmittelpunkt stehen. Es ergeben sich also kleinere Netzwerke, die untersucht werden. MITCHELL (1969a) fasst diese zu drei Typen zusammen: „Persönliche“, „kategorielle“ und „strukturelle“ Beziehungen (S. 9 f.). Unter den persönlichen Beziehungen wird der Kreis an Freunden, Bekannten und Verwandten subsummiert; kategorielle Beziehungen stehen für Schichten oder ethische Kriterien. Zuletzt versteht man unter der strukturellen Typisierung die Rollen- und Positionsverständnisse in Organisationen.

Auf den ersten Blick könnte man nach dieser Definition denken, *Gruppe* und *soziales Netzwerk* würden das Gleiche meinen. Streng genommen stellt ein soziales Netzwerk keine Gruppe im engeren Sinne dar und könnte so auch nicht als Gruppenform deklariert werden. Dennoch wird dies hier praktiziert, da soziale Netzwerke starke Ähnlichkeiten mit Gruppen aufweisen und in der Praxis zunehmend Beachtung finden. Ihre Bedeutungen liegen relativ nah beisammen, sie unterscheiden sich aber dennoch: Aus einem sozialen Netzwerk kann eine Gruppe entstehen, es ist jedoch nicht erforderlich, dass alle Netzwerkmitglieder in diese Gruppe mit eingebunden sind. Der restliche Teil an Mitgliedern im sozialen Netzwerk weist Gemeinsamkeiten mit Gruppen auf, die Gruppencharakteristika sind jedoch nicht komplett erfüllt. Folglich ist zu unterscheiden zwischen Beziehungen, aus denen Gruppen entstehen und solchen, bei denen dies nur in Ansätzen geschieht (SCHENK, 1995).

Bei einer Unterscheidung von Gruppen und Netzwerken ist an deren Strukturen und Eigenschaften anzuknüpfen:

- Von einer Umwandlung des Netzwerks bzw. einem Teil aus diesem in eine Gruppe ist auszugehen, wenn sich hohe Kohäsion innerhalb des sozialen Netzwerks abzeichnet (SCHENK, 1995). *Gruppenkohäsion* besteht bei sozialen Netzwerken lediglich in den starken Bindungen, die andauernd, wechselseitig und sehr häufig gegliedert werden (TEGETHOFF, 1999). GRANOVETTER (1973) setzt aber auch die schwachen Bindungen als besonders wichtig voraus, da diese Brücken zu verschiedenen Knotenpunkten darstellen (S. 1361). Sie gelten als Informationsversorger und Schöpfer von Innovationen. Zudem können sie Verknüpfungen zwischen den Gruppen schaffen bzw. bei einer Zweiteilung der Gruppen einen harmonisierenden Dritten hinzuholen. Auch BLAU (1977) erklärt, dass diese schwachen Beziehungen den „Gruppenhorizont erweitern“ (S. 1). Andererseits erhöhen die starken Bindungen die Motivation zur Unterstützung der Mitglieder. Hier kann es „zu stabilen Verhaltenserwartungen, verstärkter Kommunikation, normativem Konsensus und sozialem Druck in Bezug auf die Meinungsbildung kommen“ (SCHENK, 1995, S. 21).
- Weiteres Unterscheidungskriterium sind die Eigenschaften der sozialen Verbindungen. Die wichtigste zu untersuchende Eigenschaft ist die *Bindungsstärke* innerhalb des Kriteriums der Uni- bzw. Multiplexität. Die Mulitplexität bei sozialen Netzwerken steht als Kennzeichen sozialer Gruppen für „diffuse, sich mehrfach durchdringende, intensive und dauerhafte Beziehungen“ (SCHENK, 1995, S. 19) in der Gruppentheorie (MITCHELL, 1969a). Uniplexe soziale Beziehungen beschränken sich auf eine Gemeinsamkeit (z.B. Thematik, Interessensgebiet, Rollen). Multiplexe Beziehungen beruhen auf mehreren Gemeinsamkeiten und stellen intensive Verbindungen auf Dauer dar, die mehrere Themen und verschiedene Inhalte haben (SCHENK, 1995; TEGETHOFF, 1999).
- Voraussetzung für die Gruppenbildung ist der *Face-to-Face-Kontakt.* Im sozialen Netzwerk ist dies meist nicht der Fall. Im egozentrierten Netzwerk ist die direkte Kommunikation wichtig, aber auch die indirekte („Freunde über Freunde“) spielt eine bedeutende Rolle. Aus den indirekten Verbindungen entstehen soziale Kreise, die nur Identität durch Zusammengehörigkeitsgefühl oder Wir-Gefühl von Gruppen in den verdichteten Zentren aufweisen (TEGETHOFF, 1999).

Soziale Netzwerke sind ein sehr soziologisch geprägtes Konzept. Dennoch können sich aber soziale Netzwerke auch in Unternehmen bilden. Sie stellen jedoch im Gegensatz zu den vorher erwähnten Gruppen keine formellen, organisatorischen Gruppen dar. Hier handelt es sich um Gruppen im Unternehmen mit informellem Charakter

Gemeinschaft

Eine weitere Variante von Gruppen, die eigentlich keine wirkliche Gruppe ist, ist die sogenannte Gemeinschaft. Ihre Berechtigung in diesem Kapitel leitet sich daraus ab, dass unter den neuen Gruppenformen die Community (virtuelle Gemeinschaft) eine wichtige Rolle spielt und sich in Unternehmen bereits etabliert hat. Virtuelle Gemeinschaften entstanden (zumindest theoretisch) aus dem Gemeinschaftskonzept.

Gemeinschaft ist eine von TÖNNIS eingeführte, idealtypische Bezeichnung für Gruppen oder soziale Systeme, die gemeinsame Ziele spontan und emotional betont als das Ergebnis fester sozialer Bindungen entwickeln, gekennzeichnet durch ein organisches Zusammenwachsen der Mitglieder, die sich gefühlsmäßig in sehr enger Verbundenheit wähnen. Der Gemeinschaftsbegriff wird in der Soziologie von den unterschiedlichsten Seiten betrachtet und verschieden definiert. In nahezu allen Definitionen sind jedoch folgende Bestandteile enthalten (SCHUBERT, 1999).

- Menschen stehen im Mittelpunkt,
- es finden soziale Interaktionen statt und
- es bestehen gemeinsame Bindungen zwischen diesen Menschen.

Der Gemeinschaftsbegriff an sich ist dynamisch und wandelt sich natürlich auch mit der fortschreitenden Entwicklung einer Gesellschaft. Kritisch wird dabei angemerkt, dass das Streben nach Gleichheit innerhalb der Gesellschaft immer stärker von der Förderung des Individualismus abgelöst wurde. Die Betonung der Unabhängigkeit von Individuen kann natürlich nicht ohne Auswirkungen auf Gemeinschaften bleiben. Dadurch werden Probleme geschaffen, die sich auch bei virtuellen Gemeinschaften fortsetzen. Eine Gemeinschaft erfordert nämlich immer ein gewisses Mindestmaß an Altruismus und „Gemeinschaftssinn" im traditionellen Sinn. Gemeinschaften sind also komplexe soziale Gebilde, die auch über ein geteiltes Werte- und Symbolsystem verfügen. Die Entwicklung und Aufrechterhaltung einer Gemeinschaft erfordert eine permanente Anstrengung und die Orientierung an Zielen oder sozialen Bedürfnissen. Gemeinschaften übernehmen in der Gesellschaft eine Reihe sozialer Funktionen und erzeugen auch ein entsprechendes Identitätsgefühl. Etwas vereinfacht können drei Arten von Gemeinschaften unterschieden werden[1]:

- Gemeinschaften durch geographische Zugehörigkeit
- Interessensgemeinschaften
- Gemeinschaften, die sich durch ein Gemeinschaftsgefühl (Identität) definieren

1 Weitere Ausführungen zu diesem Thema finden sich im Kapitel „Die Bedeutung von Virtuellen Gemeinschaften und Communities of Practice für Unternehmen" in diesem Band.

Zusammenfassung und vergleichende Übersicht zu den traditionellen Gruppenformen

Abschließend werden die traditionellen Gruppenformen nochmals in tabellarischer Form unter einem Rückgriff auf VON ROSENSTIELs Definition von Gruppe mit deren Bausteinen sowie Gruppenprozessen gegenüber gestellt. Außerdem wird ein Vergleich der organisatorischen Merkmale vorgenommen (Tabelle 2).

Tab. 2: Vergleichende Übersicht der traditionellen Gruppenformen nach Merkmalen.

Gruppenform Gruppen-merkmale	Arbeitsgruppe	Teilautonome Arbeitsgruppe	Team	Soziales Netzwerk	Gemeinschaft
Mehrzahl von Personen	gegeben	gegeben	gegeben	gegeben	gegeben
direkte Interaktion	teilweise gegeben	gegeben	gegeben	gegeben	gegeben
längere Zeitspanne	gegeben	gegeben	gegeben	gegeben	gegeben
gemeinsame Normen	meist gegeben	meist gegeben	eher gegeben	nicht gegeben	gegeben
Kohäsion	teilweise gegeben	gegeben	gegeben	nicht gegeben	gegeben
direkte Kommunikationsmöglichkeit	gegeben	gegeben	gegeben	nicht gegeben	gegeben
Kommunikation	teilweise gegeben	gegeben	gegeben	gegeben	gegeben
Koordination	gegeben	gegeben	gegeben	keine	teilweise gegeben
Kooperation	meist gegeben	gegeben	gegeben	keine	teilweise gegeben
Organisatorische Merkmale					
Führung	hierarchisch	keine	abwechselnd	keine	[2]
Verantwortung	teilweise (rangabhängig)	sehr hoch (jeder)	hoch (jeder)	keine	
Ziele	gegeben (von Unternehmensspitze)	selbst bestimmt	selbst bestimmt	keine	
Soziale Beziehungen	weniger (reine Arbeitsbeziehungen)	meist weniger (Arbeitsbeziehungen)	meist weniger (Arbeitsbeziehungen)	meist hoch	

2 Organisatorische Merkmale entfallen bei dieser Gruppenform, da sie nichts mit der Organisation im engeren Sinne zu tun haben.

Neue Gruppenformen

Ein erster Einfluss neuer Technologien auf Gruppen manifestiert sich in der Entwicklung neuer Gruppenformen. Sie unterscheiden sich im Wesentlichen durch ihre Virtualität von den „alten Gruppenformen". Mit anderen Worten gilt hier die Entkoppelung von Raum und Zeit als wichtigstes Kennzeichen. Dies ist keine allgemein anerkannte Unterscheidung, sie wird jedoch als zweckmäßig angesehen.

Damit Gruppen auch in diesem erweiterten Kontext funktionieren, muss Vertrauen in die Mitglieder der Gruppe, auch auf der Basis von Virtualität, vorliegen. Dieses Vertrauen setzt sich nach SCHMIDT (2000) aus vier Bausteinen zusammen.

- *Verlass auf die angegebene Identität des Kommunikationspartners.* Es muss Vertrauen darin bestehen, dass die am Computer erscheinende Person auch die ist, für welche sie sich ausgibt. Das ist keineswegs selbstverständlich. Beispielsweise könnte der Kommunikationspartner sich als das andere Geschlecht ausgeben (zur Problematik des „Gender-Switching" vgl. DÖRING & SCHESTAG, 2000). Im betrieblichen Umfeld könnte sich ein Konkurrent als extern beauftragter Berater ausgeben, um an Informationen zu gelangen. Man spricht in diesem Fall von „Selbst-Maskierung".
- *Verlass auf die angegebenen Interessen des Kommunikationspartners.* Der Grund für die Kommunikation muss klar ersichtlich sein. So kann z.B. beim Wertpapiergeschäft hinter dem Rat einer Bank die Absicht stecken, dem Kunden die Aktie schmackhaft zu machen.
- *Verlass auf die Kompetenz des Kommunikationspartners.* Es sollte klar sein, welchen Wissensstand das Gegenüber hat. Vorausgesetzt, die oben genannten Punkte sind erfüllt, kommt es nun darauf an, ob der gegebene Rat des Gesprächspartners auch vertrauenswürdig ist.
- *Verlass auf die Integrität des Kommunikationspartners.* Als letzter Punkt, damit Vertrauen in das Gegenüber gesetzt wird, muss klar sein, ob diese Person vertrauenswürdige Handlungen ausführt. Beispielsweise wird beim Geschäft im Internet nur dann ein Kauf stattfinden, wenn der Käufer darauf vertraut, dass der Verkäufer nach der Bezahlung auch die Ware schickt, die außerdem keine Mängel aufweist.

Je nachdem, welche Art von Gruppe betrachtet wird, ist eine bestimmte Form von Vertrauen oder eine Kombination von mehreren Vertrauensformen nötig (SCHMIDT, 2000). Nimmt man z.B. eine private Internet-Community, die als Flirt-Plattform verwendet wird, kann natürlich keineswegs die Vollständigkeit der vier Aspekte gefordert werden. Andererseits ist dies bei einer virtuellen Gruppe im betrieblichen Kontext unerlässlich. Die heute geläufigen Erscheinungsformen werden anschließend näher dargestellt. Es sind dies virtuelle Gruppen und Telegruppen, virtuelle Teams, virtuelle Gemeinschaften (hier insbesondere Communities of Practice) sowie Netzwerke.

Virtuelle Gruppen und Telegruppen

Wenn sich Personen regelmäßig in einem bestimmten computervermittelten Forum miteinander austauschen, dabei Zusammengehörigkeit empfinden, gemeinsame Ziele verfolgen, Aufgabenteilung und Rollendifferenzierung vollziehen und sowohl den Zugang zur Gruppe als auch das Verhalten innerhalb der Gruppe Regeln unterwerfen, liegt eine virtuelle Gruppe vor (DÖRING & SCHESTAG, 2000).

Diese Definition weist eine starke Analogie zur allgemeinen Gruppendefinition auf. Der einzige nach außen ersichtliche Unterschied ist die Virtualität. Diese Virtualität wiederum ergibt sich aus der computervermittelten Kommunikation (DÖRING & SCHESTAG, 2000). Somit stellt die virtuelle Gruppe häufig keine Gruppe im organisationalen Sinne dar.

Die virtuelle Gruppe wird als Sonderform einer Gruppe betrachtet (THIEDECKE, 2000). Alle Merkmale dieser finden sich hier wieder, nämlich die Interaktion zwischen mehreren Personen oder der Prozess der Kommunikation. Bei der virtuellen Kommunikation ist sogar eine beziehungsstrukturelle Ausprägung möglich, die andauernder ist als diejenige der formalen Organisation. Wichtigstes Unterscheidungskriterium der beiden Gruppenformen ist jedoch die Virtualität. Bei Face-to-Face-Gruppen liegen ohnehin unmittelbare Kontakte und somit das persönliche Kennen der Beteiligten vor. Im Gegensatz dazu sind die virtuellen Gruppenmitglieder anonym und können verschiedene Identitäten annehmen. Die Kohäsion dieser Gruppen beschreibt THIEDECKE als fiktiv oder artifiziell und konstruiert. Daraus resultiert eine hohe Flexibilität und Leistungsfähigkeit, jedoch auch enthemmte Emotionalität (THIEDECKE, 2000).

Die Kommunikationstechnologie stellt die Basis zur individuellen Gestaltung und Verbreitung von eigenen Informationen und eigener Identität dar. In Bezug auf Gruppenbildung und -stabilität im virtuellen Raum ergibt sich damit jedoch eine Streuung von Traditionen, Gruppenzugehörigkeiten und sozialen Grenzen sowie eine Abschwächung des Vertrauens in die Gruppenmitglieder. Dennoch besteht aber letztlich doch eine wichtige Gemeinsamkeit zur Face-to-Face-Gruppe, die in der starken Kooperationsbereitschaft, dem persönlichen Kommunikationsaustausch und dem hohen Grad an Bekanntheit unter den Gruppenmitgliedern liegt. Als Letztes bleibt anzubringen, dass es bei virtuellen Gruppen mehr Alternativen der Mitgliedschaft gibt als in Face-to-Face-Gruppen. Manchmal werden auch virtuelle Gruppen gebildet, um damit zu testen, ob sich eine Gruppe, Beziehung oder Organisation in dieser Form durchsetzen könnte.

Die virtuelle Gruppe fällt im Allgemeinen nicht unter die organisationalen Gruppenformen. Sie liefert aber die Basis für andere Gruppenformen, die für Unternehmen von Bedeutung sind. Ein entsprechendes Komplement zur Arbeitsgruppe in virtueller Form existiert nicht (etwa „virtuelle Arbeitsgruppe").

Telegruppen sind das Ergebnis von Telekooperation. Telekooperation ist die Zusammenarbeit räumlich getrennter Personen, die unter Verwendung von Telekommunikationstechnik zur Überbrückung von Raum und Zeit gemeinsam an einer Aufgabe arbeiten. Anders als die Telekommunikation bezieht die Telekooperation auch handelnde Personen mit ein und ermöglicht den gemeinsamen Zugriff auf sowie die Nutzung von sogar großen Datenmengen (LEHNER, 1997; LEHNER & DUSTAR, 1997). Das aus Telearbeit einerseits resultierende und andererseits gleichwertige Konzept stellt die *Telegruppe* dar. Der Begriff ist nicht ausreichend definiert, so dass oft Telegruppen unter die Telekooperation gefasst werden.

Im Gegensatz zur Telearbeit, die die räumliche Verteilung von Individuen meint, sind Telegruppen als dezentrale, standortverteilte Arbeitsgruppen zu sehen, die unter zeitlichen Restriktionen eine Zusammenarbeit leisten. Die Mitglieder dieser Telegruppen können sowohl von einem als auch von verschiedenen Unternehmen stammen (ROHRBACH, 1996). Die Überschneidung mit virtuellen Gruppen und Teams ist naheliegend.

Virtuelle Teams

Im Gegensatz zum konventionellen Team arbeitet ein virtuelles Team über Raum-, Zeit- und Ortsgrenzen hinweg zusammen und benutzt dazu Verbindungsnetze, die durch Kommunikationstechnologien ermöglicht werden (LIPNACK & STAMPS, 1998). Außerdem ändert sich die Konstellation der Teammitglieder jeweils mit dem Aufgabenbereich (GASSMANN & BOUTELLIER, 1997). Ein virtuelles Team besteht also nur auf begrenzte Zeit (HOFSTÄTTER, 1997). MOORHEAD und GRIFFIN (1998) machen als eine Art Zusammenfassung verschiedener Definitionen folgenden Vorschlag:

> „Virtual teams work together by computer and other electronic communication utilities; members move in and out of meetings and the team itself as the situation dictates“ (S. 332).

Als wichtigster Baustein geht aus der Definition hervor, dass die Technologie Grundlage für ein virtuelles Team darstellt. Genau diesen Punkt sehen LIPNACK und STAMPS (1998) als Neuheit des virtuellen Teams: Der Reichtum elektronischer Technologien, den die Teammitglieder zur Verfügung haben, um Grenzen zu überschreiten und die sich daraus ergebende Herausforderung zu bewältigen. Es kann sein, dass sich virtuelle Teammitglieder niemals real – in einem Raum – sehen werden (MOORHEAD & GRIFFIN, 1998).

Die Mitglieder des virtuellen Teams tragen zusammen die Verantwortung für das Ergebnis ihrer Aufgabe oder des Projekts, für das das Team gegründet wurde. Sie haben die kompletten Hintergrundinformationen und kennen Zusammenhänge über die zu erledigende Aufgabe (HOFSTÄTTER, 1997). Auch die Führung teilen sich die Teammitglieder untereinander auf (LIPNACK & STAMPS, 1998). Dabei ist eine starke Analogie zum realen Team festzustellen. Auch in anderen organisatorischen Belangen ist das virtuelle Team analog zum realen Team zu betrachten.

Zusammenfassend lässt sich also festhalten, dass sich ein virtuelles Team im Wesentlichen in der technischen Infrastruktur vom traditionellen Team unterscheidet. Zudem können die Mitglieder auch organisationsextern sein.

Virtuelle Gemeinschaften – Communities of Practice

Durch die zunehmende Mobilität in modernen Industriegesellschaften ist auch eine Abnahme lokaler oder regionaler Bindungen zu beobachten. Gemeinschaften, die sich vor allem aus einer geographischen Nähe ergeben, sind davon unmittelbar betroffen. Da der Wunsch nach Gesellschaft oder Gemeinschaft jedoch als Grundbedürfnis unverändert ist, leitet sich daraus ein Bedarf für einen Ersatz oder die Anpassung traditioneller Gemeinschaftsformen ab. Erreicht wird dies u.a. durch mediale Vernetzung. Damit entstehen virtuelle Gemeinschaften (inzwischen häufig als Communities bezeichnet), in denen die „Gemeinschaft nach geteiltem Interesse" sowie „Zusammengehörigkeit durch Gemeinschaftsgefühl" gefördert wird (SCHUBERT, 1999, S. 70).

Das Wissen über virtuelle Gemeinschaften ist zumindest aus wissenschaftlicher Sicht noch unbefriedigend. Unter dem Blickwinkel verschiedener wissenschaftlicher Disziplinen haben sich in diesem Zusammenhang unterschiedliche Sichtweisen etabliert. Diese Unterschiede, die u.a. in Definitionen ihren Ausdruck finden, sind in Tabelle 3 in einem Überblick zusammengefasst.

Tab. 3: Community-Definitionen (in Anlehnung an EPPLER & DIEMERS, 2001).

Forschungsgebiet, Autor	Definition
Sozialwissenschaft (RHEINGOLD, 1995)	„Virtual communities are social aggregations that emerge from the Net when enough people carry on those public discussions long enough, with sufficient human feeling, to form webs of personal relationships in cyberspace."
Betriebswirtschaft (HAGEL & ARMSTRONG, 1997)	„Virtual communities are groups of people with common interests and needs who come together online. Most are drawn by the opportunity to share a sense of community with like-minded strangers, regardless of where they live."
Medienwissenschaft (LECHNER & SCHMIDT, 2000)	„A community exists of a set of agents and a medium. The medium comprises the platform, a logical space and an organization, i.e. the medium establishes a sphere in which agents interact. There are various interrelations between a set of agents and the medium in forming a medium: A medium constitutes a community by facilitating communication; the community constitutes the economic value of a medium; a community is represented on its medium."
Informationswissenschaft (SCHUBERT, 1999)	„Virtuelle Gemeinschaften beschreiben den Zusammenschluss von Individuen oder Organisationen, die gleiche Werte und Interessen miteinander teilen und die über längere Zeit mittels elektronischer Medien, orts- und (teilweise auch) zeitungebunden in einem gemeinsamen semantischen Raum (gemeinsame Begriffswelt) kommunizieren."

Alle genannten Definitionen setzen natürlich als Basis eine *gemeinsame Plattform* zur Interaktion voraus, da ansonsten die virtuelle Community nicht funktionieren würde (EPPLER & DIEMERS, 2001). Typische Online-Elemente von virtuellen Communities sind Diskussionsforen, Chats, Computerkonferenzen, Informationstheken oder Bulletin-Boards (DOWLING, 2000). Meist ist auch in den oben angegebenen Definitionen – bis auf diejenige von LECHNER und SCHMID – ein *gemeinsames Interesse* der Mitglieder der Community vorausgesetzt. Die letzte zu nennende Eigenschaft von virtuellen Gemeinschaften, die die Definitionen bis auf die letztgenannte von SCHUBERT aufweisen, ist das Verständnis der *Beziehung auf Gegenseitigkeit.* Sozioemotionale Bindungen sind lediglich in den Definitionen von RHEINGOLD sowie HAGEL und ARMSTRONG zu finden. Alle genannten Eigenschaften bis auf diejenige der gemeinsamen Interaktionsplattform stimmen mit denen von Face-to-Face-Gemeinschaften überein (EPPLER & DIEMERS, 2001).

Netzwerke

Netzwerke beschäftigen die Wissenschaftler schon über einen sehr langen Zeitraum hinweg. So beschäftigte sich z.B. die Organisationswissenschaft experimentell schon früh mit Netzwerken. Die Begründer waren u.a. BAVELAS (1950) und LEAVITT (1951). Das Interesse galt vor allem den „aufgabenorientierten Kommunikationsnetzwerken" (BÖSSMANN, 1967; HOFFMANN, 1976; REIMANN, 1974; VON ROSENSTIEL, 1993). Resultate der Forschung waren die nach wie vor bekannten und gelehrten Kommunikationsnetze wie Vollstruktur, Kreis, Kette und Rad (REIMANN, 1974; STAEHLE, 1994). Von besonderer Bedeutung waren hierbei die Arbeitsgruppeneffizienz sowie die Arbeitszufriedenheit.

Im vorliegenden Kontext erhält der Netzwerkbegriff eine neue Bedeutung. Man unterscheidet in der Betriebswirtschaftslehre grundsätzlich zwei Ausprägungsformen von Netzwerken: Die *Netzwerkorganisation* sowie *organisationale Netzwerke.* Erstgenannte beschreibt eine spezielle Organisationsstruktur, in deren Mittelpunkt die Interaktion der am Leistungsprozess beteiligten Wirtschaftseinheiten steht (KAISER, 1998). Das intraorganisationale Netzwerk ist dem sozialen Netzwerk sehr ähnlich. Es wird aber dennoch in der Literatur differenziert. Vor allem zeichnet den Unterschied in der neueren Form die „Vernetzung" aus, welche aus heutiger Sicht die IuK-Technologie symbolisiert. Bei den *organisationalen Netzwerken* werden die Organisationen an sich als Beziehungsgeflecht der beteiligten Objekte betrachtet. Zu unterscheiden ist hierbei das inter- vom intraorganisationalen Netzwerk (MACHARZINA, 1993).

Zusammenfassung und vergleichende Übersicht zu den neuen Gruppenformen

Die unterschiedlichen Merkmale werden abschließend nochmals in Form eines vergleichenden Überblicks aufgeführt. Wie aus Tabelle 4 ersichtlich wird, fehlt allen neueren Gruppenformen überwiegend die von VON ROSENSTIEL (1994) geforderte direkte Kommunikationsmöglichkeit. Nach diesem sollte eine Kommunikation, welche nur über IuK-Technologie verläuft, vermieden werden. Als Konsequenz für die vorgestellten Konzepte lässt sich festhalten, dass dies oft nicht der Fall ist. Nun stellt sich also die Frage, ob sich dennoch Gruppen gebildet haben. Die Antwort ist: „Ja, sie haben sich lediglich verändert."

Tab. 4: Vergleichende Übersicht der neueren Gruppenformen nach Merkmalen.

Gruppenform Gruppen-merkmale	Virtuelle Gruppe	Virtuelles Team	Community of Practice	Netzwerk	Telegruppe
Mehrzahl von Personen	gegeben	gegeben	gegeben	gegeben	gegeben
direkte Interaktion	gegeben	gegeben	teilweise gegeben	gegeben	gegeben
längere Zeitspanne	gegeben	nicht gegeben	meist gegeben	eher nicht gegeben	gegeben
gemeinsame Normen	gegeben	eher nicht gegeben	eher gegeben	meist nicht gegeben	eher nicht gegeben
Kohäsion	gegeben	eher nicht gegeben	teilweise gegeben	eher nicht gegeben	eher nicht gegeben
direkte Kommunikations-möglichkeit	nicht gegeben	nicht gegeben	meist nicht gegeben	meist nicht gegeben	nicht gegeben
Kommunikation	gegeben	gegeben	gegeben	gegeben	gegeben
Koordination	gegeben	gegeben	meist gegeben	keine	gegeben
Kooperation	gegeben	gegeben	meist gegeben	keine	gegeben
Organisatorische Merkmale					
Führung	[3]	abwechselnd	keine	keine	Management by Objectives (MbO)
Verantwortung		hoch (jeder)	keine	keine	weniger
Ziele		selbst bestimmt	selbst bestimmt	keine	vorgegeben
Soziale Beziehungen		weniger (Arbeitsbeziehungen)	eher nicht	teilweise	weniger (Arbeitsbeziehungen)

3 Organisatorische Merkmale entfallen bei dieser Gruppenform, da sie nichts mit der Organisation im engeren Sinne zu tun haben.

Studien zum Einfluss neuer Kommunikationstechnologien auf Gruppen und Teams

Die Darstellung erfolgt auf Basis einer Literaturanalyse, in der empirische Studien verglichen werden. Dabei werden zwei Gruppen unterschieden, nämlich Studien zum Einfluss von Kommunikationstechnologien und Studien zur Veränderung der Organisationsstruktur.

Der Einfluss neuer Technologien auf die Kommunikation

Gemeinsames Ergebnis nahezu aller Studien ist der Trend zu verteilten Strukturen im Unternehmen. Auch eine Veränderung von Gruppen hinsichtlich einer flacheren bzw. nicht mehr relevanten Hierarchie, bedingt durch die Möglichkeit zum anonymen Erarbeiten eines Gruppenergebnisses, ist abzusehen. Dadurch wird Gruppenzugehörigkeit irrelevant. Damit nimmt aber auch gleichzeitig die Gruppenkohäsion ab. Das heißt, Gruppen verändern sich entgegen der Theorie neben der Virtualität doch durch ein zusätzliches Merkmal.

Tab. 5: Studienübersicht zu konkreten Technologien.

Autor/en	Zeit	Technologie/n	Untersuchte Kriterien	Resultat/e
LEWE & KRCMAR	1992/ 1996	EMS	Sitzungsproduktivität: Sitzungsprozessunterstützung, -struktur, Aufgabenunterstützung	Steigerung der Sitzungsproduktivität
SHIRANI, AIKEN & PAOLILLO	1998	EBS	Anreizsysteme für Sitzungen mit elektronischem Brainstorming	Möglichkeit zu anonymen Beiträgen beim EBS senkt Kommentare; gruppenbasierte Anreize wirken sich beim Einsatz von EBS positiv auf Ergebnis aus, da sie Freifahrerproblematik verhindern
SCHWARZER & KRCMAR	2000	EBS	Zusammenarbeitsformen, Gruppenproduktivität	paralleles und anonymes Arbeiten: Gruppenidentität, Kohäsion und Zusammenarbeit sinken
LEHNER & LANWES	1998	Internet	Nutzungsbarrieren des Internets bei KMUs	Teamarbeit per Internet oder Telearbeit ist bei KMUs nicht abzusehen; daher wenig Veränderung von Gruppen in KMUs
DFG	2000	Internet, Intranet, E-Mail, BBS, Videokonferenz	Verwendung, Verbreitung, Nutzung; Medienbedeutung, Nutzerzufriedenheit, verteilte Zusammenarbeit, Leistung von IKT	E-Mail, Intranet und Internet sind in Unternehmen etabliert; Videokonferenz schlecht bewertet; Face-to-Face-Kommunikation eher unwichtig; verteilte Arbeitsformen bereits weit etabliert; Akzeptanz und Offenheit bestehen
FZI	2000	Internet, „Groupware“, Videokonferenz	Technologieverbreitung; Zusammenarbeitsunterstützung durch Technologien; Telearbeit	Kommunikationstechnologien und Telearbeit sind beliebt; Verbesserung der betrieblichen Zusammenarbeit und Produktivität

SIEBER	1996	Internet, E-Mail, Newsgroups	Verwendung von Internet-Diensten	Beliebtheit von E-Mail, WWW und Newsgroups; interne Kommunikation wird zunehmend technologisiert, damit Veränderung von Gruppen
BOHR	1996	Internet, E-Mail, Newsgroups	Nutzung des WWWs, Verwendung von Internet-Diensten	Beliebtheit von E-Mail, WWW und Newsgroups; interne Kommunikation wird zunehmend technologisiert, damit Veränderung von Gruppen
GASSMANN & BOUTELLIER	1997	E-Mail; Videokonferenz; EBS	Informationsaustausch; Koordinationsaufgaben; Kreativitätsförderung bei virtuellen Teams	E-Mail unterstützt Führung und interne Kommunikation; Videokonferenzen unterstützen Zusammenhangsverständnis; EBS werden selten verwendet; Gruppenzugehörigkeit mit EBS irrelevant
FELDMANN	1986	E-Mail	Informelle Kontakte	soziale Kontakte sind auf virtuelle Weise möglich
SPROULL & KIESER	1988	E-Mail	Informelle Kontakte	soziale Kontakte sind auf virtuelle Weise nicht möglich
GAPPMAIER, DAMSCHIK, HÄNTSCHEL & HEINRICH	1996	E-Mail	Verwendung zur kooperativen Arbeit	E-Mail nicht immer optimistisch, technologische Infrastruktur im Unternehmen entscheidende Erfolgsdeterminante
BULLEN & BENNETT	1990	E-Mail, el. Timer	Beliebtheit der Technologie	Beliebtheit von E-Mails, dadurch Entstehung sozialer Netzwerke
EGIDO	1986	Videokonferenz	Informelle Kontakte	können durch Videokonferenz-Technik aufrechterhalten werden
SCHRADER, GÖPFERT & SCHERK	1996	Videokonferenz	Aufgabenerfüllung; Kommunikationsprozesse; Führung; andere Rahmenbedingungen	informelle Kontaktbildung und -pflege durch Videokonferenz nicht möglich, Informationsaustausch ist möglich und gut
BORNSCHEIN-GRASS	1995	mehrere CSCW-Applikationen	Auswahlkriterien für Groupware-Anwendungen; Erfüllung der mit dem Groupware-Einsatz verfolgten Ziele	Diskussionsforen als Plattform der informellen Kommunikation; keine Veränderungen von Gruppen und Gruppenformen durch neue Kommunikationstechnologien
MORGER	1995	mehrere CSCW-Applikationen	Verwendung und Bedeutung von Groupware, für Top-Management	Top-Management setzt Kommunikations-Groupware verstärkt ein, dadurch Veränderung im Kommunikationsprozess => Veränderung von Management-Gruppen
DELOITTE & TOUCHE	1998	mobile Kommunikations-technologien	Nutzung von mobilen Kommunikationstechnologien; erhoffte Trends der Business-User hinsichtlich der Technologien	Gruppen in der Organisation werden unabhängig von Ort, Zeit und technischer Infrastruktur vor dem jeweiligen Ort, dadurch werden Gruppen mobil verteilt
DURLACHER	2000	mobile Kommunikationstechnologien	Mobile Workforce: Aktuelle Marktsituation; Beliebtheit von mobilen Nachrichten-übermittlungs-Systemen	weitere Perspektiven verteilter Arbeit; SMS und drahtlose Telekommunikation herrschen derzeit vor; mobile E-Mail im Kommen; daher mobil verteilte Gruppen
BERLECON	2001	mobile Kommunikations-technologien	Markt an mobilen Kommunikationstechnologien; Technologiebasis	starker Trend zu mobilen Business-Lösungen zur Mitarbeiteranbindung; mobile Gruppe ist unaufhaltsam

Außerdem fällt eine weitere Ungereimtheit zur Theorie auf: VON ROSENSTIEL erklärt zu den traditionellen Gruppen eine große Diskussionsgruppe als ineffektiv, da sie zu viele Kommunikationsverbindungen ermöglicht. Er sieht daher eine Größenrestriktion als sinnvoll an. Im Gegensatz dazu beobachten LEWE und KRCMAR in ihrer Studie eine Produktivitätssteigerung bei einer steigenden Teilnehmerzahl von computerunterstützten Sitzungen. Offensichtlich verändern sich also Eigenschaften von Gruppen erheblich durch den Einsatz von Kommunikationstechnologie.

Zur Veränderung der Kommunikation (Tabelle 6) sind die Studien von KOLLMANN (2000) und WEINIG (1996) von Interesse. Die Kommunikationstechnologie Videokonferenz verändert demnach den Intra- und Intergruppenprozess der Kommunikation erheblich. Die Kommunikation wird verstärkt aufgabenorientiert. Gruppen an sich verändern sich mit technologischer Unterstützung und wandeln sich zu einem neuen Gruppenverständnis durch die Möglichkeit der Zusammenführung von verteilten Gruppen. Anders als oft konstatiert deckt WEINIG auf, dass dennoch eine hohe Gruppenkohäsion mit technischer Unterstützung auch unter verteilten Gruppen entsteht und dass sich Zusammenhalt hier verstärkt unter den verteilten Gruppenmitgliedern herauskristallisiert. Eine Übereinstimmung beider Studien ist (obwohl unterschiedliche Technologien betrachtet wurden) die Aufgabenorientierung der Kommunikation. (Dies wurde auch bereits bei anderen Studien implizit festgestellt.) Allerdings sind Unterschiede hinsichtlich der sozialen Ausprägung zu konstatieren. Die erste Studie zeigt einen Verlust des sozialen Charakters durch den Technologieeinsatz auf, die zweite das Gegenteil. Es ist jedoch darauf zu achten, dass die erste Studie gewissen fehlenden Annahmen unterliegt, so dass die Reliabilität der zweiten Studie eher anzunehmen ist. Somit lässt sich festhalten, dass sich mittels Medienunterstützung die Gruppenkohäsion ändert (in diesem Fall steigt sie sogar an). Außerdem kann auch hier die Entstehung von verteilten Gruppen bejaht werden.

Tab. 6: Studienübersicht zur Veränderung von Kommunikation durch Kommunikationstechnologien.

Autor	Zeit	Untersuchte Technologie	Untersuchte Kriterien	Resultate
KOLLMANN	2000	E-Mail	Entstehung von neuen Kommunikationsformen; Veränderung der Kommunikationsqualität durch neue Kommunikationstechnologien	Kommunikation Vorgesetzter zu Untergebener wird durch E-Mail-Technologie verändert; Kommunikationsinhalt: Aufgabenorientiert und verliert sozialen Charakter
WEINIG	1996	Videokonferenz	Übereinstimmungen und Unterschiedlichkeiten im Konferenzablauf; Kommunikationsverhalten der Teilnehmer; individuelle Wahrnehmung der Konferenzbedingungen	Durch Videokonferenz wird die Kommunikation aufgabenorientierter; unter verteilten Gruppen herrscht hohe Gruppenkohäsion, verstärkt unter den verteilten Gruppenmitgliedern

Studien zu organisatorischen Veränderungen von Gruppen und Gruppenformen

Tabelle 7 gibt einen Überblick über Studien zur organisatorischen Veränderung durch neue Kommunikationstechnologien. Diese betreffen also Veränderung von Strukturen, Rollen, Formen der Zusammenarbeit u.ä. Ähnlich wie bei der Darstellung zum Einfluss neuer Kommunikationstechnologien auf Gruppen und Teams wird auch hier auf eine detaillierte Diskussion der Studien verzichtet. Der Hauptgrund besteht darin, dass eine Darstellung, die den Studien gerecht wird, in Kurzform kaum möglich ist, so dass gegebenenfalls ein Rückgriff auf die Primärliteratur erforderlich ist.

Tab. 7: Studienübersicht zur organisatorischen Veränderung durch Kommunikationstechnologien.

Autor/en	Zeit	Untersuchte Gruppenform	Untersuchte Kriterien	Resultat/e
PICOT & REICHWALD	1987	Organisationsstruktur allgemein	Wirkung von Kommunikationstechnologien auf Arbeitsinhalte und Organisationsstruktur	Kommunikation hat unternehmensintern und -extern wichtige Rolle, neue IKT unterstützt hier; mündliche wird schriftlicher Kommunikation vorgezogen
SMART VALLEY	1993-1996	Telearbeit (von zu Hause)	Sichtweise der Beteiligten (Telearbeiter, Co-Worker, Manager); Rolle der Technologie	Technologie nicht ausgereift, um verteilte Arbeitsgruppen so gut zu unterstützen wie den einzelnen Telearbeiter; daher gegen eine grobe Veränderung von Gruppen, da nicht genügend unterstützt; Durchsetzung von Telearbeit ist fraglich
WORK-FAMILY-ROUND-TABLE	1994	Telearbeit (von zu Hause)	Akzeptanz von Telearbeit; Vor- und Nachteile der Telearbeit	Durchsetzung von Telearbeit ist fraglich, da die Akzeptanz nicht gegeben ist
FHG-ISI	1998	Telearbeit und neue Arbeitsformen	Zukunftsprognosen	neue Unternehmensstrukturen sind bis spätestens 2005, virtuelle Unternehmen und Telearbeit noch vor 2010 erwartet
ZERBE & KRCMAR	1999	Virtuelle Gruppen	Organisationsziele; Form der Zusammenarbeit	Technik lediglich eine zusätzliche Bedingung für die Veränderung von Gruppenformen; Art der Zusammenarbeit verteilter Teams und vorgegebene Arbeitsteilungsform wichtiger
ITEN	2000	Virtuelle Auslandseinsätze	Voraussetzungen für Telearbeit; Trends	starke Zunahme virtueller Auslandseinsätze; damit neue Art der Zusammenarbeit; Gruppenarbeit nahezu ausschließlich über IuK-Technologie, daher Wechsel des Gruppenverständnisses
EPPLER & DIEMERS	2001	CoP	Kohäsionsfaktoren einer CoP	Kohäsionsfaktoren als tatsächliches Erfolgskriterium einer CoP als neue informelle, virtuelle Gruppenform
RÜEGG-STÜRM & YOUNG	2001	Intraorganisationales Netzwerk	Nutzenpotenziale Organisation und Führung: Kommunikation; Entscheidungsfindung; Koordination	Intraorganisationales Netzwerk erhöht Kommunikationsdichte und -qualität mit IKT; dadurch entstehen Beziehungsnetzwerke und Kohäsion steigt

Gemeinsames Ergebnis dieser Studien ist ein erkennbarer Trend zu verteilten Zusammenarbeitsformen. Gemäß der Delphi-Studie des FHG-ISI (1998) werden bis spätestens zum Jahr 2005 veränderte Strukturen in den meisten Unternehmen zu finden sein. Des Weiteren wird die derzeitig schwierige Lage der Telearbeit ersichtlich, wobei die Zweifel daran wohl in einigen Jahren abnehmen werden. Neben der Technologie wurden noch weitere Faktoren für die Veränderung von Gruppenformen aufgezeigt, welche die Zusammenarbeits- und die Arbeitsteilungsform von Gruppen in Organisationen betreffen. Außerdem konnte die Kohäsion als wesentlicher Erfolgfaktor für Communities of Practice festgemacht werden. Intraorganisationale Netzwerke wurden als kohäsionssteigernd für die gesamte Organisation entdeckt.

Fazit

Abschließend ist festzuhalten, dass der soziale Nutzen, die Nachhaltigkeit und die emotionale Intensität von rein elektronischen Kontakten geringer sind als bei traditionellen Kontaktformen (CUMMINGS, BUTLER & KRAUT, 2002). Für den Aufbau sozialer Beziehungen ist eine klare Hierarchie erkennbar, in der die elektronische Kommunikation einen geringeren Beitrag leistet als Telefongespräche und diese wiederum als persönliche Treffen. Die Schaffung einer Gruppenidentität oder eines Wir-Gefühls unterliegt damit starken Einschränkungen und ist auf diesem Weg nur begrenzt möglich. Beispiele für die Entwicklung einer Online-Kultur und von sozialen Verhaltensmustern auch in rein virtuellen Gruppen finden sich zwar in der Literatur, d.h. sie sind beobachtbar, sie sind aber nach dem augenblicklichen Stand der empirischen Forschung die Ausnahme und nicht die Regel. Natürlich sind hier weitere Untersuchungen nötig. Insbesondere im betrieblichen Umfeld ist zu beobachten, dass traditionelle Gruppen und Gruppenformen durch den Einfluss der neuen Technologien verändert werden (z.B. in Hinblick auf Eigenschaften wie Kohäsion oder Gruppenzugehörigkeit); es ist damit ein Trend zur Virtualisierung beobachtbar, eine vollständige Virtualisierung ist aber unwahrscheinlich und auch nicht zweckmäßig. Der viel propagierte Face-to-Face-Kontakt ist zwar nicht mehr notwendige Bedingung für die Existenz von Gruppen, er ist aber weiterhin nützlich.

Die betriebswirtschaftliche Forschung fordert generell eine Änderung der hierarchischen in netzwerkartige Strukturen, die nur durch moderne Kommunikationstechnologien entstehen können. Deshalb versuchen viele Unternehmen, ihre bestehenden Strukturen und Prozesse zu dezentralen, globalen Netzwerken mit starkem gegenseitigem Ressourcenaustausch umzuformen (MALNIGHT, 1996). Die Gruppenarbeit der industriellen Ära ist teilweise passé, und es wurde eine neue Ära der Gruppenarbeit eingeleitet, die einen hybriden Charakter aufweist und die elektronischen Kommunikationsmöglichkeiten in vielfältiger Weise nutzt.

Literaturverzeichnis

Antoni, C. H. (1994). Gruppenarbeit – mehr als ein Konzept. Darstellung und Vergleich unterschiedlicher Formen der Gruppenarbeit. In C. H. Antoni (Hrsg.), *Gruppenarbeit in Unternehmen. Konzepte, Erfahrungen, Perspektiven* (S. 1-41). Weinheim: Psychologie Verlags Union.

Bavelas, A. (1950). Communication patterns in task-oriented groups. *Journal of the Acoustical Society of America, 22*, 725-759.

Berggren, C. (1991). *Von Ford zu Volvo. Automobilherstellung in Schweden.* Berlin: Springer.

Berlecon Research (2001). *Unternehmens-IT zum Mitnehmen.* http://www.berlecon.de/studien/mobilebusiness/leseprobe.html

Blau, P. M. (1977). *Inequality and heterogenity. A primitive theory of social structure.* New York: Free Press.

BMFT (Bundesminister für Forschung und Technologie). (1980). *Gruppenarbeit in der Motorenmontage. Ein Vergleich von Arbeitsstrukturen.* Frankfurt/Main: Campus.

Bohr, D. (1996). Deutsche Firmen im Internet. In J. Griese & P. Sieber (Hrsg.), *Internet. Nutzung für Unternehmen* (S. 49-72). Bern: Haupt.

Bornschein-Grass, C. (1995). *Groupware und computerunterstützte Zusammenarbeit – Wirkungsbereiche und Potentiale.* Wiesbaden: Gabler.

Bössmann, E. (1967). *Die ökonomische Analyse von Kommunikationsbeziehungen in Organisationen.* Berlin: Springer.

Bühner, R. (1999). *Betriebswirtschaftliche Organisationslehre* (9. Aufl.). München: Oldenbourg.

Bullen, C. V. & Bennett, J. L. (1990). *Groupware in practice. An interpretation of work experiences* (CISR Working Paper No. 205). Cambridge: MIT Center of Information Systems Research.

Bungard, W. (1992). (Hrsg.). *Qualitätszirkel der Arbeitswelt. Ziele, Erfahrungen, Probleme.* Stuttgart: Verlag für Angewandte Psychologie.

Cummings, J. N., Butler, B. & Kraut, R. (2002). The quality of online social relationships. *Communications of the ACM, 45* (7), 103-108.

Deloitte & Touche Consulting Group (1998). *Understanding costumer expectations.* http://www.dtcg.com

DFG (Deutsche Forschungsgemeinschaft). (2000). *Befragung zur Anwendung innovativer Kommunikationstechnologien* (Sonderforschungsbereich 346, Teilgebiet A8). http://www.Unternehmensnetzwerke.de/wissen/artikel.php4?linkart=unim20001011

Döring, N. & Schestag, A. (2000). Soziale Normen in virtuellen Gruppen. Eine empirische Analyse ausgewählter Chat-Channels. In U. Thiedecke (Hrsg.), *Virtuelle Gruppen. Charakteristika und Problemdimensionen* (S. 313-355). Wiesbaden: Westdeutscher Verlag.

Dowling, M. (2000, 15.11.). *From retailing to e-tailing: Geschäftsmodelle in B2B/C2C/C2B* (Vorlesung). http://www.e-commerce.de/files/EC15-11-00.pdf

Drumm, H. J. (1995). *Personalwirtschaftslehre* (3. Aufl.). Berlin: Springer.

Durlacher Research (2000). *UMTS Report. An investment perspective.* http://www.durlacher.com

Egido, C. (1988). Videoconferencing as a technology to support group work. A review of its failure. *CSCW, 88*, 13-24.

Eppler, M. J. & Diemers, D. (2001). Reale und virtuelle Gemeinschaften im betriebswirtschaftlichen Kontext. *Die Unternehmung. Schweizerische Zeitschrift für betriebswirtschaftliche Forschung und Praxis, 55* (1), 25-41.

Feldmann, M. (1986). Constraints on communication and electronic messaging. *CSCW, 86,* 73-90.

FhG-ISI (1998). *Delphi´98-Umfrage. Studie zur globalen Entwicklung von Wissenschaft und Technik. Zusammenfassung der Ergebnisse.* Bonn: Fraunhofer Institut.

Forster, J. (1978). *Teams und Teamarbeit in der Unternehmung. Eine gesamtheitliche Darstellung mit Meinungen und Beispielen aus der betrieblichen Praxis. Schriftenreihe des Instituts für betriebswirtschaftliche Forschung an der Universität Zürich.* Bern: Haupt.

FZI (Forschungszentrum Informatik Karlsruhe). (2000). *Studie virtueller Unternehmen.* http://www.unternehmensnetzwerke.de/artikel.php4?linkart=fzi20001002_1

Gappmaier, M., Damschik, I., Häntschel, I. & Heinrich, L. J. (1996). Geschäftsprozesse und deren Computerunterstützung: Ergebnisse von Feld- und Laborstudien. In J. Schiestl & H. Schelle (Hrsg.), *Groupware – Software für die Teamarbeit der Zukunft. Grundlegende Konzepte und Fallstudien* (S. 161-188). Marburg: Tectum.

Gassmann, O. & Boutellier, R. (1997). Informationstechnologien in virtuellen F&E-Teams. *technologie & management, 46* (4), 28-31.

Granovetter, M. S. (1973). The strengh of weak ties. *The American Journal of Sociology, 78*, 1360-1380.

Hagel, J. & Armstrong, A. G. (1997). *Net gain. Expanding market through virtual communities.* Boston: Harvard Business School Press.

Hoffmann, F. (1976). *Entwicklung der Organisationsforschung.* Wiesbaden: Gabler.

Hofstätter, M. (1997). Qualifizierung für die Informationsgesellschaft. In Bundesministerium für Arbeit, Gesundheit und Soziales (Hrsg.), *Stichwort Telearbeit. Neue Arbeitsformen bestimmen die Zukunft* (S. 85-108). Wien: Bundesministerium für Arbeit, Gesundheit und Soziales.

Imai, M. (1986). *Kaizen. The key to Japan's competetive success.* New York: McGraw-Hill.

Ishikawa, K. (1985). *What is Total Quality Management?* New York: Prentice Hall.

Iten, P. A. (2000). *Virtuelle Auslandseinsätze von Personal in multinationalen Unternehmen aus der Sicht aktueller Erkenntnisse des Wissensmanagements.* Unveröff. Diss., Universität St. Gallen.

Kaiser, K.-A. (1998). *Human Networking in internationalen Unternehmen. Bedeutung, Determinanten und Ansatzpunkte zur Förderung grenzüberschreitender zwischenmenschlicher Kommunikation und Kooperation in internationalen intraorganisationalen Netzwerken.* Unveröff. Diss., Universität St. Gallen.

Katzenbach, J. R. & Smith, K. S. (1993). *Teams. Der Schlüssel zur Hochleistungsorganisation.* Wien: Ueberreuter.

Kollmann, K. (2000). Veränderungen in der Elektronischen Kommunikation: Was die quantitativen Nutzungszahlen bei den Neuen Kommunikationstechnologien nicht verraten ... *Forum Qualitative Social Research. Theorien, Methoden, Anwendungen, 1* (1). http://www.qualitative-research.net/fgs-texte/1-00/1-00kollmann-d.pdf

Kosiol, E. (1976). *Organisation der Unternehmung* (2. Aufl.). Wiesbaden: Gabler.

Krcmar, H. (1996). Teamarbeit produktiver machen – Einige Bemerkungen zur Forschung auf dem Gebiet des Computer Supported Cooperative Work. In J. Schiestl & H. Schelle (Hrsg.), *Groupware – Software für die Teamarbeit der Zukunft. Grundlegende Konzepte und Fallstudien* (S. 31-44). Marburg: Tectum.

Leavitt, H. J. (1951). Some effects of certain communication patterns on group performance. *Journal of Abnormal and Social Psychology, 46*, 38-46.

Lechner, U. & Schmid, B. F. (2000). Communities and media – Towards a reconstruction of communities on media. In E. Sprague (Hrsg.), *Hawaiian International Conference on System Sciences (HICSS 2000).* IEEE Press, 01/2000.

Lehner, F. (1997). *Multimedia- und Tele-Techniken als Motor des Wandels* (Forschungsbericht Nr. 10). Regensburg: Universität Regensburg, Lehrstuhls für Wirtschaftsinformatik III.

Lehner, F., Auer-Rizzi, W., Bauer, R., Breit, K., Lehner, J. & Reber, G. (1991). *Organisationslehre für Wirtschaftsinformatiker.* München: Hanser.

Lehner, F. & Dustar, S. (Hrsg.). (1997). *Telekooperation in Unternehmen.* Wiesbaden: Gabler.

Lehner, F. & Lanwes, C. (1998). Hemmnisse der Internetnutzung für mittelständische Unternehmen. Ergebnisse einer Unternehmensbefragung. *Zeitschrift für Organisation, 4,* 213-219.

Lewe, H. & Krcmar, H. (1992). *GroupSystems. Aufbau und Auswirkungen* (Arbeitspapiere für Wirtschaftsinformatik, Nr. 24). Stuttgart: Universität Hohenheim.

Lewin, K. (1947). Frontiers in group dynamics. *Human Relations, 1,* 143-153.

Lipnack, J. & Stamps, J. (1998). *Virtuelle Teams. Projekte ohne Grenzen. Teambildung, virtuelle Orte, intelligentes Arbeiten, Vertrauen in Teams.* Wien: Ueberreuter.

Macharzina, K. (1993). *Unternehmensführung. Das internationale Managementwissen. Konzepte – Methoden – Praxis.* Wiesbaden: Gabler.

Malnight, T. W. (1996). The transition from decentralized to network-based MNC structures. An evolutionary perspective. *Journal of International Business Studies, 27,* 43-65.

Mitchell, C. J. (1969a). *Social networks in urban situations: Analysis of personal relationships in central African towns.* Manchester: Manchester University Press.

Mitchell, C. J. (1969b). The concept and use of social networks. In C. J. Mitchell (Hrsg.), *Social networks in urban situations* (S. 1-50). Manchester: Manchester University Press.

Moorhead, G. & Griffin, R. W. (1998). *Organizational behaviour. Managing people and organizations* (5. Aufl.). Boston: Houghton Mifflin.

Morger, O. (1995). *Computerunterstützte Gruppenarbeit im strategischen Management schweizerischer Großunternehmen: Eine empirische Untersuchung* (Arbeitsbericht Nr. 95.14). Zürich: Institut für Informatik der Universität Zürich.

Picot, A. & Reichwald, R. (1987). *Bürokommunikation. Leitsätze für den Anwender* (3. Aufl.). Hallbergmoos: Angewandte Informationstechnik.

Reimann, H. (1974). *Kommunikations-Systeme. Umrisse einer Soziologie der Vermittlungs- und Mitteilungsprozesse* (2. Aufl.). Tübingen: Mohr.

Rheingold, H. (1995). *Virtuelle Welten. Reisen im Cyberspace* (2. Aufl.). Reinbek: Rowohlt.

Rohmert, W. & Weg, F. J. (1976). *Organisation teilautonomer Gruppenarbeit. Betriebliche Projekte – Leitregeln zur Gestaltung.* München: Hanser.

Rohrbach, P. (1996). Zukünftige Einsatzmöglichkeiten für Workgroup Computing auf dem Informationshighway. In J. Schiestl & H. Schelle (Hrsg.), *Groupware – Software für die Teamarbeit der Zukunft. Grundlegende Konzepte und Fallstudien* (S. 82-95). Marburg: Tectum.

Rosenstiel, L. von (1993). Kommunikation und Führung in Arbeitsgruppen. In H. Schuler (Hrsg.), *Lehrbuch Organisationspsychologie* (S. 321-351). Bern: Huber.

Rosenstiel, L. von (1994). *Arbeitsgruppe und Führung. Arbeits- und Organisationspsychologie. Kurseinheit 1-2.* Hagen: Fernuniversität Gesamthochschule Hagen.

Rosenstiel, L. von (2000). *Grundlagen der Organisationspychologie. Basiswissen und Anwendungshinweise* (4. Aufl.). Stuttgart: Schäffer-Poeschl.

Rüegg-Stürm, J. & Young, M. (2001). Die Bedeutung neuer netzwerkartiger Führungs- und Organisationsformen für die Dynamisierung von Unternehmungen. *Die Unternehmung. Schweizerische Zeitschrift für betriebswirtschaftliche Forschung und Praxis, 55,* 187-213.

Schenk, M. (1995). *Soziale Netzwerke und Massenmedien: Die Untersuchung zum Einfluß der persönlichen Kommunikation.* Tübingen: Mohr.

Schmidt, M. P. (2000). *Knowledge Communities. Business & Computing. Mit virtuellen Wissensmärkten das Wissen im Unternehmen effektiv nutzen.* München: Addison-Wesley.

Schneider, G. (1999). *Virtual Team Assistant. Intelligente Assistenzsysteme für die automatische Vorgangsbearbeitung.* Wiesbaden: Deutscher Universitäts Verlag.

Schneider, H. & Knebel, H. (1995). *Team und Teambeurteilung. Neue Trends in der Arbeitsorganisation*. Köln: Wirtschaftsverlag Bachem.

Schnewlin, H. (1960). Formen der Team-Arbeit in der Industrie. *Industrielle Organisation, 29*, 245-251.

Schrader, S., Göpfert, J. & Scherk, M. (1996). Der Einsatz von Videokommunikation – eine empirische Analyse. *Information Management, 11* (4), 32-38.

Schubert, P. (1999). *Virtuelle Transaktionsgemeinschaften im E-Commerce*. Unveröff. Diss., Universität St. Gallen.

Schwarzer, B. & Krcmar, H. (2000). *CATeam zur Unterstützung der Teambildung für die prozessorientierte R/3-Einführung*. http://www.itm-consulting.de/downloads/Sapart1.pdf

Shirani, A., Aiken, M. & Paolillo, J. G. P. (1998). Group decision support systems and incentive structures. *Information & Management, 33*, 231-240.

Sieber, P. (1996). Schweizer Firmen im Internet. In J. Griese & P. Sieber (Hrsg.), *Internet. Nutzung für Unternehmungen* (S. 25-48). Bern: Haupt.

Smart Valley (1993). *Telecommunicating research and implications for Silicon Valley*. Palo Alto: Smart Valley.

Smart Valley (1994a). *Smart Valley telecommunicating guide. Version 2, October 20, 1994*. Palo Alto: Smart Valley.

Smart Valley (1994b). *Smart Valley telecommunicating pilot project. Final pilot results and appendix, October 25, 1994*. Palo Alto: Smart Valley.

Smart Valley (1996). *Smart Valley telecommunicating pilot project. Results of the second survey, February 12, 1996*. Palo Alto: Smart Valley.

Sproull, L. & Kieser, S. (1988). Reducing social context cues. Electronic mail in organizational communication. In I. Greif (Hrsg.), *Computer-supported cooperative work. A book of readings* (S. 683-712). San Mateo: Kaufman.

Staehle, W. H. (1994). *Management. Eine verhaltenswissenschaftliche Perspektive* (7. Aufl.). München: Vahlen.

Steinbuch, P. A. (1990). *Organisation*. Ludwigshafen: Kiehl.

Tegethoff, H. G. (1999). *Soziale Gruppen und Individualisierung. Ansätze und Grundlagen einer revidierten Gruppenforschung*. Neuwied: Luchterhand.

Teufel, S., Sauter, C., Mühlherr, T. & Bauknecht, K. (1995). *Computerunterstützung für die Gruppenarbeit*. Bonn: Addison-Wesley.

Thiedecke, U. (2000). Virtuelle Gruppen. Begriff und Charakteristik. In U. Thiedecke (Hrsg.), *Virtuelle Gruppen. Charakteristika und Problemdimensionen* (S. 23-73). Wiesbaden: Westdeutscher Verlag.

Vahs, D. (1997). *Organisation. Einführung in die Organisationstheorie und –praxis*. Stuttgart: Schäffer-Poeschl.

Weinig, K. (1996). *Wie Technik Kommunikation verändert. Das Beispiel Videokonferenz*. München: Lit.

Womack, J. P., Jones, D. T. & Roos, D. (1991). *Die zweite Revolution in der Automobilindustrie*. Frankfurt/Main: Campus.

Zerbe, S. & Krcmar, H. (1999). Neue Organisationsformen durch Informations- und Kommunikationstechnologien – eine Analyse verteilter Teamarbeit. In J. Engelhard & E. J. Sinz (Hrsg.), *Kooperation im Wettbewerb. Neue Formen und Gestaltungskonzepte im Zeichen von Globalisierung und Informationstechnologie* (S. 187-206). Wiesbaden: Gabler.

Teil V
Kapital und Kompetenz – Meta-Analyse

Walter R. Heinz

Kompetenzentwicklung in der industrialisierten Dienstleistungsgesellschaft: Flexibilitätszwänge oder Gestaltungschancen von Arbeit?

Der flexible Kapitalismus bzw. die „new economy" versprechen einen Strukturwandel der Arbeit, der persönliches Engagement erhöht und die formale Kontrolle sowie Arbeitsteilung abbaut: „Commitment statt Kontrolle". Dies bedeutet für einen Teil der Beschäftigten, selbst entscheiden zu können, wie, wann und wo sie ihre Arbeit verrichten. Jedoch verlangt ein erweiterter Handlungsspielraum von ihnen erhebliche Selbstkontrolle und eine quasi unternehmerische Umgangsweise mit ihren Kompetenzen. Vor allem die Großunternehmen haben diese Botschaft der neuen Ökonomie aufgegriffen. Man muss nur die Stellenannoncen in den großen Zeitungen durchblättern und schon stößt man auf die gängigen Schlagworte: „Wir bieten Ihnen die Mitarbeit in einer lernenden Organisation, die durch motivierte Teamarbeit geprägt ist!" „Wenn Sie sich mit uns gemeinsam engagieren möchten ..." Oder: „Werden Sie die treibende Kraft unseres Erfolges!"

Es scheint, als ob die „schöne neue Arbeitswelt" eine bisher ungeahnte Erweiterung des Handlungsspielraums in der Erwerbsarbeit, wenn nicht gar eine Subjektivierung der Arbeit vorantreiben und dem Taylorismus der rigiden Arbeitsteilung und Kontrolle endgültig den Garaus machen würde.

Meine Ausgangsthese ist, dass im flexiblen Kapitalismus die formalen Qualifikationen nicht mehr und nicht weniger als Startkapital sind, das im Arbeitsprozess durch Kompetenzentwicklung angelegt und verzinst werden kann. Diese Entwicklung ist zwiespältig: Wohl werden die individuellen Gestaltungschancen von Arbeit erweitert: Mit selbst gewählten und definierten Tätigkeiten kann man sich besser identifizieren als mit Arbeitsanweisungen; auch Fehlinvestitionen des Startkapitals sind korrigierbar, allerdings nur, wenn die Arbeitsmarktverhältnisse Korrekturen, z.B. durch Weiterbildung, erlauben. Aber die Qualifikationen unterliegen einer sinkenden Profitrate des Bildungskapitals: Berufliches Fachwissen und Arbeitserfahrungen werden zunehmend zu Gunsten von Teilkompetenzen entwertet. An die Stelle übergreifender Sinnzusammenhänge und sozialer Wertbezüge, die durch den Beruf gegeben waren, tritt die Verengung auf jeweils neue, „just-in-time" abrufbare Kenntnisse und Fertigkeiten.

Diese Ambivalenz der Auswirkungen der neuen Arbeitsformen, die vor allem im Dienstleistungsbereich sichtbar werden, kommt den in der Aussage eines im IuK-Sektor tätigen Informatikers zum Ausdruck: „Sich fit halten, dynamisch bleiben, unbezahlte Überstunden machen, sich permanent fragen, was kann ich für das Unternehmen tun, und mich produktiv im Arbeitsteam einbringen.“ Dahinter steht die mit Lust und Angst zugleich vorgetragene Einschätzung: „Was wir vor drei Jahren gewusst haben, ist heute obsolet, keiner braucht's mehr – doch das ist gerade die Herausforderung“. Zum Einstieg in dieses Berufs- bzw. Arbeitsfeld ist kein bestimmter Ausbildungsabschluss notwendig, Empfehlungen und einschlägige Arbeitserfahrungen sind entscheidend. Für Andere da zu sein und nach deren Anweisung zu arbeiten, kommt nicht in Frage. Aber die hohe Arbeitsbelastung führt dazu, kaum noch Freunde zu haben, es lauert das Risiko, als Selbstständiger pleite zu gehen, und man verdrängt den Gedanken, wie es einem gehen wird, wenn man über 50 Jahre alt ist.

Die neue Arbeit im flexiblen Kapitalismus

Die Folgen der technologischen und organisatorischen Umwälzungen – in der Industrie und im Dienstleistungssektor – für die Qualität der Arbeit und die Kompetenzanforderungen werden kontrovers in den Sozialwissenschaften diskutiert. Sozialtheoretiker, Industrie-, Arbeits- und Bildungssoziologen, aber auch Berufspädagogen, neigen in ideologiekritischer Absicht eher dazu, auf die möglichen negativen Auswirkungen für Persönlichkeit und Gesellschaft hinzuweisen. Jüngst hat STRASSER (2000) in der Süddeutschen Zeitung eine Frontalattacke gegen den neuen Kapitalismus geritten. Der neue sei noch schlimmer als der alte Kapitalismus, der noch Halt und Orientierung für die Erwerbstätigen bot. Der neue Kapitalismus laste die Anpassung an eine schnelllebige Ökonomie dem Individuum auf. Der Einzelne müsse sich permanent dem Veränderungsdruck anpassen, um beschäftigungsfähig oder, wie es neudeutsch heißt, „employable“ zu bleiben, und dies soll freiwillig geschehen. Ganz nach dem Motto von LEJEUNE: „Du schaffst, was du willst!“

Den hochmobilen und flexiblen neuen Arbeitern fehle es an dauerhaften sozialen Bindungen. Sie müssten sich auf kurzfristige und effiziente Einsätze ihrer Kompetenzen konzentrieren und sich im Unternehmen wie im Privatleben elastisch verhalten, d.h. in jeder Hinsicht verbiegbar sein. Dies gehe Hand in Hand mit einem Zwang zur Selbstoptimierung, die jedoch zu Autonomiegewinn und Selbstständigkeit hochstilisiert werde. Wenn die Herrschaft des Marktes in Form von Selbstdisziplinierung verinnerlicht werde, dann ist dies mit hohen individuellen Kosten verbunden. Wenn schließlich die Unternehmensziele zur Herzensangelegenheit der Mitarbeiter werden, dann lernen sie, sich selbst auszubeuten. Die breite Anwendung aller ihrer Kompetenzen im Unternehmen bedeute dann nicht Humanisierung, sondern eine radikale Ökonomisierung des Menschen.

Diese dem US-amerikanischen Sozialtheoretiker SENNETT (2000) nachempfundene Polemik beklagt auch an der Flexibilisierung von Arbeit den Verlust von Kontinuität der Erwerbsbiographie, der durch mehr Handlungsspielraum und Gestaltungschancen von Arbeit nicht kompensiert, sondern durch zunehmende personale Zukunfts-Ungewissheit und soziale Unsicherheit geprägt wird.

Auch BECK (1999) stößt in das gleiche Horn: „Das Flexibilitätsregime heißt letzten Endes: Freue dich, dein Können ist veraltet und niemand kann dir sagen, was du lernen musst, damit du in Zukunft noch gebraucht wirst". Flexibilität von Arbeit führt demnach zu einer zieloffenen Anpassungsbereitschaft an eine unsichere Zukunft sich beschleunigender Veränderungen von Arbeitstechniken und Organisationsmustern. Jedoch sieht BECK (1999) im Unterschied zu SENNETT (2000) oder STRASSER (2000) der Entwicklung in der zweiten Moderne mit skeptischem Optimismus entgegen. Er hofft auf eine Transformation des Arbeitsbürgers, der in einer Gesellschaft der vielfältigen Tätigkeiten vor allem die Chance zur Bürgerarbeit aufgreifen wird. Die Veränderungen der Arbeit in der Wissensgesellschaft bringen die Freiheit der Unsicherheit, nämlich einen Handlungs- und Optionsraum, der ein Doppelgesicht aufweist: Durch die Auflösung des „Normalarbeitsverhältnisses" ergeben sich einerseits Gestaltungsmöglichkeiten vor allem für die Lebensführung von Frauen und jungen Erwachsenen; andererseits wird die Biographie risikoreicher und diskontinuierlicher.

So entstehe die Chance – für manche aber auch das Verhängnis –, die Grenzen zwischen Erwerbsarbeit und der privaten Lebensführung in vertraglicher, zeitökonomischer und örtlicher Hinsicht neu zu ziehen. Dies kommt auch den Ansprüchen an ein selbstgestaltetes Leben entgegen, die sich aus dem gestiegenen Bildungs- und Qualifizierungsniveau der jüngeren Generationen speisen.

Was sagen nun Ergebnisse aus der Bildungs-, Industrie- und Arbeitssoziologie? Was spricht für Pessimismus, skeptischen Optimismus oder gar Euphorie?

Fest steht (SCHMIDT, 1999) *erstens*, dass in der Industriearbeit die technische Entwicklung eine Erhöhung der Qualifikationen und selbst bei Produktionsarbeitern eine Ausweitung von Kenntnissen erfordert, um Instandhaltungs- und Wartungstätigkeiten zusammen mit Facharbeitern zu übernehmen.

Dazu tritt *zweitens* bei komplexen Anlagen und Arbeitsabläufen eine erweiterte individuelle Zuständigkeit für die Behebung von Störungen, die informelle Formen der Selbstorganisation, des spontanen Wissenseinsatzes und der Improvisation begünstigt. Solche impliziten Qualifikationen waren auch schon im Zeitalter der Massenproduktion in den Betrieben notwendig und vermittelten den Facharbeitern einen spezifischen Produzentenstolz. Sie sahen Arbeit nicht nur als Einkommensquelle, sondern ihr inhaltliches Können, Wissen und ihre Leistungsbereitschaft waren Quellen sachlicher und sozialer Selbstbestätigung. Seit Anfang der 80er Jahre hat sich *drittens* ein neues Produktionskonzept als Rationalisierungsstrategie in den Unternehmen durchgesetzt, das persönlichkeitsförderliche Elemente in der Arbeitsgestaltung betont. An Stelle rein technischer Lösungen und einer dichten Kontrolle werden

Aufgaben ganzheitlich organisiert. In flexibler Arbeitsgestaltung können *viertens* die Fachkenntnisse und die betriebsorganisatorischen Erfahrungen verbunden und effizienter eingesetzt werden. So wird in Verbindung mit dem Einsatz von IuK-Technik Routinearbeit reduziert und durch intelligentes Regulieren, Korrigieren und Planen abgelöst. Dies bringt auch für die Industriearbeit erhebliche Entfaltungschancen. Und statt die Trennung von Hand- und Kopfarbeit aufrecht zu erhalten und die Dequalifizierung zu vertiefen, erweitern *fünftens* neue Organisationskonzepte die Kompetenzprofile und fördern die Reprofessionalisierung der Industriearbeit. Die neuen Produktionsfacharbeiter werden als Systemregulierer und Gewährleistungsexperten gleichzeitig zu praktischen Problemlösern in immer komplexeren Produktionsumwelten.

Diese Entwicklung wird z.B. von SCHUMANN (2000) als ambivalent beurteilt. Einerseits stößt die aufgewertete Facharbeit auf die Akzeptanz der Beschäftigten, die sich auf die Erweiterung von Aufgaben und ihre veränderte soziale Rolle im Betrieb aktiv umstellen. Durch die Verbesserung von Arbeitsbedingungen können sie auch eigene Interessen realisieren, da durch vernünftiges Optimieren der Arbeitsabläufe ihre Kompetenzen im Umgang mit technisch-organisatorischen Möglichkeiten zunehmen. Insbesondere durch kooperative Problemlösungen entstehen Sozialisationseffekte, die Handlungs- und Reflexionskompetenz anregen. Andererseits ist auch die gestaltungsoffenere Industriearbeit ebenso wie Dienstleistungsarbeit weiterhin abhängige, also nicht selbstbestimmte, wenn auch zeitweise selbstorganisierte Arbeit. Sie führt zu einer intensiveren Ausnutzung des Arbeitsvermögens unter hohem Zeitdruck, vor allem aber zu Beschäftigungsunsicherheit. Dazu kommt, dass die Aufwertung von Kompetenzen und Handlungsspielräumen in der Arbeitstätigkeit ungleich verteilt ist, insbesondere gering qualifizierte und ältere Arbeitnehmer haben weitaus seltener die Chancen zur Kompetenzerweiterung durch aktive Arbeitsgestaltung und Weiterbildung (IAB, 2000).

Und wie ist die Entwicklung im Dienstleistungssektor zu beurteilen (BAETHGE, 1999)? *Erstens* ist von 1960 bis Ende des 20. Jahrhunderts der Anteil der Erwerbstätigen im Industriesektor von 44% auf 30% gesunken, derjenigen im Dienstleistungssektor von 38% auf 68% gestiegen. Daher verwende ich auch den Begriff der „industrialisierten Dienstleistungsgesellschaft", denn immerhin arbeiten noch gut zehn Millionen der Beschäftigten im Industriesektor, und ein hoher Anteil der Dienstleistungsarbeit ist unternehmensbezogen. Dieser Wandel stößt *zweitens* jedoch auf institutionelle Schwerfälligkeiten, z.B. argumentiert BAETHGE (2000), dass in Deutschland das Beschäftigungs- und Innovationsproblem mittelfristig nur zu bewältigen sei, wenn die Gesellschaftspolitik und die institutionellen Regeln sich von den Traditionen des „Industrialismus" lösen. Diese Tradition begründet eine starre Abgrenzung zwischen Qualifikationen, langfristig wirkende berufsfachliche Prägungen und eine fixierte Arbeitszeitregelung. Der Industrialismus ist in Deutschland aber noch ein Praxisprinzip der Arbeitsorganisation, entgegen aller Rhetorik der Organisationsentwicklung und betriebsinterner sowie betriebsexterner Flexibilisierung.

Beispielsweise werden wissensintensive, unternehmensbezogene Dienstleistungen nur zögerlich ausgelagert.

Bei der Berufsausbildung und den bevorzugten Studienfächern zeigt sich *drittens* ein Missverhältnis zwischen Qualifikationsinhalt und Arbeitsanforderungen, was nicht zuletzt auch durch die schleppende Innovationspolitik im Personalsektor der Betriebe verursacht wird. Vor allem verfügt *viertens* der Dienstleistungssektor bislang über kein übersichtliches und differenziertes Organisationsprinzip für die fachliche Qualifizierung, wie dies im Handwerk und in der Industrie vorliegt. Dienstleistungen sind charakterisiert durch vielfältige Tätigkeitsformen, die inhaltlich und organisatorisch von unternehmensbezogenen Dienstleistungen über erziehende und beratende Dienstleistungen bis zu personenbezogenen Dienstleistungen (vom Gasthaus bis zur ambulanten Pflege) reichen. So stellt sich die Frage, ob sich ohne ein Qualifizierungskonzept überhaupt Kompetenzprofile entwickeln lassen. Es ist nämlich gerade im Rahmen der deutschen Sozial- und Wirtschaftsstruktur wichtig, die Dienstleistungen zu verberuflichen, sie durch ein gewisses Maß an Standardisierung in ihrem Qualitätsbewusstsein und gesellschaftlichen Ansehen aufzuwerten. Falls dies nicht gelingt, ist *fünftens* die Expansion des Dienstleistungssektors, wie in den USA, ein Einfallstor für Beschäftigung in niedrig qualifizierten, gering entlohnten und extrem unsicheren Tätigkeiten, die vor allem für Jugendliche, für Familienaufgaben zuständige Frauen und Ausländer – mit einem hohen Risiko der sozialen Benachteiligung – übrig bleiben.

Es gibt also Anhaltspunkte dafür, dass durch die Flexibilisierung von Arbeit Qualifikationen beweglicher werden und subjektbezogene Kompetenzen in den Mittelpunkt rücken. Zertifizierte Kenntnisse und Fähigkeiten, also berufsfachliche Profile, sind als Zugangsvoraussetzung zum Erwerbssystem aber weiterhin nötig. Diese werden erst in Verbindung mit subjektgebundenen Haltungen, Sichtweisen und Handlungsstrategien bei der Bewältigung der Veränderungen in der Arbeitswelt zu Gestaltungsfaktoren von Arbeit und Erwerbsbiographien. Dies bedeutet, dass Persönlichkeitseigenschaften, Einstellungen und Wertvorstellungen an Bedeutung gewinnen, Kompetenzen also, die in der Sozialisation durch Familie, Schule und Ausbildung und nicht zuletzt durch Beteiligung an technischen und organisatorischen Veränderungsprozessen entwickelt werden.

Wie sich die Veränderungen in der Beschäftigungslandschaft auf das Verhältnis von Flexibilisierung und Gestaltung auswirken, werde ich nun am Beispiel von drei aktuellen Entwicklungstendenzen – Berufsausbildung, Arbeitszeitflexibilisierung, Arbeitskraft-Unternehmer – kurz umreißen. Dabei steht die Frage im Mittelpunkt, ob es Anhaltspunkte für eine „neue Lern- und Arbeitskultur“ gibt.

Berufsausbildung

In den vergangenen zehn Jahren sind das duale System der in Berufsschule und Betrieb organisierten Berufsausbildung und die berufsspezifischen Qualifikationsprofile der Facharbeiter bzw. Fachangestellten als eine Ursache für die schleppende Anpassung der deutschen Betriebe an den weltweiten wirtschaftlichen Wettbewerb benannt worden. Es fehlt an berufsübergreifenden Kompetenzen, die fachliches Wissen und soziale Fähigkeiten mit der Bereitschaft zu lebenslangem Lernen verbinden könnten. Die Demarkationslinien zwischen verschiedenen Berufsprofilen sind in der Ausbildung und im Betrieb zu starr, so dass auch von hier aus wenig Impulse für den Wandel in Richtung auf eine grenzübergreifende Berufsausbildung ausgehen würden. Gefordert wird daher, den berufszentrierten Ansatz in einen organisationsorientierten Prozess zu transformieren, um den sich schnell wandelnden technologischen und kommunikativen Bedingungen in den Betrieben gerecht zu werden (BAETHGE, BAETHGE-KINSKY & KUPKA, 1998).

Wie hat die Berufsbildungspolitik auf diese Kritik und Entwicklungsanregungen reagiert? Zunächst ist die Reform der Berufsausbildung erheblich beschleunigt worden. Waren zwischen 1980 und 1995 nur 14 neue Berufe und 166 modernisierte Berufsbilder zu verzeichnen, so hat sich zwischen 1996 und 2000 die Anstrengung der Sozialpartner, was die neuen Berufe angeht, mehr als verdoppelt. Es sind 33 neue Berufsbilder entstanden. Dies bedeutet, dass das deutsche Berufsprinzip in seiner zweifachen Funktion, einerseits als Orientierungsrahmen für Berufswahl und Erwerbsbiographie der Einzelnen, andererseits als Prinzip zur Organisation wirtschaftlicher und sozialer Beziehungen auf dem Arbeitsmarkt, seine Leitbildfunktion nicht verloren hat. Statt dessen stellen sich die neuen Berufsbilder auf die geänderten intellektuellen Anforderungen an den Arbeitsplätzen ein. Sie beziehen sich auf die neuen informationstechnischen Arbeitsmittel und die Querschnittsbereiche zwischen Technik, Information und Beratung. Schließlich bereiten sie die Auszubildenden auf die Übernahme von mehr Verantwortung im Betrieb vor. Obwohl damit noch nicht sichergestellt ist, dass die in der Ausbildung erworbenen Qualifikationen sich mit den Arbeitsaufgaben decken – dies war auch in der Vergangenheit nicht der Fall –, ist berufliche Qualifizierung als Sprungbrett in eine selbstgestaltbare Tätigkeit unverzichtbar. Die Ausrichtung der Berufsausbildung auf eine prozessorientierte Arbeitsorganisation führt zu einer Lockerung der berufstypischen Aufgabenstellungen und zur Integration von fachfremden Tätigkeitselementen in vielseitig einsetzbare Qualifikationsprofile. So finden wir heute häufiger Grenzüberschreitungen z.B. zwischen Mechanik und Elektronik im Berufsbild „Mechatroniker“ sowie zwischen dem technischen und kaufmännischen Berufsfeld, wie z.B. bei „Kaufleuten für audiovisuelle Medien“, und neue Berufsbilder im Dienstleistungssektor, wie z.B. „Dienstleistungskaufleute“, die sich nach einer Grundausbildung hin zum Gesundheits-, Sport- oder Veranstaltungsbereich orientieren.

Diese Entwicklungen werden begleitet durch neue Konzepte wie sie z.B. der Sachverständigenrat der HANS-BÖCKLER-STIFTUNG Ende 1998 vorgelegt hat. Im Mittelpunkt steht dabei eine individuell und berufsübergreifend aufgebaute Qualifizierung. Durch Modularisierung des Bildungsangebots soll eine individuelle Auswahl an Qualifikationsbausteinen ermöglicht und gleichzeitig das Berufsbildungssystem in Hinblick auf die Erfordernisse im Arbeitsprozess flexibler werden. Jugendliche und junge Erwachsene sollen für ihre wirtschaftliche, soziale und kulturelle Situation eine größere Eigenverantwortung übernehmen. Da modularisierte Qualifizierungswege immer wieder neue Weichenstellungen verlangen, ist angesichts der dabei auftretenden Unsicherheiten und Orientierungsprobleme ein umfangreiches Beratungsangebot notwendig.

Trotz Wahlmöglichkeiten und Beratungsangeboten ist es wichtig zu betonen, dass das Ziel einer breiten Umsetzung der Leitbilder Flexibilität, Selbststeuerung und lebenslanges Lernen ohne gleiche Zugangschancen zu Qualifikationsangeboten und Bildungsbausteinen ein frommer Wunsch oder wissensgesellschaftliche Rhetorik bleiben wird. Da diese Leitbilder dem Subjekt die Verantwortung für Bildungsentscheidungen und Berufswege zurückgibt bzw. auferlegt, werden nicht wenige Menschen überfordert. Erst wenn den unterschiedlichen Lebenslagen, individuellen Interessen und Lernvoraussetzungen Rechnung getragen wird, kann Modularisierung zu einer persönlich sinnhaften Abfolge von Bildungsschritten und Arbeitserfahrungen werden.

Arbeitszeitflexibilisierung

Im Rahmen der in Deutschland tariflich vereinbarten Arbeitszeit wurden eine Reihe von betrieblichen Arbeitszeitmodellen entwickelt, die je nach Branche und Unternehmenskultur unterschiedlich benannt werden. Ihr Ziel ist es, sowohl den Betrieben in Hinblick auf die Auftragslage als auch den Beschäftigten in Hinblick auf die Vereinbarkeit von Erwerbsarbeit mit ihrem privaten Lebenszusammenhang zu dienen. So bei Ford in Köln: Zeitkonten; bei Opel in Rüsselsheim: Zeitkorridore; bei IBM: Vertrauensarbeitszeit; und schließlich bei Volkswagen die Vier-Tage-Woche mit Lohneinbußen.

Wie das ISO-Institut (GROß & MUNZ, 2000) in Köln bei seiner regelmäßigen Erhebung der Arbeitszeiten in Deutschland für 1999 feststellte, sind betriebsübergreifend nur noch 15% der Beschäftigten entsprechend der Normalarbeitszeit erwerbstätig. Dass diese hohe Flexibilität in der Arbeitszeit nicht selbst gewählt ist, zeigt sich daran, dass nur 17% der Beschäftigten angeben, über Lage und Dauer ihrer Arbeitstätigkeit bestimmen zu können. Also ist eine souveräne oder selbstbestimmte Entscheidung über Arbeitszeiten recht selten, allenfalls Beschäftigte mit höheren Qualifikationen können relativ frei über ihre Arbeitszeit entscheiden.

Ein wichtiges Element der Flexibilisierung ist die Teilzeitarbeit. 1999 war ein Fünftel aller Beschäftigten in Teilzeit tätig, diese Quote ist in den letzten vier Jahren nur wenig angestiegen. Auch die Beteiligung von Männern an Teilzeitarbeit hat sich nur schleppend erhöht: 87% der Teilzeitbeschäftigten sind Frauen, vor allem im Dienstleistungsbereich und in kleinen Betrieben – und dort arbeitet die Hälfte der Teilzeit-Beschäftigten in relativ gering qualifizierten Tätigkeiten. Und bemerkenswert ist, dass etwa ein

Zehntel der Vollzeitbeschäftigten gerne in Teilzeit arbeiten würde, sie jedoch mit ihrem Wunsch an fehlenden betrieblichen Möglichkeiten scheitern.

Die Gestaltung einer selbstbestimmteren Arbeitszeit versprechen aber die „Arbeitszeitkonten". 1999 waren 37% der Beschäftigten in dieser Form flexibler Arbeitszeit tätig. Neben den betrieblichen Erfordernissen, wie z.B. Bewirtschaftung von Überstunden und Steuerung von Gleitarbeitszeit, sind die Beschäftigten durch das Kontenmodell auch in der Lage, Arbeitszeit und Arbeitsanfall besser zu synchronisieren und diese mit lebensweltlichen und persönlich motivierten Zwecken zu verbinden.

Ein vernachlässigter Aspekt der neuen Arbeitszeitmodelle ist die Tatsache, dass über die Hälfte der Beschäftigten regelmäßig Überstunden leistet. Jedoch ist 1999 zu beobachten, dass das Kriterium „Lebensqualität" an Bedeutung gewinnt, da die durch Freizeit ausgeglichenen Überstunden erstmals vor den bezahlten und unbezahlten Überstunden liegen.

Diese Daten verweisen auf einen allmählichen Flexibilisierungsgewinn im Bereich der Arbeitszeit für die Beschäftigten. Es soll jedoch nicht verschwiegen werden, dass nahezu die Hälfte der Beschäftigten angibt, unter erhöhtem Termin- und Leistungsdruck zu stehen. Dies gilt insbesondere für jene mit hoher Qualifikation und natürlich mit zunehmendem Arbeitszeitumfang. Insbesondere Hochqualifizierte ohne feste Arbeitszeitregelung arbeiten am längsten. Für etwa ein Sechstel der etwa 4.6 Mio. Fach- und Führungskräfte ist in Deutschland die Arbeitszeit überhaupt nicht mehr vertraglich geregelt. Zwei Drittel dieser Führungskräfte gibt an, dass sie keine Kompensation für ihre häufig geleisteten Überstunden erhalten. Hier zeigt sich gleichsam die Spitze eines Eisbergs, nämlich die Ausdehnung von Arbeitszeiten in betriebsspezifischen Vereinbarungen, was viele Erwerbstätige als Flexibilisierungszwang erleben.

Der Arbeitskraft-Unternehmer: „Kreativität und Unternehmergeist gesucht" [1]

Im Gegensatz zur arbeitsteiligen und kontrollierten Industrie-, Verwaltungs- und Dienstleistungsarbeit des „Industrialismus- und Bürokratiemodells" gewinnt allmählich das „Unternehmer-Prinzip" an Popularität. An die Stelle durchstrukturierter Arbeitsabläufe treten zeitlich begrenzte Aufträge, die selbstständig im Unternehmen oder außerhalb des Unternehmens erledigt werden können. Aus Fremdkontrolle und Führungsmanagement sollen Selbstkontrolle und Selbstmanagement werden. Die Anforderung und Herausforderung an eine selbstorganisierte Erledigung von Arbeitsaufgaben gibt, so scheint es, den Beschäftigten die Planungs- und Ausführungshoheit über ihre Tätigkeit zurück. Dies ist nicht primär einer neuen Lernkultur zu verdanken, sondern der strategischen betrieblichen Erschließung des individuellen Innovations- und Leistungspotenzials im Kontext von globalem Wettbewerb und Kostenabbau.

---

1 So der Slogan einer Broschüre von Siemens für Studierende und Absolventen.

So prognostizieren Arbeits- und Industriesoziologen wie z.B. VOß (2000), dass das Leitbild des berufsqualifizierten Auftrags- und Lohnempfängers allmählich durch einen neuen Sozialtypus, nämlich des Unternehmers der eigenen Arbeitskraft, abgelöst wird. Dieser ist durch eine dreifache Selbst-Indienstnahme charakterisiert: Selbstkontrolle, Selbstökonomisierung und Selbstrationalisierung. Diese drei selbstbezüglichen Kompetenzen verweisen *erstens* auf die Planung und Qualitätskontrolle der eigenen Tätigkeit, *zweitens* auf einen bewusst effizienten Umgang mit der eigenen Qualifikation und deren Vermarktung, und *drittens* auf eine rationale Koordination von Arbeit und Leben. Also „Arbeit in eigener Regie", die Beschäftigte sozusagen zu einem eigenen Ein-Mann/Frau-Betrieb im Unternehmen macht, der sich gegenüber der betrieblichen Innovationsparole der stetigen Verbesserung durch Selbstorganisation behauptet. Der Sozialtypus des Arbeitskraftunternehmers ist jedoch nicht zu verwechseln mit dem selbstständigen Unternehmer, der seinen eigenen Betrieb leitet und verantwortet, auch nicht mit dem Franchising-Unternehmer, dessen freie Gebundenheit als Dauerschuldverhältnis über den Vertrieb von Waren und/oder Dienstleistungen strukturiert ist.

Am Sozialtypus des Arbeitskraftunternehmers wird deutlich, was ich eingangs hervorgehoben habe, nämlich die Verschiebung von fachlichen Qualifikationen auf Kompetenzen. Um die eigene Arbeitskraft wie ein Unternehmer einzusetzen, benötigt man gleichsam Metakompetenzen, die aus Erfahrungen, Kenntnissen und Fertigkeiten immer wieder neue Angebote gemäß Marktnachfrage erzeugen. Dies bedeutet schließlich, die erwerbsbiographische Kompetenz so zu entwickeln, dass die eigenen Qualifikationen geschickt vermarktet, gepflegt und ausgebaut werden können.

Arbeitstätigkeit und Erwerbsbiographie selbst gestalten zu können, verlangt also heute mehr denn je besondere Kompetenzen, nämlich Persönlichkeitseigenschaften, die vorwiegend durch informelle Lernprozesse und Sozialisationserfahrungen gebildet werden. So steht hinter dem Flexibilisierungsprozess von Berufsausbildung, Arbeitszeit und Arbeitsverhältnis eine zweischneidige Entwicklung: Einerseits der Zugriff auf die Persönlichkeit als Arbeitskraft zur umfassenden Nutzung und Verwertung ihrer Potenziale – und dies ohne Anweisungen von oben. Andererseits eröffnet sich die Chance, Arbeit im Kontext einer erweiterten Autonomie selbst zu planen, zu koordinieren und zu bewerten. Flexibilität wird zur Gestaltungschance aber nur dann, wenn zum einen individuelle Interessen, Initiativen und außerbetriebliche Anforderungen bei der Planung von Arbeitsprozessen berücksichtigt werden und zum anderen Unterbrechungen von Erwerbsverläufen, die aus betrieblicher Sicht rational sind, nicht zulasten der Betroffenen, nämlich als selbstverschuldet, interpretiert werden.

Zusammenfassung

Die Belege, Konzepte und Trends sprechen aus meiner Sicht für einen „skeptischen Optimismus“. Wir erleben einen raschen Wandel der betrieblichen Steuerungs- und Organisationsstrategien von Arbeit, von einer funktions- und berufsbezogenen zu einer prozess- und organisationsorientierten Regulierung von Arbeitsverhältnissen. Dies bedeutet letztlich eine „just-in-time“-Verfügbarkeit von Arbeitskraft und die Erwartung einer permanenten Umwandlung von Qualifikationen in Gestaltungskompetenzen.

Ob und wie schnell die „unternehmerische Wissensgesellschaft“ an die Stelle der alten „arbeitnehmerzentrierten Industriegesellschaft“ treten wird, ist eine kontroverse Frage. Es geht dabei nicht nur um eine neue Lernkultur bei den Erwerbstätigen, sondern um eine Art Kulturrevolution: Eine neue Sicht auf Arbeit und Kompetenzentwicklung, die nicht primär bei Sozialisationsdefiziten ansetzt, also beim noch nicht vollständig flexiblen Subjekt, sondern an den Strukturen von Bildung, Ausbildung und Arbeit. Geschieht das nicht, dann sind Zweifel angebracht, ob die stetige Aufforderung, am Ball der betrieblichen Veränderungsdynamik zu bleiben, sich mit der subjektiven Prozesslogik der Aneignung und Verarbeitung von Wissen und der Herausbildung von Koordinierungs- und Kommunikationskompetenz verträgt.

Die Lern- und Leistungsanforderungen, die sich aus der beschleunigten Zeitökonomie ergeben, stellen die Sozialisations- und Bildungstheorie vor neue Aufgaben. Das schnelle Umstellen und Sich-Arrangieren mit veränderten Arbeitsbedingungen widerspricht nämlich dem Rhythmus von Bildungs-, und Lernprozessen, der vom Verstehen von Zusammenhängen abhängt. Um etwas zu verstehen, müssen Lerntempo und Informationsfülle mit den individuellen Möglichkeiten und Interessen korrespondieren. Denn erst die Verbindung mit Erinnerung und Erfahrung macht aus Informationen praktikables Wissen, das aus Selbst-Bildung und Selbst-Bindung erwächst.

Wie sagte Bundespräsident RAU beim ersten Kongress des „Forums Bildung“ im Juli 2000 in Berlin: „Wissen lässt sich büffeln, aber Begreifen braucht Zeit und Erfahrung“. Gestaltungskompetenz als Rundum-Flexibilität kann kein Wert an sich sein. Individuelle Biegsamkeit im Sinne von Anpassungsfähigkeit an sich wandelnde Verhältnisse schlägt allzu leicht in Opportunismus um, der genau das Gegenteil von Innovation ist.

Literaturverzeichnis

Baethge, M. (Hrsg.). (1999). *Empfehlungen des Expertenkreises „Dienstleistungsbeschäftigung im 21. Jahrhundert.“* Göttingen: SOFI.

Baethge, M. (2000). Abschied vom Industrialismus: Konturen einer neuen gesellschaftlichen Ordnung von Arbeit. *SOFI-Mitteilungen*, 28, 87-102.

Baethge, M., Baethge-Kinsky, V. & Kupka, P. (1998). Facharbeit – Auslaufmodell oder neue Perspektive? *SOFI-Mitteilungen*, 26, 81-97.

Beck, U. (1999). *Schöne neue Arbeitswelt.* Frankfurt/Main: Campus.

Groß, H. & Munz, E. (2000). *Arbeitszeit '99*. Düsseldorf: NRW-Ministerium für Arbeit und Soziales.

IAB (2000). *Auswertung des Betriebspanel 1999*. Nürnberg: IAB.

Schmidt, G. (Hrsg.). (1999). *Kein Ende der Arbeitsgesellschaft*. Berlin: Edition Sigma.

Schumann, M. (1994). *Trendreport Rationalisierung*. Berlin: Edition Sigma.

Schumann, M. (2000). Industriearbeit zwischen Entfremdung und Entfaltung. *SOFI-Mitteilungen*, 28, 103-112.

Sennett, R. (2000). *Der flexible Mensch. Die Kultur des neuen Kapitalismus*. Berlin: Siedler.

Strasser, J. (2000). Triumph der Selbstdressur. *Süddeutsche Zeitung Nr. 214/2000*, 16./17. September 2000.

Voß, G. G. (2000). Unternehmer der eigenen Arbeitskraft – einige Folgerungen für die Bildungssoziologie. *Zeitschrift für Soziologie der Erziehung und Sozialisation*, *20*, 149-166.

Barbara Rößer

Über die individuellen und sozialen Effekte der Flexibilisierung

Flexibilisierung als Paradigma des Wandels

Flexibilisierung beschreibt neben der individuellen und gesellschaftspolitischen Dimension ein Set an Organisations- und Produktionsstrategien, mit dem Antworten auf die Herausforderungen veränderter Gesellschafts- und Wirtschaftsbedingungen gesucht und gegeben werden. Was das Phänomen der Flexibilisierung für die Sozialwissenschaften so interessant macht, ist die Tendenz, *Subjektivität* nicht weiter unter von außen an das Subjekt herangetragene, starre Anordnungsmuster zu subsummieren, sondern als Voraussetzung individueller Entwicklung zur Geltung zu bringen und als „Quelle" von Produktivität zu erschließen. In diesem Sinn definiert sich Flexibilisierung als eine Verlagerung des Regulationsmodus auf Subjektivität, ohne damit gleichzeitig konstituierende gesellschaftliche Prinzipien außer Kraft zu setzen[1]. Flexibilisierung bedeutet damit auch eine Erosion der Grenze zwischen fremdorganisiertem Arbeitshandeln und selbstorganisiertem „subjektivierten Handeln" (BÖHLE, 2001; BÖHLE & SCHULZE, 1997) oder positiv ausgedrückt: Eine Integration von Subjektivität.

Diese Auflösung der Innen-Außen-Grenze legt die Behauptung nahe, Individuen und (betriebliche) Organisationen forcierten Flexibilisierung gleichermaßen. Diese Aussage hat jedoch lediglich auf einer nominellen Ebene Gültigkeit und stößt auf Skepsis entlang folgender Fragen: (1) Sind die Bedingungen der Möglichkeit individueller Flexibilität und subjektivierten Handelns gegeben oder vorgesehen? (2) Welche Zwecke werden mit einer Flexibilisierung verfolgt und wer ist in welchem Maß an der Definition der Zwecke subjektivierten Handelns beteiligt?

Nach dem Versuch, Flexibilisierung zu qualifizieren, werden im Folgenden ihre Implikationen und Effekte diskutiert. Über Informalisierungsprozesse verschieben sich Motoren individueller Entwicklung und ökonomischer Effektivierung von der organisationalen auf die individuelle Ebene. Das bedeutet, Impulse und Potenziale können und sollen vom Individuum ausgehen.

1 SENNETT (1998) spricht z.B. von Dezentralisierung der Macht bei gleichzeitiger Machtkonzentration, SAUER und DÖHL (1994) von „Kontrolle durch Autonomie". Beide konstatieren Veränderung bei gleichzeitiger Beibehaltung kapitalistischer Funktionsprinzipien.

Dies hat Konsequenzen auf der individuellen und der gesellschaftlichen Ebene. Da in diesem Kapitel in erster Linie die sozialen Folgen interessieren, sollen die psychischen und physischen Auswirkungen dessen weitgehend vernachlässigt bleiben. Auf der gesellschaftlichen Ebene geschieht Folgendes: Individuell eingebrachte Ressourcen unterliegen im sozialen Zusammenhang ausdifferenzierter Arbeitsteilung der Vergesellschaftung. Das heißt, sie bleiben nicht individuelles Gut, sondern werden im Warentausch veräußert. Durch dieses Wechselverhältnis aus Veräußerung und einer ökonomisch-rationalen Nutzung dieser Ressourcen entsteht permanent eine gesellschaftliche Dynamik, innerhalb der – so meine These – diese Vergesellschaftung der Flexibilisierung bzw. individueller Subjektivität ein Strukturprinzip kumulativer Ungleichheit begünstigt (ALHEIT, 1993). Dem kann mit den folgenden Fragen nachgegangen werden: (1) Welche Qualität besitzen die aus zunehmender Flexibilisierung gewonnenen neuen Chancen? (2) Inwiefern wirkt subjektiviertes Handeln als Dispositiv sozialer Ungleichheit?

Ein im gesellschaftlichen Prozess dominierendes Verhältnis, innerhalb dessen Flexibilisierung als (re-)produktives Moment sozialer Ungleichheit wirkt, ist das des (veränderten) Verhältnisses von Kapital und Kompetenz – Kapital als Ausdruck dieses Vergesellschaftungsmoments durch die Organisation und Kompetenz als „Quelle“ von Produktivität, die erst im Zuge der Flexibilisierung zur Entfaltung gebracht werden kann. Doch zunächst soll angedeutet werden, inwiefern und inwieweit sich das Verhältnis von Kapital und Kompetenz verändert hat.

Über die Qualität des Wandels

Die wirtschaftliche Krise in den 70er Jahren mündete in den 80er und 90er Jahren in eine „Inflation“ des Begriffes „lean“ in unterschiedlichen Kontexten. Im Ökonomischen stehen dafür Begriffe wie „just-in-time“ oder „Lean Management“, im Politischen kommt die Rede vom „Schlanken Staat“ auf, Verschlankungstendenzen wirken bis ins Private und die Formierung des Körper hinein. Dieses Phänomen ist von der Logik getragen, organisationale Aufwendungen zu informalisieren und zu reduzieren und gleichzeitig individuelle Kompetenzen und Potenziale zu aktivieren und zu intensivieren. Auch die Bildungsentwicklung ist Ausdruck für diese Verlagerung organisationaler Steuerungsfunktionen und Aufgaben. Bildung konzentriert sich zunehmend auf die Vermittlung von Kernkompetenzen und ist auf die Anpassungsleistung sich rasch wandelnder Anforderungen ausgerichtet.

Mittlerweile ist weniger von Verschlankung die Rede, und es hat sich eher der Begriff der Flexibilisierung durchgesetzt. Während der Terminus „lean“ im Grunde unpräzise bleibt, da er zwar ein Mittel struktureller Ausdünnung beschreibt, der Zweck jedoch in einer Effektivierung der Resultate liegt, verweist der Terminus „Flexibilisierung“ auf die Fähigkeit, sich wechselnden Situationen rasch anzupassen und geschmeidig agieren zu können und sagt damit gleichzeitig etwas über das Instrument und den Zweck aus. Da Formalisierung und Regulierung als hinderlich gelten, spielen Informalisierungs- und Deregulierungsprozesse eine zunehmend wichtige Rolle. Sie sind zwar keine völlig neue Erscheinung, besitzen und erzeugen jedoch teilweise eine neue Qualität (betrieblichen) Agierens und Interagierens. Individuen sind gefordert, permanent neue Methoden des Umgangs mit vielfältigsten Formen der (Neu-)Strukturierung zu entwickeln, und die eindeutige und hierarchisch verfügte Regelung von Kontrolle und Verantwortung verlagert sich in die Einzelnen. Die Planung und Gestaltung von Prozessabläufen geht zunehmend in die Selbstorganisation der Einzelnen über. Lernen entwickelt sich zu einem lebenslangen Prozess, Lernergebnisse interessieren in ihrer modularisierten, das heißt versatzstückhaft in jedes beliebige Anwendungsarrangement einfügsamen Form. Anstrengung ist weniger von außen veranlasst als aus eigenem Antrieb gewollt. Diese neuen Anforderungen wirken sich – gepaart mit hinreichendem Konkurrenzdruck – durchaus förderlich für einen kontinuierlichen Kompetenzerwerb aus. Dem Kapital stehen die Voraussetzungen zur Verfügung, beweglich und innovativ auf den Markt zu treten. Flexibilisierung birgt für Kapital und Kompetenz jeweils spezifische Kosten und Nutzen. Zahlreiche Formen der Flexibilisierung (zeitliche, räumliche, funktionale, soziale, numerische, finanzielle, ...) sind für Kapital und Kompetenz gemeinsame Bedingung und Mittel für unterschiedliche Zwecke, die sich nominell unter den Begriff der Flexibilisierung fassen lassen. Individuell betrachtet als Bedingung, um individuelle Flexibilität leben zu können – dies ist also stark von Humanisierungsgedanken getragen. Von Kapitallogik aus betrachtet ist Flexibilität Bedingung zur Effektivierung betrieblicher Prozesse. Letztlich „sorgt" Flexibilisierung – durch eine Kongruenz von Handlungsinitiative bzw. -ausführung und der individuellen Verantwortung für deren Auswirkungen – für eine Streuung der Verantwortlichkeiten für mögliche Risiken und definiert damit das Verhältnis von Kapital und Kompetenz neu.

Diese Dezentralisierung von Risiken und die „Erzeugung" subjektivierten Handelns zieht höchst ambivalente individuelle Effekte nach sich. *Einerseits* Formierung und *andererseits* gleichzeitig Gestaltungschance kommen in dem (Macht-)Verhältnis von Kapital und Kompetenz Kapitalinteressen zur Geltung, stellen Risikostreuung und subjektiviertes Handeln die Disposition für Innovation, Effizienz und Verbesserung dar; diese werden unter ökonomischer Rationalisierungslogik subsummiert. Setzen sich Kompetenzinteressen durch, ist subjektiviertes Handeln die Disposition für den Respekt vor dem Einzelnen, für Autonomie und Bereicherung. Über subjektiviertes Handeln kann sich Kompetenzgewinn entfalten.

Subjektiviertes Handeln, das sich durch die Erosion der Innen-Außen-, der Selbst-Fremd-Grenze auszeichnet und über das jene unterschiedlichen spezifischen Zwecke in Übereinstimmung zu bringen versucht werden, erfüllt im Verhältnis von Kapital und Kompetenz gleichzeitig zwei zueinander in Paradoxie sich gegenüber stehende Kriterien: Es genügt ökonomischer Rationalität und entwickelt sich selbstorganisiert aus der Person heraus. Diese Antipoden der Zwecksetzung zueinander in Konvergenz zu bringen, gelingt darüber, diesen Widerspruch einzuebnen. Also den äußeren gesellschaftlichen Anspruch, Handeln an ökonomischer Rationalität auszurichten, als individuell akzeptierte Logik zu deuten und das innere individuelle Handeln zu veräußerlichen, nutzbar zu machen – das Äußere zu verinnerlichen, das Innere zu veräußerlichen. Subjektiviertes Handeln ist also ein Handeln, das in der Antizipation äußerer Erwartungen und Erfolgsbedingungen, bezogen auf dieses spezifische kontextuelle Arrangement betrieblicher Interaktion, Resultat permanenter Selektion ist: Nur dasjenige subjektivierte Handeln, das in der Schnittmenge von Person und ökonomischer Rationalität liegt, kommt überhaupt zur Geltung. Diese Schnittmenge vermag sich um so eher auszudehnen, je stärker Fremd- und Selbstanspruch verschmelzen, je indirekter äußere Kontrolle und äußerer Zwang wirken und je unwichtiger Widerstand wird. Subjektiviertes Handeln ist gerade nicht das verordnete Handeln, sondern bezieht seinen Wert (seine Verwertbarkeit) aus der individuell organisierten Handlungsfähigkeit und -bereitschaft des Einzelnen.

Diese Informalisierung allein als Internalisierung ehemaliger Zwänge zu deuten oder davon die Geburt der Selbstbestimmung des Menschen abzuleiten, ist eine jeweils zu einseitige Interpretation des Wandels. Es ist nicht sinnvoll, in der Beschreibung neuerer wirtschaftlicher, gesellschaftlicher und politischer Entwicklungen – betrachtet am Gegenstand subjektivierten Handelns – in Polarisierungen zu verharren, wie dies häufig in der Literatur der Fall ist. Dort ist mal von Totalverzweckung und Disziplinierung, mal von Empowerment und Kontrollgewinn die Rede.

Der Wandel soll im Folgenden als *dynamisch-dialektischer Prozess* auf seine Widersprüche und Stimmigkeiten und in seiner Wirkung auf das Individuum hin geprüft und formuliert werden. Etwa entlang der folgenden Fragen:

1) Was ist neu an den neuen Arbeitsformen? Die Diskussion um grundlegende Veränderungen in der Arbeitswelt soll nicht darüber hinweg täuschen, dass tayloristische Elemente der Fragmentierung, Kontrolle und Arbeitsintensivierung weniger abgeschafft als lediglich ergänzt und modifiziert werden. In der Bewegung von *Wandel und Kontinuität* bestehen bestimmte Arbeitsbedingungen, Arbeitsbeziehungen und Arbeitstugenden fort. Als Konsequenz immer schwächer gebremster Marktlogik diffundieren diese jedoch und münden für die Arbeitnehmenden in die Forderung nach ihrer Polyvalenz als flexible, mit Wissen und Autonomie qualifizierte Beschäftigte. In Dichotomien gesprochen, hat sich die Taylorisierung auf eine der „soft skills" ausgedehnt (ZILIAN, 2000, spricht von „Taylorisierung der Seele") bzw. kann von Humanisierung geredet werden.
2) Ist eine Subjektivierung der Arbeit erkennbar? Die Aufwertung der Arbeitskraft als „ganzheitlich" beteiligte Person, die nicht mehr auf einen vorgegebenen Handgriff reduziert wird, kann als Prozess der *Subjektivierung* interpretiert werden. Die Entfaltung individueller Potenziale, wie fachliche, soziale, organisatorische, emotionale oder kreative Kompetenzen, wird von Kapital und Kompetenz gleichermaßen gefordert und er-

öffnet neue Freiräume und Möglichkeiten. Subjektivierungsprozesse bergen jedoch immer auch mindestens in dem Sinn Momente einer *Entsubjektivierung*, als damit das Subjekt sich selbst zum Objekt der Gestaltung, zum Gegenstand der Optimierung und Verwertbarkeit macht. Unter Bedingungen, in denen ökonomische Rationalität[2] dominiert, gewinnt diese Logik an Geltung und schwächt die Subjekte in ihrer Potenz, Subjekt der Bestimmung über die Zwecke der Subjektivierung zu sein. Im betrieblichen Handeln wird subjektiviertes Handeln gefordert, in dem Fremd- und Selbstaufforderung ineinander übergehen. Subjekt der Gestaltung und Objekt der Gestaltung zu sein, lassen sich nur mehr schwer voneinander trennen.

3) Hat sich das Leitmotiv *Flexibilisierung* bis jetzt als individuelle Haltung und gesellschaftlich relevante Struktur durchgesetzt? Ein Blick in die Schlagzeilen der Tagespresse oder auf die Dynamik unterschiedlichster aufkommender Modelle räumlicher, zeitlicher, sozialer oder funktionaler Flexibilisierung dokumentiert den zunehmend wichtigen Stellenwert permanenter Anpassungsfähigkeit. Das bedeutet aber nicht, dass nun eine Anpassung an individuell formulierte, beliebige Ziele möglich ist und Determinanten an Gültigkeit verlieren. Flexibilisierung generiert immer neue *Re-Strukturierungen*. Zum einen im Sinn einer allgemeinen Begrenzung allen Handelns unter Imperative konkurrenzieller Marktlogik, innerhalb deren Rahmen Flexibilisierung möglich ist. Zum anderen sind Beschäftigte mit der Aufforderung zur Selbstorganisation ihrer flexiblen Anpassung dazu veranlasst, immer neue De- bzw. Um-Strukturierungen so zu ordnen, dass eine bewältigbare Struktur routinisierter Arbeit erwünschte Ergebnisse zu liefern möglich macht (VOß, 1998). Ein „continuous change" erfordert es immer wieder, neue Strukturen zu generieren, und produziert neue Handlungsbegrenzungen. In welcher Weise sich Flexibilisierung durchgesetzt hat, lässt sich also nur beurteilen, nachdem präzise qualifiziert ist, zum einen welche und wessen Zwecke sich mit Anpassungsfähigkeit realisieren, und zum anderen mit welchen Beschränkungen sich Flexibilisierung beantwortet.

An dieser Stelle konnte nur angedeutet werden, dass ein neuartiges Verhältnis von Kapital und Kompetenz substanziell auf seine verwendeten Begriffe hin geprüft werden muss und eine undifferenzierte Diskussion des Wandels seine tatsächliche Qualität außer acht lässt. Eine solche Diskussion genügt vielleicht Polemiken und Politiken, nicht aber einer systematischen Analyse. Zum Beispiel ist im Zusammenhang neuer Arbeitskonzepte – gekleidet in Modebegriffe wie Qualitätszirkel, Lean Production, Business Process Reengineering, Total Quality Management usw. – viel von einer Aufwertung subjektiver Momente die Rede, und zwar im deutlichen Verzicht auf eine Qualifizierung dieser Rhetorik. Grundlegend für eine Beurteilung der Qualität der

2 Ökonomie ist hier nie ein abstrakter Begriff, sondern ist unter ihrer Realisierungsform des Kapitalismus zu verstehen.

Rede von der Integration subjektiver Momente ist jedoch die Frage danach, ob die Bedingungen der Möglichkeit subjektivierenden Handelns überhaupt gegeben sind. Denn ohne diese Bedingungen kann solide nicht von subjektivierendem Handeln gesprochen werden.

Sind die Bedingungen der Möglichkeit subjektivierten Handelns gegeben oder vorgesehen?

Dem Versuch der Beantwortung dieser Frage möchte ich folgende These vorausschicken: Subjektiviertes Handeln ist nur möglich, wo es (1) an den Entwicklungs- und Erfahrungskontexten des Subjekts anknüpft und das Subjekt (2) auch über die Zwecke des beabsichtigten Handelns verfügen kann. So gesehen, kann es genau genommen keine konkretisierte und universalisierte Festlegung dessen geben, was subjektiviertes Handeln beinhaltet, da es sich widerspricht, Individuen gleichzeitig als Einzigartige und als (unter ökonomische Rationalität) Subsummierbare zu behandeln. Aber genau dieser Widerspruch ist im Konzept betriebswirtschaftlich genutzten subjektivierten Handelns bearbeitet. Subjektiviertes Handeln wird im Betriebskontext in einer ganz spezifischen, standardisierten Form gefordert, nämlich in der Form, dass seine Resultate kalkulierbar sind. Externe Prozesskontrollen sind tendenziell Ergebniskontrollen gewichen. Begriffe wie Autonomie, Verantwortungsübertragung, Partizipation und lebenslanges Lernen, die traditionell als Emanzipationsrhetorik bekannt sind und am Subjekt anknüpfen (vgl. (1)), erfahren eine regelrecht inflationäre Verwendung und stehen nicht mehr im Gegensatz zu ökonomischem Kalkül, das lediglich eine der möglichen subjektiven Zwecksetzungen ausmacht (vgl. (2)). Das Subjekt rückt in den Vordergrund, wenn auch nur instrumentell, da mindestens die zweite Voraussetzung der individuellen Verfügung über die Zwecksetzung subjektivierten Handelns nicht gegeben ist. Subjektiviertes Arbeits-Handeln birgt die Paradoxie, unter Bedingungen gefordert zu werden, die nicht die seiner Ermöglichung sind.

Was sind die Zwecke der Forderung nach subjektiviertem Arbeitshandeln?

Wird unter diesen Bedingungen eine Rhetorik der Subjektivität stark gemacht, verfolgen Kapital und Kompetenz damit spezifische Zwecke mit dem gemeinsamen Ziel, die oben genannte Paradoxie scheinbar zu harmonisieren und gleichzeitig aufrecht zu erhalten. Die Funktionsdynamik dessen liegt gerade darin begründet, dass Kapital und Kompetenz in der betrieblichen Interaktion jeweils ihre Zwecke erfüllen bzw. erfüllt sehen, d.h. es gelingt scheinbar, Kosten und Nutzen des Wandels auf beide Seiten zu verteilen. Hier einige Beispiele gelungener Nutzenverteilung:

1) Subjektiviertes Handeln gibt Prozess-*Kontrolle* an den Einzelnen zurück und behält gleichzeitig Ergebnis-Kontrolle über die Erfüllung der Betriebsziele vor.
2) Die Übertragung von Handlungsdistrikten in das subjektive Geschick eröffnet formal *Freiräume* (fern der abweichungsfreien Befolgung klar definierter Vorgaben) und hat für diejenigen, die über die Handlungsbedingungen Definitions- und Verfügungsmacht besitzen, eine Entlastungsfunktion: Risiken und Probleme werden individualisiert, die Arbeitnehmenden werden dazu aufgefordert, Verantwortung für etwas zu tragen, an dessen Verursachung sie kaum gestaltungsmächtig beteiligt sind.
3) Die Verabschiedung von external aufgetragenen Verpflichtungen und die individuellen Gestaltungsmöglichkeiten des Prozesses aus eigener Verantwortung und Motivation heraus steigert Kontrollüberzeugung und Autonomieempfinden (wenn auch zunächst nur als *subjektive Wahrnehmung*) und hat eine Arbeitsintensivierung zum Zweck, die gerade über die innere Handlungsmotivation funktioniert.

Wie die Beispiele zeigen, bildet eine Struktur bilateraler *Zweckmäßigkeit* einen wichtigen Reproduktionsmechanismus der Paradoxie subjektivierten Handelns. Ein weiterer speist sich über die Handlungsmotivation der Akteure. Subjektiviertes Arbeitshandeln konstituiert sich unter diesen Bedingungen über die *Bereitschaft*, Arbeit mit flexiblen Kompetenzen anzureichern. Diese Kompetenzen sind im Arbeitsprozess aber nur von Nutzen, wenn sie relativ exakt den Erfordernissen angepasst sind und zu den erwünschten Ergebnissen führen. Subjektiviertes Handeln knüpft unter dem Diktat vorgegebener Resultate an den Kompetenzen der Einzelnen an und setzt die penible Rationalisierung der Person voraus und geht als solches – indem es systematisch gesolltes und gewolltes Handeln vereint – als „Self-Science" (FOUCAULT) in der erwünschten Anforderungsstruktur auf. Erst die innere Bereitschaft qualifiziert subjektiviertes Handeln als eines, innerhalb dessen Kompetenzen entfaltet und situativ angemessen eingesetzt werden können (vgl. Voraussetzung 1). Denn diese permanente Flexibilität, also Anpassungsfähigkeit, setzt die Selbsttechnik voraus, sich selbst zur Bewältigung jeweiliger Anforderungen zu befähigen und für Krisen zu sensibilisieren – und ist ohne Bereitschaft nicht denkbar. Diese Bereitschaft existiert auch unabhängig von der Möglichkeit, über die Handlungszwecke verfügen zu können. Denn individuell definierte Handlungszwecke haben nur so lange Geltung, als sie sich unter der Dominanz vordefinierter Betriebszwecke subsummieren lassen.

Die Bedingungen der Ermöglichung subjektivierten Handelns sind, wie erläutert, nicht gegeben. Sie sind auch dann nicht gegeben, wenn die Bereitschaft zu subjektiviertem Handeln als selektive Bearbeitung privater Kompetenzen für betrieblichen Nutzen vorhanden ist und sich individuelle Zwekke mit betrieblichen Zwecken vereinbaren lassen. Die permanente potenzielle Beschneidung des Individuellen durch das Betriebliche verkürzt subjektiviertes Handeln auf seinen instrumentellen Charakter. Dies hat durchaus einschneidende Folgen für die einzelnen Personen. Hier seien nur einige Schlagworte genannt: Die Entgrenzung von Arbeit und Leben, zahlreiche Belastungssyndrome durch eine Intensivierung der Arbeit, Identitätsdiffusion, Harmonisierung des Verhältnisses von Arbeit und Kapital und Entsolidarisierung der Beteiligten, Überforderung aus der Übertragung von Problemen und Risiken auf das Individuum, Kontrolle nicht nur über die Leistung, sondern auch über die Person usw. Trotz der zum Teil sehr problematischen Effekte dieser Entwicklung ist – wie mehrfach angedeutet – Flexibilisierung von emanzipativen Veränderungsabsichten angestoßen und bringt zahlreiche positive Effekte mit sich. Jedoch gerade mit Blick auf die sozialen Folgen der Flexibilisierung muss der laufenden Entwicklung mit Skepsis begegnet werden.

Flexibilisierung als Strukturprinzip kumulativer Ungleichheit

Flexibilisierung wurde im ersten Teil als Verlagerung des Regulationsmodus auf Subjektivität interpretiert. In diesem Sinn konstituiert sich Flexibilisierung über eine durch sie gewonnene Handlungsfähigkeit in Hinblick auf permanent sich verändernde Anforderungen. Flexibilisierung entfaltet Subjektivität, die durch eine rationale Ausrichtung auf den Rahmen betrieblicher Zwecke reguliert wird und sich im Selbstmanagement und als mit multiplen Kompetenzen angereichertes Handeln selbst reguliert. Subjektivität ist konstituierendes Moment im Prozess der Flexibilisierung, in dem Sinn, dass ihre Entfaltung sowohl Zweck als auch Instrument der Flexibilisierung ist. Subjektivität wird zur Disposition gestellt, und die Einzelnen werden gleichermaßen der Herausforderung bzw. Zumutung des Flexibilisierungsmanagements ausgesetzt und aufgefordert, ihre Handlungsfähigkeit unter konkurrenziellen Bedingungen dem geplant organisierten gesellschaftlichen Zusammenhang (z.B. Arbeit) zur Verfügung zu stellen. Diese Vergesellschaftung der Flexibilisierung begünstigt – so die These – ein Strukturprinzip kumulativer Ungleichheit, denn ungleiche Voraussetzungen der Bewältigung „sorgen“ für eine spezifische Struktur der Verteilung von Erfolg und Misserfolg, deren Grenzziehungen als objektive Differenz und als logische Konsequenz aus subjektiver (Selbstsorge-)Anstrengung erscheinen.

Die Ungleichheitsforschung geht mit ROUSSEAU, MARX, GEIGER, DAHRENDORF usw. auf eine lange Tradition zurück. Soziale Herkunft, Geschlecht, ethnische und religiöse Zugehörigkeit usw. wurden darin als Determinanten der Statuszuordnung bzw. als Gefüge sozialer Ungleichheit zitiert. Mit der Bildungsexpansion (LUTZ, 1983) wurde durch das Prinzip der Durchlässigkeit und mit einem System finanzieller Unterstützung u.a. darauf zu antworten versucht. Diese Ermöglichung der Chance auf formale Bildungstitel (konnte bzw. sollte sich bis jetzt nicht als in allen Schichten durchgängige Ermöglichungsstruktur etablieren und) hat – getragen vom gesellschaftlichen und wirtschaftlichen Druck nach dem Aufkommen der wirtschaftlichen Krise – eine Bildungsparadoxie forciert, deren Resultat gesellschaftlich in erster Linie eine Verschiebung der Selektionsmechanismen brachte. Lagen sie vor den Reformen im Vorsubjektiven (in dem Sinn, dass strukturelle Determinanten wirksam sind), gestalten sie sich nach den Reformen im Zuge eines Arbeitskräfteüberschusses entlang einer rigiden Leistungsschraube, deren Kriterien allgemein gültig bzw. scheinbar und formal objektiv sind und dennoch zum Teil lediglich altbekannte Determinanten reproduzieren (BOURDIEU).

Diese Entwicklung zeigt, dass bei der Öffnung des Zugangs zu Chancen unter der Bedingung einer begrenzten Realisierbarkeit der Chancen und der Beibehaltung des Konkurrenz- und Selektionsprinzips die ungleiche Möglichkeit der Nutzung der Chancen bleibt. Und es bleibt ebenso das „Quantum der Aussicht auf Erfolg" (Heid, 1988, S. 5) für die Einzelnen gleich. Diese Öffnung hat also neben dem Einschluss verdeckten Bildungs- und Leistungspotenzials geradezu die Aufrechterhaltung sozialer Ungleichheit unter anderen Voraussetzungen zum Zweck. Mit der formalen Öffnung der Chancen für alle (was so nicht stimmt, wenn man z.B. an den Ausschluss von Migranten und Migrantinnen oder von älteren Menschen denkt) verschieben sich systemische Widersprüche auf biographische Lösungen (BECK, 1986; HEID, 1988), die bei gleichen Chancen von allen gleichermaßen erwartet werden (können).

Die wachsende Bedeutung von Subjektivität im Arbeitsprozess ist die Fortsetzung und Bedingung des Versuchs, systemische Problemlagen ins Individuelle zu verlagern. Subjektiviertes Handeln fungiert darin als „Brücke", (1) flexibel Inkohärenzen und Kontingenzen auszugleichen, sich also Flexibilitätsanforderungen gegenüber als handlungsfähig zu erweisen, und (2) objektive Strukturen und Risiken des Scheiterns zu individualisieren bzw. zu tabuisieren – dass Misserfolg dabei konstitutionell vorgesehen ist, zeigt sich an der Funktionalität des Konkurrenz- und Wettbewerbsprinzips, über das sich unser Leistungsprinzip definiert. Mit der Förderung von individualisiertem, subjektiviertem Handeln spielen Selektion und Leistung eine alte Rolle in einem neuen Spiel: Das „neue Spiel" besteht darin, die Rationalisierung der Zugangschancen neu zu organisieren – und zwar über den Anspruch an alle gleichermaßen, den Anforderungen flexibler Subjektivität zu genügen. Die Resultate der daraus erwachsenden Leistungen werden hierarchisch zugeordnet und deren Subjekte auf Status- und Machtpositionen verwiesen.

Damit ist in neuer Weise die Legitimationskrise vorsubjektiver Kriterien überwunden – da formal Leistung als Verteilungsmodus greift –, die Kritik am faktischen Ausschluss Bildungs- und Arbeitswilliger ideologisch bearbeitet – da Ausschluss als individuelles Versagen interpretiert wird – und die Forderung, diese in die Chance mit einzuschließen, erfüllt. Damit ist aber auch eine Bewahrung des allgemeinen Status Quo legitimiert, der eine Verschiebung, jedoch keine prinzipielle Veränderung erfahren hat. Einer Reproduktion sozialer Ungleichheit wird so kaum etwas entgegen gesetzt.

Die Bereitschaft und Fähigkeit der Einzelnen, ihre Subjektivität der kollektiven Nutzung zugänglich zu machen und damit flexibel auf Veränderungen, Probleme und Effizienzlücken reagieren zu können, ist von Gesellschaft und Ökonomie als notwendig zu erschließende Ressource erkannt worden. Entsprechender Kompetenzerwerb der Konfliktbearbeitung, der Diskurs- sowie der Projekt- und Teamfähigkeit, des Wissensmanagements, der Selbstregulation gewinnen als Effizienzfaktoren an Bedeutung. Im Selbstmanagement (BRÖCKLING, 2000, im Anschluss an FOUCAULT), Kompetenzen zur Bewältigung der Flexibilisierung zu entwickeln, ist ein Imperativ, bei dessen Erfüllung allen die gleiche Chance versprochen wird, Erfolg haben zu können.

Über die Qualität der Chance

Zu fragen ist an dieser Stelle danach, worin denn eigentlich die *Qualität dessen liegt, was als Chance deklariert wird.* Unter welchen Bedingungen findet eine Partizipation an welchen Chancen statt? Der Rationalisierungsmodus der Zugangs- und Erfolgschancen erfolgt nicht mehr nur über vorsubjektive Determinanten, nicht mehr nur über Leistung, sondern über die Flexibilität, die den Einzelnen aufzubringen möglich ist. Die Gelegenheiten, Chancen zu ergreifen, werden in dem Sinn modifiziert und neu strukturiert – sie werden offener, unkalkulierbarer und rigider: Flexibilisierung erhöht die *Unsicherheit* in Hinblick darauf, welchen Anforderungen die Einzelnen genügen müssen, sie bedeutet eine formale *Öffnung* von Möglichkeiten und gleichzeitig eine *Schließung* von Realisierungsmöglichkeiten. Das Prinzip bleibt bestehen: Ungleiche werden qualitativ wie quantitativ der Zumutung gleicher Bedingungen ausgesetzt, und die Definition darüber, welche Anforderungen für die Verteilung von Chancen Geltung besitzen, wirkt als Selektionsraster, an dem sich die Einzelnen über ihr Flexibilisierungsmanagement messen müssen. Die Besonderheit liegt darin, dass die Definition des Selektionsrasters nicht als relativ gesicherter Orientierungspunkt angenommen werden kann, sondern permanent neu formuliert wird. Dies setzt Individuen voraus, die sich als modularisierte Subjektivitäten ständig neu als Arbeitskraft zusammen zu setzen in der Lage sind. Wem ist diese flexible, ja vielleicht willkürliche und beliebige Einpassung überhaupt möglich? Dazu ein Beispiel: Flexibilisierung antwortet auf Bedürfnisse, die Frauen in ihrer Situation der doppelten Vergesellschaftung innerhalb üblicher Normalarbeitsverhältnisse nicht vereinbaren können. Flexibilisierung der Arbeitszeiten und des Arbeitsortes und – um in Stereotypisierungen zu argumentieren – die Realisierung „ganzheitlicher“ Arbeitskonzepte im Muster typisch „weiblicher“ Kompetenzen (z.B. Kommunikations- und emotionale Kompetenz) scheinen eine ideale Abstimmung auf den weiblichen Alltag zu bieten. Doch zeigt die Realisierung dieser Programmatiken, dass gleichzeitig der totale Einsatz für den Betrieb erwartet wird, der von der mehrfach belasteten Frau oftmals nicht geleistet werden kann und deren Ausschluss oder Marginalisierung zur Folge hat.

Die Verteilung von Arbeitsplatzchancen findet unter Marktgesetzlichkeiten statt, unter denen sich diejenigen mit dem Versprechen bester und maximal anpassungsfähiger Leistungen durchsetzen. Jede/r hat demnach die Chance, sich mit den Resultaten ihrer/ seiner Anstrengungen der Konkurrenz zu stellen. Eine Chance impliziert jedoch auch eine realisierbare Gelegenheit der Nutzung der Chance. Der Zweck der Chance liegt also nicht darin, eine leere Formel, sondern tatsächlich wirksam zu sein. Misst man die Qualität einer Sache, in diesem Fall der Chance, an der Erfüllung ihres Zwecks (HEID, 2000), also ihre Nutzung (potenziell) zu implizieren, muss Folgendes festgestellt werden: Die Erfüllbarkeit der Chance ist nur dann gegeben, wenn der Kontext diesen zulässt, sprich die Arbeitsmarktbedingungen sich öffnen. Unter den Bedingungen eines eher geschlossenen Arbeitsmarkts bleibt die Chance eine simulierte in einem programmatischen Diskurs, der nicht zwischen einer tatsächlichen und einer proklamierten Chance unterscheidet.

Subjektiviertes Handeln als Dispositiv sozialer Ungleichheit

Weshalb wirkt subjektiviertes Handeln, eine Form der Vergesellschaftung der Flexibilisierung, als Strukturprinzip kumulativer Ungleichheit? Subjektiviertes Handeln konstituiert einen neuartigen Selektionskatalog. Neben einer Leistungsbemessung entlang relativ leicht zu klassifizierender *hard skills* gewinnen Kompetenzen an Bedeutung, die mehr dokumentieren als eine überwiegend fachliche Qualifikation. Vielmehr wird die Subjektivität, also auch die private Seite der „ganzen" Person, zur Disposition gestellt. Innerhalb dieser Subjektivierung des Personalmanagements dient zusätzlich eine Vielfalt von Kompetenzen, die sich unter *soft skills* subsummieren lässt, als Prädikator, der die einzelne Arbeitskraft in der Konkurrenz auszeichnet. Problematisch ist dabei (1) die *Unkalkulierbarkeit*, mit der sich die Kompetenzanbieter an Selektionskriterien orientieren können. *Soft skills* lassen sich nur schwerlich präzise operationalisieren und gestalten den Prozess der Definition von Selektionskriterien, der Transparentmachung dieser Kriterien für die Kompetenzanbieter und den Prozess der Personalauswahl selbst als relativ zum jeweiligen Anforderungsprofil unpräzise und beliebig. Dies führt auch dazu, dass eine Vergleichbarkeit der Kompetenzen damit diffus und individualisiert wird. (2) Das Personalmanagement wird eindeutiger und rigider, denn flexibilisierte Arbeitsanforderungen beanspruchen eine entschieden *exkludierend wirkende, beinahe bedingungslose Leistungspräsenz.* (3) Subjektiviertes Handeln wird implizit oftmals auf bloße *Bereitschaft* reduziert. Kooperation, Kommunikation, Koordination, Selbstorganisation, emotionale Kompetenz, zeitliche und räumliche Flexibilität usw. gelten als private Kompetenzen, die lediglich für betriebliche Zwecke mobilisiert zu werden brauchen. Subjektiviertes Handeln geht jedoch oftmals über reine Bereitschaft hinaus. Eine zu den jeweiligen Erfordernissen anpassungsfähige Modularisierung und Komposition der subjektiven Kompetenzen zu bewerkstelligen, setzt günstige Bedingungen der Bildungs- und Persönlichkeitsentwicklung voraus. Zum einen sind diese weichen Fähigkeiten nicht allein Resultat von

Bereitschaft, sondern vielmehr von professioneller Unterstützung durch Experten, die systematisch kommunikative, emotionale oder kognitive Kompetenzen vermitteln. Wer in den Genuss eine solchen erfolgreichen Ausbildung kommt, hat auch eine erhöhte Chance auf Erfolg. Zum anderen reproduziert sich der Erfolg bzw. Misserfolg dieser Entwicklung entlang struktureller Determinanten kumulativer Ungleichheit. BOURDIEU hat in „Die feinen Unterschiede" (BOURDIEU, 1987) eindrucksvoll dieses Argument mit empirischem Material dargestellt. Demnach wirkt die Beziehung der drei Grunddimensionen Kapitalvolumen, Kapitalstruktur und zeitliche Entwicklung an der Reproduktion bestimmter Habitusformen mit, die als Anforderungsprofil wiederum selektiv in das Arbeitsverhältnis eingehen.

Dominanz gegenüber der Gleichheit

Subjektiviertes Handeln hat gerade im Sinn der Öffnung von Möglichkeiten und Notwendigkeiten einen Wandel von Ökonomie und Gesellschaft (zur Voraussetzung, aber auch) zur Folge. Es zeichnet sich gerade dadurch aus, dass die Arbeitssubjekte nicht mehr homogenisiert und unter das Arbeitsregime subsummiert werden, wie das in tayloristischen Modellen weitgehend der Fall ist, sondern in ihren individuellen Fähigkeiten und Kompetenzen gefordert sind. Dies bietet Freiräume – zumindest, soweit dies der Rahmen ökonomischer Rationalität zulässt –, selbst definierte Zwecke zu verfolgen, bzw. bietet dies die Möglichkeit der Rationalisierung der Arbeit. Subjektiviertes Handeln hat die Autonomie der Subjekte zur strukturellen Voraussetzung und die Selbstorganisation des Handelns zum Zweck. Subjektiviertes Handeln baut mit anderen Worten auf Selbsttechniken auf, deren grundlegende strukturelle Muster und Mechanismen im Rahmen gesellschaftlicher Austauschprozesse von den Akteuren selbst definiert werden, auf deren Basis die Festlegung und Einhaltung bestimmter Ziele und Inhalte erfolgt. Subjektiviertes Handeln knüpft an den Entwicklungs- und Erfahrungskontexten des Subjekts an und entwickelt aus den Modulen verfügbarer Kompetenzen die geforderte Leistung. Erst Freiräume ermöglichen die Selbstorganisation des Kompetenzerwerbs und -einsatzes. Dieser Requalifizierungsprozess bringt Individuen hervor, die in ihrem Beitrag zur Effektivierung als Einzigartige motiviert und atomisiert werden. In dem Maße, in dem Autonomie als Leistungsmotor funktioniert, bietet Autonomie die Chance auf Erfolg. Diese Chance auf Erfolg bzw. auf die Durchsetzung als erfolgreiches Arbeitssubjekt birgt andererseits das Risiko des Misserfolgs. Es wächst damit auch das Risiko, dass die individuell generierten Module unterschiedlicher Fähigkeiten zur Bewältigung von Arbeitsfunktionen gerade nicht dem jeweiligen Krisenmoment im Arbeitsprozess adäquat sind, also das strukturelle Problem nicht biographisch gelöst werden kann bzw. in der Konkurrenz von Anderen gelöst wird.

Die Verteilung dieses Risikos ist jedoch sehr ungleich. Die Freisetzung der Subjekte als Einzigartige gewinnt an Dominanz gegenüber der Gleichheit der Subjekte. Subjektiviertes Handeln ist das Privileg der Individualisierten, die dank penibler Selbsttechniken erfolgreiches Handeln nicht mehr allein über ihre Stellung im Produktionsprozess als Hand-Arbeitende unter Anderen, sondern über die Resultate ihrer selbst „garantieren". Um den Gewinn dieser Freisetzung wird tendenziell also die Idee der Gleichheit aufgegeben. Jedes Arbeitssubjekt bemüht sich um ein virtuoses und ertragreiches „Set seiner selbst" und ist gezwungen, damit gegen auf andere Weise Einzigartige zu konkurrieren.

Diese Konkurrenz hat zwar die gleiche Chance der Subjekte zur Voraussetzung, aber auch die selektive und asymmetrische Verteilung der Subjekte, also soziale Ungleichheit, zum Resultat und Zweck. Verliert die Vergleichbarkeit der Anforderungen, wie sie bei einem Personalmanagement entlang der Bemessung von *hard skills* möglich und notwendig ist, durch Anforderungen in Form flexibel formulierbarer *soft skills* an Sinn, kann die Verteilung der Subjekte potenziell willkürlich und schwer überprüfbar erfolgen. Ein Rationalisierungsmodus, in dem die Anforderungen permanent neu definiert werden und Subjektivität konkurrenziell zur Disposition gestellt wird, verlässt sein legitimatorisches Fundament.

Resümee

Zunehmende Informalisierungsprozesse wirken, wie im ersten Teil angedeutet, auf das Individuum als Potenzial biographischer Handlungsautonomie, deren Konsequenz Selbsttechniken sind, die eine Leistungsintensivierung bei gleichzeitigem Abbau externer Kontrolle gewährleisten.

Diese Informalisierungsprozesse haben, wie im zweiten Teil gezeigt wurde, aber auch eine gesellschaftliche Veränderung zur Folge. Zum einen hat sich das Raster der Benachteiligung aufgeweicht, womit sich ihre Determinanten weiter in die Verantwortlichkeit des Subjekts verlagert haben und zunehmend intransparent werden, zum anderen wird Gleichheit geradezu dethematisiert und – mit der entsprechenden einschneidenden Wirkung auf die Reproduktion sozialer Ungleichheit – der Dominanz der Freisetzung unter nicht problematisierten Realisierungsbedingungen untergeordnet.

Diese individuellen und gesellschaftlichen Wirkungen der Aufwertung von Subjektivität, die mal als „Empowerment", mal als „Totalverzweckung" gedeutet wird, müssen – wie das Kapitel zu zeigen beabsichtigte – auf ihre Qualität hin genauer geprüft werden, als dies dichotome Darstellungen leisten können.

Literaturverzeichnis

Alheit, P. (1993). Die Ambivalenz von Bildung in modernen Gesellschaften: Strukturprinzip kumulativer Ungleichheit oder Potential biographischer Handlungsautonomie? *Pädagogische Rundschau, 47,* 53-67.

Beck, U. (1986). *Risikogesellschaft. Aus dem Weg in eine andere Moderne.* Frankfurt/Main: Suhrkamp.

Böhle, F. (2001). Sinnliche Erfahrung und wissenschaftlich-technische Rationalität – ein neues Konfliktfeld industrieller Arbeit. In B. Lutz (Hrsg.), *Entwicklungsperspektiven von Arbeit. Ergebnisse aus dem SFB 333 der Universität München* (S. 113-131). Berlin: Akademie Verlag.

Böhle, F. & Schulze, H. (1997). Subjektivierendes Arbeitshandeln. Zur Überwindung einer gespaltenen Subjektivität. In C. Schachtner (Hrsg.), *Technik und Subjektivität. Das Wechselverhältnis zwischen Mensch und Computer aus interdisziplinärer Sicht* (S. 26-46). Frankfurt/Main: Suhrkamp.

Bourdieu, P. (1987). *Die feinen Unterschiede.* Frankfurt/Main: Suhrkamp.

Bröckling, U. (2000). Totale Mobilmachung. Menschenführung im Qualitäts- und Selbstmanagement. In U. Bröckling, S. Krasmann & T. Lemke (Hrsg.), *Gouvernementalität der Gegenwart. Studien zur Ökonomisierung des Sozialen* (S. 258-274). Frankfurt/Main: Suhrkamp.

Heid, H. (1988). Zur Paradoxie der bildungspolitischen Forderung nach Chancengleichheit. *Zeitschrift für Pädagogik, 31,* 1-17.

Heid, H. (2000). Qualität. Überlegungen zur Begründung einer pädagogischen Beurteilungskategorie. *Zeitschrift für Pädagogik, 41,* 41-51.

Lutz, B. (1983). Bildungsexpansion und soziale Ungleichheit. Eine historisch-soziologische Skizze. In R. Kreckel (Hrsg.), *Soziale Ungleichheiten* (S. 221-245). Göttingen: Schwartz.

Sennett, R. (1998). *Der flexible Mensch. Die Kultur des neuen Kapitalismus.* Berlin: Siedler.

Voß, G. G. (1998). Die Entgrenzung von Arbeit und Arbeitskraft. Eine subjektorientierte Interpretation des Wandels der Arbeit. *Mitteilungen aus der Arbeitsmarkt- und Berufsforschung, 31,* 473-487.

Zilian, H. G. (2000). Taylorisierung der Seele. *Österreichische Zeitschrift für Soziologie, 25,* 75-97.

Autorenverzeichnis

Prof. Dr. Thomas R. Bailey: Professor am Institute on Education and the Economy, Columbia University, New York, USA

Dipl.-Päd. Johannes Bauer: Wissenschaftlicher Mitarbeiter am Institut für Pädagogik, Universität Regensburg

Dipl.-Päd. Klaus Bredl: Wissenschaftlicher Mitarbeiter am Institut für Wirtschaftsinformatik, Universität Regensburg

Dipl.-Päd. Helene Coester: Wissenschaftliche Mitarbeiterin am Institut für Pädagogik, Universität Regensburg

Prof. Dr. Allan M. Collins: Professor an der Learning Sciences Faculty, Northwestern University, Evanston, USA

Dipl.-Päd. Dagmar Festner: Wissenschaftliche Mitarbeiterin am Institut für Pädagogik, Universität Regensburg

Dipl.-Ing. Erhard Frank: Werkleiter der BMW Group im Werk Regensburg

Dr. Wolfgang Gallenberger: Referent Erziehungswissenschaft am Berufsgenossenschaftlichen Institut Arbeit und Gesundheit, Dresden

Prof. Dr. Hans Gruber: Professor für Pädagogik an der Universität Regensburg

Dr. Kai Hakkarainen: Dozent im Department of Psychology der Universität Helsinki, Finnland

Dr. Christian Harteis: Wissenschaftlicher Assistent am Institut für Pädagogik, Universität Regensburg

Prof. em. Dr. Helmut Heid: Emeritierter Professor für Pädagogik der Universität Regensburg

Prof. Dr. Walter R. Heinz: Professor für Soziologie an der Universität Bremen

Prof. Dr. Franz Lehner: Professor für Wirtschaftsinformatik am Institut für Wirtschaftsinformatik, Universität Passau

Prof. Dr. Erno Lehtinen: Professor for Education und Vizepräsident der Universität Turku, Finnland

Dipl.-Päd. Bettina Meier: Wissenschaftliche Mittarbeiterin am Institut für Pädagogik, Universität Regensburg

Dipl.-Päd. Alexandra Ott: Wissenschaftliche Mitarbeiterin am Lehrstuhl für Didaktik der Geschichte, Universität Regensburg

Dr. Tuire Palonen: Wissenschaftliche Assistentin am Department of Education der Universität Turku, Finnland

Prof. Dr. Birger P. Priddat: Professor für Politische Ökonomie an der Zeppelin-University Friedrichshafen

Dr. Ludwig Reichart: BMW Group, München

Dipl.-Päd. Barbara Rößer: Wissenschaftliche Mitarbeiterin am Institut für Pädagogik, Universität Regensburg

Prof. Dr. P. Robert-Jan Simons: Professor for Education an der Universität Utrecht, Niederlande

Dr. Elena Stamouli: Wissenschaftliche Assistentin am Institut für Pädagogik, Universität Regensburg

Dipl.-Päd. Josef Strasser: Wissenschaftlicher Mitarbeiter am Institut für Pädagogik, Universität Regensburg

Dr. Johann Vielberth: Unternehmer, Mitglied des Hochschulrats der Universität Regensburg